高等学校土建类学科专业“十四五”系列教材
高等学校工程管理专业融媒体新形态系列教材
本书获西南石油大学研究生教材建设项目资助

数字建造与管理

朱　林　蒋　杰　主　编
吴佐民　董　娜　主　审

中国建筑工业出版社

图书在版编目（CIP）数据

数字建造与管理/朱林，蒋杰主编．--北京：中国建筑工业出版社，2024.6.--（高等学校土建类学科专业“十四五”系列教材）（高等学校工程管理专业融媒体新形态系列教材）．--ISBN 978-7-112-29929-4

Ⅰ．TU-39

中国国家版本馆 CIP 数据核字第 2024BB0177 号

本教材主要介绍了数字建造的相关知识和技术，包括数字建造概论、数字建造的基础设施、数字建造的通信技术以及数字建造对建筑行业的影响等。同时，重点介绍了基于参数和模型定义的工程产品，工程物联网，数字建构思想、手法、工具和精度，数字化施工的模型分析方法和施工现场空间环境要素的数字化控制方法等内容。此外，还涵盖了建筑部件数字化加工与拼装技术、建筑机器人工作原理与建造工艺以及数字建造的数字化运维等方面的内容。

本教材主要供高等学校工程管理、土木工程专业研究生使用，也可以作为工程管理专业本科生的辅助教材，以及相关从业人士的工具书或参考用书。

为更好地支持相应课程的教学，我们向采用本书作为教材的教师提供教学课件，有需要者可与出版社联系，邮箱：jckj@cabp.com.cn，电话：(010)58337285，建工书院：https：//edu.cabplink.com（PC 端）。

责任编辑：牟琳琳　张　晶

责任校对：赵　力

高等学校土建类学科专业“十四五”系列教材

高等学校工程管理专业融媒体新形态系列教材

数字建造与管理

朱　林　蒋　杰　主　编

吴佐民　董　娜　主　审

*

中国建筑工业出版社出版、发行（北京海淀三里河路 9 号）

各地新华书店、建筑书店经销

北京龙达新润科技有限公司制版

北京君升印刷有限公司印刷

*

开本：787 毫米×1092 毫米　1/16　印张：16¾　字数：415 千字

2024 年 6 月第一版　2024 年 6 月第一次印刷

定价：**48.00** 元（赠教师课件）

ISBN 978-7-112-29929-4

（42784）

前言

在这个瞬息万变的世界中，我们正在经历第四次工业革命的浪潮，见证着科技与人类的深度融合。在这伟大的时代，面对全球百年未有之大变局，挑战与机遇并存。以人工智能、机器人技术、虚拟现实、5G、大数据、云计算、量子科技以及生命科学等前沿科技为引领的新一轮科技革命，全方位重塑着人与自然的关系、人与人的关系、生命与非生命的关系。人们的工作方式、生活方式、思维方式甚至人类的本质存在与自我认知都在这场革命中发生着巨变。只有勇敢面对、积极参与这场革命，才能实现中华民族伟大复兴的宏伟目标。

物竞天择，适者生存，工程建设行业亦不能例外。当前，传统的工程建设模式正遭遇困境和挑战，如劳动生产率低、作业环境恶劣、资源消耗量高、人口老龄化日益严重、产品品质和服务欠佳等。面对这些挑战，数字建造应运而生。数字建造以第四次科技革命的关键数字技术和思想为基础，利用数字建造领域关键技术，对建设行业全产业链全过程进行重塑，打破信息孤岛，实现计划、设计、建造、运维各环节的“降本增效”的新型建造模式，提供更好地满足需求、更有效率、更加安全的“以人为本、绿色可持续”的产品和服务。

为培养符合社会发展需要的数字建造人才，教育部发表了一系列文件指导高校加强人工智能与建筑业的融合发展，积极开展“新工科”研究与实践，探索“人工智能＋建筑业”的人才培养新模式，推进智能施工和数字化建造技术应用。

针对上述行业发展需求，2019 年，我们特别开设了“数字建造与管理”的相关研究生课程。在此基础上，我们经过深入研究和不断实践，形成了本教材。本教材共包括 12 章：第 1 章对数字建造进行了介绍；第 2、3 章对数字建造的基础设施和通信技术进行了分析；第 4 章阐述了数字建造对建筑行业的影响；第 5～8 章阐述了基于参数和模型定义的工程产品，工程物联网，数字建构思想、手法、工具和精度，数字化施工的模型分析方法等技术方法；第 9 章主要分析了施工现场空间环境要素的数字化控制方法；第 10～12 章探讨了装配式建筑、建筑机器人、数字化运维等问题。

本教材主要供工程管理专业研究生使用，也可以作为工程管理专业本科生的教材，同时还可以作为工程管理专业和对数字建造与管理感兴趣人士的工具书或参考用书。

本教材由西南石油大学朱林、蒋杰主编，由北京广惠创研科技中心吴佐民、四川大学董娜主审。各章分别由刘佳、郭应叶、陈首一、梁嘉显、白海林、林雨霏、李静、谭树杰、黄思琪、熊柯、蒋斌、雷光祥、杨承、邓佳成、杨先阳、程逸远等学生完成资料整理和校对工作。全书由朱林和蒋杰编写及统稿。罗筵疆、叶海波参与了本书的部分绘图和参考文献整理工作。

我们要特别感谢西南石油大学工程管理教研室对我们的支持。本书获西南石油大学研究生教材建设项目资助。

最后，我们要衷心感谢所有给予我们建议的评阅者们和所有支持我们工作的人士。

由于数字建造与管理领域正处于快速发展变化中，跨学科的领域非常多，加之作者水平有限，难免出现疏忽和遗漏，敬请行业专家、同仁提出批评指正。

目录

1 数字建造概论

本章要点与学习目标

1. 了解传统工程建造模式的困境。
2. 了解数字建造转型的必要性。
3. 熟悉数字建造的内涵。
4. 了解数字建造框架体系的构建。

本章导读

本章介绍传统工程建造模式的困境，指出发展数字建造的必要性，对数字建造的内涵从技术和服务维度进行了详细的阐述，并从多维度构建了数字建造的框架体系。

重难点知识讲解

1.1 传统工程建造模式的困境

改革开放以来，我国基础产业和基础设施建设投资快速增长。基础设施产业通过其强大的乘数效应，强力拉动各方需求，推动国民经济发展。基建发展的一个很重要的体现是城镇化和工业化。城镇化为基建提供市场需求，而工业化为基建提供先进的技术、工艺和装备。

我国是建筑大国。根据阿卡迪全球建筑资产财富指数报告，2014 年我国的建筑资产规模已超过美国，成为全球建筑资产规模最大的国家；到 2025 年，中国建筑资产将是美国的两倍。因为中国山地众多，桥梁工程不仅数量多而且类型多样，排在世界前十的大跨度拱桥、桥梁、斜拉桥、悬索桥中，其占比也超过一半。2018 年，正式通车的港珠澳大桥被誉为“现代世界七大奇迹之一”。截至 2023 年底，我国铁路营业里程达到 15.9 万 km，其中高铁达到 4.5 万 km。

我国作为建造大国，不仅体现在工程数量多、规模大等方面，还体现在建造技术进步上。为解决我国工程难题，大量学者和工程技术人员投入其中，贡献智慧。如高寒地区的青藏铁路建设，攻克冻土技术难题，实现了高原缺氧极端环境下的施工。如港珠澳大桥，采用海底隧道沉管法解决长距离海底施工难题。如北京大兴国际机场工程，采用黎曼几何曲面逻辑和 BIM 进行设计，解决了机场设计和建造困难。如高铁建设，破解复杂艰险山区技术难题，使其成为我国一张靓丽的名片。除此之外，矮寨特大悬索桥、上海中心大厦、三峡大坝、国家体育场、中国天眼、广州塔都是其中的佼佼者。

我国建筑业蓬勃发展的同时，也面临部分问题，碎片化、粗放式的工程建造方式带来了一系列亟待解决的问题，如生产效率相对较低、资源环境消耗、人口老龄化、产品品质存在改进空间、建筑安全问题、环境污染等，这对整个行业提出了紧迫的课题。在这样严峻的发展形势下，招工难度越来越大，人力成本不断上升，智能建造技术必将取代传统的施工方式，成为高效且保证质量的建筑方式。

劳动生产率是衡量劳动要素生产效率的主要指标之一，是衡量各国生产力水平的重要参考标准。近年来我国建筑业发展迅猛，已成为驱动我国经济发展的重要力量。建筑业劳动生产率是指建筑业劳动者在报告期内生产出建筑业产品的效率。它以建筑产品产量或价值和其相适应的劳动消耗量的比值来表示，是考核建筑业企业生产效率的提高和劳动节约情况的重要指标。在投入劳动力相同的情况下，企业创造的价值越多，劳动生产率越高；反之则低。从整体分析，我国建筑业仍处于相对粗放的阶段，存在机械化程度低、生产过程以传统手工业为主、建筑业劳动生产效率低和整体技术进步缓慢等问题。

与我国其他行业相比，我国建筑业劳动生产率较低，根据国家统计局数据显示，2022 年，全国完成建筑业总产值 311979.84 亿元，同比增长 6.45%；完成竣工产值 136463.34 亿元，同比增长 1.44%；签订合同总额 715674.69 亿元，同比增长 8.95%。

自 2009 年以来，我国建筑业增加值占国内生产总值的比例始终保持在 6.5%以上，带动的国民经济其他行业增加 2.02 亿元产值，影响力系数达到了 1.22，位居国民经济各行首位，国民经济支柱地位明显。但就产值利润率，2020 年为 3.2%，2021 年为 2.92%，我国建筑业也远远低于手工业水平，属于产值利润率最低的第二产业，是典型的劳动密集型产业。进入 2022 年度国际承包商百强榜中的内地企业有 26 家，数量比较稳定；新入榜内地企业有 5 家。与国际同类企业相比，我国大型工程总承包企业在产值规模非常大，但利润率与发达国家企业相比存在较大差距。

从世界范围内分析，新技术革命中数字技术的渗透与赋能为劳动生产率提升提供了新动力。从全球视角来看，与国民经济其他行业相比，建筑业仍然是劳动生产率增长速度最低的行业之一。

因此，要实现建筑业可持续发展，需要从根本上变革建筑业的建造方式，采用建筑业工业化先进建造方式对现有生产力进行升级，提高劳动生产效率，降低建筑业对劳动力的依赖度，缓解人口老龄化对建筑业行业带来的冲击，实现建筑业供给侧高质量发展。

1.1.1 资源消耗巨大

建筑业是全球最大的原材料消耗产业：高能耗高排放。建筑业的繁荣发展消耗了大量的化石能源，产生了大量建筑废弃物，比如粉尘、噪声、废气、废水、废渣等，不仅排放温室气体，而且大量占用土地资源，破坏土壤水分、肥力。

根据联合国环境署的数据，全球建筑全生命期产生的碳排放占全球碳排放总量的30%。按现有速度增长，到2050年，工程建造相关的碳排放将占全球碳排放总量的50%。与当前双碳发展方针明显不符，自然资源利用状况不可持续。

1.1.2 作业环境恶劣

建筑业为中国经济发展作出巨大贡献，但其现场作业环境差、劳动强度高，生产安全事故高发成为不容忽略的问题。虽然人类科技进步日新月异，但工程建造从业人员所处的劳动环境未得到根本性改善，这进一步催生工程建造领域日益严重的“用工荒”。工程建造专家Mark Farmer曾为英国政府撰写名为《现代化或许消亡》的咨询报告指出，工程建造领域劳动力的缺乏正在成为一个全球性的普遍现象。

我国建筑业从业人数占全社会就业人员总数的7.13%，属于典型的劳动密集型产业。由于机械化、自动化程度低，建筑业生产环境恶劣、作业条件差、劳动强度大，建筑施工已经成为高风险行业，是新一代劳动者排斥选择建筑业就业的主要原因之一。

1.1.3 人口老龄化严重

世界人口已进入老龄化阶段。世界范围内65岁及以上人口占比已于2002年超过7%，于2021年达到9.62%，处于轻度老龄化的阶段。高收入国家的人口老龄化程度更深，且增速更快，2021年高收入国家的65岁以上人口占比达到18.9%。世界范围内老年抚养负担逐渐加重，2021年增加到14.82%。世界的总和生育率呈现下降趋势，1963年达到5.3%的高点后缓慢下降，在2021年下降到2.32%。人口自然增长率不断下降，自然增长率从1975年的17.83%下降至2020年的9.19%。

欧洲和北美洲的老龄化程度更深，60岁以上老龄人口占比已分别到达26.3%和23.7%。15～60岁的劳动人口比例较高的是拉丁美洲和亚洲，占比分别达到63.4%和63.1%。从各大洲人口总和生育率来看，欧洲生育率低位平稳，非洲下降较快。

截至2022年末，我国60周岁及以上老年人口28004万人，占总人口的19.8%；全国65周岁及以上老年人口20978万人，占总人口的14.9%。全国65周岁及以上老年人口抚养比21.8%。

众多国家已进入老龄阶段。轻度老龄化阶段国家多分布在亚洲和南美洲，中度老龄化经济体多分布在北美洲和其他地区，重度老龄化国家多分布在欧洲。日本已成为当前世界范围内老龄化程度最为严重的国家之一。

1.1.4 产品品质需提升

首先是建筑寿命问题。根据我国《民用建筑设计统一标准》GB 50352—2019的规定，重要建筑和高层建筑主体结构的耐久年限为100年，一般性建筑为50～100年。然而，由于多种原因，建筑实际平均寿命难以达到此年限。其次是建筑质量问题。建筑质量投诉率相对较高。渗漏、裂缝、沉降等建筑通病存在，偷工减料危及结构安全性等隐性问题也偶有发生，购房者很难全面了解，导致信息不对等。接着是产品功能问题。建筑工程产品的功能也需要进一步提升以满足时代发展的需要。如今，除了满足安全、质量、成本的基本要求外，建筑物还需要满足个性化、智能化、绿色化、生态化、可持续发展等新要求。此外，全球性挑战如气候变化、资源短缺、人口增长等也对工程建造提出了新的要求，因此实现工程的绿色可持续发展成为建筑业的发展方向。生态建筑、零耗能建筑、被动式建筑、绿色建筑、可持续建筑、主动式建筑等一系列工程产品创新概念需要与建筑工程产品进行合理融合。

1.2 工程建造发展的数字化机遇

以数字化、网络化和智能化为特征的新一代信息技术开启了人类新一轮科技变革，将人类带入以算据、算力和算法为支撑的智能技术时代，颠覆性地提升人类的感知、认知、决策和实践能力。新一代信息技术正在催生新兴产业，助力改造提升传统产业，深刻影响社会变革，推动人类由工业文明向生态文明迈进，同时也为工程建造转型升级提供了新的机遇。

1.2.1 制造业数字化的变革

制造业在历次科技变革中，都及时抓住时代机遇，实现了生产力与生产关系的历史性变革。1784年，珍妮纺织机的诞生，标志着英国最早步入机械力时代，由此开启了第一次工业革命历程。随着机器大生产取代手工劳动，资本主义商品经济获得迅猛发展。第一次工业革命首次开创了世界历史，它所带来的机器大工业为把国际的交流推向全球化提供了必要的条件，为全球各地区、各国和各民族的沟通和未来全球一体化奠定了初步的基础。蒸汽机的发明、汽船的航运、铁路的畅通，是国家、民族间交流所不可或缺的基本技术条件，它为国际交流提供了经济前提。

在19世纪中期，资本主义的经济迅速发展，很多科学理论指导取得了重大进展，新技术、新发明层出不穷，19世纪60年代后期开始第二次工业革命，人类进入“电气时代”。科学、技术与工业生产的紧密结合，电力、内燃机的广泛使用，推动了大规模生产方式的日益普及，也使产业结构发生了深刻变化，以电力电子、石油化工、汽车、航空为代表的技术密集型产业快速崛起。生产力水平出现巨大飞跃，生产关系也随之不断调整，关税制度、股份公司制度、研发内部化制度、风险投资制度以及政府采购制度相继建立。通过生产和资本的高度集中，推动资本主义进入帝国主义阶段。

20世纪中期，以电子计算机的发明和应用为主要标志，开启了第三次工业革命。第三次工业革命是人类文明史上继蒸汽技术革命和电力技术革命之后科技领域里的又一次重大飞跃。计算机技术、原子能技术、空间技术以及生物技术的广泛应用和渗透融合，不断扩大劳动对范围和边界，劳动生产工具也更加自动化、智能化；劳动生产率的提高，不再简单依靠人的劳动强度增加，而是更多借助技术升级、工具改进和管理创新来实现。第三次工业革命，使得科学技术大幅度提高，为世界文化发展提供了雄厚的物资基础，并使得全球的文化联系越来越密切，呈现出多元化的特点。在社会生产力水平革命性提升的同时，也使得第一产业、第二产业在国民经济中的比重开始下降，第三产业的比重不断上升；科技成为国际竞争的焦点，现代管理逐渐发展为一门真正的科学。美国在知识产权保护、风险投资、反垄断以及企业并购等方面进行的制度创新，为其引领第三次工业革命进程提供了有力的支持。但是，不容忽视的是，诸如生态环境恶化、资源能源过度消耗、贫富差距过大等问题，正在日益蔓延为全球共同面临的挑战。

进入21世纪，人类面临空前的全球能源与资源危机、全球生态与环境危机、全球气候变化的多重挑战，由此引发了第四次工业革命——绿色工业革命。前三次工业革命使人类文明发展进入了空前繁荣的时代，与此同时也造成了巨大的能源、资源、消耗，付出了巨大的环境代价、生态成本，急剧扩大了人与自然之间的矛盾。绿色工业革命的目标首先是实现碳排放的“脱钩”。在碳排放“脱钩”的基础上，绿色工业革命要求加快转变经济发展方式，促使生态资本相关要素的“全面脱钩”，包括土地资源、水资源、生态环境资源等。一系列生产函数正在从以自然要素投入为特征，转向以绿色要素投入为特征跃迁。通过将工业生产系统与组织管理系统，甚至与客户需求系统联系，构建起工业信息物理系统，实现大规模定制生产模式，大幅度提高资源利用率，使得经济增长与不可再生资源要素脱钩，与二氧化碳等温室气体排放脱钩，并进而普及整个社会，一场绿色、生态革命正在来临。

如果说蒸汽的应用解放了人的双手，电力技术的应用解放了人的双脚，计算机和网络技术解放了人的神经系统，那么新一代信息技术则致力于解放人的大脑，使人拥有一个新的独立于人脑的信息空间——电脑信息空间，并不断演化发展为完整、独立、强大的网络虚拟信息空间——“信息-物理-社会”融合的信息空间，通过数字孪生技术，革命性地改变人类所处的物理空间、社会空间，甚至人类自身。

在“信息-物理-社会”融合的网络信息空间支持下，人们认识自然、改造自然的方式正在发生革命性变化，如认知物理空间，可以不必直接去观测它，转而通过各种信息工具去观测与计算；改造物理空间，也可以不直接去改造它，而是通过人机交互、大数据、自动化装备去高效率地完成，真正实现“人在系统中”的场景构建，使物理社会与网络社会的孪生互动成为现实。

在制造领域，中国制造2025、德国的工业4.0、美国的工业互联网、日本的工业价值链以及英国的高价值制造，虽然在战略重心和价值链定位方面各有不同，但是共同蓝图都是通过信息空间、物理空间、社会空间三者的融合，形成“信息-物理-社会”系统，即物理、认知、计算和社会等资源的一体化协调与融合，实现新一轮生产力与生产方式的变革。

1.2.2 建筑业数字化发展道路

随着互联网、5G等相关技术的发展与成熟，在数字技术为代表的现代科技的引领下，利用新技术破局在新一轮调整中已初见端倪。建筑企业有望在融合数字化基因的过程中，逐渐摆脱粗放的传统标签，实现数字化转型，助推智造强国梦的实现。

智能建造是数字技术与工程建造系统的深度融合，推进建筑工业化、数字化、智能化升级，是建筑业信息化转型要走的必经之路。根据《中国建筑业信息化发展报告（2021）智能建造应用与发展》调查显示，“企业发展战略需要”是被访对象所在单位开展智能建造的主要驱动力，占39.82%；“行业整体发展形式”“企业业务开展过程需求”也是被访对象所在单位开展智能建造的驱动力，分别占29.86%和28.51%；还有1.81%的单位出于其他原因开展智能建造。据中国工程院发布的《中国建造2035战略研究》白皮书指出，“十四五”时期是我国推进建筑业全面转型升级的关键时期，也是数字建筑发展的重大机遇期。应坚持以新一代信息技术为驱动，加快数字建筑技术攻关。可见，智能建造已经成为行业大势所趋，这也进一步说明，智能建造对于打造企业核心竞争力有着重要作用，智能建造的价值也被更多企业所认可。

数字建造可以提高建筑的质量和效率，降低成本，提高安全性和可持续性。同时，数字建造也可以促进建筑设计、施工、运营等全过程的管理和控制，提高建筑的智能化水平，从而为中国建筑特色的发展提供强大的生产力保障。

20 世纪 70 年代以美国、欧洲、日本为代表的工业化国家纷纷构建了各具特色的工业化建造体系，采用现代工业化手段进行工程建造的比例高达 80%左右，稳步走过了从标准化、多样化、工业化到集约化、信息化的不断演变和完善过程。可以说，西方发达国家，工程建造的变革是一个串联式发展过程。

我国由于历史的原因错过了前几次工业革命，直到中华人民共和国成立之后，才开始逐渐有组织地推动工业化转型。改革开放以来我国工业化进程快速推进，全方位缩小与发达国家的差距，但是在机械化、电气化、信息化方面的现实差距无法回避。以制造业为例，中国制造 2025 战略的核心是“工业化与信息化”两化融合，加上最近颁布的人工智能发展规划，事实上形成了“工业化、信息化、智能化”三化融合态势，是一种并行式的发展模式。

与制造业相比，我国工程建造更应该抓住数字化、网络化和智能化的新机遇，将现代制造技术与现代信息技术深度融合，实现并行式跨越发展，为国家经济发展提供助力。目前，我国工程建造仍未形成完整的工业化建造体系，工程机械领域虽然取得了长足进步，但是在液压传动、数字控制以及生态环保等关键核心技术方面与发达国家的一些工程机械企业相比还有不小的差距。在工程软件方面，80%的设计软件、95%的仿真计算软件和工艺规划软件等核心软件均为国外品牌所占领，我国的工程软件企业屈指可数，且都处于价值链低端。在从业人员方面，我国还缺乏大批与机器协作磨合考验的产业工人。

目前我国工程建造是在还没有完成工业化转型，甚至是没有实现机械化的基础上，就直接进入了数字化、智能化的竞争时代。我国作为全球工程建造大国，具有实现并行式跨越发展的有利条件。比如，庞大的市场空间产生巨大的需求拉动力，日趋完整的工业化体系提供了要素支撑，独有的工程大数据优势为人工智能发展奠定良好基础。

为了抓住新一轮科技革命的历史性机遇，积极参与全球竞争，为强国战略提供高质量工程产品，不仅需要紧跟和引领科技发展智能化前沿，还要夯实自动化、信息化基础，更要同步补上机械化、工业化的功课，探索出一条并行发展的创新之路。

工程建造数字化创新，需要向制造业学习，但又无法简单照搬制造业的数字化创新成果。因为与工业产品制造相对比，工程建造有着自身独有的特点，比如工业产品制造通常是制造工具固定，原材料和制品保持流动；而工程建造则是建造工具与原材料具有较大的动态性，产品的位置不动。以机器人的应用为例，按照日本某建设公司的统计，目前采用工业机器人核心技术开发的建造机器人，只能完成工程建造不到 1%的任务，机器人要想真正走上工程建造“主战场”，还需要攻克一系列的关键技术难题。

总体来说，数字技术与工程建造的融合创新是一个复杂的系统变革过程，不可能通过将两者进行要素层面的结合就能一蹴而就地实现，也不可能坐等制造业为工程建造提供全部的创新资源，更不可能简单模仿西方发达国家串联式发展的路径，必须立足国情，遵循工程规律，抢抓机遇，探索一条具有中国特色的工程建造高质量发展道路。

1.3 数字建造的概念

新一轮科技革命推动产业变革的大背景下，众多行业已经提出了自己的变革道路，例如制造行业的“智能制造”战略。对于数字建造领域，工程建设正经历着由“量”到“质”的提升，多源隐患、频发事故、滞后管理等原因，严峻的安全风险促使我们在新一代信息技术的推动下，努力实现建筑、能源和信息技术深度融合。面对挑战，工程企业迫切需要把握工程智能化的演变规律，形成与智能安全相适应的文化载体，融合先进管理理念、技术方法和工程实践，伴随智能建造的动态发展，创新形成文化、技术和管理相结合的新型安全管理模式。

什么是数字建造，目前还没有一个统一的表述。对此，不少学者和业界人员从不同视角进行了有益探索，并提出了类似概念。这些概念对建造数字化的理解各有侧重，包括技术、管理、工程产品与服务等。对此，在讨论这些概念的基础上，本教材试图给出数字建造内涵的系统表述。

1.3.1 数字建造的技术创新维度

在我国政府的正确指导下，我国城镇化发展迅速，建筑市场快速扩大，大批量资金快速流入建筑行业。根据建筑行业实际的发展水平，准确地分析适合建筑行业发展中生产、施工、材料、设备等方面的技术创新要求，最大限度地满足现代社会的建筑发展需求。建筑行业的技术创新发展需要与国际发展水平接轨，我国不仅需要学习西方先进的技术，而且要在中国国内大循环背景中进一步地提升、完善现代技术创新水平，不断提升现代生产技术的产品质量，降低生产成本，提升企业的整体经济效益水平，建构中国数字建造标准，提升我国建筑企业国际竞争实力。

建筑行业的技术创新需要符合现代市场发展需求。不合理的创新，不仅会造成资源的浪费，而且会影响建筑技术的发展。在建筑技术的设计中，如果理论与实际联系不紧密，就会造成实际应用无法满足市场的发展需求，制约创新工作的快速发展。建筑行业数字化管理，需要以计算机、电子设备为应用导向，不断提升建筑材料、建筑施工设计、建筑设备使用等技术与信息技术的结合，降低建筑施工中可能产生的各种失误现象，提升建筑施工的信息管理水平。对于环保问题，应建立精细化数字化的环保技术信息建设框架，全面监控和控制施工中产生的各种废气、废料、废水的排放过程，改善人们周围的环境生活。对于工程施工过程，可以建立有效的监理管理信息应用，提高对建筑施工技术的实时监控化管理，增强对建筑设计、施工、材料使用、施工质量等内容的合理控制和调整，不断提升建筑施工的精细化管理水平，降低可能产生的各种浪费问题，切实提升建筑质量水平。对于绿色建筑，可以采用低碳建筑技术应用方式，在施工过程中恰当地使用新能源、新材料、可再生资源，提高建筑技术的绿色环保价值，不断提升建筑质量的发展管理水平，确保生产过程的顺利进行。在居住上，加强对现代建筑居住舒适度的智能感应研究，实现居住环境的智能化管理。当行业原有的技术无法适应现代的建筑行业快速发展需求，政府需要大力扶持建筑施工技术的发展创新水平，对企业的创新进行补偿化管理，逐步提高企业的技术应用性，加强对施工技术的创新研究，改善企业实际的创新技术应用平台。建立良好的建筑企业管理团队，提高现代新技术的应用，加强新技术的发展，设立专门的研发部门，以最新的技术管理方式，建立完善的竞争管理制度，建立良好的工作环境，提升建筑施工技术的应用发展。

建筑行业的各级管理人员和施工人员需要不断发展创新管理意识，培养优秀的专业技术人才，推进技术的研发和推广，以良好的创新精神，提升团队发展建设，促进先进技术的引进和推广，实现建筑行业发展和经济利益的提升，推进行业的快速发展，优化建筑技术的创新发展水平。现代建筑行业在良好的计算机技术创新应用、电子产业创新应用、材料物理创新应用、低碳环保创新应用等技术创新应用的快速发展下，实现建筑企业整体技术水平的提升，满足现代技术利益的综合发展需求，不断提升建筑行业技术的快速发展，顺应现代市场的发展需求，满足人们建筑居住的需求，提升人们的生活品质，实现建筑产业技术发展水平的快速提升。

1.3.2 数字建造技术管理集成维度

在数字技术逐渐从工程设计向施工领域渗透的同时，人们也开始在更大的范围内探索数字技术在工程建造全生命周期集成管理中的应用。比如，虚拟设计与施工、虚拟建筑等。

虚拟设计与施工（Virtual Design and Construction，VDC），是由斯坦福大学集成设施工程中心于 2001 年提出来的。旨在利用建筑信息建模、多维信息集成、可视化虚拟仿真、信息驱动的协作，以及施工自动化等数字化技术，将工程建设项目中独立的、各业务部门的工作连接与集成起来，增强工程项目各参与主体间的沟通、交流与合作，协调处理项目交付过程中可能遇到的各类问题，实现项目的综合目标。

除了工程设计与施工，工程运营服务也逐渐被纳入工程建造数字化的范围，Fred Mills 于 2016 年提出了数字建造（Digital Construction）概念，主张利用数字工具来改善工程产品的整个交付和运维服务流程，使建筑环境的交付、运营和更新更加协调、安全、高效，确保在建造过程全生命周期的每一个阶段都能获得更好的结果。在他的理解中，数字建造是利用信息技术（如互联网/BIM/云计算）、传感器技术及其他先进的数字化技术进行建筑设计、施工、运营等新型建造模式。这是目前比较完整表述数字建造内涵的概念。

随着人工智能技术的发展，有人对工程建造向智能化方向发展给出了预期，John Stokoe 于 2016 年提出了智能建造（Intelligent Construction）概念，强调要与时俱进，充分利用先进的数字技术，从全行业角度进行变革创新。他认为智能建造将彻底改变人们对建筑业的普遍看法——建筑业是劳动密集型、浪费严重、成本高昂和高风险的行业；无论是在经济上还是在物理上，智能建造都将创造一个动态、有效、高价值行业，吸引投资并成为新的经济驱动力。

1.3.3 数字建造的产品服务维度

在工程产品由自动化迈向智能化的过程中，数字技术功不可没，人们找到了在数字世界里面建构现实工程产品的方式——虚拟建筑。随着实体建筑与虚拟建筑日益融合，建筑越来越具有了某种自主决策的能力，于是衍生了智能建筑（Intelligent Building）的概念。当前，智能建筑越来越关注“以人为本、绿色可持续”，而不仅仅局限于一个靠网络连接的自动化技术装置的集合。借助智能化程度更高的控制系统，实现对多种技术进行有机整合，不断提升工程产品对环境的感知与自适应调节能力，例如实时的能效控制，或舒适性的优化等，并推动智能建筑往更开放、更优化的方向发展，从而进入了更高的发展阶段——智慧建筑（Smart Building）。

智慧建筑的概念最初是美国在 20 世纪末提出的，目前最权威的定义来自国际标准协会，即“智慧建筑是以建筑为载体，通过对建筑物 5A 系统（即 BAS 楼宇自动化系统、OAS 办公自动化系统、FAS 消防自动化系统、SAS 安防自动化系统、CAS 通信自动化系统）的控制确保人们享有的建筑环境最大程度地智能化”。较之于智能建筑，智慧建筑在数字技术的应用方面更加先进和成熟，通过对各个智能系统的集成管理，以共同协作来实现建筑物的功能目标。如 A. H. Buckman 曾指出，智慧建筑其核心是适应性，而不只是局限于反应性，以力求更好地满足建筑在能源、效率、寿命、舒适度和社会满意度的需求。

我们从以上三个不同角度阐述了对数字建造的理解，可以看出数字建造内涵处在一个不断完善和丰富的发展过程中，且三个维度彼此之间并不是孤立的，从技术要素、业务过程以及产品服务等维度下共同构成一个数字建造的整体。数字化建造不仅是建筑工艺的升级，更是建造理念、建造方式、发展和产业生态的变革。

1.4 数字建造的基本框架

数字建造有着丰富的内涵，涉及建造技术、建造方式、企业经营和产业转型等多个方面。以物联网、云计算、大数据与人工智能为代表的通用目的技术，是数字建造创新发展的基础；数字技术与工程建造的融合，通过组合式创新，形成工程多维建模与仿真、基于工程物联网的数字（或智能）工地（厂）、工程大数据驱动的智能决策支持，以及自动化、智能化的工程机械等领域关键技术；克服传统碎片化、粗放式工程建造方式的弊端，实现工程全生命周期的业务协同，促进工程建造产业层面的转型升级，最终向用户高效率地交付以人为本、智能化的绿色工程产品与服务。

1.4.1 数字建造系统的目标

智能建造的目的是令建筑过程更好地满足需求、更有效率、更加安全、更为绿色环保。为用户提供“以人为本、绿色可持续”的工程产品和服务，具体体现在以下三个方面。

（1）满足以人为本的服务需求。用户对工程产品和服务的需求是不断变化的，且要求越来越高，个性化的定制需求正在逐步代替传统的共性需求。工程建造产品不再只是个被动的空间、物质范畴，而是一个能与用户进行互动的对象，能够更主动地识别、理解并响应人的个性化行为和要求。

（2）符合可持续发展要求。工程建造活动、产品和服务要遵循生态环境保护和可持续发展理念，充分考虑所处的环境特征，避免影响生态环境，实现工程建造与生态环境的有机融合和可持续发展。

（3）提高资源利用效率。资源利用效率直接反映工程建造生产力发展水平，同时也决定工程建造相关企业的经营效益。工程建造涉及大量资源的使用，其中包括各种物资资源、数据信息和知识资源，如何提升各种有形和无形资源综合利用效率，最大限度地减少工程建造过程中的浪费，以尽可能减少资源和时间的投入，交付功能更为丰富、品质更为优良的工程产品与服务，并在整个产业体系中构建高效的资源循环利用模式，是数字建造系统追求的重要目标。

1.4.2 数字化、网络化、智能化技术是数字建造的基础

数字技术是指借助一定的设备将各种信息（包括但不限于图、文、声、像等），转化为电子计算设备能识别的二进制数字“0”和“1”，并进行加工储存、传输、计算、显示和利用的技术。经过几十年的发展，数字技术已形成一个丰富的技术体系。新一代数字技术是以“三化”（数字化、网络化、智能化）和“三算”（算据、算力、算法）为特征的通用技术，是数字建造创新发展的基础支撑技术。

数字化是将众多复杂多变的信息转变为可度量的数字、数据，形成一系列二进制代码，便于计算机处理。数字化是工程建造可计算、可分析、可优化的基础，并为人工智能提供充分的算据。网络化是利用各种计算机技术和网络通信技术，按照相应的标准化网络协议，实现分布在不同地点的计算机及各类电子终端设备的互联互通，支持在线用户共享软件、硬件和数据资源。如利用云计算、雾计算和边缘计算等网络化计算技术，大大提高数据处理的算力，实现计算资源的按需利用。基于互联网、移动互联网和物联网的各类应用，帮助人们跨越时空限制，实现自由沟通与交流，为群体智能的出现提供可能。智能化是以数字化、网络化为基础，海量的算据、强大的算力和先进的算法为支撑，系统所表现出的能动地满足人的各种需要的能力属性。随着深度学习、强化学习以及迁移学习等算法的不断改进，算据、算力与算法的结合正在推动人工智能的广泛应用，逐渐由弱人工智能走向强人工智能，甚至向超级机器智能时代迈进。

1.4.3 数字建造领域关键技术

新一代通用数字技术与工程建造活动要素的结合，形成数字建造领域关键技术。工程多维数字建模与仿真技术，为优化设计、认知工程和理解工程提供直观高效的方式；基于工程物联网的数字工地（厂）技术为参与工程建造的各类主题全面、及时、准确地认知和分享工程建造信息提供可能；基于大数据的智能应用为各类工程决策提供支持；自动化、智能化的工程机械将显著提升工程建造作业效率。

1. 工程多维数字化建模与仿真技术

200 多年来，二维平面视图一直是工程技术人员表达和认识工程的方法，但存在表达不清、失真和错误的问题。为解决这些问题，多维数字化建模与仿真技术正在逐渐取代二维图样技术。基于模型的工程产品定义语言是一种超越二维工程图纸、实现产品数字化定义的全新方法，能够从设计到构件加工、现场施工、成果测量检验的高度集成。采用这种技术，工程技术人员可以从不同维度对工程产品、组织和过程进行专业化建模，利用仿真技术优化设计方案，消除设计与建造中的不确定性和缺陷。建筑信息模型就是基于模型的

产品定义技术与工程建造结合的产物。

2. 基于工程物联网的数字工地技术

施工工地是工程建造活动的主要场所，与智能制造中的智能工厂类似，将数字技术与施工工地的作业活动有机结合，构建工程物联网，可以全面、及时、准确地感知工程建造活动的相关要素信息。如借助数字传感器、高精度数字化测量设备、高分辨率图像视频设备、三维激光扫描、工程雷达等技术手段，可以实现工地环境、作业人员、作业机械、工程材料、工程构建过程的泛在感知，形成透明工地。

工程物联网技术与BIM、企业资源规划技术结合，可以建立准确反映工程实体工地的数字工地。数字工地具有可分析、可优化的特点。将实体工地的信息通过工程物联网映射到虚拟的数字工地中，利用计算机对工地的资源和活动要素进行科学计算与分析，以数字流驱动物质流和能量流，实现对实体工地的高效组织与管控，如安全保障、设备物资调度、生产管理、项目总控等。

3. 基于工程大数据的智能决策支持技术

数据资源被誉为信息时代的“黄金矿”“新石油”。Alpha Go的胜利表明，人工智能与聪明无关，其本质是大数据和深度学习算法。在信息时代，平均每个建筑寿命周期大约产生10TB级别数据。但是，在传统工程建造模式中，海量的数据往往随着工程结束而淡出人们的视线，沉默在档案室或者硬盘中。

数字化设计和数字工地可以积累海量的数据，包括工程环境数据、产品数据、过程数据及生产要素数据。通过设定学习框架，以海量数据进行自我训练与深度学习，实现具有高度自主性的工程智能分析，支持工程智能决策。并通过持续学习和改进，克服传统的经验决策和基于固定模型决策的不足，使工程决策更具洞察力和实效性。

4. 自动化、智能化工程机械

工程机械是工程建造水平的标志。数字技术赋能工程机械，将不断提升工程机械的自动化水平和自主作业能力，使其逐渐发展为承载着作业人员智慧，甚至是超越作业人员智慧的智能机器。当前，机器智能化成本呈现不断下降、性能不断提升的趋势。可以预见，未来将有越来越多的自动化、智能化机器和专业工程师智慧连在一起，形成人机混合智能体系，人工智能与自动化建造装备逐步接管施工现场，实现对自然物理空间更科学、更高效、更精确、更灵活的改造，创造出更为和谐的工程建造作业系统。

工程建造机器人代表着工程机械发展的未来，也是人类应对极端环境下工程建造挑战的必然选择。虽然目前的建造机器人尚无法完全适应工程建造移动化作业需求和多变的作业环境，随着技术的进步，制约建造机器人发展的技术瓶颈将会逐步得到解决。

1.4.4 数字建造业务集成与协同

与智能制造相比，工程建造在产品服务品质、劳动生产率、环境影响以及作业条件等方面存在诸多问题，一个重要原因是工程建造系统的碎片化。具体体现在两方面：一是工程建造专业之间沟通与协调困难。现代工程规模日益扩大、功能越来越丰富、复杂性越来越高，专业领域分工越来越细，如工程地质勘察、建筑设计、结构工程、给水排水工程、暖通与空调工程、机电工程以及设计智能楼宇的网络综合布线与控制系统等，二维图样技术使得各专业之间沟通协调困难，各专业之间往往出现各种冲突和错误。二是工程全生命周期各过程之间的信息沟通与传递不畅。工程建造活动从策划、施工到运维，有着清晰的阶段划分，各个阶段的活动应该是相互联系、相互支撑。而数字建造通过全过程生命周期，建构一套BIM模型，实现建筑中间产品的整体交付，有效缓解了工程建造系统的碎片化问题。

1.4.5 数字建造促进产业转型

数字建造正在带来工程建造方式的改变，重塑工程建造产业协同机制，促进产业转型，具体包括工程建造的工业化、服务化和平台化转型。

工程建造的工业化转型。工业产品建造的特点是个性化。工程建造的工业化转型是指借鉴工业化生产理念，将工程产品分解为部品部件，并批量化生产；采用智能物流优化资源调度；在工地现场装配建造成工程产品。其中，通过批量化提高建造效率，多样性的装配方案满足用户的个性化需求。这实际上是一种大规模定制的“制造-建造”方式。数字技术为实现工程设计标准化、部品部件工厂生产批量化、工地装配机械化和组织管理科学化发挥重要作用。

工程建造的服务化转型。服务经济，是工业化高度发展的产物，是以人的高品质、个性化服务需求为中心的信息经济或知识经济。数字建造提供的多种集成机制，使得以用户个性化服务需求为驱动的工程建造成为可能，从而实现工程建造产品的价值增值；同时，将更多的技术性、知识性服务渗透到工程建造过程价值链中，形成工程建造服务网络，有利于提高建造效率，体现技术和知识资源在工程建造活动中的价值增值，进而推动工程建造从产品建造向服务建造的转型升级。

工程建造的平台化转型。平台经济模式正在席卷全球，随着数字建造价值链的不断拓展与丰富，越来越多的参与主体通过信息网络建立起链接，在网络效应驱使下，推动整个产业向平台化方向发展，大幅降低市场交易成本。平台化生态的建立，不断重构和优化工程建造价值链，各个环节的企业可以借助平台，面向用户提供更好体验产品和服务未来实现各方利益的最大化。

专题：数字中国建设整体布局规划

思考与练习题

1. 对于传统工程建造方式所面临的困境，你认为主要问题是什么？
2. 数字技术如何为工程建造的转型升级提供新的机遇？
3. 数字建造的内涵对你有什么启示？
4. 从技术创新维度看数字建造，你认为主要涉及哪些关键技术？
5. 什么是数字建造框架体系，其构建的基础是什么？
6. 数字建造系统的主要目标是什么？

7. 在数字建造领域，你认为哪些关键技术最为重要？
8. 数字建造如何促进产业转型？
9. 你认为数字建造和传统工程建造的主要区别是什么？
10. 在实现中华民族伟大复兴的过程中，数字技术如何发挥作用？

2 数字建造的基础设施

本章要点与学习目标

1. 了解数字建造基础设施的概念和重要性。

2. 理解数字建造基础设施的发展历程。

3. 掌握数字建造平台的发展趋势，包括硬件和软件方面的变化，了解这些趋势如何影响未来的建筑和工程。

本章导读

本章将深入探讨数字建造的基础设施，这是数字化时代中建筑和工程领域的关键组成部分。我们将了解数字建造基础设施的内涵、构成和发展趋势，以及它们如何塑造未来的建筑和工程。

重难点知识讲解

2.1 数字建造的基础设施

当前，传统工业经济向数字经济升级，其基础设施也必将随之变革。过去，中国大规模的经济发展社会活动建立在以高铁、公路、航空港、住宅等为代表的传统基础设施建设上。如今，5G网络、工业互联、物联网等网络基础设施、数据中心等大数据基础设施、人工智能等计算基础设施，已成为必要且广泛的新兴基础设施。而推进“新基建”进程，并非单纯的基础设施建设，而是将工业化、数字化、网络化应用进行统筹推进，既强化建设保发展的传统属性，又助推创新和拓展新消费、新制造和新服务。升级传统基础设施智能化水平，提升新型基础设施产业化水平，既是国家通过投资促发展，也是企业面向未来谋布局。

改革开放以来，中国的信息基础设施建设经历了飞跃式的发展。在21世纪以前，我国的互联网使用量非常有限，在世界信息基础设施的建设发展上几乎是一个奇迹，1987

年9月14日，中国才有第一封电子邮件。2018年，我国的电信业务总量为65555.73亿元，邮政业务总量达到12345.20亿元，中国已建成全球最大规模的宽带网络。到2023年12月，我国网民规模达10.92亿，互联网普及率达77.5%，互联网经济和移动经济走在世界前列。

2.2 数字建造基础设施的内涵

数字基础设施的内涵在于面向数字经济、数字社会和数字政府发展需要，提供数据感知、采集、存储、传输、计算、应用等支撑能力的新一代数字化基础设施，数据如同血液充盈在数字基础设施每一个部分。

2.2.1 数字建造基础设施的概念与特点

信息基础设施是全球信息化的最低保障并具有引导意义，它的定义也分为狭义和广义的差别。狭义定义源于19世纪90年代初美国最开始建立的“信息高速公路”的概念，是电子信息和通信系统和由这些系统储存和衍生的内容。广义上分析，信息基础设施是指邮政、电信等一系列与信息传播、储存和使用相关的基础设施。

信息基础设施由信息资源系统、终端和中间连接的远程网络、本地网络等重要的四个区域构成；按服务的方面，可分为服务层、传送层和最高的管理层组成。主要包括以下设施和服务：首先是信息硬件设施、信息基站、网线等，包括终端的路由器、电缆、光猫等。其次是信息软件设备，是与硬件相匹配的软件使用系统，主要有操作系统、安全系统等。软件是使用硬件的必要设施和主要因素，它能发挥出硬件的能力。最后是信息组织体系，包括信息基础设施的监管、硬件维修、软件维护、研究等相关的部门和各个层级的机构，是保证信息基础设施能够快速高效流动的基础，也能够降低流动风险等。

根据现代基础设施的不同层级，将其分为融合应用层、存储计算层、网络通信层。网络各层设计上，每一个层级相互独立，但它们之间又有着千丝万缕的联系。融合应用层主要包含通用软硬件基础设施和传统基础设施的数字化改造，工业互联网、物联网、基础软件、智能交通基础设施以及智慧能源基础设施；存储计算层包含数据中心、云计算、人工智能；常见的4G网络、5G网络、光纤宽带、IPv6以及卫星互联网则归属于网络通信层。

信息基础设施具有基础设施的特点，并具有以下四个特点：首先，它的建设超前性和开创性很强。从世界上其他发达国家看，信息基础设施的建设使用大幅度高于其他一些基础设施，经济增长推动作用更加明显。其次，它具有一些自然垄断的性质。信息基础设施建设的难度很大，和电网、铁路等具有相同的性质，它的规模效应是一直递增的，其使用的边际效用很低。再次，信息基础设施是资产禀赋的一种，能够助推国家参与国际竞争，实现核心竞争力。虽然信息基础设施的建设上和软件上可以从国外引入，但它所涉及的终端服务和产品的本地化需要较长的再造才能实现。但从网络上来说它是全球性的，通过基础设施中信息的流动，可以通过网络了解到更多全球的事情，实现地球村的效果。最后，信息基础设施具有网络经济性和溢出效应。与其他的基础设施不同的是，它的网络是紧密连接的，所产生的溢出效应也会随使用的增加而加大，无论是正的外部性还是负的外部性都会通过信息基础设施的这种特点被放大。因此，在信息基础设施的使用上要慎重，尽量减少损害，增加正的效应。

2.2.2 数字建造基础设施的发展过程

现有信息基础设施是50多年以来的计算机平台变化发展的产物。该发展过程可分为五个阶段，各阶段都体现了不同计算机能力的配置和信息基础设施的构成，分别为通用主机及小型计算机、个人计算机、客户机/服务器网络、企业计算、云计算及移动计算。在不同的阶段，有该阶段的主流代表技术，其他技术也共同存在（图2-1）。

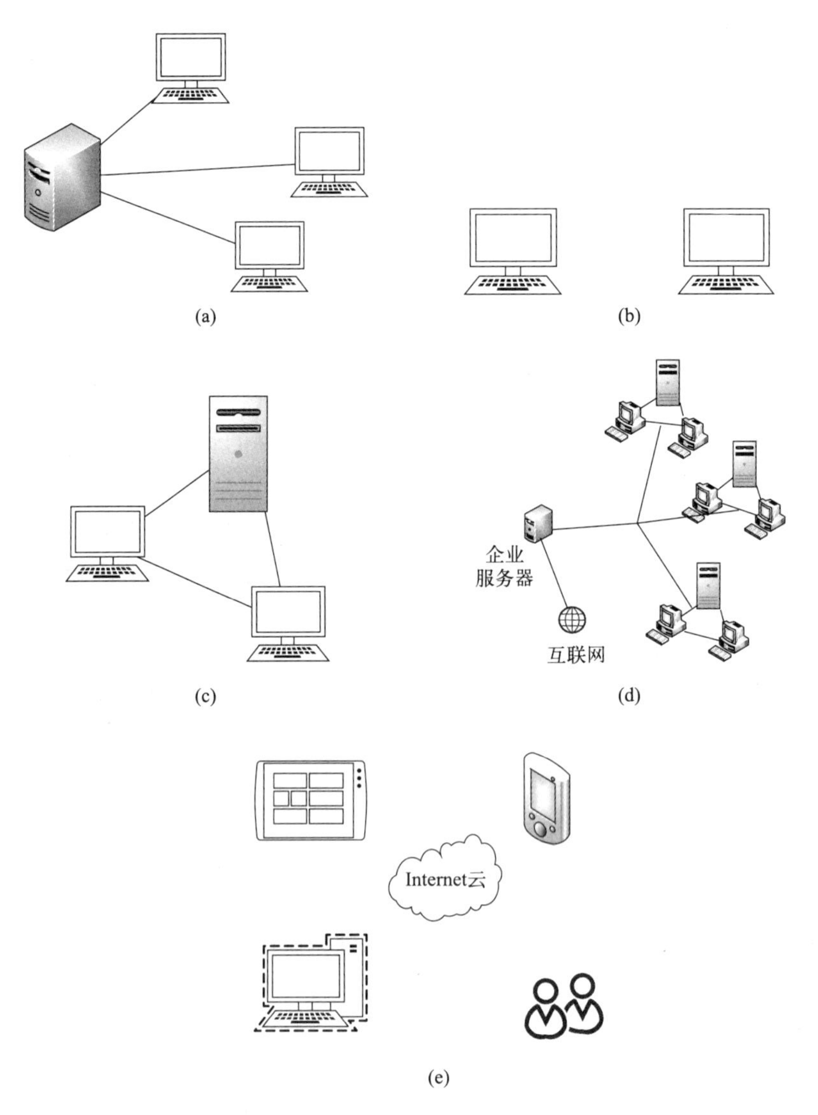

图2-1 IT基础设施演化的阶段

(a) 通用主机及小型计算机阶段（1959年至今）；(b) 个人计算机阶段（1981年至今）；
(c) 客户机/服务器阶段（1983年至今）；(d) 企业计算阶段（1992年至今）；
(e) 云计算及移动计算阶段（2000年至今）

1. 通用主机及小型计算机阶段（1959 年至今）

1959 年，IBM1401 和 7090 晶体管计算机的出现，标志着主机型计算机开始广泛地用于商业中。1965 年，IBM 推出的 IBM360 系列，使得主机型计算机真正为人们所认识。IBM360 是第一款拥有强大操作系统的商用计算机。同时，IBM 在主机型计算机领域中处于领导地位。主机型计算机拥有非常强大的功能，能够支撑数千个远程终端，通过专用通信协议和数据线与中央主机远程连接。

这一阶段采用高度集中的计算模式。计算机系统都是由专业的程序员和操作系统员集中控制的（通常在组织的数据中心）。各种基础设施几乎都由同一生产商提供，即软硬件生产商。这种模式在 1965 年数据设备公司推出小型计算机后开始发生变化。

2. 个人计算机阶段（1981 年至今）

尽管第一批真正的个人计算机（PC）最早出现在 20 世纪 70 年代，但这些计算机并没有得到普遍的应用。通常认为，1981 年 IBM PC 的出现标志着个人计算机时代的开始，这是因为 IBM PC 在美国企业中第一次得到了普遍应用。起初使用基于文本命令的 DOS 操作系统，后来发展为使用 Windows 操作系统的 Wintel PC 计算机（使用 Windows 操作系统以及 Intel 微处理器的个人计算机），成为桌面个人计算机标准。根据 IDC 发布的《2024 年中国 PC 市场十大洞察》，基于 AI 的 PC 逐渐成为主流，带领终端生态多元化。

3. 客户机/服务器阶段（1983 年至今）

在客户机/服务器计算（Client/Server Computing）中，被称为客户机（Client）的台式机或便携电脑通过网络与功能强大的服务器（Server）连接在一起。服务器向客户机提供各种服务和计算能力。计算机的处理任务被分配在这两类设备上完成。客户机主要作为输入的用户终端，而服务器主要对共享数据进行处理和存储，提供网页，或者管理网络活动。“服务器”一词具有两个方面的含义：一方面指应用软件；另一方面指用于运行网络软件的计算机物理设备。服务器可以是一台主机。一般而言，服务器具有更强的处理能力，其软硬件和参数配置根据运行需求进行量身定做。

最简单的客户机/处理器网络由客户机通过网络和服务器连接而成，这两类计算机具有不同的处理分工。这种架构被称为两层客户机/服务器架构（Two-Tiered Client/Server Architecture）。虽然在很多小型企业中可以见到这种简单的两层架构的客户机/服务器网络，但大多数企业采用的是更为复杂的多层客户机/服务器架构（Multitiered Client/Server Architecture）。通常称为 N 层客户机/服务器架构。在多层客户机/服务器架构中，整个网络的工作负荷根据所请求的服务类型在不同层次的服务器中均衡（图 2-2）。

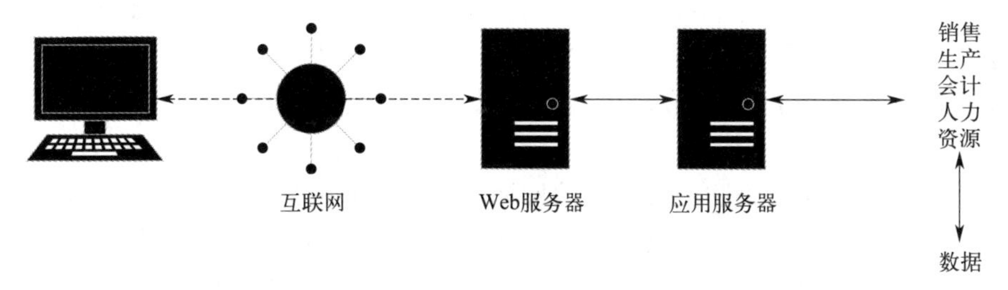

图 2-2　多层客户机/服务器网络

其工作流程是：客户机请求访问企业系统（如查询产品清单或价格），Web服务器（Web Server）通过应用服务器软件负责响应服务请求，对存储的Web页面进行定位和管理，为客户机提供Web页面。应用服务器软件可以与Web服务器放在同一台计算机上，也可以放在专用的计算机上。

客户机/服务器架构使得企业可以将计算任务分散到一些较便宜的小型计算机上，相比于采用集中处理的主机系统，能极大地降低运维成本，方便管理，使企业计算能力不断增强和应用软件数量急剧增加。同时，也可以减少客户端处理能力和计算负担。

Novell Netware公司是客户机/服务器阶段初始时的技术领导者。全球服务器市场在硬件方面呈现出多强竞争的格局。随着新基建政策的推进和人工智能、云计算等新技术的快速发展，对高性能计算和存储的需求也在不断增加，这推动了服务器硬件的创新和发展。在软件方面，全球服务器市场也呈现出多元化和开放性的趋势。随着云计算和开源技术的普及，越来越多的企业和组织开始采用云服务和开源软件，这推动了服务器软件的创新和发展。桌面端，Windows占据了主要的市场份额。

4. 企业计算阶段（1992年至今）

20世纪90年代初期，企业开始应用一些网络标准和软件工具将分散的网络与应用进行整合，形成覆盖整个企业的基础设施。1995年以后，当互联网发展成为可靠的通信方式之后，企业开始应用传输控制协议/网际协议（Transmission Control Protocol / Internet Protocol，TCP/IP）作为连接分散的局域网的网络标准，形成了企业内部网。

随之形成的IT基础设施把不同的计算机硬件和较小的计算机网络连接成了一个覆盖整个企业的网络，使得信息可以在组织内部以及不同组织之间自由流动。不同类型的计算机硬件，包括主机、服务器、个人计算机及移动设备等，都可以连接起来，还可以进一步与公共基础设施，如公用电话网、互联网和公共网络服务等相连接。企业基础设施通过软件支持以把分散的应用连接起来，使数据能够在企业内部的各业务部门之间自由传输，例如企业应用和Web服务，为数据管理时代的到来奠定了基础。

5. 云计算及移动计算阶段（2000年至今）

互联网宽带的升级推动了客户机/服务器模式更进一步向名为“云计算模式”的方向发展。云计算（Cloud Computing）是指提供通过网络（通常是互联网）访问计算机资源共享池的一种计算模式。计算资源包括计算机、存储、应用和服务。这些“云”计算资源可以以按需使用的方式，从任何联网的设备和位置进行访问。移动计算是指通过移动设备（如手机、平板电脑等）进行计算。

现今，云计算是发展最快的计算形式。成千上万台计算机被安置于云数据中心。云数据中心可以被台式机、便携电脑、平板电脑、娱乐设备、智能手机和手表以及其他连接到互联网上的客户端设备访问。很多互联网公司都建立了庞大的、可扩展的云计算中心，为那些希望在远程维持其IT基础设施的企业提供云计算能力、数据存储和高速互联网连接服务。

大数据、人工智能、物联网等技术的发展及移动互联网的普及为智能手机的发展提供较大的支持，也为智能手机的发展提供了新的需求。1930年，贝尔实验室造出了第一部移动通信电话。1973年4月，摩托罗拉公司工程技术员“马丁·库帕”发明世界上第一部推向民用的手机。现阶段全球手机行业已经进入4G智能手机时代，众多国家已经开始布局 5G 甚至是 6G 移动通信技术。全球来看，全球手机产业链主要分布在美国、韩国、日本、中国等国家，其中，美国以品牌和技术为核心，韩国和日本以核心零部件和技术为优势，中国是全球手机产业链最为完善的市场。

2.3 数字建造基础设施的构成

数字建造基础设施的构成要素主要有七类，主要包括：计算机硬件平台、操作系统平台、企业软件应用、数据管理和存储、网络/通信平台、因特网平台、咨询和系统集成服务。

1. 计算机硬件平台

计算机硬件平台包括主机、服务器、PC 机、平板电脑、智能手机、物联网终端等。所有这些设备构成了执行全球企业（和个人）计算机的计算机硬件平台。

大部分企业计算机集中在由英特尔以及 AMD 制造和设计的微处理“芯片”商。英特尔和 AMD 处理器通常被称为 X86 或 X86-64 处理器，因为一开始 IBM 的 PC 机使用了 Intel8086 处理器，之后所有的英特尔（和 AMD）芯片向下兼容此处理器（比如，你可以在昨天新买的 PC 机上运行一个 10 年前设计的软件应用程序）。随着移动计算设备的引入，计算机平台发生了巨大的变化，移动手机、物联网成为一种发展趋势。截至 2022 年，ARM 架构占据全球移动芯片 95%的市场份额，X86 架构垄断市场地位不断被削弱。

指令集是 CPU 中用来计算和控制计算机系统的一套指令的集合，从现阶段的主流体系结构讲，指令集可分为复杂指令集（Complex Instruction Set Computing，CISC）和精简指令集（Reduced Instruction Set Computing，RISC）两部分，其中复杂指令集，性能强大，但是功耗高，适合 PC 端，而精简指令集，虽然功能相对简单，但是功耗低，成本更低。

物联网终端是物联网中连接传感网络层和传输网络层，实现采集数据及向网络层发送数据的设备。它担负着数据采集、初步处理、加密、传输等多种功能。物联网改变了互联网中信息全部由人获取和创建，以及物品全部需要人类指令和操作的情况，未来将深远地影响生产生活中的每个方面。据艾瑞测算，2020 年中国物联网设备连接量达 74 亿个，预计 2025 年将突破 150 亿个，为数据产业及相关价值链提供孵化沃土。

然而大型主机没有完全消失。大型主机在可靠性和安全性要求高的大宗事务处理中继续被使用，例如用于海量数据的分析、云计算中心大负荷任务的处理。特别是金融、电信、航空、物流等，这些领域对可靠性和稳定性要求非常高，因此大型机在这些领域中仍然占据着主导地位。

2. 操作系统平台

操作系统主要分为桌面操作系统、移动操作系统、服务器操作系统、云操作系统、嵌入式操作系统、物联网操作系统。

桌面操作系统。Windows、MacOS 和 ChromeOS 是目前全球范围内使用较多的三大操作系统。Windows 拥有庞大的应用程序生态系统和丰富的功能，被广泛应用于个人和商业领域。MacOS 主要用于苹果公司的电脑等，它具有独特的用户界面和强大的多媒体处理能力。ChromeOS 是一种基于 Web 的操作系统，它以 Chrome 浏览器为核心，将应用程序、文件和操作系统统一在 Web 浏览器中，为用户提供快速、简洁和安全的桌面体验。除了这三大操作系统外，还有 Linux 等其他桌面操作系统，但在全球范围内市场份额相对较小。

移动操作系统。移动操作系统目前使用较多的是 iOS 和 Android。移动操作系统市场的发展趋势与技术进步密切相关。随着 5G、AI 和物联网等技术的普及和应用，移动操作系统将不断演进和变革，以满足用户对于更快、更智能、更安全的移动设备的需求。

服务器操作系统和云操作系统主要有 Microsoft Windows Server、Unix 和 Linux。Linux 是与 Unix 相关的一种低价且强大的开放式源代码的操作系统。Microsoft Windows Server 能够提供企业范围的操作系统和网络服务，适用于那些基于 Windows 的 IT 基础设施企业。Unix 和 Linux 是可扩展的、可靠的，并且比大型机操作系统便宜得多。它们也可以运行在不同类型的处理器上。Unix 操作系统的主要供应商有 IBM、惠普和 Oracle-Sun。

嵌入式操作系统、物联网操作系统近年实现较快发展，已经深入人类日常生活和生产。比如 Ucos，跑在单片机上的实时系统，占用资源少，实时性高。Contiki 是一个开源的、高度可移植的、支持网络的多任务操作系统，对硬件的要求极低，是面向物联网的开源操作系统。

3. 企业软件应用

企业软件是为企业关键业务提供支持的软件。最大的企业软件供应商是 SAP 和甲骨文（收购了 PeopleSoft 公司）。企业应用软件还包括中间件（Middleware）。中间件主要由大的供应商提供，用来连接企业现有的各种应用系统，实现企业内系统的全面集成。

4. 数据管理和存储

信息时代，数据成为构成数字经济的宝贵资源，全球新信息的数量每三年翻一番，从而推动了对更有效的数据管理和存储的需求，所有应用软件的运行和数据处理都要与数据库进行数据交互，因此数据库被誉为“基础软件皇冠上的明珠”。企业数据库管理软件负责组织和管理企业的数据，使其能够有效使用，为内外部提供稳健的服务，经过市场检验表现优秀的产品并不多。

5. 网络/通信平台

网络是用物理链路将各个孤立的工作站或主机相连在一起，组成数据链路，从而达到资源共享和通信的目的。通信是人与人之间通过某种媒体进行的信息交流与传递。网络通信是通过网络将各个孤立的设备进行连接，通过信息交换实现人与人、人与计算机、计算机与计算机之间的通信。网络设备是指构建整个网络所需的各种数据传输、交换及路由设备，主要包括交换机、路由器、无线接入点和光缆等。在计算机网络设备制造行业里，随着行业集中度的提高，市场结构呈现出了垄断和竞争互相强化的态势，呈现出一种竞争性极强的寡头垄断市场结构。目前，计算机网络设备市场主要由交换机、路由器以及无线产品构成。

6. 因特网平台

因特网平台包括硬件、软件和管理服务。因特网革命使服务器型计算机发生了名副其实的变化，许多公司集中了成千上万的小型服务器运行其互联网应用。因特网上最流行的是网页寄存服务（Web Hosting Service），通过一个大型网站服务器或一组服务器，提供维护其网站主页的存储空间。互联网硬件服务器是一种高性能计算机，类似于 PC，由 CPU、内存、硬盘、电源等硬件构成，其在计算能力、稳定性、可靠性、安全性、可扩展性、可管理性等方面要求相较 PC 更高。

7. 咨询和系统集成服务

当今数字建造的基础设施是高度复杂的，即便是一家大型企业，也很难完全拥有所需的专业人才和实施经验，必须依赖外部专业的服务提供商。建立起新的 IT 基础设施需要在业务流程和业务过程、培训教育以及软件集成等方面进行重大改进。领先的咨询公司能够提供这些方面的专门知识服务，一是全球性的系统集成厂商，它们服务的对象主要是金融、电信、制造等行业的大中型企业；二是中国本土的系统集成厂商，它们的客户对象主要是政府、电信、制造等行业；三是亚太地区的系统集成厂商，它们主要为该国在华投资企业进行系统集成服务。

软件集成是数字建造基础设施的重要方面，是指将企业的“老”的遗留下来的系统与新的基础设施相融合，确保基础设施的各个组成部分之间相互协调。遗留系统一般指为计算机主机建立的那些“老的”事务处理系统。为了避免因更换和重新设计而产生更高的成本，企业会继续使用这些系统。如果企业可以将这些老的系统和当前的基础设施整合，从成本上考虑就没必要更换。

2.4 数字建造平台的发展趋势

2.4.1 硬件平台的发展趋势

1. 移动平台

新型计算机平台正在兴起，它替代了个人计算机和大型计算机。iPhone 和安卓智能手机已经具有很多个人计算机的功能，包括数据传输、浏览网页、收发邮件和即时信息、显示数字内容以及与企业内部系统进行数据交换。新的移动平台还包括小型轻便的上网本、平板电脑和电子阅读器。上网本专门针对无线通信和互联网访问进行了优化设计，而平板电脑、电子书阅读器具有访问网页的能力。智能手机和平板电脑逐渐用于商用计算与个人应用。例如，某汽车公司的高级经理会使用智能手机应用软件对汽车销售、财务绩效、生产指标和项目管理状况等信息进行挖掘分析。

2. 可穿戴设备

可穿戴式计算设备是 20 世纪 60 年代，美国麻省理工学院媒体实验室提出的创新技术，可穿戴技术的提出是源于量化自我概念的提出，两者之间关系密切。虽然可穿戴技术测量的数据可以通过手动进行数据量化，但可穿戴设备能够实现较为便捷、高效的数据收集。大数据背景下量化自我的发展已然成为趋势，2007 年沃尔夫和凯文两人首次提出“量化自我”概念（Quantified Self），指通过数据收集、数据可视化、交互引用分析和数据相关性等技术手段，来获取个人生活中有关生理吸收、当前状态和身心表现等方面的数据。简而言之，就是对人所产生的内在心理机制和外在行为表现进行数据量化处理并给予实时反馈。

数据信息化时代的到来使得可穿戴设备在体育运动领域的应用也相当广泛，尤其是竞技体育和大众健身方面更为成熟。人们在不同的运动过程中佩戴可穿戴设备，通过设备传感器所输出的数据信息来获取自己在运动过程中的生理状况、心理波动、技术动作等方面的情况，以此更加科学合理地记录技术动作和身体状态。例如网球运动中，专业运动员运用可穿戴设备随时监控自己的身体状态，也使教练员对其技术的分析更加科学全面，有利于提高运动员的竞技水平。

3. 绿色计算

绿色计算或可持续计算指在设计和使用计算机芯片、系统和软件的过程中，最大限度地提高能效并减轻对环境的影响。2017 年《绿色数据中心白皮书》显示，数据中心成为新耗能大户。2022 年全年，全国数据中心耗电量达到 2700 亿千瓦时，占全社会用电量约 3%。随着互联网数字化进程加速推进，数据中心减排迫在眉睫。

低碳化、高效化、集约化成为重点，将推动数据中心布局和运行模式的优化，推动数字经济高质量发展。绿色计算/绿色数据中心建设是一个系统工程，离不开软硬件、供电系统、制冷系统等全面的考量和设计，因此各类企业都从自身优势出发做了很多尝试，包括利用自然条件制冷等。集约、可持续的 IT 架构更能实现绿色计算。企业可以依托科技创新，通过基础设施的高性能、高密度部署，通过集约和整合的架构来实现计算本身的“绿色”，具体体现为集约化和可持续。集约化可以带来更少的空间和电力消耗，同时也可以大大减少运维和管理的压力。不以短期效益牺牲长远利益，可以实现长远可持续发展。

具体而言，集约和可持续的绿色计算可以为企业带来以下三个方面的价值。

一是降低综合成本，简化 IT 管理。无论是大公司还是小公司，都在寻求简化 IT 运维和降低综合成本的解决方案，在经历了新冠肺炎疫情影响之后，这种需求也更加迫切。将工作负载合并到更密集、集中的计算平台上，是降本增效的有效方法。这样不仅可以直接减少包括内核许可在内的软件成本，也能降低许多隐形的间接成本。调查显示，在政府、金融、保险和银行等行业，软硬件和存储成本之外的间接成本，甚至可以占到 IT 部门总成本的一半。当数百台服务器变成几台服务器，机房或数据中心的楼面空间成本、电力需求随之也会大幅降低，软硬件维护、网络管理等运维工作也可以大幅简化。

二是绿色合规，承担环保责任。为控制不断增长的数据中心能耗，国家和地方已经出台了众多政策文件，提出更具体的能耗要求。例如 2019 年 2 月出台的《关于加强绿色数据中心建设的指导意见》（工信部联节〔2019〕24 号）要求到 2020 年数据中心能源使用效率（Power Usage Effectiveness，PUE）基本达到 1.4 以下，上海市甚至要求新建数据中心的 PUE 达到 1.3 以下。

三是支持业务创新。采用高性能、高密度、高资源利用率的架构，可以支持企业在现有架构的基础上灵活扩展，充分利用服务器的资源，支持业务快速创新。尤其是有些传统企业，可以同时兼顾既有资产和未来创新。这些企业可以将原有服务器上的资产快速分装，通过 API 等方式，提供给前端应用。而且企业也可以通过在支持红帽 OpenShift 平台的主机上直接运行云原生应用，将大量新技术引入主机，跨云随时随地开发与部署新的应用，提供新的服务，并实现一致的管理、编排和自动化，从而快速响应市场要求和展开业务创新。

4. 物联网

物联网（Internet of Things，IoT）最早由 Ashton 在研究供应链管理的背景下创造，其核心思想是将所有的物品与互联网相连，使物品之间能够自动相互识别，相互通信，甚至可以自主作出决策。物联网以传统的互联网为基础，其目的是实现用户与设备、设备与设备之间的信息交互。传感器技术、通信网络技术以及计算机技术的快速发展使物联网涵盖的内容也更加丰富，其中包括了医疗保健、智慧城市、智能家居等广泛的智能应用。通过使用各种信息传感器实时采集各种需要的信息数据，并通过相应的物联网网络通信协议，接入广域网从而实现物与物、物与人之间的互联互通，实现万物互联。物联网技术的发展应用意味着继计算机和互联网之后，第三次信息技术革命浪潮的到来。

近年来，计算机网络通信技术不断发展，新一代的计算机网络标准“5G 通信技术”应运而生。现阶段，虽然不同领域中都开始出现了物联网技术的应用，物联网技术仍然处于发展阶段，但发展的前景仍然广阔。目前，物联网技术已经能够融合到国民经济和日常生活的诸多领域当中，如智能交通、物流零售、健康医疗、安防安保、现代农业、能源工业、智能电力、智能家居。

目前为止，物联网技术尚未存在一个权威性、准确性、完整性的定义。从狭义方面来讲，物联网不包括人，是“物与物”之间的相互联系，也是互联网在网络基础上的扩展和延伸。而从广义角度出发，物联网以网络为媒介将人和物作为对象形成万物相连的实时信息交互。

就目前而言，物联网技术的快速发展将直接带动互联网连接数量的爆发式增长，也将在一定水平上促进智能设备终端数量的增加。在未来，随着物联网技术的进一步发展，不同设备之间的连接方式也可能会出现差异，但是对于人来说仍然会存在基本的特征。当物联网发展到能够将物理世界全面直接地融入计算机网络的领域中，将极大地提高社会的发展水平，增速经济的发展，减少人力的成本，增加信息收集的效率。

对于物联网的网络拓扑结构来说，最基础的物联网系统架构可分为三层：分别为感知层、传输层和应用层。第一层（感知层）：在感知层中主要包含使用物联网技术进行传感器数据通信的联网设备，例如 IIoT（Industrial Internet of Things）设备中的传感器以及执行器，在其中具有代表性的为使用 Zigbee、NB-IoT 或者专有通信协议连接到边缘端网关的智能设备。第二层（传输层）：在传输层中主要包括边缘网关（Edge Gateway）等，实现感知层中的物联网设备的标准化网络管理，使用相应的网络通信协议将数据传输到广域网，并在网关处采用数据预处理的方法，例如使用 Web Sockets、事件中心或者在特定情况下利用边缘计算或是雾计算的数据预处理方式。第三层（应用层）：在云端中通过使用微服务器构架云端的应用程序，一般来说云服务的构架是多语言编写的，主要采用 HTTPS/MQTT 应用协议进行应用层的网络通信。云端通常包含各种数据库系统，能够适应智能终端采集的传感器数据的储存需要，例如 MySQL、Oracle 等采用的后端数据储存系统适用于具有时间序列数据特性的三层物联网网络拓扑结构如图 2-3 所示。

5. 虚拟容器化

虚拟化是指提供一套不受物理配置或地理位置限制，并且能够访问的计算资源。虚拟化能够使一种单一的物理资源以多种逻辑资源的形式呈现给用户。而容器虚拟化是一种新型的虚拟化技术，容器技术有效地将单个操作系统管理的资源划分到孤立的组中，以便更好地在孤立的组之间平衡有冲突的资源使用需求。容器可以不通过任何解释机制就可以直接在本地核心 CPU 上运行指令，与传统虚拟化技术比较，这样不但省去了指令级模拟，

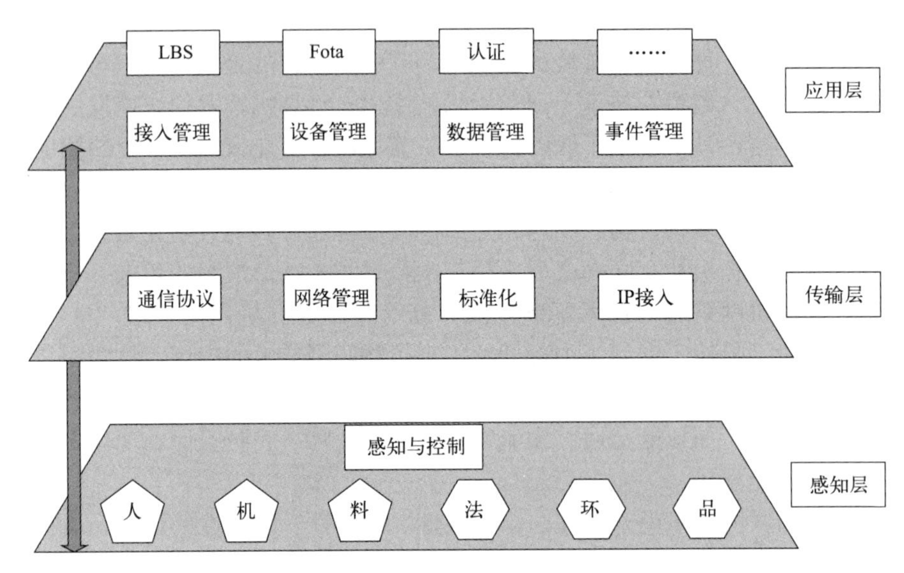

图 2-3　三层物联网网络拓扑结构

也不需要即时编译。同时，完美地解决了准虚拟化与系统调用之间的复杂性。可以将容器理解为一种沙盒，每个容器内运行一个应用，不同的容器相互隔离，容器之间可以建立通信机制，容器的创建和停止都十分快速，容器自身对资源的需求十分有限，远比虚拟机本身占用的资源少。目前，容器技术中最活跃的当属 Docker 容器技术，Docker 是一个可以简化和标准化不同环境中应用部署的容器平台，开发人员可以使用 Docker 镜像快速地构建标准开发环境；开发完成后，测试和运维人员可以使用开发人员提供的 Docker 镜像快速部署应用，可以避免开发和测试运维人员之间的环境差异导致的部署问题。Docker 容器的运行不需要额外的虚拟化管理程序支持，它是内核级的虚拟化，在占用更少资源的情况下实现更高的性能。Docker 容器几乎可以在任意的平台上运行，包括物理机、虚拟机、公有云、私有云、服务器等。这种兼容使得用户可以在不同的平台之间很方便地完成应用迁移。使用 Docker file 只需要小小的配置修改，就可以替代以往大量的更新工作，并且所有修改都以增量方式进行分发和更新。

2.4.2　软件平台的发展趋势

1. B/S 架构

随着 Web 的快速发展，B/S 架构组件成为网络开发中比较流行的网络架构模式，当然基于 B/S 架构的软件已成为软件开发的一个必然趋势。在 B/S 架构中，B 即是浏览器，S 即是服务器，在 B/S 架构中，统一的客户端即是浏览器，浏览器通过向服务器端发送请求，获取从服务器端返回的数据和信息，实现了跨平台展示，具有很强大的信息共享性。随着前端技术和可视化技术的发展，各种新技术结合来完成新软件的开发越来越广泛。

B/S 架构是 Web 兴起后的一种流行的网络结构模式。B/S 架构是由展示层、功能层和数据层构成的。这种模式统一了客户端，将系统的核心实现集中在服务器端，简化了开发和维护。呈现给用户的是展示层，该层展示的主要内容是服务器返回的数据或者页面。Web 服务器位于功能层，服务器上部署了由 Java、Php、.Net、Python 等编写的后台处理程序，来传递前端用户的操作和计算后的结果。数据层根据用户的行为进行请求的处理和计算。B/S 架构的网络结构如图 2-4 所示。

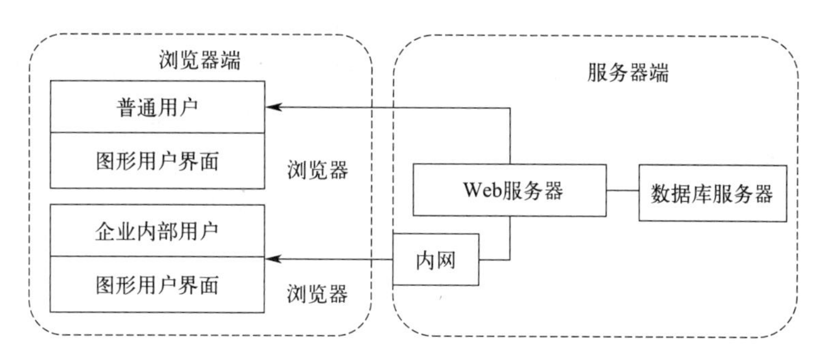

图 2-4 B/S 架构的网络结构示意图

在 B/S 架构中，客户端是指浏览器。浏览器向 Web 应用服务器发送超文本或者 JSON 数据格式的请求去访问 Web 应用服务器；Web 服务器接收到请求后，根据不同的 URL 去调用相应的后台程序，执行 SQL 语句访问数据库服务器；数据库服务器对请求的合法性进行验证并将处理后的数据返回给 Web 服务器；最终处理得到的页面信息或者数据返回给浏览器，浏览器通过渲染服务器返回的信息将结果展示到页面中。

B/S 架构相比于 C/S 架构来说，拥有更突出的一些优点，也因此更加流行。

（1）维护和升级方式便捷。C/S 架构升级系统需同时升级客户端和服务器，耗时且维护性差。B/S 架构只需升级服务器，客户端为浏览器不需维护，实现“瘦”客户机，“胖”服务器。

（2）优越的性能。Ajax 技术推动了 B/S 架构的发展，通过只发送填充的表单数据，减少浏览器和服务器间的数据交换量，使请求和响应更快，同时服务器负荷也大大减少，提高页面的交互性能，用户体验更好。

（3）开发成本低，选择较多。基于 B/S 架构的软件开发，一般只需安装在开源免费的 Linux 服务器上，所以服务器的选择很多，而且安全性高。Linux 操作系统以及连接的数据库都是免费的，特别是 LAMP（Linux，Apache，MySQL，PHP）成为网页开发的一种标配，所以这不仅仅大大降低了软件开发的成本，而且选择也非常多。

（4）可重用性高。与 C/S 架构比较，B/S 架构可以将软件划分为不同的组件，实现较高的可重用性，降低开发人员和用户的学习成本。

B/S 架构中的数据格式有 XML 和 JSON。XML 指扩展标记语言非常适合网络数据传输，提供统一方法用于描述和为应用程序提供结构化的数据，况且支持跨平台使用，是一种传输数据的有效工具。部分行业从业者认为 XML 过于繁琐，难以满足 Web 传输数据需要。2006 年，Dogulas Crockford 把 JSON（JavaScript Object Notation）作为 IETF RFC 4627 提交给 IETF。JSON 是一种数据格式，不是一种编程语言，它可以表示简单值、对象和数组。与 XML 数据结构比较，JSON 的方法使用起来更加便捷和简单，成为 Web 传输数据中数据格式的标准。

2. 大数据

数据是表达发生于组织及其环境中事件的原始事实的符号。数据有很多类型，按照对数据的变化来区分，可以划分为静态数据和动态数据，按照时间跨度来区分，可以划分为历史数据和实时数据，不同的数据类型对应有着不同的数据处理模式。大数据是指传统数据处理应用软件不足以处理的大或复杂的数据集的术语。IBM 提出大数据的 5V 特点：Volume（大量）、Velocity（高速）、Variety（多样）、Value（低价值密度）、Veracity（真实性）。大数据是具有海量、高增长率和多样化的信息资产，它需要全新的处理模式来增强决策力、洞察发现力和流程优化能力。大数据以一种前所未有的方式，通过对海量数据进行分析，获得以一种前所未有的方式；通过对海量数据进行分析，获得有巨大价值的产品和服务，或深刻的洞见。数据已经成为一种商业资本，一项重要的经济投入，可以创造新的经济利益。事实上，一旦思维转变过来，数据就能被巧妙地用来激发新产品和新型服务。

目前主流的大数据处理架构分为两种：基于传统数据库及数据仓库所衍生出的 MPP（Massively Parallel Processing）架构；基于 Hadoop 和 Spark 的并行计算框架的分布式架构。Hadoop 的核心是 HDFS 和 MapReduce。HDFS 为海量数据提供了存储，而 MapReduce 为海量数据提供了计算框架。

3. 网格计算

网格是一个集成的资源与计算环境，它由多个位置不同的计算机资源组成，通常被用作处理大量任务的分布式系统。网格计算是基于网格的问题求解，它可以帮助人们有效地共享互联网上的资源，是近年来备受关注的网络技术之一。大多数电脑在其运作时中央处理器平均只被利用 25%，网格计算的优势在于可以将剩下的这些资源用于处理额外的工作。

网格计算与云计算的区别：网格的构建大多为完成某一个特定的任务需要，这也正是生物网格、地理网格、教育网格等各种不同网格项目出现的原因。而云计算一般是为通用应用目的而设计的，并没有专门的以某种应用命名的云计算。网格计算和云计算本质上都是网络计算。

4. 云计算

云计算作为一种全新的概念和计算模型，通过现代化高速的网络为用户提供低成本、高可靠性、具有弹性可扩展的平台和资源服务。IBM 指出云计算不仅包含存储资源、网络硬件设备等硬件平台，也包含一些必要的应用软件。云计算是在网格计算（Grid Computing）、分布式计算（Distributed Computing）、并行计算（Parallel Computing）、效用计算（Utility Computing）、网格存储（Storage）、虚拟化（Virtualization）、负载均衡（Loading Balance）等传统计算机技术和网络技术的基础上发展起来的。

与传统基础架构相比，云基础架构通过虚拟化将资源整合成一个大的资源池，通过云层对资源池里面的资源进行自动化调度和管理，实现了资源的低成本、低能耗、高效利用等。云计算的技术体系结构可以划分为以下四层：SOA 构建层、管理中间层、资源层、物理资源层。

云计算特点包括超大规模、虚拟化、按需服务计费灵活、高鲁棒性和高可扩展性。云计算服务器具备庞大的数量和规模，能够满足用户增长的计算需求；通过虚拟化技术将资源映射至网络空间，提供计算接口；能够量化管理资源服务，按需交付；采用容错技术方案维持系统鲁棒性；具备统一的处理规则和实施标准，可灵活调整计算规模和应用类型。

云计算平台大大降低了普通用户使用高性能计算资源的成本，很快得到公众的广泛认可并迅速得到大范围的普及。云计算的实用性以及未来所具有的广泛应用前景，吸引了大量著名的专家学者对其展开广泛的研究，成为未来信息化技术研究的重要方向。

传统的互联网公司巨头纷纷执行自己的云发展计划，开发云平台并开始向公众提供云服务。例如目前比较成熟的某互联网公司的弹性云，使用者可以通过网络租用的云平台运行自己的应用或者服务。中国的互联网头部企业也纷纷制定自己的云战略，开发自己的云产品。

云计算按照云计算使用对象的区别，可以分为公有云、私有云、混合云和社区云。公有云是面向公众用户的平台。私有云是各个企业内部的私有云平台。混合云是私有云和公有云的结合。社区云是由多个企业共同支持的。

云计算按照服务类型分为：IaaS、PaaS、SaaS。IaaS（Infrastructure as a Service，基础设施即服务）是将一些存储资源、计算资源等一些硬件资源以服务的形式提供给用户的一种新型的商业模型。PaaS（Platform as a Service，平台即服务）是把计算环境、存储环境、网络环境等一些硬件资源等封装成为平台，云服务提供商将这种平台作为一种服务通过网络提供给用户使用的商业模型。SaaS（Software as a Service，软件即服务）是把一些部署在云平台上的特定应用软件通过网络提供给远程用户使用的一种商业模式。SaaS 就是为了顺应这样的趋势而产生的，它是云计算领域发展最成熟、应用最广泛的一种服务。基于 SaaS 的服务，只要在有网络连接的情况下，用户就可以调用 SaaS 所提供的服务。SaaS 的服务模型大大地降低了用户使用软件的成本，由于软件是托管在云服务商提供的服务器上，这样大大地减少了用户需要维护软件所花费的成本，而且也增加了可靠性和安全性。

5. 人工智能

人工智能（Artificial Intelligent，AI）是一门利用计算机模拟、延伸及扩展人的理论、方法及技术的综合性学科，被认为是 21 世纪三大尖端技术之一，涵盖了计算机科学、符号逻辑学、仿生学、信息论、控制论等众多领域，属于自然科学、社会科学、技术科学三向交叉学科。“人工智能”的概念自 1956 年美国达特茅斯会议（Dartmouth Conference）上提出以来，主要经历了 3 个发展阶段，分别是 1956～1980 年的人工智能起步阶段，1980～1990 年的专家系统盛行阶段，2000 年至今的深度学习阶段，如图 2-5 所示。目前，人工智能已成为各领域的研究及应用热点，中国是世界上在人工智能领域内行动最早、动作最快的国家之一，自 2015 年起，先后颁布了《中国制造 2025》《国务院关于积极推进“互联网＋”行动的指导意见》《“十三五”国家战略性新兴产业发展规划》《新一代人工智能发展规划》等政策，从各个方面详细规划了人工智能的重点发展方向，并明确指出人工智能是新一轮科技革命和产业变革的核心技术。

20 世纪 70 年代，美国哲学家约翰・赛尔提出了“弱人工智能”与“强人工智能”对后世有较大的影响，在此基础上，牛津大学哲学家尼克・波斯特罗姆提出了“超人工智能”的概念。首先，弱人工智能是人工智能的初级阶段。弱人工智能主要是通过模拟人或动物，来解决各种问题的技术，人们现在所接触的人工智能相关产物大多属于弱人工智能的领域。弱人工智能的行为是通过既定程序设定的，实现的是人类智力的简单交互、简单的智力替代，也可称为“专用人工智能”。这些机器不具备自我意识以及自主学习、自主

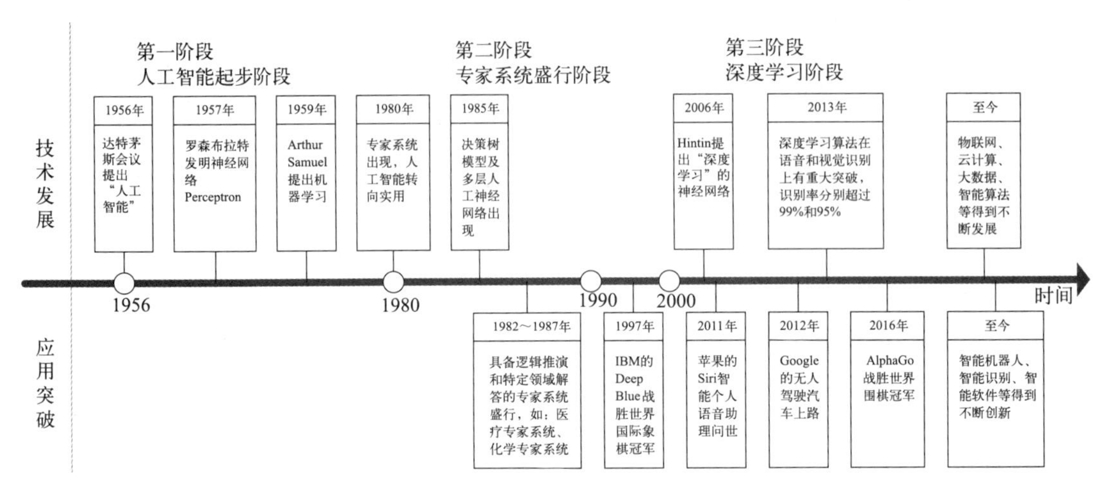

图 2-5 人工智能发展历程

决策能力，不具备推理和解决问题的能力，这些机器人通常都面向特定的问题和任务，如人脸识别、语言识别、自动驾驶等。其次，强人工智能是人工智能的高级阶段。强人工智能具有自我意识以及自主学习、自主决策能力。强人工智能在各方面都能与人类智能比肩，人类能从事的脑力活动它都能从事，也称为“通用人工智能”。目前，有关强人工智能的研究大多集中于伦理道德层面，学者和业界人士都表示对人工智能具有自我意识的忧虑。最后，超人工智能是人工智能的终极阶段。超人工智能具有人脑工程、类脑工程、脑机交互、类工程等应用前景，在“人脑思维”“人脑意识”方面，具备远超强人工智能的强大能力，因此，超人工智能甚至引发了智慧生命灭亡或永远失去未来发展潜能的思考。

人工智能技术在各个领域的广泛应用已经是不可避免的时代发展趋势，毫无疑问，随着新一代人工智能在全世界的兴起，人工智能已经渗透至社会各行各业，正在与其他多学科深度融合，人工智能将引发科学技术巨大突破，深刻改变整个人类社会的生活生产方式。随着计算成本的降低、机器学习算法的进步和大数据技术的发展，人工智能的颠覆性潜能将会迅速提升。同时，人工智能也将更加人性化、情感化，将日益改变我们的生活。在不同领域中应用为全球经济发展注入强劲动力，人工智能的性能提升、效率优化，人工智能将扮演愈来愈重要的角色，比如 ChatGPT 等软件极大减轻人工重复性文字工作负担。

6. 跨平台

跨平台不依赖于操作系统，也不依赖硬件环境。一个操作系统下开发的应用，放到另一个操作系统下依然可以运行，这就是跨平台。

目前常见的跨平台方案可以概括为三类：①底层跨平台：与平台无关的底层控制逻辑跨平台复用，这类逻辑通常是 C/C++实现，与 JNI 结合到 iOS 与 Android 平台，常用于图像处理、视频编解码、搜索等场景，属于特定场景的跨平台。②语言跨平台：这一类方案提供了一种使用同一种语言开发 Android、iOS 甚至 H5 的方案，但是开发环境与框架都仍然遵循各自平台的规范。这类方案依然需要在各自平台框架内进行开发，导致与系统特性相关的逻辑仍然需要在各自平台开发一份，但是由于业务逻辑与系统框架无关，故这部分是可以复用的。故此种思路也是特定场景的跨平台。③视图跨平台：这一类方案在各自平台的框架上层搭建一套自己的视图框架，抹平系统差异，使一份视图代码能够在多平台表现一致。如 Web 小程序、RN（React Native）、Weex 等在系统 UI（User Interface）控件之上组装为自身的 UI 系统，也有如 Flutter 等完全由自己搭建渲染引擎。此种思路能解决大部分开发场景的需求，同时具有实时下发的特点，做到动态控制，故普遍应用于当前的大型 APP 中。

7. 面向服务的架构

面向服务的架构（Service Oriented Architecture，SOA）是一个组件模型，是一种流行的软件设计架构。它将应用程序的不同单元，通过这些它们之间定义良好的接口和契约联系起来，这些单元称为服务。服务之间通过简单并且精确定义的接口来进行通信。由于业务初期使用单体架构快速上线，随着业务发展和技术迭代内部逻辑变得复杂，任何微小的修改都需要整个测试团队进行全量回归测试。使得后期业务日益复杂后，迭代周期慢，开发成本高，系统可靠性差，模块耦合紧密，扩展难度大，一个模块的错误导致整个系统宕机。

SOA 体系架构中包含服务提供者、服务注册中心和服务使用者以及三种关于服务的动作发布、查找和绑定。其中，服务提供者提供发布和响应服务功能，服务注册中心提供注册、分类和搜索服务提供者服务功能，使用者提供查找和使用服务提供者提供的服务功能。SOA 是一种松散耦合和粗粒度的架构，服务之间的通信不涉及底层编程接口和通信模型。这种架构具有几个特征：①松散耦合 SOA 是一种“松散耦合”组件服务，隔离了服务使用者和服务提供者在服务实现和客户使用服务的方式。②提供了粗粒度服务，粒度是服务所公开功能的范围。③服务对调用者是透明的，客户端调用 SOA 上的服务时没有必要知道服务的具体实现，因为 SOA 已经封装了这些服务，并将所有服务统一对外发布。

专题：推动智能建造与建筑工业化协同发展

思考与练习题

1. 请解释什么是数字建造基础设施？并举例说明其在工程和建筑领域中的应用。

2. 简要描述数字建造基础设施的发展历程，包括里程碑事件和关键技术的演进。

3. 数字建造基础设施的发展历程中有哪些重要的里程碑事件？这些事件如何影响了数字建造的演进。

4. 列举数字建造基础设施的主要构成要素，并简要说明它们的作用是什么。

5. 硬件平台在数字建造基础设施中的角色是什么？请列举一些硬件平台的示例，并说明它们的用途。

6. 软件平台在数字建造基础设施中扮演什么角色？提供一些数字建造软件的实际应用案例。

7. 数字建造基础设施的构成要素有哪些？它们之间的关系如何？请描述这些构成要素的相互作用。

8. 数字建造基础设施如何有助于可持续建筑和工程实践？提供一个实际案例来支持您的回答。

9. 未来数字建造平台可能面临的挑战是什么？如何应对这些挑战以促进数字建造的发展。

10. 总结数字建造基础设施的关键概念和重要性，并展望未来数字建造在建筑和工程领域的潜在影响。

3 数字建造的通信技术

本章要点与学习目标

1. 了解通信和网络在数字建造中的关键作用，以及它们在行业发展中的趋势。

2. 掌握通信网络的基本构成，以及数字网络技术的关键概念和原理。

3. 理解不同类型的通信网络，包括其网络拓扑结构和介质。

4. 了解全球互联网，包括 TCP/IP 网络模型、DNS 网络、电话网络、搜索引擎、B/S 架构和新一代 Web 网络。

5. 了解无线网络技术，包括无线网络的组网模式以及蓝牙、WiFi、红外线、Zigbee 和 RFID 等无线通信协议和技术。

本章导读

数字建造领域的通信、网络和无线技术是现代社会不可或缺的一部分。本章将引导您深入了解这些关键技术，以便在数字建造项目中更好地应用它们。我们将从通信和网络的基础概念出发，逐步深入研究各种网络类型，包括全球互联网和无线网络。通过学习本章内容，您将具备运用通信、网络和无线技术解决现实世界问题的能力。

重难点知识讲解

3.1 数字建造中的通信和网络

3.1.1 网络和通信的发展趋势

目前有两种截然不同的网络，其分别是处理语音通信的电话网络和处理数据通信的计算机网络。在整个 20 世纪，电话公司使用语音传输技术（硬件及软件）建造电话网络，大部分这些公司在世界范围内垄断经营。计算机网络最早由计算机公司为寻求不同区域计算机间的数据传输而建设起来。

随着通信不断地放松管制和信息技术的不断革新，电话网络和计算机网络正慢慢地交汇成使用共同的网络规范和设备的统一数据网络。电信供应商，如中国电信和中国移动等，提供数据传输、互联网接入、无线电话服务、电视节目及语音服务；有线电视公司，如中国广播电视网络集团有限公司，现在提供语音服务互联网接入。计算机网络已扩大到网络电话及有限的视频服务。随着时间的推移，所有这些音频、视频和数据通信都将基于网络技术进行传输。

语音和数据通信网络变得越来越强大、迅速、方便携带（体积小，具有移动性），而且价格低廉。例如，2000 年，网络连接速度通常为 56 千比特每秒，而且费用昂贵。而 2020 年，中国电信在全国 61%以上的省（自治区、直辖市）网速高于 100Mbps，并且通信网络费用呈指数下降，甚至部分移动卡服务实现了固定资费下的无限流量。

3.1.2 通信网络的基本构成

实现信息传递所需的一切技术设备和传输媒质的总和称为通信系统。以基本的点对点通信为例，通信系统的组成（通常也称为一般模型）如图 3-1 所示。通信系统的一般模型图中，信源（信息源，也称发终端）的作用是把待传输的消息转换成初始电信号，例如电话系统中电话机是信源。

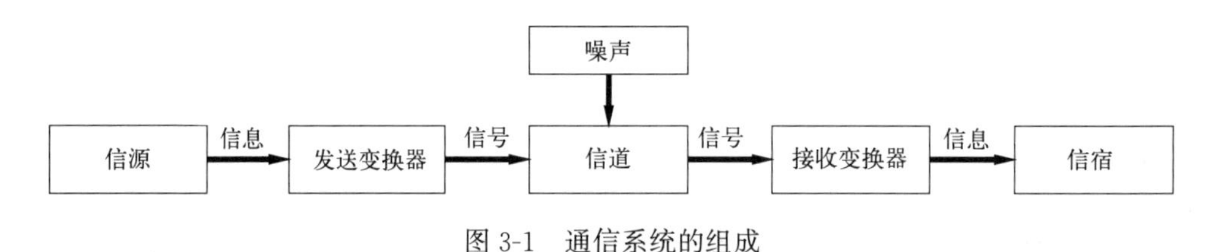

图 3-1 通信系统的组成

信源输出的信号称为基带信号，基带信号是指没有经过调制（进行频谱搬移和变换）的原始电信号，其特点是信号频谱从零频附近开始，具有低通形式。根据原始电信号的特征，基带信号可分为数字基带信号和模拟基带信号，相应地，信源可分为数字信源和模拟信源。

发送设备的基本功能是将信源和信道匹配起来，即将信源产生的原始电信号（基带信号）变换成适合在信道中传输的信号。变换方式是多种多样的，在需要频谱搬移的场合，调制是最常见的变换方式：对传输数字信号来说，发送设备又常常包含信源编码和信道编码等。

信道是指信号传输的通道，可以是有线的，也可以是无线的，甚至还可以包含某些中间设备。图中的噪声源，是信道中的所有噪声以及分散在通信系统中其他各处噪声的集合。

在接收端，接收设备的功能与发送设备相反，即进行解调、译码、解码等。它的任务是从带有干扰的接收信号中恢复出相应的原始电信号来。

信宿（也称受信者或收终端）是将复原的原始电信号转换成相应的消息，如电话机将对方传来的电信号还原成了声音。

3.1.3 关键数字网络技术

数字网络和互联网建立在三个关键技术的基础上：客户机/服务器计算、分组交换，连接不同的计算机和网络的通信标准（其中最重要的一种形式是传输控制协议/互联网络协议，即 TCP/IP）。

1. 客户机/服务器计算

客户机/服务器计算是一种分布式计算模型，计算处理能力分散在一些小型廉价的客户机（如台式电脑、笔记本电脑等）上。这些客户机都连接在由网络服务器控制的网络上。服务器制定网络通信规则，并给每一台客户机分配一个地址。

客户机/服务器计算依赖于分布应用程序，其前端（用户见到的部分）在工作站上运行，后端（完成大部分工作）在服务器上运行。例如，前端 PC 机请求后端服务器进行数据库搜索，服务器仅将搜索结果（而不是整个应用程序和数据集）送回给请求的 PC 机。与传统的文件服务器不同，客户机/服务器计算实际上是在服务器上运行应用程序，只把结果（不是原始数据）返给提出请求的 PC 机。

随着因特网的发展，客户机/服务器计算模型已经从一个双向关系（通常被称为两层模型）演变为三层或多层模型。在这些模型中，客户机与中间应用程序服务器或 Web 服务器进行通信，而应用程序服务器或 Web 服务器则与后端数据服务器和/或遗留系统进行通信。然后中间服务器将数据库查询结果返回到客户机。

客户机/服务器计算在很大程度上取代了传统的主机计算模式，而互联网是最大的客户机/服务器网络。

2. 分组交换

分组交换（Packet Switching）是将要传送的数据分割成一些数据片，然后将数据片进行封装，并将封装好的数据包在网内不同的通路上独立地传输到目的地，最后在目的地将各个独立的数据片重新组装，恢复成最初的数据。在分组交换技术发展之前，计算机网络租赁专用的电话线路与异地计算机连接。在线路交换网络中，如电话系统，只有当一个完整的点对点线路组装完成，才能进行传输。这些专用的线路交换技术不仅昂贵，而且浪费了大量传输空间，因为不管有无数据传输，线路都要维护。

分组交换更有效地利用了网络传输空间。在分组交换网络中，数据首先被分割成封装的数据包，其中的信息包括指导数据传输到正确地址的信息和检查传输数据时存在的错误。数据包通过不同的传输通道，通过不同路由的路由器，到达目的地。当数据片传输到目的地被恢复成最初的数据之前，来自同一信息源的数据片通过不同的通道和网络传输，如图 3-2 所示。

3. TCP/IP

通信网络由多种不同的软硬件组件构成。网络中不同的组件之所以能够相互通信，是因为它们都遵守一套共同的规则，称为协议（Protocol）。协议是控制网络中两个节点信息传输的一系列规范。

计算机通信最开始并没有统一的网络协议，因此，企业不得不从一家供应商处购买计算机和通信设备。现在，越来越多的企业网络采用传输控制协议/互联网络协议（TCP/IP），可以实现不同软硬件平台之间的通信。TCP/IP 在 20 世纪 70 年代早期由美国国防部高级研究计划局（Department of Defense Advanced Research Project Agency，DARPA）开发，目的在于帮助科学家们实现远距离不同计算机间的数据传输。其结构如图 3-3 所示。

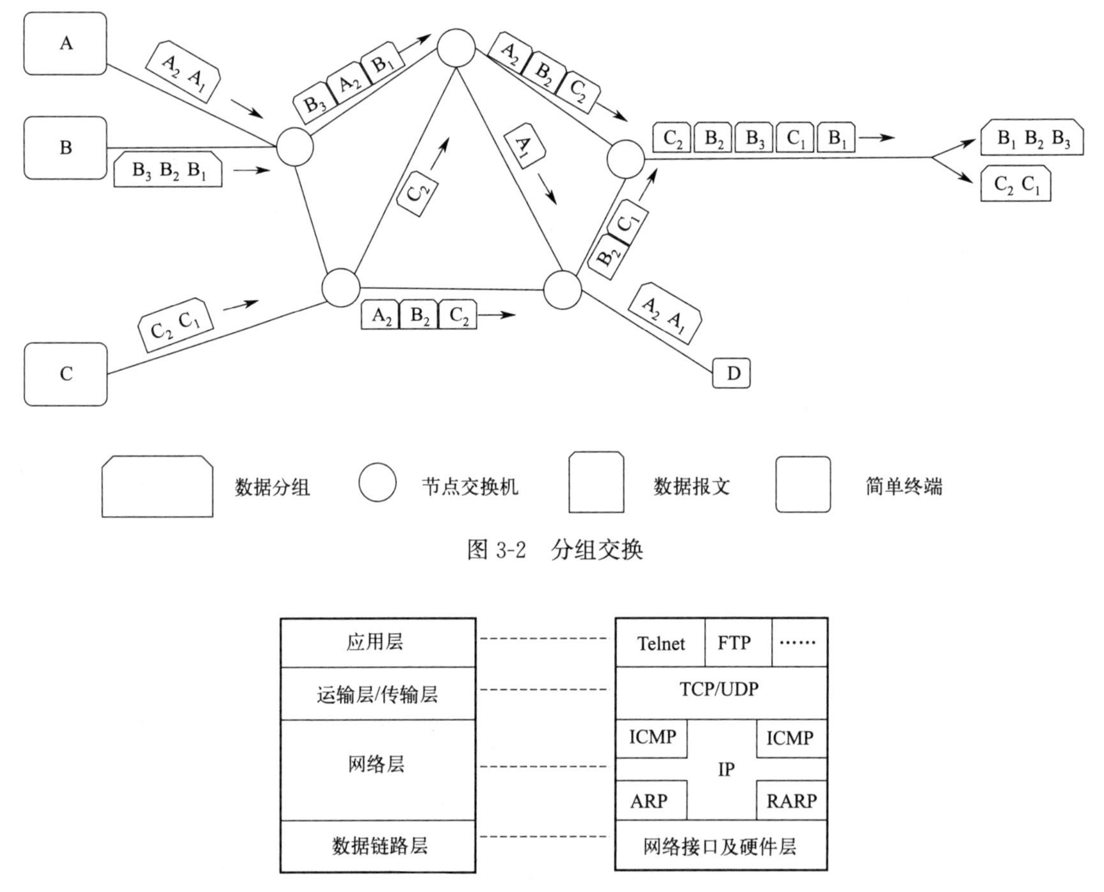

图 3-2 分组交换

图 3-3 TCP/IP 协议各层对应的协议

TCP/IP 是一组通信协议，主要包括 TCP 和 IP 两种。TCP 指传输控制协议，负责处理数据在计算机之间的传输。TCP 在计算机之间建立连接，决定数据包的传输顺序，确认数据包传输。IP 指互联网络协议，负责数据包的传输，包括在数据传输过程中的数据分解和数据重组。

采用 TCP/IP 协议的两台计算机，即使用不同的硬件和软件平台，也能实现数据传输。数据从应用层依次传输到网络层，实现从一台计算机到另一计算机的传输。当到达接收主机后，数据又沿这四层结构返回并以接收计算机能识别的格式重组。如果接收计算机发现数据受损的数据包，向数据发送计算机发出重新传输的请求，当请求得到回应，整个数据传输过程重新开始。

3.2 通信网络

3.2.1 网络的拓扑结构

目前网络的拓扑结构包括星型网络拓扑结构、总线型网络拓扑结构以及连接环型网络拓扑结构，如图 3-4 所示。

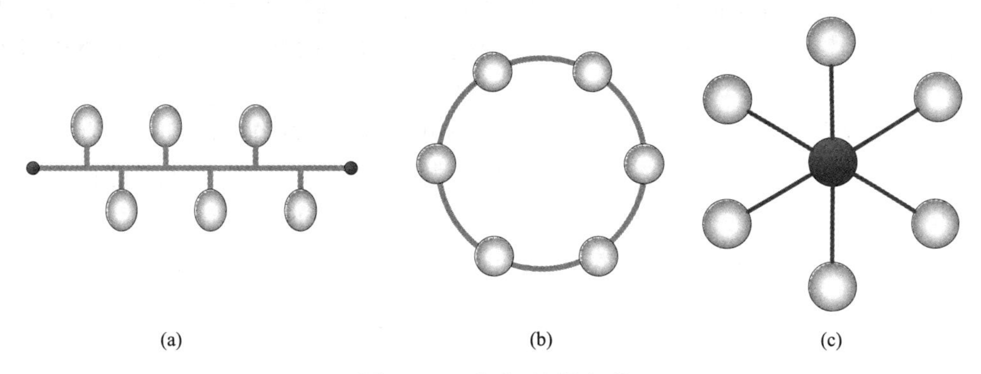

图 3-4　三种类型网络拓扑
（a）星型网络拓扑结构；（b）总线型网络拓扑结构；（c）连接环型网络拓扑结构

1. 星型网络拓扑（Star Topology）结构

星型网络中所有网络中的设备和中心主计算机相连，所有设备之间的通信也都必须经过中心计算机。在延展的星型网络中，多层结构或多个中心计算机组成数据层次。

星型网络的优点如下：控制简单，任何一站点只和中央节点相连接，因而介质访问控制方法简单，致使访问协议也十分简单，易于网络监控和管理；故障诊断和隔离容易，中央节点对连接线路可以逐一隔离进行故障检测和定位，单个连接点的故障只影响一个设备，不会影响全网；方便服务用户，中央节点可以方便地对各个站点提供服务和网络重新配置。在扩展的星型网络中，多个层或枢纽被组织成一个层次结构。在总线型拓扑结构中，一个站点发送信号，信号沿着单个传输段在两个方向上传播。

但其网络拓扑结构也存在许多缺点：需要耗费大量的电缆，安装、维护的工作量也骤增；中央节点负担重，形成“瓶颈”，一旦发生故障，则全网受影响；各站点的分布处理能力较低。

总的来说星型网络拓扑结构相对简单，便于管理，建网容易，是目前局域网普遍采用的一种拓扑结构。采用星型网络拓扑结构的局域网，一般使用双绞线或光纤作为传输介质，符合综合布线标准，能够满足多种宽带需求。

2. 总线型网络拓扑（Bus Topology）结构

对于总线型网络拓扑结构中，信号沿传输介质双向传播，传遍整个网络。网络上的设备接收同样的信号，客户端计算机上的软件使每台计算机都能单独接收信号。总线型网络拓扑结构是拓扑结构最常见的一种类型，是集散控制系统的主要形式。

总线型网络拓扑结构有如下优点：走线量小，星型网络需要从中心集线器向每个网络接点单独甩线，必须要用线槽、接线盒走线，这会大量增加布线成本和工作量。而总线型网络所有接点共用一条电缆，走线量要比星型网络小许多倍，并且外观规整，除个别处外，可以不用线槽；成本较低，总线型网络因用线量小，无需集线器等昂贵的网络设备，不用线槽、接线盒等结构化布线材料，成本要大大低于星型网络；扩充灵活，星型网络在增加接点数目时可能会十分繁琐，如果在网络最初规划时留的空间较小，可能会遇到下列情况：可能会因为只增加一个接点而必须购买一个交换机；而总线型网络只需增加一段电缆和一个简单的搭线器就可增加一个接点。

总线型网络拓扑结构的缺点主要是：传输速度慢，一次仅能一个终端用户发送数据；媒体访问获取机制较复杂；网络可靠性差，维护难，任意一个节点出现问题会导致整个网络瘫痪。

3. 连接环型网络拓扑（Ring Topology）结构

连接环型网络中各台计算机的介质是一个封闭的回路，数据在这个环形封闭回路中沿着某一个方向单向传输。环型网络是主要应用在早期使用令牌（Token）传递的方式来控制的网络。其优点在于：信息流在网中是沿着固定方向流动的，两个节点仅有一条通路，一次只能发送一个计算机的信息，故简化了路径选择的控制；环路上各节点都是自主控制，故控制软件简单。

其缺点为：由于信息源在环路中是串行地穿过各个节点，当环中节点过多时，势必影响信息传输速率，使网络的响应时间延长；环路是封闭的，不便于扩充；可靠性低，一个节点故障，将会造成全网瘫痪；维护难，对分支节点故障定位较难。

3.2.2 网络的介质

网络利用多种不同的物理传输介质：双绞线、同轴电缆、光纤以及无线传输。每类介质有其优势与限制，其所能达到的传输速度取决于硬件与软件配置。

1. 双绞线

双绞线（Twisted Pair）把两根铜导线螺旋状绞在一起形成，是比较陈旧的一种传输介质。大部分电话系统使用双绞线传输模拟数据，但也可以传输数字数据。虽然是比较陈旧的一种传输介质，但现在超六类网线，最大传输频率为500MHz，传输速度为10Gbps，适合用于万兆的网络中，其传输距离通常在100m以内，满足一般商用和家用场景要求。

2. 同轴电缆

同轴电缆（Coaxial Cable）类似于有线电视里使用的传输介质，由绝缘铜线组成，数据传输量远远超过双绞线。它的屏蔽性能好，抗干扰能力强，通常多用于基带传输。同轴线缆一般用于模拟信号。同轴电缆的传输速率取决于同轴电缆中心导体和外导体之间的介电常数和传播速率。在10BASE2标准中，最大传输速率为10Mbps；在10BASE5标准中，最大传输速率为10Mbps。

3. 光纤和光纤网

光纤（Optical Fiber）通常由非常透明的石英玻璃拉成细丝。光纤是目前最理想的宽带传输介质。光纤作为通信传输介质，与其他传输介质相比具有许多优点，如传输速度迅速、体积小、耐用等，特别适用于大量数据的传输，但是也有缺点，如更难安装，费用更贵。通常，光纤作为高速网络的主干承担网络中的主要流量，但现在光纤也开始进入家用阶段。光纤到家（FTTH）是指将光网络单元（ONU）安装在住家用户或企业用户处，是光接入系列中除FTTD（光纤到桌面）外最靠近用户的光接入网应用类型。它是以光纤为传输媒介，将光信号传输到家庭或企业，是继FTTB（光纤到楼）、FTTH（光纤到户）之后的一种接入方式。

4. 无线传输

无线传输原理基于无线电信号的不同频率。地面和空间的微波传送系统通过大气传播高频率无线电信号，广泛用于高容量远程点对点通信。微波沿直线传播，微波的传输距离只能限制在可以互相看得见的两点范围内，最大传输距离为120km。远程传播同样可以使用通信卫星作为地面微波传播站的中继站得以实现。

通信卫星主要适用于难以使用有线媒介或空间微波通信的广阔范围通信。例如，全球能源公司使用卫星实现实时传输搜寻海洋水域时收集到的油田开发数据；中国石油在西气东输管道管理上，基于北斗卫星导航系统建构油气管线监控系统和油气井监控系统。

空间通信系统利用无线电波实现相邻区域的无线电天线间通信，无线网络正逐步取代有线网络，产生更多新的应用、服务和商业模式。而中国 5G 网络提供更快的网络速度、更低的时延、更高的网络容量，可以满足用户对高速、高效、低时延的网络需求。

5. 传输速度

信息在通信介质中传输的速度通过比特/秒（bit/second），也称为“比特率”来衡量。比特/秒是信息传输速率的单位，表示每秒钟传输的比特数。信号每改变一次需要传送一个或多个字节，所以每种通信媒介的传输容量取决于信号的频率，其每秒钟所能传输的转数以赫兹（hertz）为测量单位。通信介质的频率范围由带宽决定，带宽是指介质最高与最低频率的之差。频率范围越广，带宽越宽，介质的传输容量越大。

3.2.3 以太网

1. 以太网

以太网（Ethernet）是当今最流行的局域网，采用载波监听多路访问/碰撞检测（Carrier Sense Multiple Access with Collision Detection，CAMA/CD）介质访问方式进行通信访问，网络的速率是 10Mbps。虽然现在构建的局域网几乎已不再应用 10Mbps 以太网技术，但是考虑到与以前所建系统的兼容性，有必要了解 10Mbps 以太网技术 10BASE-T。

10BASE-T 以太网所采用的传输介质为 3 类、4 类和 5 类 UTP。网络结构为以集线器或交换机为节点的星型拓扑结构。10BASE-T 要求每台计算机都有一块网络接口卡与一条从网卡到集线器的直接连接。图 3-5 表明了 10BASE-T 布线方案。

2. 100BASE-T 快速型以太网

100BASE-T 是双绞线以太网的 100Mbps 速率版，它的标准为 IEEE 802.3u，它是现行 IEEE 802.3 标准的补充，有 3 个不同的 100BASE-T 物理层规范，其相关标准见表 3-1，其中两个物理层规范支持长度为 100m 的无屏蔽双绞线，第三个规范支持单模或多模光缆。与 10BASE-T 和 10BASE-F 一样，100BASE-T 要求有中央集线器的星型布线结构。

不同快速以太网介质标准比较 **表 3-1**

标准	距离	拓扑结构	机制	线对数	编码方法	信号频率
100BASE-TX	100m	星型或树型	全双工交换	2 对	4B/5B	125MHz
100BASE-T4	100m	星型或树型	全双工 4 对线	4 对	PAM-5	250 MHz
100BASE-FX	200m(多模光纤)或 500m(单模光纤)	星型或环型	全双工交换	2 对	4B/5B	125MHz
10GBASE-T	100m	星型或树型	全双工以太网交换	8 对	PAM-8	125MHz 或 622MHz

100BASE-T 的媒体访问控制地址（Media Access Control Address，MAC）与 10Mbps “经典”以太网 MAC 几乎完全一样，IEEE 802.3 CSMA/CD MAC 具有固有的可缩放性，即

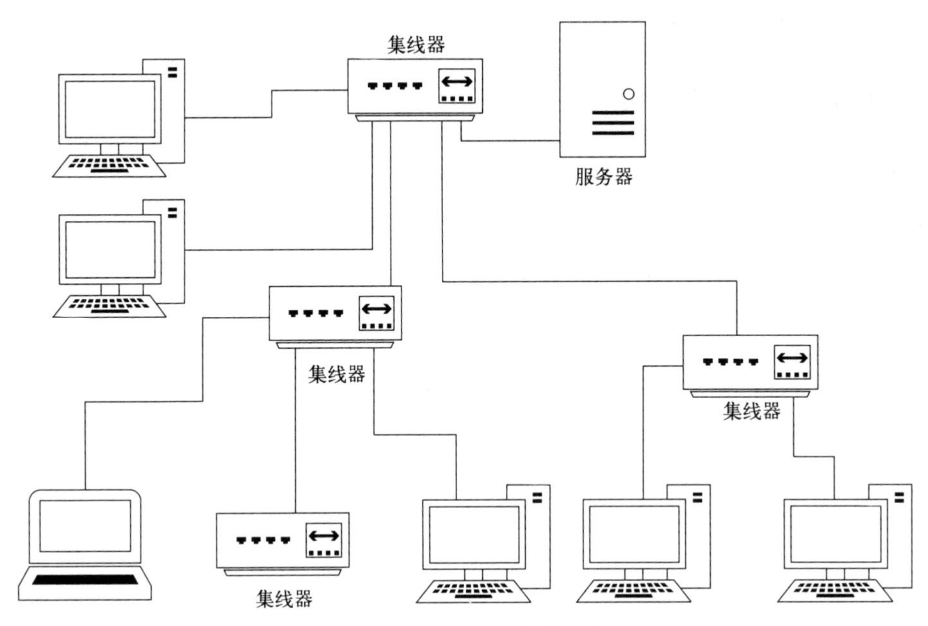

图 3-5　10BASE-T 布线方案

它可以以不同速度运行，并能与不同物理层连接。

100BASE-TX 物理层支持 5 级 2 对 UTP 或 1 级 STP 的高速以太网。100BASE-T4 物理层可以在 3 级、4 级或 5 级的 4 对 UTP 上实现高速以太网。100BASE-FX 支持多模或单模光缆布线，这样快速以太网就能在 2km 的距离内传输信息。

100BASE-T4 是为迎合庞大的 3 类音频级布线安装需要而设计的。100BASE-T4 使用 4 对音频级或数据级无屏蔽 3 类、4 类或 5 类电缆。由于信号频率只有 25MHz，也可使用音频级 3 类线缆。100BASE-T4 使用所有的 4 对无屏蔽双绞线，3 对线用来同时传送数据，而第 4 对线用来作为冲突检测时的接收信道。与 10BASE-T 和 100BASE-TX 不同，它没有单独专用的发送和接收线，所以不能进行全双工操作。

100BASE-T4 为目前大量的 10Mbps 以太网向 100Mbps 快速以太网过渡提供了极大方便，大多数情况下只需要更换网卡和集线器，而不需要重铺电缆线。

3. 千兆以太网

千兆以太网是建立在以太网标准基础之上的技术，它与快速以太网和标准以太网完全兼容，并利用原以太网标准所规定的全部技术规范，其中包括 CSMA/CD 协议、帧格式，流量控制以及 IEEE 802.3 标准中所定义的管理对象等。为了实现高速传输，千兆以太网定义了千兆介质专用接口（GMII），从而将介质子层和物理层分开，使得当物理层的传输介质和编码方式变化时不会影响到介质子层。

千兆以太网技术有两个标准——IEEE 802.3z 和 IEEE 802.3ab。IEEE 802.3z 为光纤和同轴电缆的全双工链路方案的标准，IEEE 802.3ab 为非屏蔽双绞线的半双工链路标准。

千兆以太网可采用 4 类介质：1000BASE-SX（短波长光纤）、1000BASE-LX（长波长光纤）、1000BASE-CX（短距离铜缆）、1000BASE-T（100m 的 4 对 6 类 UTP）。其中，1000BASE-SX 使用每波长（850nm）激光的多模光纤，1000BASE-LX 使用长波长

(1300nm) 激光的单模和多模光纤。使用长波长和短波长的主要区别是传输距离和费用。不同波长传输时信号衰减程度不同。短波长传输衰减大，距离短，但节省费用；长波长可传输更长的距离，但费用高。

1000BASE-T 是 100BASE-T 的自然扩展，与 10BASE-T、100BASE-T 完全兼容，专门为在 5 类双绞线上传送数据而设计的。1000BASE-T 规定可以在 5 类 4 对平衡双绞线上传送数据，传输距离最远可达 100m。1000BASE-T 的重要性在于：可以直接在 100BASE-TX 快速以太网中通过升级交换机和网卡实现千兆到桌面，而不需要重铺电缆线。

千兆以太网是一种高速网络连接技术，适用于不同场景，包括楼层干线、桌面连接、服务器之间、建筑物主干网、内部交换机链路以及工作组网络，如图 3-6 所示。它使用了熟悉的以太网技术，使得从较低速度的以太网平滑升级到千兆以太网成为可能。

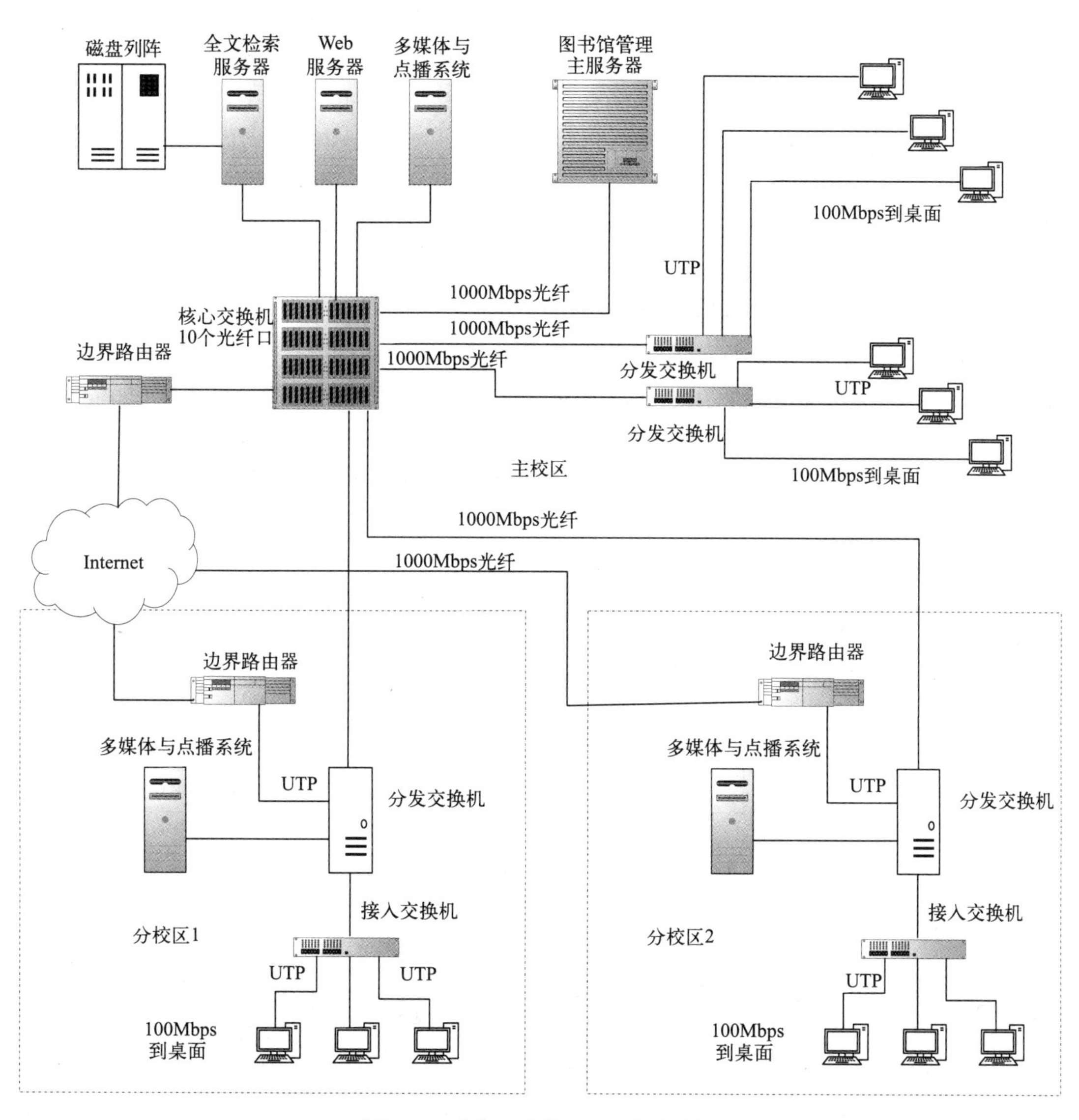

图 3-6　千兆以太网校园网的拓扑结构

这种技术是对 10Mbps 和 100Mbps 以太网的自然扩展，因此在各种应用中具有广泛的前景。

4. 万兆以太网

2002 年，IEEE 802 委员会通过了万兆以太网（10Gigabit Ethernet）标准 IEEE 802.3ae，定义了 3 种物理层标准：10GBASE-X、10GBASE-R、10GBASE-W。万兆以太网仍采用 IEEE 802.3 数据帧格式，维持其最大、最小帧长度。由于万兆以太网只定义了全双工方式，所以不再支持半双工的 CSMA/CD 的介质访问控制方式，也意味着万兆位以太网的传输不受 CSMA/CD 冲突域的限制，从而突破了局域网的概念，进入广域网范畴。

10GBASE-X 为并行的局域网物理层标准，为了达到 10Gbps 的传输速率，使用稀疏波分复用（CWDM）技术。10GBASE-R 是一种采用 64B/66B 编码的串行 LAN 型物理层标准，它包括三种规格，即 10GBASE-SR、10GBASE-LR、10GBASE-ER，分别采用 850 纳米短波长、1310 纳米长波长以及 1550 纳米超长波长。10GBASE-SR 使用多模光纤，传输距离一般为几十米；10GBASE-LR 的传输距离是 10km；而 16GBASE-ER 的传输距离是 40km，都是采用单模光纤进行传输。10GBASE-W 是一种串行广域网型物理层，它采用 64B/66B 编码，包括 10GBASE-SW、10GBASE-LW、10GBASE-EW，其分别采用 850 纳米短波长、1310 纳米长波长以及 1550 纳米超长波长。10GBASE-SW 使用多模光纤，传输距离一般为几十米；10GBASE-LW 的传输距离是 10km；而 16GBASE-EW 的传输距离是 40km，都是采用单模光纤进行传输。

除上述 3 种物理层标准外，IEEE 还制定了一项使用铜缆的称为 10GBASE-CX4 的万兆以太网标准 IEEE 802.3ak，可以在双芯同轴电缆上实现 10Gbps 的信息传输速率，提供数据中心的以太网交换机和服务器群的短距离（15m 之内）10Gbps 连接的经济方式。10GBASE-T 是另一种万兆以太网物理层，通过 6/7 类双绞线提供 100m 内的 10Gbps 的以太网传输链路。

万兆以太网介质标准见表 3-2。

万兆以太网介质标准 **表 3-2**

介质标准	接口类型	应用范围	传送距离	波长	介质类型
10GBASE-T	RJ-45	局域网	100m	1310nm	双绞线(Cat 6A/Cat 7)
10GBASE-CX4	SFP+	中距离连接	150m	1310nm	单模光纤(OM3)
10GBASE-LX4	SFP+	长距离连接	300m	1310nm	单模光纤(OM3)
10GBASE-LX25	SFP+	长距离连接	500m	1310nm	单模光纤(OM3)
10GBASE-EX4	SFP+	长距离连接	40km	1310nm	单模光纤(OM4)
10GBASE-SW	SFP+	数据中心交换机互连	150m	1310nm 或 1550nm	单模光纤(OS2)或双绞线(Cat 6A/Cat 7)
10GBASE-LW	SFP+或 SFP28	数据中心、城域网和广域网连接	300m 至 80km	1310nm 至 1550nm	单模光纤(OS2)或多模光纤(OM4)或双绞线(Cat 6A/Cat 7)
10GBASE-EW	QSFP+或 OCP Connector	数据中心交换机互连	300m	1310nm	单模光纤(OS2)或多模光纤(OM4)或双绞线(Cat 6A/Cat 7)

目前，主流服务器普遍采用千兆以太网作为连接技术。然而，随着数据中心和群组网

络的需求不断增加，千兆以太网或千兆以太网捆绑难以满足带宽需求。因此，升级到万兆以太网在服务质量和成本方面具有明显的优势。万兆以太网还可以在其他多媒体应用领域寻找更多的应用机会，如视频点播或多媒体制作。

万兆以太网在技术上基本继承了过去的以太网、快速以太网和千兆以太网技术，因此在用户普及率、易用性、互操作性和简便性方面具有显著优势。升级到万兆以太网解决方案时，用户无需担心现有的程序或服务受到影响，因此升级的风险非常低。这一点可以从以太网一路升级到千兆以太网的经验中得到证明。未来升级到万兆以太网、四万兆以太网（40G）和十万兆以太网（100G）等也将具有明显的优势。

虽然万兆以太网保留了以太网帧结构，但不再使用 CSMA/CD 机制。它主要应用于点到点线路，不再共享带宽，因此碰撞检测、载波监听和多重访问已不再重要。万兆以太网通过不同的编码方式或波分复用技术提供 10Gbps 传输速度。因此，从本质上分析，万兆以太网仍然是以太网的一种变体。

万兆以太网在实际应用中提供高速和简便的连接服务，相对于以前的以太网，具有快速、简单和高性价比等优势，展示出显著的应用价值，如图 3-7 所示。科学技术的推动促使城域网、广域网和局域网之间建立了紧密联系，网络之间的边界变得模糊，这是当前网络化社会的发展趋势。在低成本和简化操作的前提下，如何连接各种网络已成为亟待解决的问题，而万兆以太网的应用为解决这些问题提供了有效的解决方案，具有广阔的发展前景。

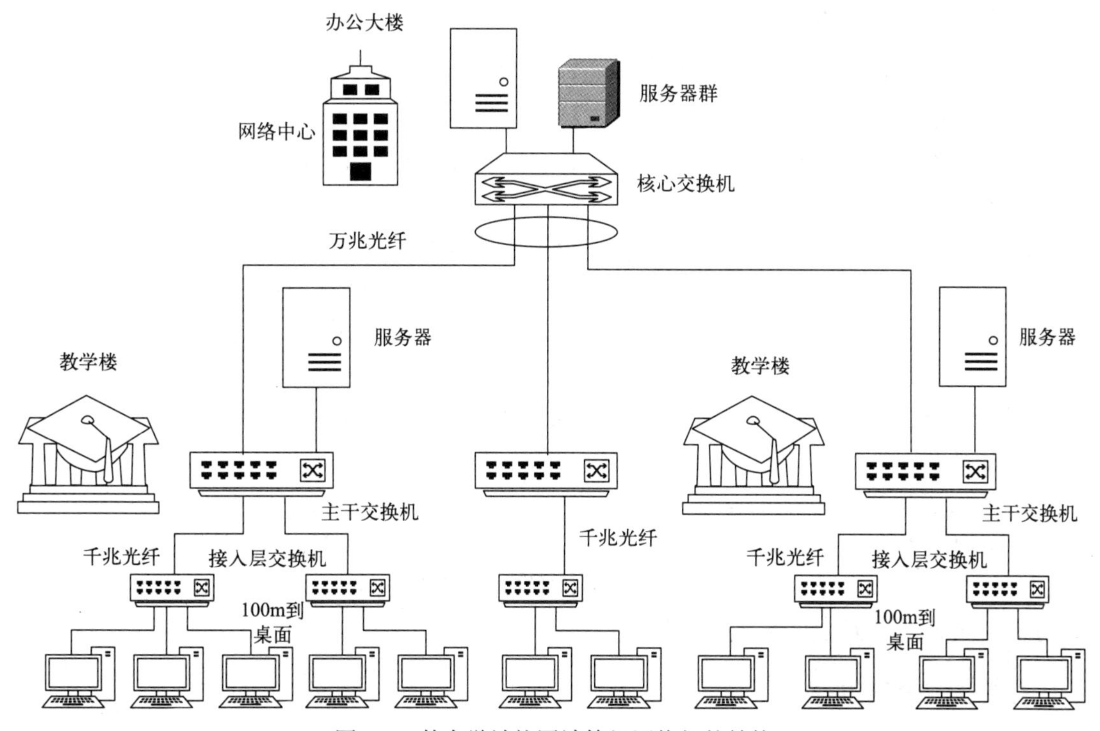

图 3-7　某大学城校园计算机网络拓扑结构

3.3 全球互联网

3.3.1 TCP/IP 网络模型

计算机与网络设备需要相互通信，双方就必须基于相同的方法。如何探测到目标、由哪一边先发起通信、使用哪种语言进行通信、怎样结束通信等规则都需要提前确定。不同的硬件、不同的操作系统之间的通信，所有的这一切都需要一种规则，这种规则就叫作协议。

TCP/IP 是互联网相关的各类协议族的总称，例如：TCP、UDP、IP、FTP、HTTP、CMP、SMTP 等都属于 TCP/IP 族内的协议。

TCP/IP 模型是互联网的基础，它是一系列网络协议 Q 的总称。这些协议可划分为四层，分别为链路层（物理层、数据链路层）、网络层、传输层、应用层（会话层、表示层）。

链路层：负责封装和解封装 IP 报文，发送和接受 ARP/RARP 报文等。

网络层：负责路由以及把分组报文发送给目标网络和主机。

传输层：负责对报文进行分组和重组，并以 TCP 或 UDP 协议格式封装报文。

应用层：负责向用户提供应用程序，比如 HTTP、FTP、TELNET、DNS、SMTP 等。

3.3.2 DNS 网络

要记住目的地 12 位数字的计算机 IP 地址很困难，因此需要一个域名系统（Domain Name System，DNS）把 IP 地址转换成容易记忆的域名。IP 地址和相对应的域名存放在域名系统服务器的数据库中。访问者只要记住比较容易记忆的域名，就可以访问目的计算机。

DNS 是一个层次型的结构（图 3-8）。最顶层是根域，根域下面称为顶级域，在下面称为次级域。顶级域的域名通常用两到三个字母组成，比如我们浏览网页时非常熟悉的 . com、. edu、. gov 和 . cn，以及表示国家的代码，如加拿大是 . ca，意大利是 . it。次级域名由两部分组成，分别表示顶级域名和次级域名，比如 alibaba. com、mit. edu、sina. cn 等。最底层的域名表示一台连接上互联网或专用网的计算机的名称。

下面列出了现在最常见的、被正式承认的域名扩展名。比如 . com 代表商业组织/企业；. edu 代表教育机构；. gov 代表政府机构；. il 代表军队；. net 代表网络；. org 代表非营利组织和机构；. biz 代表商业公司；. info 代表信息供应商。国家同样有域名，如 . cn、. uk、. au 和 . fr 分别代表中国、英国、澳大利亚和法国。将来会出现越来越多的组织与企业域名，以满足业务发展需要。

3.3.3 电话网络

智能建筑内的电话网是公用电信网的延伸，公用电信网是全球最大的网络，在不发达的地区可能没有计算机网络，但是一般会有电话网，因此通过电话网可以与世界各地的人们联系。不仅如此，通过调制与解调技术可以在模拟电话网上进行数据传输（计算机通

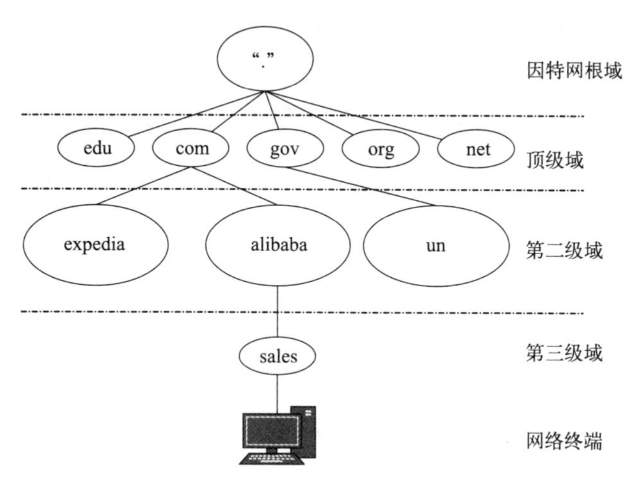

图 3-8 域名层级结构

信)。智能化建筑内的电话网一般是以程控用户交换机(Private Automatic Branch eXchange,PABX)为中心构成一个星型网络,为用户提供话音通信是其基本功能,如图 3-9 所示。建筑内的用户之间是分机对分机的免费通信。电话网既可以连接模拟电话机,也可以连接计算机、终端、传感器等数字设备和数字电话机,不仅要保证建筑内的语音、数据,图像的传输,而且要方便地与外部的通信网络(如公用电话网、公用数据网、用户电报网、无线移动电话网等)连接,与国内外各类用户实现话音、数据、图像的综合传输、交换、处理和利用。

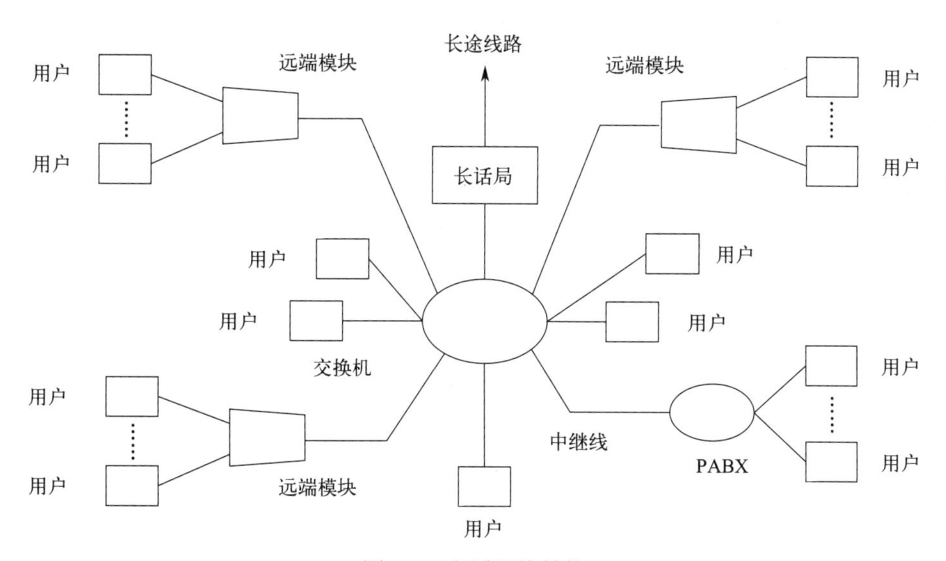

图 3-9 电话网络结构

对于电话网来说,按服务区域划分,可分为国际、国内长途电话网和市话网(本地网)。按照网络上传送信息所采用的信号形式,又可分为数字网和模拟网,前者以数字信号形式传送信息,后者采取模拟信号形式。

我国电话网原来的网络等级为五级,为了简化网络结构,“九五”期间,我国电话网的等级结构由五级演变为三级,如图 3-10 所示。

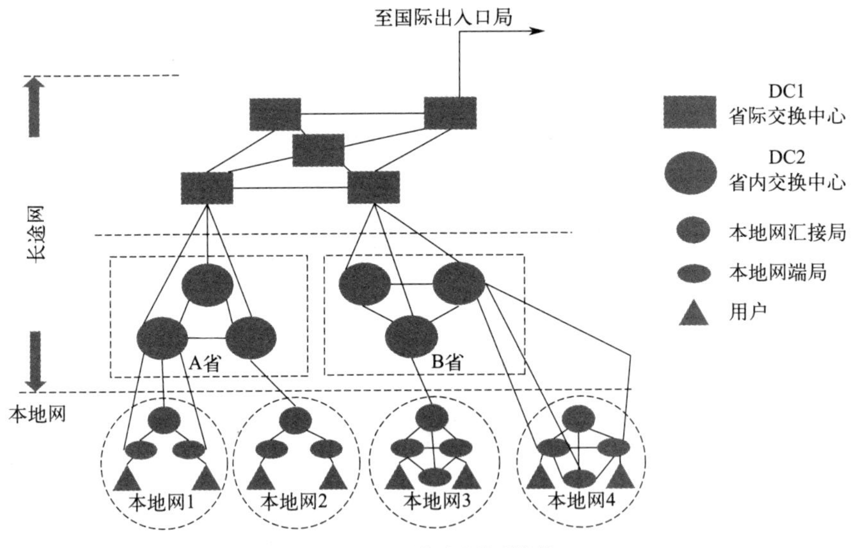

图 3-10 国家电话网结构

(1) 本地电话网。一个长途编号区的范围就是一个本地电话网的服务范围。本地电话网络结构可分为网状网（端局间网状连接）和汇接网（由汇接局和端局组成）两类。

(2) 长途电话网。承担疏通本地电话网以外相互间的长途电话业务，其中一个或几个一级交换中心直接与国际出入口局连接，完成国际来去话业务的接续。

下面以市话通信网进行分析。在一个中小城市或一个县，只设一个交换局，为全网所有用户服务，构成单局制电话网络，如图 3-11 所示。图中距交换局较近的用户直接接入局内，距离较远且比较集中的用户则接入远端模块。远端模块是将交换局用户单元移出到远端用户集中地，相当于一个支局，所以有时也称作遥控支局。接入远端模块的用户内部呼叫和对外呼叫的接续均需经交换母局完成。用户程控交换机（PABX）也通过中继线接到市交换机上。此外，市交换机还有特种业务中继线接各种业务台，另有长途中继线接长话交换机，通过长途通信网络与其他城市的用户进行交换接续。

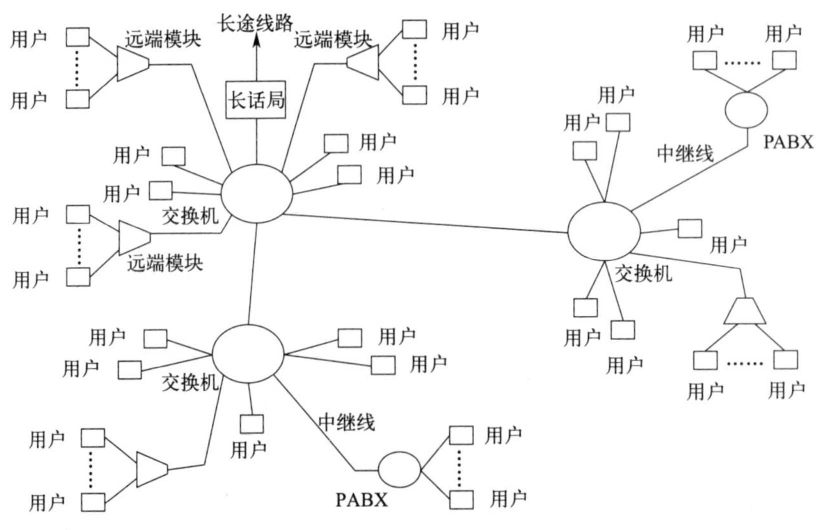

图 3-11 市话通信网结构

值得注意的是，目前我国在智能建筑中引入远端模块替代 PABX 的做法越来越普遍，这是因为，邮电通信基础设施经过多年的投资建设，现在已进入相对过剩时期，由于采用远端模块在一定条件下电信业可取得经济效益，同时又免除了大楼业主在建筑内电话网上的投资，因此在智能建筑中经常使用。

单局制网一般只适用于发展初期，在城市（地区）用户不断发展、服务范围不断扩大的情况下，将会出现多个交换局。

对于大城市来说，电话用户多且分布很广，最终网络容量可达数十万或几百万用户，也就是说可能采用 6 位、7 位或 8 位数字的编号计划。如果仍用单局制，线路投资势必很大，传输质量也难以保证，交换系统的容量也有限制。因此这时的网络结构将为两级式，即除端局外还要设一个或多个汇接局，一般组成集中式汇接网。在端局之间话务流量不是很大的情况下，各端局的用户间接续均需经汇接局完成。当话务量较大时，可在端局间设高效直达电路或低呼损直达电路，在高效直达电路情况下溢出话务量可经汇接局迂回接续，这样可保证端局间话务量有效合理地传送。当网中用户容量继续增长，端局增多时，就要实行分区汇接制，即设多个汇接局。

3.3.4 搜索引擎

搜索引擎指自动从因特网搜集信息，经过一定整理以后，提供给用户进行查询的系统。因特网上的信息浩瀚万千，而且毫无秩序，所有的信息像汪洋上的一个个小岛，网页链接是这些小岛之间纵横交错的桥梁，而搜索引擎，则为用户绘制一幅一目了然的信息地图，供用户随时查阅。它们从互联网提取各个网站的信息（以网页文字为主），建立起数据库，并能检索与用户查询条件相匹配的记录，按一定的排列顺序返回结果。20 世纪 90 年代使用关键字进行索引的方案，后续根据页面之间的联系对网站进行推荐。

今天，互联网广告是搜索引擎的主要收入来源，通过搜索引擎营销，使用复杂的算法和网页排名技术来定位结果。搜索引擎一般由搜索器、索引器、检索器和用户接口四个部分组成。其工作原理大致可以分为三步：①抓取网页。每个独立的搜索引擎都有自己的网页抓取程序（Spider）。Spider 根据网页中的超链接和网站 Robots. txt 协议，连续地抓取网页。被抓取的网页称为网页快照。由于互联网中超链接的应用很普遍，理论上，从一定范围的网页出发，就能搜集到绝大多数的网页。②爬取网页。搜索引擎抓到网页后，需要做大量的预处理工作，才能提供检索服务。其中，最重要的就是提取关键词，建立索引文件。其他还包括去除重复网页、分词（中文）、判断网页类型、分析超链接、计算网页的重要度/丰富度等。③提供检索服务。用户输入关键词进行检索，搜索引擎从索引数据库中找到匹配该关键词的网页；为了用户便于判断，除了网页标题和 URL 外，还会提供一段来自网页的摘要以及其他信息。

图 3-12 详细展示了搜索引擎的工作过程。

3.3.5 B/S 架构下工作分析

B/S（Brower/Server，浏览器/服务器）架构又称 B/S 结构，是 Web 兴起后的一种网络结构模式。Browser 指的是 Web 浏览器，极少数事务逻辑在前端实现，但主要事务

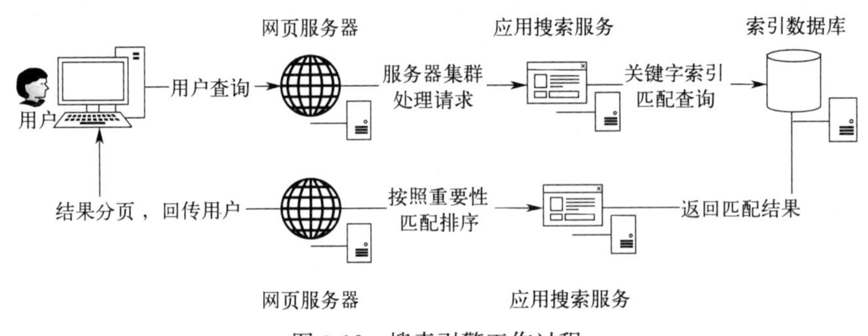

图 3-12　搜索引擎工作过程

逻辑在服务器端实现；Server 是服务端计算机硬件和软件的合集。B/S 架构的系统无需特别安装，Web 浏览器是客户端最主要的应用软件。该模式统一了客户端，将系统功能实现的核心部分集中到服务器上，简化了系统的开发、维护和使用；客户机上只需要安装一个浏览器，服务器上安装 SQL Server、Oracle、MySQL、Mongo DB、Influx DB 等数据库；浏览器通过 Web Server 同数据库进行数据交互。

1. B/S 架构的分层

与 C/S 架构只有两层不同的是，B/S 架构有三层，分别为：第一层表现层：主要完成用户和后台的交互及最终查询结果的输出功能。第二层逻辑层：主要是利用服务器完成客户端的应用逻辑功能。第三层数据层：主要是接受客户端请求后独立进行各种运算。

B/S 架构的优点：客户端无需安装，有 Web 浏览器即可；B/S 架构可以直接放在广域网上，通过一定的权限控制实现多客户访问的目的，交互性较强；B/S 架构无需升级多个客户端，升级服务器即可。可以随时更新版本，而无需用户重新下载。

B/S 架构的缺点：在跨浏览器的兼容性方面，BS 架构效果存在一定差异；需要前端工程师花费较多精力进行处理；另外，在速度和安全性上需要花费巨大的设计成本，这是 BS 架构的最大问题；客户端服务器端的交互是请求-响应模式，通常需要刷新页面，交互数据量较大时，反应比较慢，用户体验欠佳。

2. B/S 工作原理

B/S 架构采取浏览器请求、服务器响应的工作模式。用户可以通过浏览器去访问 Internet 上由 Web 服务器产生的文本、数据、图片、动画、视频点播和声音等信息。而每一个 Web 服务器又可以通过各种方式与数据库服务器连接，大量的数据实际存放在数据库服务器中。从 Web 服务器上下载程序到本地来执行，在下载过程中若遇到与数据库有关的指令，由 Web 服务器交给数据库服务器来解释执行，并返回给 Web 服务器，Web 服务器又返回给用户。在这种结构中，将许许多多的网连接到一块，形成一个巨大的网，即全球网。而各个企业可以在此结构的基础上建立自己的 Internet。图 3-13 解释了 B/S 架构工作原理。

步骤①客户端发送请求：用户在客户端【浏览器页面】提交表单操作，向服务器发送请求，等待服务器响应；步骤②服务器端处理请求：服务器端接收并处理请求，应用服务器端通常使用服务器端技术，如 JSP 等，对请求进行数据处理，并产生响应；步骤③服务器端发送响应：服务器端把用户请求的数据（网页文件、图片、声音等）返回给浏览器；步骤④浏览器解释执行 HTML 文件：呈现用户界面。

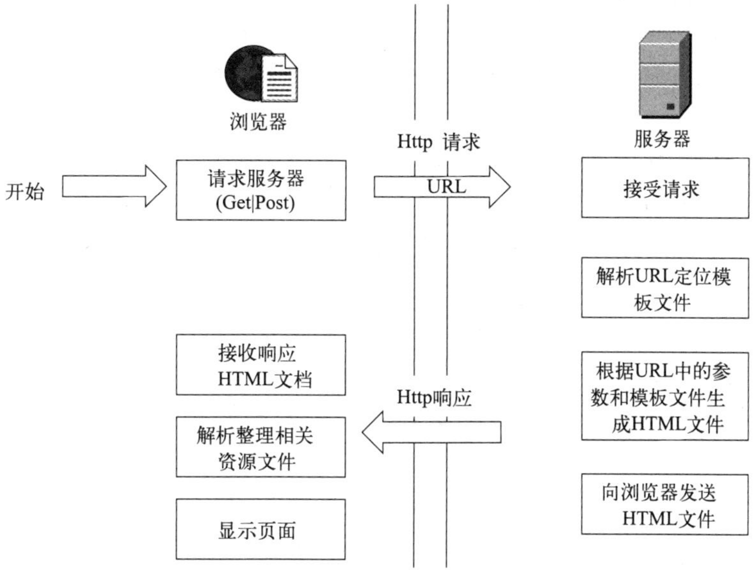

图 3-13　B/S 架构工作原理

3.3.6　新一代的 Web 网络

1. 下一代网络：IPv6 和 Internet2

因为互联网最初不是为广大用户传输数据，因此大量政府部门和企业占据了大量的 IP 地址，使得公网 IP 地址难以满足通信需要，虽然通过 NAT（Network Address Translator）技术一定程度缓解了 IPv4 地址紧张，但是仍无法满足需求。因此，提出了互联网络协议第 6 版，即 IPv6。IPv6 地址有 128 位二进制编码，IP 地址资源几乎是无穷的，能够满足物联网建设需要。

在美国，Internet2 和下一代互联网（Next-generation internet，NCI）进一步完善了集中了约 350 家大学、企业和政府机构，研究一种可靠高速的新互联网，并已经建立了 100G 宽带速度的主干网络。Internet2 为开发更高效的线路传输研究及应用新技术，根据传输数据的种类与重要性提供不同级别的服务，提供分配运算、虚拟实验室、数字实验室、分布式学习及远程浸入等更高级的应用。Internet2 并不取代公共网络，却为高端技术提供试验环境，而这些高端技术最终可能应用于公共网络。中国下一代互联网示范工程 CNGI 示范网络核心网建设项目 CNGI-CERNET2/6IX 得到立项，有力地推动了我国下一代互联网核心设备的产业化进程，为提高我国在国际下一代互联网技术竞争中的地位作出了重要贡献。

2. Web 1.0～3.0

第一代互联网（Web 1.0）是 PC（个人计算机）互联网，从 1994 年发展至今，提升了全球信息传输的效率，降低了信息获取的门槛。在 Web1.0 时代，用户基本都是被动地接受互联网中的内容，很少能深度参与到互联网建设中。

第二代互联网（Web 2.0）是移动互联网，从 2008 年左右开始至今，数据与服务一体结合。社交网络、O2O 服务（线上到线下服务）、手机游戏、短视频、网络直播、信息流服务、应用分发和互联网金融等移动互联网服务成为主流。在 Web2.0 时代，用户可以自主创建互联网中的内容，但流量入口与利益分配等却被各个互联网巨头公司把控，且隐私与安全问题难以保障。区分 Web 2.0 的技术与服务，包括云计算、软件混搭与开发、个人动态网站等。

第三代互联网（Web 3.0）将是一个去中心化的互联网，旨在打造出一个全新的合约系统，并颠覆个人和机构达成协议的方式。Web 1.0 和 Web 2.0 相结合，就形成了 Web 3.0 的数字化生态，在其中用户可以真正拥有自己的数据，并且交易受到了加密技术保障。在 Web 3.0 时代，Web 3.0 将会是一个更加开放、公平和安全的网络，用户将成为互联网真正的创作者与构建者，用户所创造的数据信息与数据资产都将归自身所有。Web 3.0 称为“语义网”（Semantic Web）。网络上大部分信息是用来供用户阅读，并不是为计算机程序分析管理的。搜索引擎能够搜索出某名词或关键词出现在网络文件上，但并不理解其意思或它与网络上其他信息间的关系。比如，我们在搜索引擎上依次输入“酒店 成都”“酒店在成都”进行两项搜索，原意是对成都的酒店感兴趣，但是搜索引擎不明白网页的含义，它只能显示点击率最高又包含“酒店”和“成都”的网页。

总之，Web 1.0 解决了获取信息的问题。Web 2.0 解决了与他人分享信息，享受新鲜的网络体验的问题。Web 3.0 为用户创立所有数字信息所有网络接触融为一体的语义网络，为用户提供个性化的定制体验。

3.4 无线网络

无线网络是一种通过无线电波或红外线传输数据的技术，它不需要通过网线来连接计算机或其他设备。无线网络技术广泛应用在我们的日常生活中，例如家庭网络、办公室网络、公共场所。

3.4.1 无线网络的组网模式

根据无线接入点（Access Point，AP）的功用不同，无线网络可以实现不同的组网方式。目前有点对点模式、基础架构模式、多 AP 模式、无线网桥模式和无线中继器模式 5 种组网方式。应用上述 5 种不同的工作模式，可以灵活方便地组建各种无线网络结构以满足各种需求。

点对点模式是由无线工作站组成，用于一台无线工作站和另一台或多台其他无线工作站的直接通信，该网络无法接入到有线网络中，只能独立使用。无需 AP，安全由各个客户端自行维护。因此对等网络只能用于少数用户的组网环境。点对点模式的组网如图 3-14 所示。

基础架构模式是以星型拓扑为基础，以访问点 AP 为中心，所有的无线工作站通信要通过 AP 接转。AP 主要完成 MAC 控制及信道的分配等功能。AP 通常能够覆盖几十至几百用户，覆盖半径达百米。覆盖的区域称为基本服务区（Basic Service Set，BSS）。由于 AP 有以太网接口，这样既能以 AP 为中心独立组建一个无线局域网，当然也能将 AP 作为一个有线网的扩展部分，用于在无线工作站和有线网络之间接收、缓存和转发数据。由于对信道资源分配、MAC 控制采用集中控制的方式，这样使信道利用率大大提高，网络

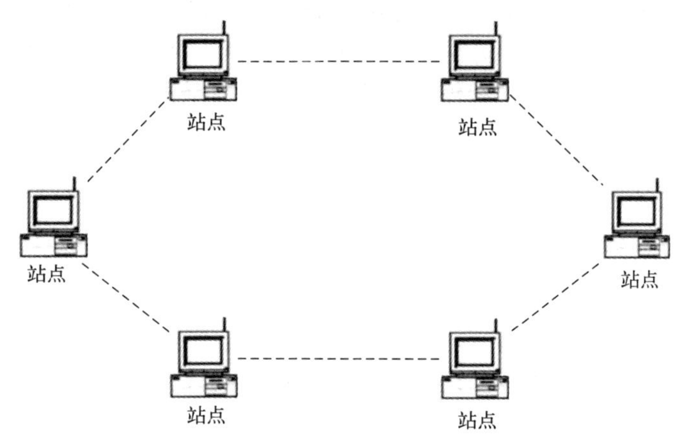

图 3-14　点对点模式的组网

的吞吐性能优于分布式对等方式。

多 AP 模式是指由多个 AP 以及连接它们的分布式系统（有线的骨干 LAN）组成的基础架构模式网络，也称为扩展服务区（Extend Service Set，ESS）。扩展服务区内的每个 AP 都是一个独立的无线网络。基本服务区（BSS），所有 AP 共享同一个扩展服务区标示符（ESSID）。分布式系统在 IEEE 802.11 标准中并没有定义，但是目前大多是指以太网。可以在相同 ESSID 的无线网络间进行漫游，不同 ESSID 的无线网络形成逻辑子网。

无线网桥模式利用一对 AP 连接两个有线或者无线局域网网段。

无线中继器用来在通信路径的中间转发数据，从而延伸系统的覆盖范围。

3.4.2 蓝牙

蓝牙（Bluetooth）技术是一种近距离无线通信连接技术，用于各种固定与移动的数字化硬件设备之间通信，具有连接稳定、无缝和低成本的优点。蓝牙技术将通信驱动软件固化在微型芯片上，可以方便地嵌入设备之中，使得它能够被广泛应用于日常生活中。

蓝牙技术采用跳频技术，但与其他工作在 2.4GHz 频段上的系统相比，蓝牙跳频更快，数据包更短，这使蓝牙比其他系统更稳定。蓝牙技术理想的连接范围为 0.1～10m，但是通过增大发射功率可以将距离延长至 100m。

蓝牙基带协议是电路交换与分组交换的结合。在被保留的时隙中可以传输同步数据包，每个数据包以不同的频率发送。一个数据包名义上占用一个时隙，但实际上可以被扩展到占用 5 个时隙。蓝牙可以支持异步数据通道、多达 3 个同步话音信道，还可以用一个信道同时传送异步数据和同步话音。异步信道可以支持一端最大速率为 721kbps，而另一端速率为 57.6kbps 的不对称连接，也可以支持 43.2kbps 的对称连接。

无线电话、传呼机、电脑、打印机等设备，即使不需要用户直接的操作指令，也都能利用蓝牙通信。例如，用户可命令笔记本电脑无线发送文件给打印机。无线键盘、无线鼠标可利用蓝牙技术与电脑连接，同样手机也能使用无线耳机。蓝牙所需要设备的要求又低，使其适用于笔记本、手机或掌上电脑。

蓝牙技术在多种设备上实现，包括手机、掌上电脑、无线键盘和鼠标、电脑，以及打印机，以无线方式在一个小于 10m 的区域内互相交流。除了可以连接到显示的设备外，蓝牙类似于一个网络设备，例如，将数据从一个 PC 传递到另一个 PC。

蓝牙技术面向的是移动设备间的小范围连接，本质上说，它是一种代替线缆的技术，可以应用于任何用无线方式替代线缆的场合，适合用在手机、掌上电脑等简易数据传递中。虽然蓝牙主要用于建立个域网，但它同样应用于大型企业。

3.4.3 WiFi

无线宽带 WiFi 是 802.11 无线局域网协议的别称。无线局域网协议一共包括三种：802.11a、802.11b 和 802.11g。随着无线网络速度与容量的不断扩大，出现 802.11n。

802.11a 在 5GHz ISM 频段上的数据传输速率可达 54Mbps，有效距离为 10～30m。802.11b 在 2.4GHz ISM 频段上数据传输速率高达 11Mbps，有效距离为 30～50m，在户外使用塔顶天线还能扩大使用距离。802.11g 在 2.4GHz ISM 频段上的数据传输速率可达 54Mbps。802.11n 最大理论传输速率为 300 Mbps，可在 2.4 GHz 和 5 GHz 频段中运行。

802.11b 最早广泛用于无线网络和无线网络接入，随后 802.11g 也逐渐得到应用。如今双波段系统同时支持 802.11b 和 802.11g。

在大部分 WiFi 通信中，有线局域网内的无线设备在访问点（Access Point，AP）的协调下进行。访问点是指与有线网络、路由或集线器相连的装有无线接收与发射器的盒子。现在，笔记本电脑都装有接收无线信号的芯片，早期的电脑则需要安装附加无线网络接口卡。

3.4.4 红外线

红外线是指波长为 0.75～1000pm 的电磁波，是众多不可见光线中的一种。红外线通信链路只需一对发送/接收器组成，这对发送/接收器调制不相干的红外线。红外线通信的特点如下：①收发器须处于视线范围内，或者经反射可达的视线范围内，且传播受天气的影响。②红外线通信有很强的方向性和隐蔽性，不易被人发现和截获、插入数据，保密性强。③几乎不会受到电气、无线电波、人为的电磁干扰，抗干扰性强。

安装这种系统不需要经过特许，而且只需很短时间就可以安装好。普通红外传输为 115.2Kbps，快速红外传输为 4Mbps。在不能架设有线线路，而使用无线电又怕暴露的情况下，使用红外线通信是比较好的。在智能楼宇的会议系统中，常用红外线进行同声传译信号的传输。

在通信领域，最常见的运用是一种利用红外线进行点对点的通信技术——IrDA，其软件和硬件技术比较成熟，主要优点是体积小、功率低，适合于设备移动的需要；传输速率高，可达 16Mbps；成本低，应用普遍。缺点是只能用于两个（非多个）设备之间的连接，中间不能有阻挡物；IrDA 设备使用红外线 LED 器件作为核心部件，不耐用。使用 IrDA 技术组建无线局域网被认为是一种很有发展潜力的领域。

3.4.5 ZigBee

ZigBee 是一种创新的无线通信技术，专为短距离、低数据传输速率的电子设备间通信而设计。它与蓝牙技术在许多方面具有相似之处，都是新兴的短距离无线通信技术，特别适用于传感器控制应用（Sensor and Control）。ZigBee 技术由 IEEE 802.15 工作组提出，并由其 TG4 工作组负责制定规范。

ZigBee 技术能够支持成千上万个微小传感器之间的交互，利用专门的无线电标准实现设备间的协调通信。因此，这项技术有时也被称为 Home RF Lite 或 FireFly 无线技术。ZigBee 不仅适用于小范围内的无线控制和自动化，还能省去计算机和数字设备之间的有线连接，实现多种不同设备的无线组网和相互通信，甚至接入互联网。

本质上，ZigBee 是一种低速率的双向无线网络技术，基于 IEEE 802.15.4 无线标准开发。它具有低复杂性、短距离、低成本和低功耗的优势，主要使用 2.4GHz 频段。IEEE 802.15.4 标准定义了 ZigBee 技术在媒体上支持的应用服务。

ZigBee 联盟致力于建立一个基础架构，该架构基于互操作平台和配置文件，具有低成本、可扩展性和嵌入式设计的优点。这为搭建物联网开发平台提供了便利，有利于研究成果的转化和产学研的结合，是实现物联网的一种简单而有效的途径。

ZigBee 技术的优点主要包括：①低能耗：ZigBee 设备的能源消耗显著低于其他无线通信技术，适合于需要长时间运行而无需频繁更换电池的应用场景。②低成本：ZigBee 技术的研发和部署成本相对较低，使其成为许多成本敏感型项目的理想选择。③高安全性：ZigBee 提供了多种安全机制，确保数据传输的安全性和可靠性。

3.4.6 RFID

射频标签（Radio Frequency Identification，RFID），也称射频识别，是用来跟踪供应链上货物情况的技术。射频标签在近距离内利用内嵌含有产品信息与位置的微型芯片的标签传送无线信号给读写器，读写器读取信息后传送到计算机进行处理。射频标签并不像条形码，它是非接触式的自动识别技术。

射频标签具有唯一的电子编码，附着在物体上标示对象。标签内部嵌有微型芯片储存目标对象的信息，如对象的位置、产地、生产时间以及生产过程中的地位等，标签的其他部位充当天线，传输数据给读写器。

射频读写器由天线和具有解密功能的无线传输器组成，设计为手持式或固定式。读写器发射无线信号，信号覆盖范围取决于其输出功率、信号频率以及周围环境。当射频标签处于此范围内，标签便被激活，开始对外传输数据。读写器接收解读数据，送给应用程序作相应的处理。射频标签和天线的大小和形状各异。

有源射频标签由内置电池为动力，通常允许重写、修改数据，传输距离可达几十米，但价格较贵。无源射频标签内部没有电源系统，只能从射频读写器发出的射频能量中获得。与有源射频标签相比，无源射频标签体积小、重量轻、价格便宜。由于没有内部电源，因此无源射频标签与射频读写器之间的距离受到限制，通常在几米以内，一般要求功率较大的 RFID 读写器。

射频标签过去因为价格过于昂贵而没能推广使用，但现在每个无源射频标签大致从 0.1 元到 10 元不等，有源射频标签 2 元到 100 元不等。随着价格的降低，RFID 变得既经济又有效。

存货管理和供应管理中，射频标签能获得、管理更多仓库中货物的信息。如果一批货物装船，RFID 能跟踪装船中每个集装箱、每批甚至每个单位的货物。这项技术能帮助很多公司实际查询到仓库或货架上的库存而提高进货、存货效率。

专题："十四五"建筑业发展规划

思考与练习题

1. 为什么通信和网络在数字建造中至关重要？请列举几个例子。
2. 解释通信网络的基本构成是什么，它们如何协同工作？
3. 什么是网络拓扑结构？请描述几种常见的网络拓扑结构。
4. WiFi 和蓝牙是哪种类型的无线技术？它们之间有什么主要区别？
5. TCP/IP 网络模型包括哪些层次？每个层次的功能是什么？
6. DNS 网络的作用是什么？为什么它在全球互联网中如此重要？
7. 简要描述电话网络的历史演变过程。
8. 什么是搜索引擎？它们如何工作以提供搜索结果？
9. 解释 B/S 架构下的工作分析，以及它与 C/S 架构有何不同？
10. 新一代的 Web 网络有哪些特点和技术趋势？它们如何改变了我们的互联网体验？

4 数字建造对建筑行业的影响

本章要点与学习目标

1. 了解数字建造如何改变建筑产品的形态和建造模式，以及这种改变对行业的影响。

2. 掌握工程虚拟样机的概念，以及它如何在建筑领域中发挥作用。

3. 理解“实物+数字”产品的形成过程，以及数字化对建筑产品带来的变革。

4. 分析数字建造所带来的经营理念和企业管理方面的影响，特别是制造-建造模式和大规模定制的启示。

5. 探讨数字建造时需要避免的误区，以及如何提升建筑产品的价值，以满足不断变化的用户需求。

6. 理解数字时代对市场形态和行业管理的影响，包括建造服务化转型和平台经济的崛起。

本章导读

数字建造是建筑行业中的一项重要革新，它不仅影响着建筑产品的形态和建造方式，还在经营理念、企业管理、市场形态和行业管理等方面带来了深刻的变革。本章将深入研究数字建造对建筑行业的多方面影响，从产品到管理，从市场到服务，都有着重要的变化。通过本章的学习，您将更好地理解数字建造对建筑行业的重要性以及未来发展趋势。

重难点知识讲解

4.1 产品形态和建造模式影响

4.1.1 工程虚拟样机

虚拟样机技术是一种在产品设计开发过程中，利用计算机建立整体模型并进行仿真分析的新技术，用于预测产品性能和改进设计。传统方法中，需要多次制造物理样机和进行试验，这耗费时间和资源。虚拟样机技术允许工程设计人员在计算机上创建虚拟模型，模拟系统运动和受力情况，进行设计优化，避免了多轮物理样机制造和试验的反复。这有助于缩短开发周期、提高设计质量和降低成本。此技术的应用贯穿整个设计过程，允许工程师结合经验和创意，最终得到系统级的最佳设计方案，然后再制造物理样机进行验证。这种方法可以数字化整个装备研制流程，提高效率，降低风险。

虚拟样机技术作为一种基于装备的计算机仿真模型的数字化设计方法，其核心是机械系统运动学、动力学和控制理论，同时还包括三维计算机图形技术和基于图形的用户界面技术、计算机辅助设计（CAD）技术、有限元分析技术、机电液控制技术以及最优化技术等相关技术。与传统装备研制方法相比，可使工程设计人员在方案设计阶段在虚拟环境中直观形象地对虚拟产品原型进行设计优化、性能测试、制造仿真和使用仿真，这对启迪设计创新、提高设计质量、减少设计错误、实现本质安全、加快产品开发周期具有重要意义。虽然目前虚拟样机技术还不能完全取代物理样机，但可以显著减少物理样机的试制次数。根据巴西航空工业公司 EMBRAER 的报告："由于 VR 虚拟技术的使用，相比花费 60 个月的 ERJ145 机型，使用 VR 虚拟制造开发的 EMBRAER 170（E170）仅仅耗时 38 个月"，这种巨大的智能工业项目周期的缩减将大大提高公司对市场的掌控能力。

目前，比较有影响的虚拟样机技术软件产品包括美国机械动力学公司的 ADAMS（Automatic Dynamic Analysis of Mechanical Systems）、比利时 LMS 公司的 DADS 以及德国航天局的 SIMPACK。其中 ADAMS 占据了市场份额的 50%以上，该软件最初由美国 MDI 公司开发，后被美国 MSC 公司收购成为 MSC/ADAMS，ADAMS 软件的仿真可用于预测机械系统的性能、运动范围、碰撞监测、峰值载荷以及计算有限元的输入载荷等。目前，虚拟样机技术已经广泛地应用到从汽车制造业、工程机械、航天航空业、造船业、机械电子工业、国防工业、通用机械制造业到人机工程学、生物力学、医学以及工程咨询等诸多领域。

我国十分重视虚拟现实技术的应用，自 2015 年国务院发布《中国制造 2025》以来，工业互联网和工业软件的相关扶持政策年年有所涉及。在 2021 年，国家发展改革委等 13 部门联合出台的《关于加快推动制造服务业高质量发展的意见》（发改产业〔2021〕372 号）中提到，利用 5G、大数据、云计算、人工智能、区块链等新一代信息技术，大力发展智能制造，实现供需精准高效匹配，促进制造业发展模式和企业形态根本性变革。

对于建筑工程行业，由于工程建设中建筑环境、场地条件、用户需求等多方面因素的影响和制约，每栋建筑的结构都是独一无二的，相比于传统制造业，每栋建筑物的造价也十分高昂，这种独特的定制式建造模式使得工程建设几乎没有试制物理样机的条件，缺乏试生产的验证机制使工程建造成为一项风险很大的生产活动。虚拟样机技术在工程建设中的应用可以极大地降低设计、建造中的错误和风险，随着工程建筑行业的现代化发展，虚拟样机已经成为其中一个越来越重要的因素。

4.1.2 "实物+数字"产品的形成过程

1. 数字建造的特征

数字建造将建造活动分为两个空间：虚拟空间和实体空间，称之为工程建造信息物理系统（Construction Cyber-Physical Space，CCPS），建筑工程的建设活动在两个空间交互进行并最终形成实物和数字产品。整个建造活动具有两个过程、两个工地、两个关系和两个产品的特征。

在现代工程领域存在两个关键过程：数字化建模和实体建造。数字化建模是使用数字建模软件在虚拟空间中创建工程模型，以便进行仿真分析和设计优化。实体建造则是在实际空间中根据数字模型进行实际建设。这两个过程具有同等的重要性。

这两个过程涉及两个工地：数字工地和实体工地。数字工地位于计算机或服务器上的虚拟空间，允许动态创建和修改数字模型，并进行仿真分析和优化。实体工地则是实际建筑工地，用于将数字模型转化为实际建筑物。

这两个工地之间存在相互支持的关系。数字工地可以在虚拟环境中模拟施工过程，发现潜在问题并优化方案，从而提高施工现场效率。同时，实体工地生成的信息可以反馈回数字工地，不断完善数字模型，实现虚实结合。

最终，客户将得到两个产品：实体建筑和虚体建筑。实体建筑是物理建筑物，包括建筑本身和相关的物理设备，以及可能的设计风格和功能。虚体建筑是与实体建筑相对应的数字建模，用于优化和管理建筑的运营和维护。这两个产品一起交付给客户，共同构成一个完整的工程项目。

虚体建筑即为全数字化样品。随着数字技术的迅猛发展，建筑物的整个建造过程已不仅可以是简单“记录”，而是可以形成可视化的“数字虚体建筑”。在设计阶段就形成包括建筑产品物理参数模型、项目管理过程模型、虚拟施工模型、虚拟运维模型等的“全数字样品”，不仅指导生产建造，也可以提前交付给甲方或使用者。同时，在建造过程中利用BIM、大数据、云计算、物联网和人工智能等技术把建筑生产过程的“质量、安全、进度等”、项目过程管理、人机料法环的要素属性等形成“数字模型”，也集中交付给甲方或使用者。

2. BIM 工程软件

BIM 软件分为建模软件、分析软件、管控软件、运维软件。BIM 从设计到运维的软件数量繁多，在建设工程的各个阶段采用的软件类型也有所不同。

在规划设计、建筑设计建模阶段，常用软件有 Revit、Rhino（犀牛）、品茗 HiBIM、ArchiCAD、Tekla 等。

Revit 是国内民用建筑领域里，最为常用的 BIM 建模软件。在使用 Revit 的时候，不能简单地当作建模软件来用。Revit 的原理是组合，类似于乐高积木一样。它的门、窗、墙、楼梯等都是组件，而建模的过程则是将这些组件拼成一个模型。所以，Revit 对于容易分辨这些组件的建筑会很容易建模，但是，对于异形建筑而言，就会比较难。因为墙体和其他组件都不是常规的，需要采用族重新构建就比较麻烦。

Rhino 是美国 Robert McNeel & Assoc 开发用于 PC 端的强大且专业的 3D 造型软件，它可以广泛地应用于三维动画制作、工业制造、科学研究以及机械设计等领域。它能轻易整合 3DS MAX 与 Softimage 的模型功能部分，对要求精细、弹性与复杂的 3D NURBS 模型，有点石成金的效能。它能输出 obj、DXF、IGES、STL、3dm 等不同格式，并适用于几乎所有 3D 软件，尤其对增加整个 3D 工作团队的模型生产力有明显效果，故使用 3D MAX、AutoCAD、MAYA、Softimage、Houdini、Lightwave 等 3D 设计人员不可不学习使用。

品茗 HiBIM 是基于 Revit 平台研发的目前国内唯一一款集建模翻模、设计优化、工程算量于一体的 BIM 应用软件，针对中国用户使用习惯打造的 BIM 应用引擎。类 CAD

的操作方式简化了 Revit 的操作难度，并充分利用了 Revit 平台自身的三维建模精度和可扩展性，为后期模型复用提供更逼真的可视化效果，并有效地避免了重复建模，实现了“一模多用”，是 BIM 应用的入口级产品。总的来说，HiBIM 贯穿整个项目的全生命周期，它串联了设计、施工、造价、咨询等，给用户带来了极大的利益。

Tekla 全称 Tekla Structures，是 Tekla 公司出品的钢结构详图设计软件。Tekla 的功能包括 3D 实体结构模型与结构分析完全整合、3D 钢结构细部设计、3D 钢筋混凝土设计、专案管理、自动 Shop Drawing、BOM 表自动产生系统。Tekla Structures 有效地控制整个结构设计的流程，设计资讯的管理透过共享的 3D 界面得到提升。Tekla 完整深化设计是一种无所不包的配置，囊括了每个细部设计专业所用的模块。用户可以创建钢结构和混凝土结构的三维模型，然后生成制造和架设阶段使用的输出数据，是国内钢结构应用最为广泛的 BIM 软件，具有强大的钢结构设计、施工以及制造的能力。

PKPM 结构设计、PKPM 节能设计、PKPM 绿建设计、清华斯维尔日照软件等是国内认可度比较高的软件。PKPM，它是中国建筑科学研究院建筑工程软件研究所研发的工程管理软件，它可以直接从 DWG 文件中提取建筑模型进行节能设计，可以最大程度地减轻建筑师的工作量，在方案、扩初和施工图等不同设计阶段方便地进行节能设计，避免了二次建模的工作。使用建模软件进行建模。

在招标投标、施工阶段管理控制工作，采用 BIM5D、Navisworks 等软件，进行进度工期控制、造价控制、质量管理、安全管理、施工管理、合同管理、物资管理、施工管理、三维技术交底、施工模拟等工程管理控制。

广联达 BIM5D，以 BIM 平台为核心，集成各专业模型，并以集成模型为载体，关联施工过程中的进度、合同、成本、质量、安全、图纸、物料等信息，为项目提供数据支撑，实现有效决策和精细管理，从而达到减少施工变更、缩短工期、控制成本、提升质量的目的。模型全面：可以集成土建、机电、钢筋、场布等全专业模型，可以承接 Revit、Tekla、MagiCAD、广联达算量及国际标准 IFC 等主流模型文件；依托广联达强大的工程算量的核心技术，提供精确的工程数据；协助工程人员进行进度、成本管控，质量安全问题的系统管理。

Navisworks，是 Autodesk 公司旗下一套项目检视软件。Navisworks 的软件很大，功能和操作却很简单。它能帮助建筑物建造的相关人员整合、协调、分析建筑物的相关数据，并在项目开始前了解或解决一些建造上的问题。基于这个能力，产生了三个主要的应用功能：漫游、碰撞检查、施工模拟。漫游就是在模型内部走动。碰撞检查就是检测工程项目中各不同专业（结构、暖通、消防、给水排水、电气桥架等）在空间上的碰撞冲突，分软碰撞和硬碰撞两种。施工模拟，基于施工计划创建一个时间表，Navisworks 在施工场地和建筑结构的模型导入中，并将其与施工任务相关联，运行模拟并查看结果。

在运维阶段，常采用国内运维软件进行物业的维修管理：如 ArchiBUS。ArchiBUS 是目前美国运用比较普遍的运维管理系统，而且可以通过端口与现在的最先进的建筑技术 BIM 相连接，形成有效的管理模式，提高设施设备维护效率，降低维护成本。它是一套用于企业各项不动产与设施管理（Corporate Real Estate and Facility Management）信息沟通的图形化整合性工具，列举各项资产（土地、建物、楼层、房间、机电设备、家具、装潢、保全监视设备、IT 设备、电信网络设备）、空间使用、大楼营运维护等皆为其主要管理项目。

4.1.3 产品形态与变革面临的问题与挑战

对于传统建筑工程的设计，需要面临从绘图到建模的转变，至少是先完成绘图和建模并存的转变，这种转变对于从业设计者的专业技能和知识的积累提出了较高的要求，但一个行业整体知识水平和专业技能的提升也并非一朝一夕可以办到的。

数字建筑属于传统建筑的价值增加部分，数字产品应该添加哪些属性，需要具体情况具体分析，需要经过市场的检验。受限于目前测量、计算等基础科技，数字属性可能无法精准表达真实信息，这在某种程度上导致了模型精度问题。

我国建筑业数字化转型面临产品形态与变革带来的问题和挑战：第一，是来自技术层面的挑战。数字化转型对基础性的信息技术和建筑工业化的水平具有依赖性。比如伴随着5G技术的应用，智慧工地技术水平才能进一步把施工现场和管理后台进行实时链接。第二，是来自工程建造复杂性的挑战。建筑业的绝对技术难度尽管不如航天、精密制造等高科技行业，但其生产体系高度复杂，给全面实现数字化转型带来了极大挑战。第三，是来自成本层面的挑战。工程建造是一个比较成熟的行业，涉及大量的固定资产投资，客观决定了建筑业是一个对成本高度敏感的产业，数字化转型意味着投入的增加，特别是如果某些领域的数字化不能带来直接的价值增值，没有相应的利益合理分配机制，就难以形成市场内在动力。

推动建筑业数字化转型将是未来很长时期的核心任务，突破数字化转型的关键在于：一是提高价值创造能力。以数字化来提升产品和服务的价值，以数字化来提升生产运营效率，以数字化来创造新的需求、营造新的场景。二是变革产业体系。以数字化助力工程建造进一步向新型组织方式转型，进一步拉动产业链条；以数字化来进一步模糊细分行业边界，实现融合发展。三是推动科技创新。数字化转型必须依靠科技创新，这是实现高价值创造能力和支撑产业体系变革的前提，更是数字化转型得以持续推动的根本支撑。

4.2 经营理念和企业管理影响

4.2.1 “制造-建造”模式，工业产品大规模定制的启示

大规模定制的基本思想在于通过对产品结构和制造流程的重新构建，运用现代化的技术手段，以大规模生产的成本和速度，为单个客户或小批量多品种市场定制任意数量的产品。由此可见，大规模定制不仅要追求低成本、高效率，还要兼顾高质量和个性化，这在传统工业社会中是难以想象的。大规模定制的要义在于，以满足客户需求为核心，创造出一系列运作模式、技术支持、销售方式、反应机制，而这会给企业的组织和运营带来冲击与困扰，企业生产、服务和销售环节都需要随之进行转变。如果在工业化条件下，大规模定制的思想对绝大多数企业而言都无以落地，而在大数据条件下，“一切皆有可能”就有了现实基础。

大数据是制造业大规模定制的关键，其应用包括数据采集、数据管理、订单管理、智能化制造、定制平台等。当定制数据达到一定量级，通过对这些数据的挖掘、分析，能够

实现精准匹配、模式分析、营销推送、流行预测等更高级的功能。利用大数据，可以帮助制造业企业降低物流和库存的成本、增加产品的用户匹配度，减少生产资源投入的风险。

当前，众多企业正在积极谋求数字化转型和智能化升级，拥抱如潮而至的大数据时代，而这对传统制造业提出了更高要求。制造业企业实现消费者个性化需求，一方面，在生产端，要提高供给能力，提供多样性的产品或服务满足消费者个性偏好；另一方面，在需求端，要通过互联网了解消费者的个性化定制需求。由于消费者众多，需求各不相同，而需求又处于无时无刻的变化中，由此构成了产品需求的大数据。制造业企业对这些数据进行处理，进而传递给智能设备，完成数据挖掘、设备调整、原材料准备等步骤，最终生产出符合个性化需求的定制产品。

建筑产品的传统特点是充满个性化需求，每一栋建筑均有其专有设计和特征，但在工程设计标准化和模块化、构件生产的工厂化和程序化、现场施工的机械化与装配化的发展下，个性化需求定制和大规模批量生产可以有机统一。装配式建筑就是在这种环境下应运而生的新兴建造方式。装配式建筑在20世纪初就开始引起人们的兴趣，到20世纪60年代终于实现。英、法、苏联等国首先作了尝试。由于装配式建筑的建造速度快，而且生产成本较低，迅速在世界各地推广开来。但早期的装配式建筑外形比较呆板，千篇一律，随着数字建模技术的发展，很容易在虚拟建筑上对设计进行改进，增加灵活性和多样性，使装配式建筑不仅能够成批建造，而且样式丰富，实现批量化生产的同时还能保证个性化定制。

建造模式的转变也会带来一些新的问题，例如工业产品首要考虑的是规模化生产优势，其次才是满足客户的个性化需求，而建筑产品则需要首先满足客户个性化需求特征，并在这个前提下探索规模化生产路径。与工业产品生产相比，建筑产品的生产不确定性更大，这需要继续探索其中的平衡。

4.2.2 数字建造加速推进建造模式变革

产业数字变革究其本质就是对产业要素、生产过程和各参与方的全面解构与重构。

首先要了解下建筑业全要素的数字变革。建筑业项目所覆盖的“进度、成本、质量、安全”等方面的管理要素和“人、机、料、法、环”等方面的生产要素，目前正在和大数据、云计算、物联网数字技术等新要素叠加产生“化学效应”，又产生了新的要素组合。如“人机组合、人机协同、智慧机械、智慧物料……”，同时这些要素之间的关系也从过去的“孤立状态”向“协同状态”转变，传感器技术、定位技术、智能终端技术等数字技术使得这些要素可以实现泛在连接、实时在线，彼此之间发生着关系，交换着数据，并相互协同与合作。

其次，建筑业全过程也正将被数字化重构、被重新定义。数字化技术将与设计、生产、施工和运维的全过程和全价值链的渗透与融合。数字技术正内嵌到工程项目全生命周期生产与经营活动中，引领生产过程升级，通过对价值链、产业链融合改造，促进商业模式创新，驱动管理模式的革新。例如：可以通过软件和数据驱动的数字化生产线，让生产过程从传统的实体生产和建造，转变为全数字化虚拟建造和虚实融合的工业化建造。

最后，建筑业的全参与方，即建筑产业链上下游的各方主体也在发生关系重构。数字技术产生了新的链接界面、节点以及协作关系。各方的工作交互方式、交易、生产、建造等不再局限于物理空间与时间。无边界的业态组织正在激活各企业的内生动力。更可喜的，产业链上也出现了新的参与角色，不仅有传统的设计、施工、运维、设备、材料厂商，还有由建造过程分离出来的生产性服务业。例如：征信服务机构、金融机构、软硬件厂商等单位。在数字时代，行业主管部门、建设单位、设计单位、施工单位、供应商、生产厂商等各方充分协作和资源整合，打破了企业边界和区域边界的限制，改变了原有产业链割裂、孤立、低效的问题，形成了新的生产关系和产业生态圈。

数字建造是建筑行业转型升级的核心引擎，值得注意的是，面对数字经济时代，各行各业都提出了各自的数字化转型战略，无论国家层面的《中国制造 2025》《互联网＋行动技术》《智能经济》，还是产业市场上提出的“新零售、新制造、新金融、新技术、新资源”等战略概念，都已经深刻地指导和影响了产业的转型。

建筑业数字转型的战略是借鉴和学习先进制造业和新零售等其他行业的经验，并结合建筑业的具体特征，提出“数字建筑”理念，强调利用 BIM 和云计算、大数据、物联网、移动互联网、人工智能等信息技术，和建筑业人员、流程、数据、技术和业务系统进行深度融合，来实现建筑的全过程、全要素、全参与方的数字化、在线化、智能化升级，来促进建筑业的全面升级，把建筑业变成一个“数字化的建筑业”。

作为数字技术与建筑产业有效融合的“数字建筑”，既是工程项目成功的关键基础，又是建筑产业的创新焦点，必将成为建筑产业转型升级的核心引擎，因此设定一个数字建筑产业转型的方向和目标非常有必要性。

数字建筑产业转型的方向：建筑业应该对标现在的先进制造业，积极地学习跨行业的先进经验，通过工业化与信息化的深度融合对建筑行业全产业链进行更新、改造和升级。既要继续大力推动装配建筑，推动我们的建筑业由“传统湿作业”模式向建筑工业化转型升级；同时，也要积极加大数字建模、传感互联、虚拟全息、增强交互、人工智能等数字技术的广泛应用。通过计算机软件和数据打造数字化的生产线，把建筑产业的建造水平提升到现代化工业制造级的精细化水平。

数字建筑产业转型的目标：在数字化转型的过程中，应当正视建筑业的工程项目本质，认清围绕工程项目开展生产和经营活动始终是建筑业的业务原点。“让每一个工程项目成功”理应是建筑产业转型升级的核心目标。参照“英国政府对建筑业 2025 的策略和要求”，目标可以具体表现为在满足“0”质量缺陷、“0”安全事故的前提下，成本降低 1/3、二氧化碳排放量减少 50％、生产进度加快 50％。

4.2.3 数字建造数字化要避免的误区

1. 把局部的提升视作数字化转型的成功

从几年前的工业大数据在应用的热潮中，我们接触最多的是与大数据和分析有关联的案例或研究。比较典型的项目名称例如：《使用预测性分析来提高资产密集型行业的可靠性并减少停机时间》或者是《工业大数据实时分析与历史数据结合提高离散制造的生产率和/或质量》等。最近几年，此类项目比比皆是，感觉只要传统产业有了新科技，就成了企业/行业数字化转型的典型案例。

随着机器学习、深度学习、大语言模型和人工智能成为又一波热词之后，不少的企业又启动了一批新的以此类科技热词为核心的项目。这是最常见的数字转换失败点之一，因为这样的项目是典型的盲人摸象，把局部科技在企业的部分应用当作数字化的“完全改变”。今天的新科技在日新月异地发展，很多的科技应用只是停留在初级阶段，将科技广泛地实用化并且获取更好的价值主张还有相当长的路要走。

2. 重科技轻流程

现代企业管理的手段从工业 1.0 到今天的 4.0，大数据、云计算、5G、工业物联网等基础 IT 技术的进步创造了企业今天数字化转型的基本条件。

以制造业企业为例，企业主要发展的挑战是效益和成本两个部分的经济可行性。数字化转型对企业而言，是通过流程与新技术的管理融合，通过资源配置的重塑，向管理要利益，实现短期的降本增效与转型升级的长期目标。在许多情况下，企业关注的重点是技术，几乎没有考虑业务的流程。如果是这样的话，此类的新技术改造项目充其量也就是一个自动化项目。

在数字化转型中，以 IT 为主的信息科技，要融合从 PDCA 到精益管理等各种管理手段，以互联网 5G 通信技术促进共享来降低成本，以大数据分析来规范流程化、标准化，通过数字孪生等工具，逐步提升数字化水平与能力，最终逐步实现智能化。

3. 错把对业务的一些改进，当作彻底的颠覆

不少条件不成熟的企业在数字化转型过程中，项目的计划未能满足“转型”的定义，甚至还没有达到示范的标准，对产业、业务的特征、模式、效益等没有实质性的改变。在那些基于科技应用的示范性项目完成后，多数的业务事实上没有本质的变化。因此，“改进”或者“提升”的研究成为这类项目的重点。但“改进”或者“提升”并非颠覆性的进步和革新。

4. 有建造标准不等于有制造标准

工程建设需要完备的标准体系，虽然建造标准已经存在并且非常成熟，但是工程部品部件尤其是定制件的制造标准还没有建立，包括产品标准与模数体系、建造工艺标准、质量检验标准以及管理标准等。

比如，装配式建筑普遍采用了预埋管线的做法，这种施工方法影响了空间的适应性，管线、墙体之间寿命的差异也会带来其他困难。国际上成熟的 SI 体系，支撑体（Skeleton）和填充体（Infill）分离的建筑体系，考虑到支撑结构体和直接节点间的耐久性及填充体的适应性要求，但是构配件的连接是一个问题，急需解决。

4.2.4 从“工业经济”到“服务经济”转变是大势所趋

作为现代服务业的核心与主要组成部分，生产性服务业包括交通运输、现代物流、金融保险、商务服务等多个行业。在全球经济整体相对低迷的背景下，这些行业中有不少成为经济下行中的“一抹亮色”。生产性服务业的逆势增长，使其不仅成为我国现代制造业的重要支撑力量，在稳增长、调结构、促改革中发挥的作用不容忽视。

生产性服务业作为制造业的配套服务业，已经成为我国现代制造业的重要支撑力量。软件和信息技术服务既是生产性服务业的重要组成部分，也为整个生产性服务业的发展提供了重要保障。其中工业设计产业初具规模，一批制造业知名企业高度重视和广泛应用工业设计。同时，各省区市更加重视发展生产性服务业和相关制造业融合发展的产业集群，在做好规划、明确定位的基础上引导企业向集聚区集中，改善产业配套条件，发挥产业集聚效应。

随着信息化的发展，制造业从规模化、标准化转向规模化和个性化，推动着“以产定

销”向“按需定产”转变，零库存成为可能。

信息技术的发展为制造业向价值链后端延伸提供了坚实支撑，网络化、规模化的产品全生命周期保障服务正在形成，大幅提升了客户黏性和企业竞争力。信息技术的创新还催生了“众包”制造新模式，实现了产品研发与制造的“分散化”，并开辟了专业生产性服务集约化发展的新路径。

目前，国内以现代物流服务、软件与信息服务和电子商务为代表的重点生产性服务领域发展迅速，行业中涌现出一批骨干企业，在国内已经形成多个重点工业园区。

伴随我国两化融合进程的深入，国内服务业与制造业的融合速度将继续加快，生产性服务业已经成为我国现代制造业的重要支撑力量，随产品一同出售的知识和技术服务环节的附加值比重明显提高。

著名的“微笑曲线”反映出了我国产业目前的发展状况，微笑时的下巴是价值链低端的来料和加工组装，微笑的两个嘴角则是价值链高端的生产性服务业包括研发、设计、营销等。因此，发展生产性服务业能够提升微笑曲线，助推我国产业转型升级和经济发展方式的实质性转变，实现创新驱动和绿色发展。

发达国家生产性服务业向发展中国家的转移为我国发展生产性服务业提供了难得的机遇。从国内形势来看，我国当前正处于农业大国向工业强国转变过程中，工业化社会的逐渐形成，两化深度融合的不断推进，制造业的快速发展，将为发展生产性服务业提供良好的发展基础。

工业和信息化部等部门都将发展生产性服务业作为加快推进工业转型升级、两化深度融合、走新型工业化道路的一项重要工作，扎实推进。在多部规划中将大力发展生产性服务业作为重要内容，起草出台了多份推动相关行业领域发展的产业引导政策。上海、重庆、广东、浙江等地方也通过强化组织协调机制、出台规划政策、开展试点示范等措施推动产业发展。

4.2.5 提升建筑产品价值满足用户新需求

建筑产品需要通过建造服务化提升产品价值，通过产品价值的多方面提升来满足用户不断增长的新需求。建筑业属于劳动密集型产业，技术含量低，附加值不高。建筑物业升值的原因往往来自于市场和经济因素，而不是建筑物本身增值。建筑产品本身想要升值则需要通过服务化提升产品价值。不同的客户群体需求也大不一样，例如老年人更在意居住环境、生活服务、健康服务、监护服务和精神服务；年轻人希望性价比高和一定的社交服务；职场、家庭结构等诸多因素催生出更多对居住空间的个性需求。

对于不同的客户群体、不同的客户需求，我们可以开发具有针对性的增值业务。例如基于平台的家居设计软件，让家庭装修变得快乐简单，以此为基础构建以家居为中心的家庭消费服务生态圈；为职场人群定制个性化的办公空间，塑造新的办公模式等。同时也可以借助电商服务平台，对用户进行需求画像，精准推送，以行为数据分析实现对客户的全面理解，以大数据预测实现敏捷的服务能力，以数据的互联驱动开展个性化服务，逐步向以客户需求为主要驱动力的模式转变。

在建筑产品交付使用后，物业服务、健康服务和运维服务将有更大的价值空间。例如云南城投定位于康养产业，以“开发康养服务”为战略发展方向；河南建业从“房地产开发商”向“新型生活方式服务商”转型，通过物联网、互联网、实体网、支付网等技术手段，为用户打造新型生活方式场景；中国国贸以楼宇运营和园区运营为主要业务服务，通过数字化平台实现楼宇消防、电梯、机电设备等运行状态实时监测，在线分析诊断，当设施的状态存在故障隐患时，自动触发预警机制，派发任务单让工作人员及时地进行检测与维护，实现预测性维护，确保建筑设施始终处于良好的运行状态。

推进产品和服务的融合，为用户提供专业性强、系统集成程度高的产品服务组合方案。在运营中发现新需求，依托以BIM为核心的信息技术搭建工程大数据平台，推动建筑工程从物理资产到数字资产的转变。围绕工程环境数据、工程产品数据、工程过程数据、工程要素数据进行数据的采集、存储、集成、共享、分析，借助大数据平台规模化效应将低价值密度的数据整合为高价值密度的信息资产，使工程建造由“经验驱动”到“数据驱动”转变，从数据中提取知识、预测未来，服务工程优化、风险控制、项目管理等，支撑和快速响应业务变化和需求，支撑未来业务发展各类场景，从而创造数据资产价值和工程业务价值。

通过数字化技术推动建筑业从产品建造向服务建造转型，通过“产品＋服务”方式，在建造过程增加建筑产品的数字化衍生服务，围绕“三场（市场、现场、内场）、三资（资源、资产、资本）、三链（价值链、产业链、供应链）”，创新驱动，打造网络互联、信息互通、资源共享、业务协同的数字化产品和服务，一方面，将建造工程进行数字化改造，提升工程参建各方的体验感，实现建造价值链中各利益相关者的价值增值，创造更多的新业务机会；另一方面，通过数字化产品服务化，赋能数字工程、数字城市、数字流域、数字电站、数字水务等智慧化工程，为传统建筑业注入新的生命力，培育新的价值增长点。

4.2.6 发展生产性服务业态

生产性服务业专业化与高端化具有重要的战略意义。生产性服务业是现代经济发展的重要引擎，特别是在知识密集型和高技术领域，如金融、物流、信息技术、法律咨询等。这些领域的高端化有助于提升整个经济的效率和竞争力。具体而言有以下三点：

1. 生产性服务业的专业化和高端化水平决定了其下游产业的竞争力水平

（1）生产性服务业属于中间投入品，为生产服务，作为中间投入品，其所含的技能和知识水平直接决定了下游需求方产品的复杂程度、生产成本、生产工艺、生产流程、管理效率、产品功能和性能、可替代性、被模仿难度等特性。专业化与高端化的生产性服务业是先进生产要素的集合体，其中蕴含了大量的知识和技术，下游企业投入了专业化与高端化的生产性服务业就相当于投入了若干高级生产要素的集合，这些高级生产要素通过专业的生产性服务企业利用所掌握的专门知识和技能重新组合打包，生成新的可以被下游企业直接投入使用的服务，从而提高了相关企业产品和服务的竞争力，如研发与科技服务、设计服务、信息软件服务等。

（2）有些生产性服务业同时还为下游企业的业务发展、战略投资、兼并重组等提供融资计划和方案、审计、规划、公关、咨询等一整套解决方案。客户企业的这些重大决策及其实施效果很大程度上取决于生产性服务业的专业化和高端化水平，比如会计师事务所、投资银行等，它们可以为众多企业的发展和壮大提供许多专业化和高端化的服务。因此，生产性服务业不但决定了其下游产品和服务的市场竞争力水平，同时也影响着下游企业的战略定位和未来发展方向。

2. 生产性服务业专业化与高端化是一个国家和地区攀升价值链高端的必然选择

全球价值链是不同企业在全球范围内以某一种共同商品为载体实现各自价值而形成的一个链条，这个链条一般由生产性服务环节和生产加工制造环节构成。不管这种商品是有形的还是无形的，其中都不可或缺的是作为中间投入品的生产性服务，如研发、设计、广告、营销和售后服务等。我国长期以来以生产和加工制造环节融入全球价值链，这在一定历史时期内是正确的选择，实现了我国全球化和工业化发展路径。但随着我国经济技术能力的不断提升，这种融入全球价值链的方式也暴露出了一定的弊端：第一，随着社会分工的日益深化，生产和加工制造环节相对于生产性服务业，知识和技术含量较低。低技能劳动力通过短期培训可以胜任，属于相对简单的劳动过程，这也就决定了它所蕴含的价值低于专业化与高端化的生产性服务业。第二，也正是由于上述生产和加工制造环节的知识和技术含量低的原因，导致其地区根植性弱。而专业化与高端化的生产性服务业往往对制度、人才、文化等要求较高，同时制度、人才与文化这些要素发展具有较强的路径依赖性，决定了专业化与高端化的生产性服务业的地区根植性较强。因此相对于专业化和高端化的生产性服务业，制造业更容易受到经济、政治等方面的影响实现跨区域迁徙。制造业融入全球价值链的上述两个弊端凸显了提升一国生产性服务业专业化与高端化水平、攀升价值链高端的战略意义。

3. 专业化与高端化的生产性服务业可以在更大空间范围内凝聚和延伸产业链，有助于双循环格局的构建

近年来，信息通信技术的快速发展推动了经济社会向数字化转向，具体表现为越来越多的经济社会活动逐渐被数字化，原有的一些数字产品和服务与其他产业更加深度融合与互动发展。首先，经济社会数字化的过程本身就是生产性服务业快速发展的过程，因为数字经济的发展离不开信息传输、计算机服务和软件业的支撑，该行业本身就属于专业化和高端化水平都很高的生产性服务业，它的发展推动着数字经济和数字贸易快速发展，反过来经济社会的数字化过程又对信息传输、计算机服务和软件业提出了更高的要求。其次，数字化过程促使各类服务业可贸易程度显著提高，因此这些服务业的贸易成本显著降低，数字化使生产性服务企业可以跨越时空的限制为其客户提供服务，各类制造业企业就不一定再分布在生产性服务业周围形成“协同式集聚”，而是进一步从生产成本、市场距离、产业安全性等角度考虑自身的空间定位，逐渐与生产性服务业形成“分离式集聚”。虽然生产性服务业与其客户制造业企业相隔千里，但是他们通过专业化和高端化的生产性服务业的内在知识和技术紧密连接，从而在更大的空间范围内凝聚和延伸产业链。最后，我国人口众多，幅员辽阔，产业体系相对比较完备，但是存在一些影响众多产业间国内大循环的体制和机制问题，生产性服务业的专业化和高端化水平越高，其可编码性、可储存性和可传输性就越高，可数字化程度也就越高，数字化的生产性服务业在一定程度上可以越过这些机制与体制的障碍连接分布在全国各地的各类产业，从而有助于国内大循环格局的形成。

提升我国生产性服务业专业化与高端化水平的政策建议有5点：

1. 生产性服务业与制造业的分离与融合相结合，形成两者相互促进的发展格局

分离和融合是两种关键战略，以促进生产性服务业的专业化和高端化发展。分离是指

将生产性服务环节与制造环节在体制上分开，使专门的服务企业可以更好地为市场提供服务。这有助于提高服务质量和专业性。融合则是指将服务过程与制造过程有机结合，以提供更好的产品和服务。这种策略有助于制造业和服务业相互补充，提高市场竞争力。

在实施这两种战略时，政府和相关部门需要制定适当的税收政策，以避免重复征税，并为创新型生产性服务领域提供税收优惠，以鼓励发展。这将有助于推动生产性服务业的专业化和高端化发展。

2. 对内开放与对外开放相结合，构建开放统一、有序竞争的生产性服务业市场

我国需要积极推进服务业对内开放，主要包括两个方面的举措：一方面，要消除行政垄断，除了一些需要自然垄断的行业外，应积极开放生产性服务领域，提高市场化程度，促进专业化和高端化的发展。另一方面，要打破地方保护主义，消除地方市场割据，为生产性服务企业创造国内统一的竞争性市场，促进市场竞争和并购重组，提高市场结构的合理性。这将有助于吸引国内外投资和贸易，推动生产性服务业的专业化和高端化发展。在此过程中，国际投资和贸易也将为我国生产性服务业带来更多的溢出效应。

3. “引进来”与“走出去”相结合，积极吸收国内外先进生产要素

我国长期以来在制造业全球化中发挥了成本优势，但服务业融入全球化相对滞后，导致了不平衡的全球化模式。现在，我国制造业外溢效应递减，难以大规模引进人才，同时生产性服务业国际化步伐较慢。为了改变这一状况，我们应鼓励国内服务企业“走出去”，投资于专业化和高端化水平较高的发达国家，以扩大市场和吸纳先进生产要素。具体措施包括与国外企业建立战略伙伴关系，进行权益性投资，设立研发和服务中心等。这将有助于提升我国服务业的国际竞争力。

4. 围绕服务贸易和对外投资中出现的新问题积极研究，并积极参与国际贸易规则的制定和全球化治理

我国生产性服务业近年来崭露头角，不少专业化高端企业已经走向国际市场，但在全球竞争中也受到逆全球化操作的干扰。同时，信息技术推动了生产性服务业的数字化和贸易增长，但也引发了数据安全、所有权和数字税等新问题。为了应对这些挑战，我国政府、专家和企业应积极研究新问题，制定应对策略，积极参与全球治理，创新国际经贸规则，以支持我国生产性服务业的国际扩张。这将有助于保护我国企业在国际市场的地位和权益。

5. 以平台化促专业化，以数字化促高端化

平台化和数字化技术对生产性服务业产生了显著影响。首先，平台化解决了信息不对称问题，通过集聚同类企业在平台上展示和客户评价，提高了供需双方的透明度和互动。其次，平台化促进了市场竞争，因为大量企业集聚在平台上，共享服务信息，增加了竞争程度。最后，平台集聚的企业可以获得线上外部效应，这促进了专业化和多样化外部效应的形成，有助于企业更容易找到合作伙伴和专业资源。

数字化技术进一步降低了交易成本，使得生产性服务业更容易数字化转型。信息通信技术的迅速发展，包括大数据、物联网、移动互联网、云计算和人工智能，使得生产性服务业变得可重复、可存储、可检验、可传输、可扩展、可识别、可标准化。这降低了贸易成本，促进了全球化发展，并有助于不同产业融合，形成数字化制造和智能制造，提升了服务业的专业化和高端化水平。

4.3 市场形态和行业管理影响

4.3.1 建造服务化转型避免走弯路

服务化转型是大势所趋。美国学者 Vandaermerwe 和 Rada 在 20 世纪 80 年代末最早提出服务型制造的概念：通过给产品赋予更多服务来创造更多附加价值的过程就是服务型制造。与传统制造模式相比，服务型制造模式实现了四个转变：从以产品作为市场竞争的中心向围绕产品提供服务为主转变；从金字塔形组织架构向矩阵型组织架构转变；从以产品交付的一次性盈利向以服务项目为周期的阶段性盈利转变；从易受经济波动的影响向具有较强的经济适应力转变。ATM 咨询公司认为，制造业的服务化转型，要经历三个阶段。

一是初级阶段，即纯粹的产品销售仍是企业的主话题，也是利润最大的来源，围绕产品的服务也仅仅限于产品售出后被动等待客户需要的服务，企业仅仅把服务带来的利润看作是产品销售带来的副产品；

二是中级阶段，制造企业沿着价值链向两端延展，主动探索客户潜在需求，为客户提供增值服务，提升客户的产品满意度，服务部分在产品价值构成比重逐步上升，成为企业重要的利润来源以及与客户形成紧密关系的桥梁；

三是高级阶段，制造企业以其成熟的企业运营管理经验为核心，向客户提供专业化服务，成为纯粹的服务商。

由制造业向服务化转型的三个阶段，可以得出，向服务化转型的过程是逐步渐进式的，需要按照一定的转型模式进行。根据欧美领先制造业企业的转型经验，有两种沿着价值链挖掘客户价值进而提供服务业务的转型模式：一是以传统优势产品作为基础，向客户提供延展性服务的模式；二是以运营管理知识作为核心，向客户提供专业化服务的模式。主要表现在以下三个方面的转型。

（1）基于研发设计或解决方案的服务型制造。研发设计或解决方案是传统制造业创造企业价值的重要组成部分。近年来，随着技术水平的不断提升和专业化分工的加深，研发设计和解决方案逐渐分化独立形成新的业态——研发设计服务业或解决方案解决商。这些处于制造业的产业链前端，又位居价值链的高端，改变着服务业内部的结构，带动了制造业的提升，优化了产业结构。

（2）基于供应链的服务型制造。供应链以企业为核心，以信息流、物流和资金流为媒介，从原材料开始到中间投入品再到最终产品，由销售渠道把产品输送到最终消费者。这个过程将原材料供应商、产品制造商、渠道代理商、最终零售商和最终消费者连接成一个整体的链状结构。例如：A 公司建立一套信息系统，与某大型超市基于 POS 的内部数据系统网络进行对接，以实现对商品状态信息的搜集。这些库存数据，使得 A 公司能够监控各个店面的库存水平，来确保公司产品时刻处于货源充足的水平。A 公司通过 CRP 实时补货系统这个数据传统通道，根据超市各个店面的库存水平及时调整补货安排，把订单周期压缩到了 3～4 天。实时补货系统极大地提高了库存的流转速度，大大降低了该超市整体的库存成本。

（3）基于售后服务领域的服务型制造。售后服务部门长期以来都在制造企业中被视为支持部门，不以盈利为目的，主要工作为售后维修服务，对产品进行安装、调试以及维修，借此提升客户对产品的满意度。而欧美领先制造业企业率先通过发掘客户需求，拓展售后部门支持能力，为客户提供解决方案式售后服务，由传统成本中心，转变为重要的盈利中心。服务内容由传统的产品安装、调试、维修及备品备件服务，拓展到设备检测诊断、长期维护保养、实时远程监控和检修、设备更新及升级改造、顾问咨询服务和客户培训等。

从产品型建造到服务型建造。建筑业作为一种特殊的“离散型制造”，其当前也顺应了服务化转型的趋势。以上的几种转型模式同样在建筑中也适用，今后建筑企业将派生出第三产业，使得产业的边界变得模糊从而产生一种新的业态。

4.3.2 数字时代催生平台经济

什么是平台经济？平台，在本质上就是市场的具化。市场从看不见的手，变成了有利益诉求的手。平台经济则是一种基于数字技术，由数据驱动、平台支撑、网络协同的经济活动单元所构成的新经济系统，是基于数字平台的各种经济关系的总称。

平台经济的重要意义。平台经济基于信息化、网络化、数字化、智能化技术，以连接创造价值为理念，以开放的生态系统为载体，依托网络效应，进行价值的创造、增值、转换与实现。发展平台经济有利于大大提高全社会资源配置效率，催生诸多新业态与新企业，形成新的经济增长点，改善用户体验，增加大量就业，繁荣各类市场、促进国际国内贸易。

平台经济类型丰富，发展迅速。电商、社交媒体、搜索引擎、金融互联网、交通出行、物流、工业互联网等平台经济正在深刻改变各国产业格局，改变人们的生产生活消费行为。平台经济为传统经济注入了新活力，推动产业结构优化升级，更大范围地实现全球连接，引领社会朝着智能化方向发展。平台经济不仅为中国经济注入新的动能，也为中国经济新一轮产业变革带来助力。

面对巨大的市场，平台企业要加深对所涉及领域、行业、用户的认知，着力解决行业发展痛点与难点，为相关市场主体提供量身定做的精细化服务，通过差异化专业化为用户提供更多价值创造，系统地设计好平台运作的商业模式、定价策略、服务标准，持续改善服务质量。

一是要以解决行业痛点、把握市场趋势、为用户创造价值、让用户有良好体验为中心，设计好平台的使命、市场定位、功能模块、服务内容、运作流程、盈利模式、经营规则，明确平台的核心价值及其创造方式。各行业痛点很多，一个平台不可能解决所有问题，必须聚焦某个或某类痛点。痛点也是分阶段的，不同发展阶段痛点不同，相应要形成不同的解决方案。另外，市场不断细分、需求持续升级，平台服务要努力实现供需的有效匹配。

二是深度专业化，提高差异化服务能力。差异化战略是提高企业竞争优势的有力手段。差异化的产品或服务不仅能够满足某些消费群体的特殊需要，也将降低客户对价格的敏感性。目前平台同质化现象较为严重，平台应明确市场定位，专注细分市场，根据自身优势提供差异化的服务以满足用户的需求。

三是积极拓展“互联网+”“智能+”。为了增强平台的连接、感知、响应与运作能力，要深度应用互联网、移动互联网、物联网、大数据、云计算、人工智能、区块链等技术，为供需主体、供应链全链赋能。

四是持续创新商业模式。国内平台类型多样，各有侧重。一些成功的平台采用符合自身的战略定位并结合现有资源状况，抓住了用户痛点，优化了用户体验。如果一个平台一味模仿其他平台的商业模式，那它永远只能成为追随者，难以树立自身的特色。所以，平台在重点功能上需要持续创新。

五是打造开放、共享、共生的生态体系。平台应着力推动线上线下资源的有机结合，把生产商、流通商、服务商、消费者等各个环节逐步整合到平台，可以通过对各环节数据的深度挖掘与分析，最大化地为各类主体创造价值，构建共利、共赢、共享的生态体系。

随着社会经济的迅速发展以及宽松的政策环境，使得中国互联网行业蓬勃发展，创造了新的商业模式成长空间。工程建造作为社会基础行业，是新的经济模式创新探索的大试验场，将工程建造与平台经济相结合正在成为业界关注的焦点。

工程建造具有发展平台经济的一些条件：作为工程建造的一部分，工程的规划、设计支持互联网平台一直以来信息化程度都很高，利用互联网进行交互设计以及设计上的交易已经较为普及，BIM 的应用也使得工程建造越来越靠近互联网平台，这些都是发展平台经济的独特条件。

数字建造模式将大大提高建筑业信息化水平：当前，信息技术快速发展作为传统行业的建筑业也迎来了全新的变革，从最初的手绘模型到 2D、3D 模型，发展到目前的 BIM 智能化信息管理模型。基于项目全生命周期的 BIM 技术已经迅速应用到建筑施工的各个阶段，成为建筑工程实现信息化的基础。

在国家推进碳达峰、碳中和工作的背景下，BIM 能够精确把控工程项目每一个时间节点的成本和耗材信息，同时也具有虚拟建造的特性，所以能够保证对工程项目的精细化管理，对升级管理水平、提高能效、推动建设工程向绿色集约型经济发展是非常必要的。

工程建造的平台化发展还能显著提高工程资源要素的利用效率，提升的效率会直观地以经济效益的方式体现在工程中，因此无论是业主还是工程承包商都会在利益的驱使下主动向工程建造平台化发展靠拢。

当然，工程经济平台健康发展，也不是直接搭建一个互联网平台那么简单，必须建立在数字建造的基础之上。互联网平台提供一个互联互通的经济框架，而数字建造提供工程经济平台所需要的细节，两者互补才能成为一个完整的经济平台。

4.3.3 工程建造平台化转型面临的挑战

工程互联网平台发展要过“三道坎”，它们分别在价值创造层面、应用层面和技术层面，这三个方面都从不同层面影响着工程互联网平台的建设。

（1）从价值创造层面而言，工程互联网平台的价值用于解决业务运营中的具体问题。工程互联网平台必须通过实际应用场景的需求来推动，从需求端放眼未来的发展方向，并由此衍生出真正的应用价值，从而使其能解决存在的实际问题。然而，互联网平台作为一个媒体平台通常只用于宣传或信息的辅助工具。它希望通过互联网实现价值创造，即通过互联网平台更好地构建工业生产和制造，实现“反推动”的作用。在今天的社会层面来看，它还有很长的路要走。

（2）应用层面毫无疑问的是，工程互联网平台带来了新的商业模式，制造和建设企业们如果能根据各方面实际情况及时地积极调节自身战略和策略，勇于迎接新的变化，在变化中发展和提升，在变化中壮大和成长，将成为推动这一平台最终发展程度的真实力量。因此如何实现企业家拥抱工程互联网平台的良好效应，引导各企业积极使用工程互联网平台也成为一个挑战因素。对于一个企业来说，工程互联网的使用成本是较高的，因为这可能带来投资成本和回报的不对等关系。互联网平台的建设的确能给企业的宣传或者是面向更为国际化的市场带来许许多多的机会，但维护互联网平台技术开发层面都是需要巨大的人力成本的，从这点来看，这将必然会减少企业的盈利。

（3）由技术层面而言，互联网平台架构主要有三个层面，这三个层面也面临着不同的技术挑战。首先是基础设施方面，当前数据采集面临着因传感器实际数量设置偏少、各个装备的智能化水平较低的问题，故而产生了在现场数据的采集数量、类型、精度等各方面的低标准结果——这难以对实时分析、智能优化和科学决策提供充足的条件，同时边缘计算能力有待加强，嵌入式系统的维护也不足。其次，目前平台有着开发工具短缺、缺乏行业的算法和模型库以及模块化功能疲软的缺陷，难以满足工业应用的需要。最后，在应用层的突出问题是：传统生产建设管理软件方面的线上演变发展速度太慢，可使用的相应APP较少，应用程序开发人员的数量是有限的，商业模式尚未形成。而且有很多挑战，如复杂的查询和高性能响应的问题。

工程互联网平台的发展建设机遇与挑战并存。国家政策、企业需求和技术支持都提供了工程互联网平台良好的发展环境。在对它所面临的挑战而言，该产业的互联网平台必须解决的第一件事情是创造价值的问题，也就是可以解决企业资源配置的问题，为企业利润的最大化实现提供一个良好的条件。为制造业的跨区域、跨学科和跨情境的制造工业APP服务作支持，以及为客户、合作伙伴和第三方开发商提供相应平台，那么在利益驱动下，包括应用级开发、管理和交易等平台问题自然会得到解决。

4.4 工程建造行业现代化管理

4.4.1 行业治理理念现代化

工程建造行业的管理在没有政府干预的情况下容易偏向以利益为最大化的价值取向，政府必须要在这个价值观上起到控制引导作用。在工程建造行业的管理工作中，政府要有能力保障工程产品的质量和安全，而为用户提供高质量的工程产品和保障建设者劳动安全应是最基本的价值取向，坚持以人为本，持续提高、保障和改善民生，增强人民群众幸福感、获得感和安全感是施政管理的关键。

以三峡工程为例，前后总投入2000多亿元，如此高昂的投入中移民和生态保护占比超过一半，说明唯工程本体是不行的，必须要考虑到对社会经济、环境、文化的影响。工程活动具有外部性，对于工程活动本身之外的影响有正有负，如何提高正的影响、减少负的影响，是企业的社会责任，也是企业长期从事工程建造活动提高竞争力的重要因素。

4.4.2 行业治理体系现代化

全面推进建设工程质量安全一体化治理体系建设，即“一条总宗旨，两个大范畴，三层次体系，四方面依托，五连环机制”。一条总宗旨：“用户至上，质量第一”，牢固“百年大计，质量第一”的质量方针，树立“用户至上，可持续发展”的服务理念。两个大范畴：覆盖城乡领域，突出重点，分类治理，实施乡村指导服务、城镇执法监管的差异化监管方式；辐射两大阶段全生命周期，包括在建工程（新建、扩建与改建）和既有建筑（安全使用与维护）的工程质量安全监管。三层次体系：构建与完善政府监管、社会监督、主体保证三个层次动态互动的工程质量安全治理运行体系，夯实市区两级政府监管联动的动态反馈机制。四方面依托：专家技术咨询，专业机构服务（监理、检测、图审、咨询），建设主体保障（企业管理），社会信用支撑，形成保证与提高工程质量安全能力与水平的依托支撑体系。五连环机制：危大工程等方案论证审查制度，法规标准与技术支持体系，信息化平台共享运行体系，市场与现场联动执法治理体系，全方位多层次动力激励机制，架构建设工程质量安全的全过程、全方位、全面治理的关联互动的运行机制。

在行业治理体系现代化的进程中，转变政府职能是关键点，工程建造市场的特性导致管理工作非常庞大，单纯依靠政府施政，是一种难以承受的监管压力。治理体系的现代化建设，需要行业协会、企业、公众都纳入工程建设行业治理，形成开放化、扁平化的治理体系，从一元管制转变为法治、自治和共治三者结合的现代化治理体系。

4.4.3 行业治理机制现代化

在工程建造产业，现代治理机制是确保有效治理的关键。这一机制包括政府权力运行和社会组织的支持、合作与监督。为了建立更加高效的治理模式，应建立合理的治理机制。在工程建造领域，需要建立可信的合作关系，激发各方的合作动力，以实现共赢。同时，政府的权力运行机制也需要进行调整和优化，将赋权和赋能相结合，以更好地发挥行业协会、企业和公众在治理中的作用。此外，建立权力清单、责任清单和负面清单，构建诚信管理制度，以推动政府改革，更好地服务行业和社会。明确权利和责任，确保合法授权，法定责任必须得到落实。同时，企业也需要明确负面清单，以促进公平、透明、互信和高效的治理环境的建立。

法治保障。为了确保治理的合法性和规范性，需要通过系统性法律立法来支持现代工程建造行业的治理。同时，建立行业协会、公众和企业的治理生态，使其能够摆脱政府的过度管理，更好地协同合作。此外，政府职能部门需要优化其运作，简化流程，提高服务效率。还需要持续提升行业监管、体制优化、从业人员素质和创新等方面的能力。

数据驱动的行业治理现代化。在工程建造行业，数据的应用是现代治理的关键。建立电子政务网、工程物联网和行业信息资源网，构建开放的行业大数据平台，以实现数据驱动的治理理念。通过这些数据平台，政府可以提供高效的政务服务，缩短审批时间，改善营商环境。此外，基于工程物联网的智能工地有助于提升企业的自治能力，使工程建设过程可感知、可计算、可分析、可评价和可视化。同时，建立开放的行业信息资源网，促进共生治理机制的建立，推动治理从“描述型”向“推理型”的转变。最重要的是，建立完善且开放的行业大数据云平台，推进数据驱动的政务服务、行业协调、标准制定和企业自治。通过数据交互，各方可以在一个共通的平台上完成现代化的治理升级。

数字政府的完善。数字政府是适应信息社会的新型治理方式，与数字中国、数字经济和数字社会紧密相关。这种治理方式需要整合业务、数据、模型和交互，以创造更多的价值。在政府工作报告中，多次提及“智慧政务”，它为人们提供了更加便捷、优质的服务体验，建立了高效的沟通桥梁。智慧政务还使政府和企业的工作和服务更加智能和高效。这是现代化治理的重要目标之一。

专题：“十四五”数字经济发展规划

思考与练习题

1. 什么是工程虚拟样机？它如何在建筑项目中应用？
2. 解释“实物+数字”产品的概念，以及它如何改变了建筑产品的制造过程。
3. 数字建造对建筑产品的形态和建造模式有哪些具体影响？举例说明。
4. 制造-建造模式是什么，它对建筑行业有哪些启示？
5. 数字建造如何加速建造模式的变革？提供案例支持您的回答。
6. 数字建造中需要避免的误区有哪些？为什么要注意这些误区？
7. 在数字时代，建筑行业如何实现服务化转型？列举关键步骤。
8. 什么是平台经济？它如何催生了建筑行业的变革？
9. 工程建造行业的现代化治理包括哪些方面？为什么这些方面需要变革？
10. 如何看待建筑行业在数字建造浪潮下的未来发展？提出您的观点和展望。

5 基于参数和模型定义的工程产品

本章要点与学习目标

1. 理解参数化数字设计的定义，以及它如何应对工程设计面临的挑战。

2. 掌握模型产品的概念和其在工程设计中的应用。

3. 理解 MBD（Model-Based Definition，即基于模型的定义）与工程设计之间的关联，以及获取形状特征注释信息的方法。

4. 理解参数化软件中数字模型的面向对象的构建逻辑，以及它在工程设计中的应用。

5. 理解工程数字化设计方法，包括参数化设计、BIM 标准和管理，以及多主体交互式协同设计。

本章导读

本章将介绍基于参数和模型定义的工程产品的重要概念和应用。参数化数字设计是应对工程设计挑战的关键工具，而模型产品是数字化工程设计的核心。此外，我们还将深入研究 MBD 以及参数化数字模型编码方式，以帮助读者更好地理解数字化工程设计的基础知识。最后，我们将探讨工程数字化设计方法和仿真，这些是现代工程设计的不可或缺的组成部分。

重难点知识讲解

5.1 参数化数字设计的定义

5.1.1 工程设计面临的挑战

设计本质上是一个复杂的解决方案过程。首先，工程设计具有独特性和社会性。工程设计的显著特点是独特性和及时性。此外，它还需要得到社会的认可。工程设计具有约束力和创造性。工程设计不仅要满足各种限制，还要不断推陈出新，创造新的工程产品和服务。工程设计具有艺术性和科学性。工程设计是通过对建筑的物理结构、空间组合、色彩和材料进行审美处理而形成的实用艺术。工程设计专业性强、综合性强，要求各专业之间相互联系、相互作用、相互渗透。

具体而言，其特征体现为：独特性与社会性，具有显著的唯一性和当时当地性，需要得到社会的认可；约束性与创造性，不仅要满足各种限制条件，更需要不断推陈出新，创造新的工程产品和服务，满足客户的需要；艺术性与科学性，工程设计是一种通过建筑物的形体、结构、空间组合、色彩和材质等方面的审美处理所形成的实用艺术。专业性与综合性，各专业之间相互联系，相互作用，相互渗透。

目前工程设计领域面临着多样性的挑战，客户对工程项目的需求多种多样，包括商业、住宅、基础设施等，设计师需要根据不同的需求和背景来定制设计，设计中必须考虑到环境和社会可持续性的因素，包括减少资源消耗、降低排放、提高能源效率等，这可能需要采用新的设计方法和材料，使得传统设计模式越来越难以满足日益复杂和庞大工程的需要。

5.1.2 二维图样的局限

在二维图样下，存在一系列的不足。复杂性表达受限：二维设计难以高效表达和管理复杂的三维空间对象。设计师必须将三维概念转化为二维形式，这导致可视化程度低、可理解性差，浪费了大量资源。多主体协作不便：二维设计中不同专业之间的数据传递存在问题，数据损失和失真普遍存在，导致各专业之间协作效率低下。全生命周期管理挑战：大量图纸难以有效管理和检索，不便于文档管理和工程知识的积累。设计、施工和管理分离，技术和管理之间存在分离现象。

随着 CAD/CAM 技术的发展和三维建模软件的成熟，工程设计正逐渐从传统的二维设计转向三维建模。三维设计更符合人们的思维方式，以更真实、直观、高效的方式展示项目，并支持仿真装配等技术。将二维视图和三维图形同时显示在同一工程图纸上能够提高设计的准确性和生动性。然而，当前的设计模式仍然以二维工程图为主、三维模型为辅。尽管计算机辅助设计提高了工作效率，但其理论基础仍然是二维投影，导致在空间对象表达、信息集成和商业合作方面存在局限性。

对于大型、复杂项目，二维设计限制显而易见：由于人类感知和认知的限制，难以有效地表达和管理复杂的三维对象，这导致资源浪费。此外，二维设计难以支持多智能体协作，需要人工进行连接和转换，也无法实现项目生命周期管理和工程知识的有效积累利用。工程建设的可变性、不确定性、复杂性和混乱性也为二维设计师带来了巨大挑战。因此，工程设计需要朝着更加数字化和三维化的方向发展以应对这些挑战。通过参数化设计，即通过计算机辅助设计，将设计问题编程为一个包含多个变量或参数的设计模型，这些参数之间相互关联并形成逻辑关系，当修改某一参数时，相关联的所有元素会根据预设的规则自动更新，从而生成一系列变化的设计方案。

5.2 基于模型产品的定义

5.2.1 产品定义模型的总体结构

建立统一的产品信息模型是协同产品开发的基础，同时 CAD/CAPP/CAM 集成的是保持产品设计、工程分析、工程仿真和产品生产过程的软件，它们可以在计算机之间直接传输信息，减少信息传递错误和纠正错误。

突破二维图样的约束，发挥计算机的潜力，实现三维乃至多维认知，使得三维转变为产品设计的主导方法。一个可行、完整的产品定义模型不仅是各种数据的表达和关联，而且还要反映出了产品数据的集合。该产品模型是由部件组装而成，作为母集，而部件又由零件组装而成，零件体现着各种功能特征。

根据协同产品开发的要求，可以根据其构成，分为产品级、组件级、零件级、特征级和几何级，形成五层产品定义模型结构。模板中的产品层主要描述一般信息、组成信息和产品合作信息，即产品定义模板的索引指针或地址；组件层的信息是全局组件的信息或子组件的地址；零件层主要描述零件的特性、特性之间的各种关系、功能方法和各种操作信息，是零件子模型的索引指针或地址；特征层详细定义了一组子功能模型及其关系，这是零件子模型的核心；几何层反映工件的拓扑几何信息，如点、线和面，是整个模型的基础。该产品在保证提供了符合人们思维的先进工程描述术语的同时仍然支持远程协同产品开发系统中的各个应用子系统从产品定义中获取必要的信息的功能，反映设计和生产意图的优势，满足了远程协同产品开发系统对产品数据的需求，为并行环境下的信息集成提供了重要保障。

5.2.2 产品定义模型的数据结构

产品定义模型充分利用三维模型本身的直观表现力。探索新的设计表达方式，将产品几何、材质、性能、生产工艺等相关信息有序的集成到三维模型中。MBD 中的数据类型和数据量庞大且繁杂，这些信息对于工程师极其重要，通过形象展示，使得数据更好为客户所用。

在产品定义模型的数据结构中，所有人员都可以借助相应的软件工具参与到设计任务中。产品设计阶段可以实现多学科、多专业协同设计。基于数据模型，利用计算机软件来高效率完成。实现异构信息的同构化，完整、直观地反映产品全貌，针对不同的应用业务主体准确交付合适的信息，为产品设计信息的高效利用奠定基础。

MBD 并不是工程相关信息的简单堆砌，而是强调将所有需要定义的产品信息，按模型化方式进行组织。几何、材料、工艺、规范、质量等，可能重塑整个生产组织体系。对于不同类型的产品，产品定义模型的数据结构也会随着变化。根据上述产品定义模型，可以采用面向对象的方法定义出产品类、组件类、零件类和特征类，产品定义信息用层次类结构表示，并投影相应的数据结构。

数据结构包括四个类别：产品类别、组件类别、零件类别和功能类别，每个类别都有自己定义的属性和其他属性子类。定义的属性包括每个类别的标识号、编号、名称、组码、角色信息、生产单位和其他信息。属性子类包括每个主要类的配置信息、变量信息、版本信息、大小信息、材料信息以及其他属性。每个属性子类都有自己的数据结构，并详细定义其信息中包含的各种属性。

为了实现 CAD、PCAD 和 CAM 软件之间的数据交换及确保各子系统之间数据的完整性、一致性和可靠性，可以采用工程数据库管理系统方式对集成数据进行统一的管理，以便在各个子系统之间直接交换数据，让我们更加有效地管理系统中的产品数据。

5.2.3 共享数据库结构

整个共享数据库可分为四个部分：特征信息库、产品信息库、零部件信息库和零件信息库。特征信息库是整个共享数据库中最基本的部分。它用于存储各种特征数据，由于零件的每个特征定义数据元素的数量不同，为了满足所有特征存储信息的需要，需要合并每个特征信息描述元素以形成总的特征信息数据库，导致了其结构复杂。

根据远程协同产品开发过程的需要，不同的功能数据必须能够在本地机器和远程服务器或远程机器之间传输。为了保证每个数据组的完整性，给共享数据库每一个特征赋予唯一的标识“ID”进行操作，它在功能评估、功能约束检查和功能操作过程中起着定位作用以及识别作用。基于 ID 可以查询用户名、字段、支持环境和其他功能操作员信息。功能代码对应于不同形式的功能类。基于功能代码，可以理解此类功能的结构，并识别其组成元素（如面、线等）因此，通过“几何元素 ID”，特征的各种尺寸和精度等信息可以与特征的特定组成元素联系起来。

特征版本信息用于记录不同的设计数据特征 ID 和特征版本 ID 以作为唯一标识来区分对象，来进行定位和命名。此外，由于每个特征的属性元素数量不同，细化了特征的属性信息，每个尺寸公差、几何公差和表面粗糙度都由其自己的 ID、特征 ID 和特征版本 ID 唯一地表示，因此每个特征具有相同的数据结构，大大降低了数据库操作的复杂性。

5.3 MBD 与工程设计

传统的工艺评定方法主要是基于专家评定来判断零部件的可加工性。这种方法的主要问题如下：①重复性审计工作：传统方法需要审计人员反复地进行类似的工艺评定工作，这不仅费时费力，还容易引发审计疲劳，降低审计质量。②信息遗漏：在大量重复的审计工作中，容易出现信息遗漏的问题，可能导致未发现的潜在问题或风险，从而影响产品质量和生产效率。③知识巩固困难：基于专家的经验评定方法使得知识难以在组织内部巩固和传承。依赖于个别专家的知识，一旦这些专家离开组织或者不再可用，将会造成重大知识流失。④流程知识继承问题：公司难以有效继承和传承工艺评定流程的知识和经验，因为这种知识通常分散在不同的个体之间，而且没有系统化的文档化方法。

随着计算机辅助设计/计算机辅助生产（CAD/CAM）技术和企业数字化技术的不断发展，三维数字化技术得到了广泛的应用。MBD 强调使用数字模型来定义产品的各种特性和要求，以替代传统的二维绘图和文字说明。目前，基于三维建模软件的 MBD 模型标注信息主要以产品生产信息（PMI）的形式存在。通过 PMI 模型标注，用户可以完成产品生产信息（几何尺寸、表面粗糙度、几何公差、文本标注等）的定义，并根据相关 MBD 技术标准分析产品的三维几何模型。

目前，MBD 技术在工程和制造领域的应用逐渐增多，国内外颁布了一些相关的技术标准和规范，这些标准有助于确保 MBD 的实施和应用的一致性、质量和互操作性。同时，相关学者也对基于三维建模软件的 PMI 标注方法进行了探索。

与制造业相比，工程建设领域相对于制造业确实在 MBD 技术的应用上滞后一些，但近年来已经取得了显著进展。工程建设领域已经开始广泛采用三维建模技术，引入了多维信息集成的概念，标准数据交换格式（如 IFC）被广泛采用，以确保不同软件之间的数据可以互相传递和解释，各种培训和教育计划已经出现，以提高工程专业人员的技能水平。

目前，三维建模软件中形状特征中包含的信息的组成可以概括为以下四个方面。

（1）特征参数：各种加工特征的主要尺寸，如关键特征的长度、宽度和深度，孔特征的开口和深度等。

（2）关联特征：根据建模过程中特征的附着关系，将其分为两类：父类和子类。例如，键槽功能的主要特征是它所连接的圆柱体，子特征是它的螺纹。考虑到大多数现行工艺评审标准要求目标特性及其相关特性参与评估，在获得形状特性参数的同时，有必要获得目标特性相关特性的参数。

（3）特征约束：用于限制三维建模软件中特征的相对位置和特定方向。同时，它可以用来区分模型中的相同类型的特征。它主要由约束曲面和约束方向组成。约束面是指由相邻节点表示的一组面，这些节点形成特征面，属性接近的每个特征面都以目标特征为中心。对于计划，通常确定计划的约束方向指向该计划所属的实体之外；对于其他形状特征，约束方向主要根据加工过程中的切削方向指定。约束方向的数量因功能的不同类型而异。

（4）特征构成：构成特征的点、线和面。在获取产品 MBD 模型后，将会识别所选模型特征，其中以获取目标特征类型、关联特征类型和相应的特征约束为主，并将上述特征信息与用户在交互界面中选择的模型信息进行比较，进而评估相关信息是否与用户选择的信息匹配。在用户选择该功能后，交互界面用于选择相关功能是否需要参与评估；如果不要求相关功能参与评估，则直接获得所需的功能参数。如果需要关联特征进行参与评估，首选关联特征类型参与评估，然后评估获得的关联特征类型是否具有相同的元素；如果要素类型不同，则要素图元会根据要素类型直接相互关联。如果功能参数相同，则功能元素将直接根据功能类型进行区分。

MBD 旨在充分利用三维模型本身的直观表达能力，探索新的设计表达方式，并将产品几何、材料、性能、制造工艺和其他相关信息巧妙地集成到三维模型中。MBD 通过数字模型来定义产品特性和要求，提高了设计和制造的效率、精确性和协作性。它在各种工程领域中都有广泛的应用，有助于推动数字化制造和工程的发展。MBD 可以集成数据，让相关员工都可以在相应的软件工具的帮助下参与设计任务，实现多学科的协同设计。

5.4 参数化数字模型编码方式

5.4.1 参数化建筑模型概述

参数化数字设计是数字技术与参数化设计相结合的产物。它基于数字建模技术，需要建立一个参数化的软件模型，通过该软件模型进行参数化设计。模型是一个整体，它使用参数变量来控制模型的形式。参数化软件关系系统，通过规则系统（或算法）连接影响模型形状的各种因素（参数）。不同的规则系统可以重构不同类型的模型形式。当更改参数变量的输入值时，计算生成的模型形式将发生变化：此处输入的参数变量可以是值或图形。

参数化软件模型通常也称为智能模型、骨架模型、设计模式等。然而，无论名称如何，参数化软件模型方法至少包含四个基本特征，即：反映设计本质和独特特征的基本和可识别特征，一系列设计生成的设计具有不同的重要性，可以满足设计要求。

参数化设计是参数化的定量设计，对设计参数进行量化，即设计由参数变量控制。每个参数化变量控制或指示设计结果的一个重要特性。更改参数变量的值将更改设计结果。就单体建筑设计而言，参数化设计也可应用于不同方面，如现有形式的参数化控制、结构节点的参数化设计、建筑表皮的参数分型研究。对于建筑信息建模技术，主要是 BIM 技术，以计算机为载体，实现建筑结构和土木工程结构的多维设计，建立信息模型，不仅可以促进资源的综合利用，还可以为相关人员提供准确的信息，利用技术对信息进行科学分类，恢复工程细节，最终实现技术精度控制的目的。近年来，BIM 技术在建筑领域的应用范围开始扩大。在数字技术和信息技术的支持下，通过该模型可以对项目的全过程进行监控，实时传输数据信息，提高工作效率，节约项目成本。此外，在采用 BIM 技术的过程中，可以通过建立模型实时调整项目方案，严格控制项目的进度、质量和成本，促进项目效益的提高。

5.4.2 参数化建筑的算法找形

1. 参数化建筑的算法找形和形状算法的确定

在上述建筑设计方案的参数化生成过程中，“设计参数关系的建立”和“软件参数模型的建立”是核心内容。实际上，这就是参数化建筑设计的“形状搜索”过程。它可以被解释为在人类活动和行为的需求以及外部因素的影响下，作为一个物质系统的自组织建筑的过程。这种设计理念涉及三种形式的生成和反馈过程：第一是作用在建筑形式上的外部环境力和形式对外部力的阻力；第二是建筑形式与人的主体之间的动态关系；第三是人类主体与环境在形式上的互动。因此，建筑形式将在最大程度上适应周围的建筑环境。参数化寻求形状的过程是一个解决复杂问题的过程，这是传统设计方法无法解决的。目前，主要通过规则系统（即算法）建立参数关系，并用计算语言描述算法，以建立软件参数模型来解决这个复杂问题。需要选择脚本，在计算机上编写算法，建立软件参数模型，从而得到树枝形状作为可视化路径的结构图。设计人员以树枝形结构图为基础，获得建筑设计方案的原型。具体方法是将变形球组织成树形结构节点，调整变形球的能量场，变形球技术可以根据等势面原理建立一个不规则曲面作为设计方案的原型。根据其他设计要求和条件的功能，设计原型将发展为设计方案。

建筑设计师可以借用生成式算法对其进行修改以解决建筑设计问题。如北京大兴国际机场玻璃遮阳网的专项设计通过遗传算法从数千种方案中寻找最优方案。但实际上，面对一些设计问题，有时无法找到合适的现有算法来解决问题，然后需要根据具体的设计问题，运用一些理论来创建一个算法来解决问题。另外，对于一些设计问题，不一定需要通过算法和编程等先进的形状生成手段进行设计，也可以直接使用现有的软件菜单，如 Rhino 软件中的放样操作，以及现有的参数化设计软件，如 Grasshopper，在这些软件中直接建立设计参数关系的参数模型，用于项目生成。

相关算法在计算机程序的驱动下生成形式，使建筑设计中的形态生成和“找形”反馈过程成为可能，实现了在建筑形式与外部环境力和人类主体行为的动态交互作用下生成建筑形式自组织的目的。因此，建筑形式与周围建筑环境和人类活动需求之间将有最大程度的协调。

2. 基本生形算法与脚本语言

在生成算法的过程中，通常有一些基本算法，也有常用的计算机脚本语言。算法可以用各种方式表达，如自然语言、伪代码或流程图。一个好的算法应该效率高，并且占用最少的时间和空间来完成指令。下面介绍几种基本的形状生成算法。这些算法通常用于生成复杂形状和模拟过程。

（1）递推（Recurrence）。递推算法利用计算机强大的计算执行能力，将复杂而庞大的计算过程转化为简单过程的多次重复。通过几个可重复的简单运算法则依次计算序列中的每个项。它通常以初始值作为单向计算的基础，并使用循环来获得计算结果。

（2）递归（Recursion）。递归是指在递归过程中必须完成的函数或程序，直接或间接地使用自己的显式递归最终条件，即递归输出，以便为复杂的计算提供边界条件并获得最优结果。例如，在建筑设计中，可以使用分形方法分割大尺寸面板，并且可以确定分割终点，即单元面板尺寸不大于最大可运输尺寸。

（3）迭代（Iterative）。迭代法又分为精确迭代和近似迭代两种，是计算机解决问题的基本方法。其过程是针对一组指令不断用变量旧值递推出新值，建立彼此的关系，我们可以利用计算机适合重复计算的特性来实现这个计算。

（4）贪心算法（Greedy Algorithm）。它是一种简单而快速的寻找理想解的方法，其特点是在不考虑所有可能的全局情况下，根据当前情况逐步进行最优选择。该算法采用自上而下的迭代方法进行连续贪婪选择，节省了寻找理想解的大量时间。

（5）分治法（Divide and Conquer Algorithm）。分治法就是“分而治之”，它将一个复杂的问题转化为多个相同或相似的问题，然后再细分子问题，直到子问题可以简单地求解，而原始复杂问题的解是子集解的并集。

（6）遗传算法（Genetic Algorithm）。遗传算法是根据生物进化规律中的适者生存机制发展的一种随机搜索算法，遗传算法是一种具有“生存＋检测”的特殊迭代过程的搜索算法。约翰弗雷泽（John Frazer）在20世纪90年代将该算法引入建筑设计，并创建了进化建筑算法，该算法使建筑适应自然物种并进化，以获得最佳结果。遗传算法可以拟合曲线和曲面，也可用于结构分析和结构设计。

算法需要通过编辑程序语言和脚本来操作。建筑设计和施工过程中常用的脚本操作平台包括VB、C＃、Python、Java等进行处理，在脚本执行过程中，条件指令、循环指令和情境指令可以表达不同的算法逻辑，从而实现复杂的计算过程；分形迭代和递归、集群智能和多智能体系统是数字建筑师生成表单的重要工具；许多算法也可以在分析和优化曲线曲面方面发挥重要作用。

3. 数字设计的生形算法归类

在数字建筑设计算法的生成中，根据设计对象的不同条件和特点，通常采用不同类型的算法来解决问题。数字设计的生成算法可分为四类：经典算法、自制算法、软件菜单和组合算法。

经典算法是指那些定义明确、在不同领域得到广泛应用、可直接使用或重写以生成数字设计中形状的已知算法。设计师使用的DLA算法（Deep Layer Aggregation）属于这一类。经过三维重写后，用于生成798艺术中心的空间形式；此外，还有Voronoi算法、元胞自动机算法、L 系统算法、最小曲面算法、蚁群算法等。通过调整控制点的位置，可以改变不规则多边形的大小，以满足窗口大小的要求。

自制算法用于解决特定的设计形状生成问题。这种方法强调了根据具体项目的需求创建自适应算法，而不是简单地选择现有的算法来适应项目。在 2 号纤维塔的设计中，通过基于算法的 Agent 过程探索了装饰、结构和空间秩序的生成。由于代理的出现和迭代的使用，该操作可以在纤维网格中产生一个非常不同的塔，具有相对简单的壳体几何厚度；而迭代的不断应用使内部结构和中庭空间的形成成为可能，并与外壳分离。这种方法强调了根据项目的需求创建自适应算法，通过代理和迭代优化来探索多样化的设计方案，从而创造出独特而富有创意的建筑形状。这种数字设计思维为建筑领域带来了新的可能性，可以应对复杂性和多样性的设计挑战。

软件菜单也是形状生成的通道。对于一些设计问题，不需要通过算法和编程等高级形状生成手段进行设计，也可以直接使用 Rhinoseros 和 Shan 等图形软件在这些软件界面中直接生成形状，因为一些算法也在这些软件菜单的操作指令后面工作。比如，在建筑设计中，Grasshopper 可以用于自动化建筑结构的设计，如自动划分建筑外墙轮廓、自动生成建筑内部空间布局等。设计师首先分析场地条件和人流方向，得到平面轮廓，然后研究学生的内部活动，得到不同部分的轮廓，然后使用“放样”菜单生成项目原型。

组合算法是指将多个算法组织在一起，形成一个规则系统，用于生成项目中的设计。事实上，当需要求解复杂建筑形式的生成时，通常会结合多种不同的算法，最终通过程序的操作得到设计形式。为了生成不规则多边形马赛克图形，可以通过组合算法实现目标形状。首先，利用 Voronoi 生成不规则多边形马赛克图形；其次，在多边形的每条边上添加多个控制点，并通过“柏林噪声函数算法”实现控制点的随机移动；最后，使用 Bezier 曲线算法连接曲线上的控制点以获得目标图。在生成这种形式的过程中，实际使用了 Voronoi、Berlin 噪声函数和 Bezier 曲线的组合来实现这一目标。

5.4.3 参数化设计编码的关键要素

参数化设计的关键要素包括设计意图参数、设计对象参数和生成算法规则，从这些因素出发，讨论参数化建筑设计与参数化结构设计的异同。

1. 项目意图和项目结果

当参数化设计的中心生成算法的规则不变时，函数自变量（即设计意图参数）的类型和值直接影响设计对象的最终参数。同时，从反问题的角度来看，在参数化设计中，设计师想要获得的设计对象的参数也在一定程度上影响了设计意图参数的选择。

2. 参数化设计意图参数

参数化设计意图参数反映了设计师当前关注的主要设计要求，包括数字建筑和空间功能、建筑环境、建筑造型、行人合理化等。这些参数不仅包括对日照、容积率等指标的规范要求，还包括对建筑外观、室内环境等的需求。因此，参数化建筑设计的设计意图参数具有较大的灵活性和自由度。

传统设计中，结构设计通常在建筑设计的基础上进行，其目标是在满足建筑需求的前提下进行结构系统配置和结构构件设计。因此，在参数化结构设计中，将建筑设计的几何模型和功能需求数字化为设计意图参数，插入结构设计算法中。在参数的表示上，设计师不仅可以使用实数，还可以将具有复杂空间逻辑的几何模型作为参数。

结构设计自身也有具体的设计意图，包括对整个结构和各个部件的要求。与建筑设计不同，结构设计的要求通常更为明确和具有技术性，受到施工难度等因素的影响。因此，在参数化结构设计中，需要考虑施工效率和难度等因素，并将它们纳入设计意图参数中。

最后，项目结果需要获得投资者的支持，因此投资者的资金限制也是需要考虑的设计意图参数。

这种综合性的参数化设计方法可以确保建筑和结构的一致性，并在设计过程中考虑多方面的需求和约束。

3. 设计对象与设计意图的互动

建模过程需要对原型系统进行简化，然后根据系统属性的典型指标最大程度地逼近，以解决传统方法难以解决或需要长期解决的问题。参数化建筑设计的目标是生成用几何参数表示的建筑方案。例如，基于生物原型的形式发现，最终的设计方案与生物原型之间的近似程度由初始阶段定义的设计意图参数确定。设计师对方案与生物原型之间的近似程度的要求也对设计意图参数的选择起到指导作用。逼近度越高，就越有必要实现参数的设计意图。

在初期设计阶段，结构工程师关注的是结构形状参数，重点是了解结构形状变化对设计要求的影响，而不必深入考虑实际的结构系统或截面类型。因此，在确定结构形状参数时，通常可以直接使用连续曲面来评估方案，而不需要详细考虑结构系统或结构构件的具体细节。此时，结构的整体性能设计要求较为重要，优先级高于部件的设计要求。

然而，随着设计过程的推进，设计要求将变得越来越具体，最终要求设计尽可能逼近可构建的设计结果。例如，在部件参数设计阶段，需要将形状参数和系统参数作为设计意图的确定参数插入设计系统中。在结构构件的设计中，除了确保其性能参数满足规范的设计要求外，还需要确保整体结构的性能满足要求。同时，还需要考虑施工的便利性、可能的波浪类型以及减少截面种类的因素。

这种方法强调了在设计过程中逐步细化设计意图参数的重要性，以实现设计目标并逼近原型系统。同时，考虑到实际可行性和工程可行性，以确保最终的建筑方案能够成功实施。这种方法有助于优化设计过程并提高设计结果的质量。

4. 生成算法规则

生成算法的规则是参数化设计的核心，它直接决定了生成设计方案的变化形式，即设计空间的形状。参数化建筑设计和参数化结构设计都融合了复杂系统的特点，其中子系统之间的非线性交互是通过生成算法规则来实现的。参数化建筑设计生成算法规则与参数化结构设计规则的差异主要体现在逻辑组合和逻辑保密两个方面。

5. 设计要求信息的数字化

设计要求是本项目的出发点，包括建筑内人类活动的要求和本项目周边环境的要求。对现场的视觉调查有助于准确了解周围环境的特征，通过采访该建筑的未来用户，观察用户在类似功能建筑中的活动行为，可以获得更可靠的设计信息；建筑形式的参数化是数字设计的基础，但它对于从周围环境生成信息非常重要。

当有了设计参数的基本关系时，需要找到一个规则系统（即算法）来构造参数之间的关系以生成表单，并用计算机语言描述规则系统以形成软件参数模型。软件参数模型可以通过不同的方式建立，例如使用现有的软件菜单；当然，也可以在操作系统平台上编写程序来描述规则系统，并形成软件参数模型。当为软件参数模型的每个变量输入一定的值时，就得到了项目的原型；当输入值改变时，可以得到一个新的设计原型。

设计原型的演变。从一些主要设计需求因素中获得的设计原型通常只解决了复杂建筑设计系统的主要矛盾，其他许多因素也应该对设计结果产生影响，使项目的最终结果能够最大程度地满足用户的活动和行为要求，并适应环境。这样，设计原型需要在其他因素的作用下进化。正因为设计原型是参数化软件条件下的图形，所以它可以接受其他操作指令，从而优化形状，获得满意的设计结果。

最终设计形状的参数化结构系统，以及复杂结构逻辑建筑设计系统中各种因素的综合作用，通常导致最终设计形状是一个不规则的非线性体。但是这种非线性体离不开结构系统和结构逻辑的支持，在项目尚未完工的情况下，对项目的基本结构体系和结构逻辑进行更多的考虑，可以打开部件加工和实际建筑施工的通道。参数化设计有助于建立建筑形式的结构体系和结构逻辑。可以研究计算机软件生成非线性形式时的内部逻辑，并表明该建筑系统可以作为实际建筑的基本结构系统；在软件中，还可以根据机身的应力分布划分块，研究单元机身之间的连接结构。这种方法被用作基本结构体系；此外，可以先研究一些自然生物的结构关系，并将其作为非线性物体的基本结构系统。

5.5 参数化软件中数字模型面向对象的构建逻辑

5.5.1 工程设计的数字化思维

在数字信息时代，产品的价值载体正从“以硬件材料为主”转变为“以软件服务为主”。数字思维的工程设计对象不再局限于传统意义上的产品几何形状和性能。相反，人们可以在工程空间中获得各种场景服务。目前，工程设计问题的解决方法分为几种，但存在一些不足或一定的依赖性。以抽象形象和灵感为代表的设计方案高度依赖于设计的想象力。图形思维模式在逻辑上过于复杂，很难快速转化为直观的视觉信息。计算解决方案模型强调使用越来越强大的计算工具。

然而，通过计算机的交流与合作，计算与求解模式不仅促进了人类大脑无法设计的新的建筑空间和形式内容的出现，而且为每个设计师提供了一个新的、复杂的、精密的建筑空间和为形式内容提供了技术保障。随着计算机辅助编程越来越重要，设计师们有可能从计算机辅助编程改变他们的思维方式。计算机不仅起到辅助工具的作用，而且是与设计师互动与合作的主体。MBD 不仅是“以人为本”设计理念的数字载体，而且为大规模定制生产提供支持。数字时代的施工控制不再是传统中的人们手持图纸和对讲机来检测施工进度的时代，而是一个通过数字模型来规划、万物互联来控制施工的过程。达成这一环节的关键则是数字系统的合理应用。目前，CATIA 系统（计算机辅助三维交互应用）和 BIM 系统（建筑信息模型）得到了广泛应用。

CATIA 系统在建筑的施工过程中，管理者可以根据已经建立完成的可视化三维建筑模型，更加直观地对建筑进行规范化调整。由于模型的准确性和直观性，它大大优于图纸和传统建筑模型。因此，将其用于施工监控可以提高现场组装的精度，简化组装、安装和测试过程。BIM 软件基于三维数字技术，并通过每个环节的可视化模型进行操作。视觉管理涉及建筑物的整个生命周期。在施工阶段，BIM 提供有关施工质量、进度和成本的信息，以保持材料和设备供应和运行的高透明度，有利于合理控制施工进度和员工需求。例如，通过 BIM 创建的数字平台，施工人员可以优化下料，减少材料损耗造成的成本浪费；所有参与者可以同步获取施工信息，避免传统施工中信息传递滞后造成不必要的损失；业主可以随时了解工程进度，及时分配资金。虽然这两个系统有各自的优势，但它们在项目规划、安装周期和建设成本方面都是通过数字监控平台实现的。从施工精度等多方面优化工程质量，实现过去无法实现的集约化、精准化、经济化施工。

BIM 是建筑信息模型，它是一种数字化的工具，使我们的建筑信息传输模式从传统的手绘三维图纸转变为 CAD 计算机绘制的二维平面图，然后形成三维数据模型，使设计行为更加高效和直观。通过建立 BIM 全数字化设计、施工和运营集成平台，可以通过数据流打开建筑工程设计、施工、运营和维护的全生命周期项目。

在设计阶段，主要用于绘制三维建筑模型，并且可以验证和优化土建结构设计、机电布线模拟分析、结构管道碰撞分析、净空和净空分析的合理性。在施工阶段，可以实现施工组织与方案的模拟与演绎、设计变更模型的同步更新与实施、建筑材料的管理与控制、工程量的估算与统计、工程进度的协同共享与管理等，它具有可预测性、可测量性和协作性等优点。在运行维护阶段，主要用于人员视频的实时安全控制、设备资产的日常管理、设备能耗等指标的统计分析、家具智能控制等，具有查询、监视和控制的优点，为未来智能建筑奠定基础。BIM 构建了各种工程项目的数字资源整合模型后，通过对这对数字主体的环境模拟分析，可以提取到建筑的日照、采光和通风指标，并将其添加到数字主体中，分析其建成后的绿色指标，从而优化设计，最大限度地实现实际建成的建筑与人与自然的和谐共存。同样，也可以用于各种构件的标准化设计、结构设计和施工的跨境一体化、预制生产和装配式施工，促进建筑设计、精确固定模板等设计过程。

5.5.2 参数化数字建筑方案设计

许多现代建筑项目被归纳为艺术设计范畴。美丑、好坏的标准大多是主观的，与欣赏者的文化背景、教育水平等因素有关。建筑设计师的大多数设计技巧也来自专业学习培训、设计经验的积累以及个人审美观的影响。参数化设计和数字仿真首次使建筑设计有了客观的评价和计算标准，可以量化、测量、计算和评价，逐步揭示和分析建筑空间发展变化的内在逻辑，使建筑设计更加科学合理。

随着数字化设计水平的提高和提升，越来越多的城市公共建筑成功实践了非线性建筑表皮，如北京凤凰国际传媒中心，它根据非线性建筑表皮的动态曲线、分形扩展动态曲线，以及连续自由度的特点，实现建筑空间和表面的变化，同时以足够的结构强度、韧性和承载力的节点作为承载力。同时钢构件的预制、组装和可回收性完全符合数字化设计要求，达到了精度要求高的定点安装要求，使非线性公共建筑的建设成为可能。

智能建筑和 3D 打印技术取得了巨大进步，实现了数字化设计，如使用工业机器人手臂在工厂加工预制构件、钢结构自动焊接等，或在施工现场砌筑建筑构件，用于自动粘结钢筋和焊接以及自动精确浇筑混凝土等。智能化施工不仅大大减少了人力投资，还降低了安全生产风险，提高了建筑施工的工作效率和准确性。

在参数化数字化建筑方案设计过程中，把影响设计的各要素看作是参量，先找出若干个有意义的设计要求，用一种或多种规则体系（如算法）来构建各参量间的联系，再用数学语言对各参量进行数学表达，由此得到各参量的数学模型，并把这些参量输入该软件的编程语言中，使其能够按照程序的指令运行，最终达到该模型的目的。

软件参数的极端观点为建筑设计带来了灵活性，可以满足设计过程中有机生命特征和动态连续复杂性的要求。当大小的值发生变化时，可以在现有参数模型中更改输入信息以获得新结果，从而使项目结果变得可控。另外，除了影响建筑设计的主要因素外，还有其他因素：当获得设计原型时，可以根据其他因素的影响调整设计原型，更好地实现设计效果。同时参数化设计过程中的规则系统以及描述规则的语言、软件参数模型、参数变量和生成的形状都是可见的。与建筑师的传统设计过程相比，它不再是一个无形的形式过程，而是一个逻辑可控的科学设计过程。

建筑图式设计的概念设计可以分为两个阶段：概念设计和图式开发。工程的工作目标和设计人员的思想一般存在差异，这些差异会在数字媒体工具的应用上体现。在概念设计阶段，建筑师主要通过手动绘图、计算机建模或其他媒体操作，将其设计者头脑中的建筑设计表达出并具体化为概念图或模型，建筑师可以通过概念图或模型从一个全新的角度进行思考和创造新的事物，获得新的经验，并推动新的思维循环。在设计的初始概念阶段，建筑师设计思路的表达以强烈的开放性、跳跃性和探索性为主。为了寻求实际过程的问题的最佳最新答案，建筑师总是尽可能多地尝试各种新的图式设计，以便不断从这些变化形式中得到更多宝贵经验和线索，并从中进行新的优化。要做到这一点，建筑师需要使用一些方便快捷的 3D 建模工具（例如 CAD）来支持他们在现阶段的开放性的、跨越性的和探索性的思维。

该方案的开发阶段是基于概念设计阶段的自然延续。在开发阶段的前期，建筑师的设计思路在一系列的探索中逐渐明晰，将会在设计中融入对建筑空间、功能、建筑造型和总体环境进行深入思考的比较研究。在这一阶段的后期，它的重点是充分表达这些思想和研究内容的图纸或多媒体演示。根据媒体类型、项目深度、项目规模或复杂性的特点，以及建筑师在概念设计阶段使用的建筑师个人偏好，建筑师在模式开发阶段通常有三种可选的数字设计方法和策略：以三维模型为核心的战略；以信息模型为核心的战略；从三维模型到信息模型的战略。比如广州大剧院，外部地形设计成跌宕起伏的“沙漠”形状，主体建筑造型宛如两块被珠江水冲刷过的灵石。

5.6 参数化设计工具

5.6.1 解释性图解与生成性图解

“插图”的概念有着悠久的历史，可以说和建筑这一概念本身一样古老。然而，在过去的几十年，“插图”只是作为一种解释或分析的工具被利用，通常用于表达某种几何关系、进行正式研究说明、解释各事物之间的某种内在关系时使用，展示建筑师的设计灵感也可以使用插图。可以将建筑抽象为由梁、柱、板组成的基本结构，这让建筑结构可以批量生产，同时结构的形状可以根据建筑类型和设计的需要进行修改。该图直接反映了科布的“住宅机器”的概念，也是图形的最好体现。

建筑设计必须首先分析功能构成及其相互关系，可以采用功能气泡图进行分析，它是建筑功能组成及其关系的示意图，简单地表达了功能与空气动力学之间的关系，是从建筑形式的屏幕上提取图像的基础。在气泡图中，人们的动态活动需求被单方面表示为静态功能块，建筑之中的各种活动间的复杂联系只是被简单地表示为空气动力学，从而导致了现代建筑设计上的僵化。

艾森曼发展了“插图”的生成性使用，并继续将建筑作为一项活动加以扩展。时间在这里具有积累性和连续性的特点，所以形式就是运动的积累。它的具体操作是用某种方法或规则，逻辑地改变给定的原始概念的原始形状，从而形成一系列造型井，产生建筑设计。在最初的卷轴建筑设计中，通常用不带墨水的铁笔在卷轴表面绘制或雕刻平面图，然后用墨水在其上绘制实际方案。这些中间条件的痕迹是图表。

同时艾森曼对插图的另一个贡献是使用三维轴测图来开发传递到三维插图的二维插图。尽管轴测技术在 20 世纪 20 年代和 30 年代是先驱建筑师的重要工具，但直到 20 世纪 50 年代末，它才被用作绘图工具。由于轴测法推荐了物体的自主性，它可以克服透视消失到消失点所造成的变形，能够同时表达平面、立面和剖面的内容。艾森曼和海杜克恢复了轴测图的使用，因此，项目生成过程中的分析图具有接近实体建筑的三维图形，因此这些图具有客观的可测量信息。

然而，艾森曼始终坚持设计建筑的自主性原则，不愿坚持建筑形式语言的刻板领域，而这通常是一个特定的乃至固化的概念或初始形式，因此他的图表的起点总是能够保持在与建筑概念或建筑形式等相关但不同的层面上。最后，生成的建筑形式只能与艾森曼本身的设计进行比较。库哈斯和赫尔佐格也坚持对图表进行生成性的使用，并将图表用作生成项目的工具，但某种程度上他们的图表起点与艾森曼的图表起点完全不同。库哈斯认为，建筑的中心特性应该让位于更广泛更强大的社会力量。库哈斯是一名优秀的报纸记者，因此他对存在于建筑之外的奇特的社会现象保持着浓厚的兴趣。库哈斯擅长以报道的形式进行对社会的探索和研究。他们的设计图灵感也是来自这些经过调查的社会研究，操作这些图，并发展成建筑方案。例如，在西雅图公共图书馆项目中，工作人员绘制了一张图表，展示了近代乃至现代的媒体发展的历史，同时展示了书籍作为唯一的媒体从 1150 年诞生以来到新时代全球互联网出现的整个过程，以及新旧媒体共存的全过程。库哈斯认为，图书馆已经从一个单一的阅读空间变成了一个社会中心，因此图书馆的结构和形式和功能也必须相应的改变，以适应社会中心这一新角色。而设计师将这些复杂的社会活动进行压缩，并将其重新组建为九个大的功能组，里面包含了五个稳定功能和四个活动功能。设计师以这四个主动活动功能为出发点，将四个枢纽电源组转化为整个项目的中心“平台”元素，赋予各个平台不同的功能、形状和大小，以利于组织人流，并因此成为城市社会活动的主要中心场所之一。然后，使用自动电动扶梯连接各个平台，形成整个建筑的道路体系，并根据该步骤的操作进行最终设计方案的确定。

5.6.2 数字图解

哲学家们认为，图表代表了各种力量之间的关系，是一台抽象机器，它一方面引入了可描述的函数，另一方面产生了可见的形式。哲学图就像一台抽象机器，可以以需求的形式输入和输出。在某一点上，建筑设计过程与之类似。它还通过某种关系将一些可以描述和影响设计的元素转化为各种可能的可见形式。将图形工具引入设计过程，可以将传统设计变为图形过程。

然而，由于图表本身表示各种影响之间的关系，或者称为函数关系，并且输入可以由多个因素描述，并且是动态的，因此输出结果也不同。人工控制这一过程是不可能的，但计算机技术可以控制并实现这一转变。基于计算机语言，各种影响之间的关系可以集中写入计算机程序。

因此，数字图表的设计可以定义为通过计算机程序生成表格。该程序包括计算机语言和算法。该算法是根据主体进行的一系列操作。该程序包括计算机语言和算法。算法是按顺序组织的一系列计算操作指令。这些说明包含所有需要生成的形状的特征描述，它们共同完成生成形状的特定任务。在建筑方案设计过程中，通过对人的使用或行为要求以及建筑环境影响因素的分析，找出与分析结果相对应的基本形式关系，然后用算法（规则系统）描述形式并编写程序，然后计算，以生成建筑设计的原型。

用数字插图理论来实现建筑设计，实际上就是把建筑置于一个动态的系统中进行设计，因为插图代表的是各种力量之间的关系，这是特定于建筑设计场合的，也就是说，代表了影响建筑设计的各种条件和因素之间的关系。这是一台抽象的设计机器。当输入的设计条件和因素在范围或数量上发生变化时，图表的结果也会相应变化。因此，图表输出结果的方式实际上是一系列形状，即各种可能形状的集合，这种方式的范围或集合只能满足建筑完工后各种环境条件的实际要求，并有一定的变化范围。因此，它更适用。

另一方面，与上述解释图和生成图相比，图和计算技术的结合惊人地扩展了图的内涵。虽然艾森曼图也被称为生成图，但这种生成性只记录了设计过程中中间情况的绘制轨迹，而这种设计过程图的重叠图最多是手动和半自动操作的物理结果可以称为生成结果，并执行人工操作的开发项目。数字插画是对以前图形概念的发展。

5.6.3 数字建筑的设计软件

参数化建模是实现参数化设计的手段，包括三个主要步骤：参数转换，通过参数转换，将影响设计的因素转换为计算机可读的数据或图形；通过约束建立模型中几何体之间的关系；数据和几何之间的关系是通过关联建立的。如今，许多人认为参数化设计只是通过编程生成复杂曲面形状的一种方法，但实际上，参数化设计的核心应用是建立约束和关联。通过调整不同的参数，参数化模型中的每个组件都会在链接上发生变化，从而实现项目优化和多方案比较。参数化建模是在参数化软件平台上完成的。参数化软件最初主要应用于工业制造领域，如零件设计、汽车和飞机外壳、发动机设计等。工业设计中常用的参数化软件包括 SolidWorks、UG、CATIA 等。这些软件可以建立约束和关联，并具有用于编程和二次开发的内置计算语言工具。1991 年，加里首次将 CATIA 应用于巴塞罗那金属鱼雕塑项目的航空设计领域。之后，最初用于其他领域的设计软件被建筑师应用到建筑设计中。例如，用于工业产品设计的 Rhinoseros 软件和用于电影动画的 Maya 软件已成为数字建筑设计中常见的参数化设计软件。建筑设计的复杂性低于飞机和汽车设计，因此功能齐全、资源占用大、技术门槛高的工业设计软件，如 Pro-E 和 UG，在建筑设计中通常只使用其部分功能。Maya 软件常用于移动电影的表面设计，将其用于建筑设计。将使用其方便的曲面建模功能和逼真的动画染色功能，而动画电影中常用的骨骼、皮肤和头发等功能并不经常使用。

在建筑设计中，常用的参数化设计软件主要包括 Rhino Grasshopper 插件和 MicroStation 生成插件组件、处理、Autodesk Maya、Autodesk 3DMAX 等，以及数字 BIM 软件设计、Bentley Construction、Autodesk Revit、ArchiCAD 等。

Rhino 的基本建模功能不是参数化方法，但配备了运行在 Rhino 平台上的 Grasshopper Visual Programming 插件，它具有参数化设计功能，与 Rhino 自己的二次开发语言平台 Rhinoscript 相比，无需强大的编程能力，Grasshopper 可以通过简单的过程生成所需的形状，例如连接嵌入式算法的窗口和调整数据滑块，使其非常适合建筑师。无论是方案设计阶段的地形和仿真，还是初步设计阶段的建模优化和细分，都可以生成可由数控机床处理的施工构件文件，并发布组件清单。

此外，一些设计机构，如英国的一家开发公司，使用 MicroStation 进行设计。一旦配备了组件，它可以与组件在同一条线上编程，但也可以通过嵌入式组件编程轻松生成 3D 形状。

Processing 是一种集算法、艺术和设计于一体的计算机语言。同时，由于其开源性，官方处理网站上有来自世界各地的设计师共享的程序，其他人可以下载和修改这些程序。与其他计算机语言相比，架构师更容易使用和共享。在建筑设计中，一些抽象的过程主要是通过编程来进行的，比如在水中溶解油漆、动态模拟鸟的形状等，以生成美丽的形状，然后提取主要特征作为化学设计的原型。

Maya 和 3DMAX 具有三维建模和动画功能，各自基于自己的编程和二次软件开发软件平台拥有自己的计算机语言。例如，Maya 有 Mel 语言和 Python 语言，3DMAX 有 MAXscript。通过对曲面控制点、线和曲面进行平移、旋转、放大等操作，可以在计算机上找到艺术家制作雕塑的建筑形状，然后将其导入 Rhino、Digital Design 等软件进行精确建模，因此可以选择在 Maya 或 3DMAX 中渲染。表 5-1 总结了常用的参数化设计软件。

参数化设计软件特点及应用内容 **表 5-1**

软件名称	开发公司	使用类型	软件特点及应用内容
Rhino & Grasshopper	Robert Mcneel	参数化三维建模软件	易于使用，便于设计人员通过简单程序建立参数模型，在寻找类型、仿真分析、优化设计、数学模型输出等方面具有良好的应用前景。该方法把 CAD/CAE/CAM 设计—分析—建造过程有机地结合起来
Microstation & Generative Components	Bentley		一种开放源码的新电脑语言，具有简单的语法和强大的图形可视化能力，其他设计者上传到网络上的程序可以下载修改，适合建筑师进行仿真和建筑造型
FreeCAD		既能用于机械工程与工业产品设计建模，也面向更广泛的工程应用，如建筑或其他工程领域	用于将 3D 模型的 2D 视图放置在图纸上的工程图模块以及用于导出 3D 对象以使用外部渲染器进行渲染的渲染模块 利用 2D 组件绘制 2D 形状草图并根据 3D 模型创建 2D 生产工程图

续表

软件名称	开发公司	使用类型	软件特点及应用内容
Maya	Autodesk	参数化建模与渲染软件	常用的三维建模和渲染软件,非常强大 具有便捷的雕塑造型能力,主要应用于建筑找形,后期进行渲染和动画制作
3DMAX			
UG	西门子公司	零件建模、装配建模以及模型受力受热变形分析	可以轻松构建各种复杂形状的实体,同时也可以在后期快速对其进行修改。它的主要应用领域是产品设计
Processing	MIT	参数化三维建模软件	强大且便捷的雕刻建模功能,主要用于建筑找形,可以通过内置的 Mel 语言编程生成更复杂的形状,后期进行渲染和动画制作

5.7 工程数字化设计方法

5.7.1 参数化设计

参数化设计指的是通过定义参数的类型、内容，并通过制定逻辑算法来进行运算、找形以及建造的设计控制过程。设计师可以在工程设计的任何阶段，通过参数调整对工程设计形态和性能进行控制。2009 年，扎哈·哈迪德建筑事务所在广州设计了一个独特的歌剧院——广州歌剧院。这个建筑的外部形态采用了木芙蓉花瓣的曲线，以流线型的建筑形态传达出音乐的韵律感。2020 年，参数化设计被应用在北京大兴国际机场临空经济区中央商业区项目。这个项目运用了参数化设计技术进行建筑设计和优化，为商业区的建设和开发提供了新的思路和方法。中建八局定期主办的“工程建造美学”展览，展示通过计算机算法生成复杂的几何图形，并运用这些图形组合成不同的建筑元素，为建筑的设计和建造提供了新的思路和方法。

协同设计是在项目设计过程中，建筑设计师与结构设计师合作将完整的结构模型通过协同平台导入分析软件，借助结构参数化模型，进行结构性能分析。如采用计算机优化模块，以材料造价作为目标进行仿真分析，通过结构构件尺寸调整和分布合理化，达到经济合理的设计。最后，采用基于 WebGL three.js 引擎研发的网页端可视化，可将应变能力度，材料利用率等关键信息以数值彩色云图形式展示。

交互式协同设计借助直观科室交互式协同设计平台，将颠覆传统设计方式，为未来工程建造创造更多可能。以仿真和流程协同、统一建模工具为核心的协同设计，实现对产品虚拟化仿真评估与快速迭代优化，如中信集团总部大楼项目的设计。

与传统建筑设计相比，在参数化设计过程中，建筑设计师需要将建筑视为一个复杂的系统，分析和选择建筑设计的相关制约因素，最终确定项目的核心逻辑，即项目的基本理念。在设计师掌握了基本设计思想后，有必要确定参数化关系，即参数化建模过程中要遵循的算法。算法的生成需要遵循客观性和科学性，不能通过个人主观想象进行选择，因此，必须通过数字设计软件分析建筑设计过程中的限制条件，如建筑功能、成本、结构等，最终确定参数关系。同时，由于建筑设计师的审美观念不同，在确定参数关系的过程中也要发挥主观能动性，以便对参数关系进行精确量化。在确定了参数和参数关系后，在下一个设计过程中，由于几何形状和参数之间存在固定的逻辑关系，项目各个阶段的修改不会影响项目的概念结果，因此，整个设计方案不会在项目细节中被否定。

参数化绘图实际上是一种参数化的定量绘图，即绘图由参数变量控制。每个参数化变量控制或指示项目结果的一个重要属性。更改参数变量的值将更改项目结果。参数化设计可以应用于不同的领域，如单体建筑设计、室内设计、城市设计等。针对单个建筑，参数化设计同样适用于已有外形的节点、参数可控的参数化设计；同时，考虑到参数变量是影响设计的关键因素，本项目拟以设计需求为参量，找出关键的设计需求，再以一定的体系（算法）为指导，构建参数关系，并通过计算语言对参数关系进行描述，从而构建出一个软件参数模型，并在此基础上，将参量数据信息导入计算机语言环境，通过程序指令的执行，最终达到构建的目的，从而得到一个体系的原型。

参数化设计实际上是一种参数量化设计，即量化项目的参数，即设计由参数变量控制，每个参数变量控制或指示项目结果的一个重要属性。需要明确的是，“参数”是“参数变量”的同义词。参数分为两类，即不变参数（参数）和可变参数（变量）。更改“可变参数”的值将更改项目结果。

事实上，在计算机出现之前，参数化设计方法已经应用于建筑设计。从 19 世纪末到 20 世纪初，高迪在一系列作品中使用了类似的参数化设计方法。马克伯里，皇家墨尔本理工学院教授，作为萨格拉达家族的建筑总监，马克伯里对高迪的设计进行了深入研究。他认为，虽然尚不清楚高迪是否受到数学家和研究参数化的科学家的影响，参数化设计方法的痕迹可以清楚地反映在高迪的建设项目中。例如，在设计教堂的奥克隆凝胶时，高迪通过悬链线的物理杆确定了教堂拱顶的形状，并调整了许多参数，包括绳子的长度、固定结的位置和悬挂的重量，可以生成一系列符合重力规则的结果，在该设计系统中，缆索的长度、固定节点的位置和悬挂物体的重量是“可变参数”；而“恒定参数”是绳索（与其他材料不同的线材）、固定结的结法、悬浮物的材料等。

参数化数字设计的优点是可以将一系列设计方案与“模板”匹配，从而提高设计效率；可以代替设计师完成部分设计工作，节省设计师修改工作量、计算、建模等环节；可以确保生成的方案满足预定义的功能和技术要求；同时，可以方便地比较各种方案，找到功能和技术性能良好的方案。此外，必须认识到，自其发展以来，CAD（计算机辅助设计）一直在不断取代劳动力，并成为设计师辅助绘图和建模的必要工具。然而，参数化数字设计在设计的内在逻辑上超越了计算机辅助设计的功能，它跨越了工具和辅助的层面，展示了设计过程的内在机制。这就像展示建筑师大脑的黑匣子设计过程。它是设计理念的合理而清晰的表达，它必须面对的是以某种形式的结果直接满足需求。因此，它不仅是一种工具和方法，也是一种解决问题的策略和理念。

5.7.2 BIM 标准和管理

1. 建筑信息建模的 BIM 软件

BIM 模型是参数化模型的进一步发展。一般来说，参数化模型主要是建立图形和数据之间的关系，不需要提供相应的图形属性，如材料和成本。在 BIM 模型中，构成模型的单元以建筑构件的形式存在，这包括两个方面：构件的几何图形和材料属性。BIM 模型也可用于估算成本和模拟项目的施工，这是一般参数模型无法实现的。BIM 建模是基于 BIM 技术开发的，各大企业也各自拥有自己的 BIM 软件。

建筑 BIM 软件主要包括：Autodesk Revit Architecture、Bentley Architecture、Digital Project 和 ArchiCAD；主要结构包括 Autodesk Revit Structure、Bentley Structural、Tekla Structure（Xsteel）等；设备包括 Autodesk Revit MEP、Bentley Building Mechanical Systems 等。Revit 系列软件和 Bentley 系列软件包括建筑、结构、管道和电力的所有专业内容，各自的软件系列可以实现完美的兼容性。Revit 系列软件是以前使用最广泛的 BIM 软件。它与其他建筑设计软件非常兼容。它可以使用 AutoCAD 和 Micstino 通用软件导入和导出模型，并通过 IFC 文件将模型导出到其他性能仿真软件进行仿真分析。建筑师和工程师主要使用 Revit 软件进行项目深化、施工图设计、碰撞检查和性能模拟。Bentley 系列软件其类型与 Revit 类似，通用于非线性建筑设计和优化的 BIM 软件。Gehry Digital Projet 是 Gehry Technologies 公司的一个项目，主要使用 CATIA V5 平台进行项目优化。与 CATIA 软件相比，增加了建筑物和结构构件的主要施工数据库，无需从头构建模型即可直接调用。同时，数字设计内置编程模块，可以优化模型曲面，并将其细分为可加工的组件单元。从设计、施工到运营管理，为整个项目生命周期提供 BIM 模型。ArchiCAD 是匈牙利 Graphisoft 公司开发的建筑 BIM 软件，该软件占用硬盘空间少，运行速度快，软件价格相对较低，但它涵盖了 BIM 软件应该具备的大部分功能。生成 IFC 格式文件时，会提供共享模型，用于后续设备结构和规程的设计和模拟。然而，由于结构和设备的专业设计软件不是在同一平台上开发的，其在世界上的市场份额相对较小。Tekla Structures（又名 Xsteel）是芬兰 Tekla 公司开发的 BIM 软件，特别用于设计钢结构和钢筋混凝土结构。该软件提供了大量不同尺寸和功能的钢结构和加固构件库供选择。通过建立结构 BIM 模型，可以自动生成结构细节和构件列表，并可以模拟结构构件的加工和施工过程。许多知名建筑均采用 Tekla 软件进行设计和建模。表 5-2 总结了常用 BIM 软件的特点和应用范围。

常用 BIM 软件的特点和应用范围 **表 5-2**

软件名称	开发公司	使用类型	软件特点及应用内容
Revit Architecture	Autodesk	BIM 建筑设计软件	集设计所有专业于一体的 BIM 软件平台，具有强大的兼容性。通过输入输出 IFC 格式文件与其他设计软件分析类共享模型信息。通过构建 360 度云服务平台，实现了对云中图像的绘制与运算，以及对现场施工的指导
Revit Structure	Autodesk	BIM 结构设计软件	
Revit MEP	Autodesk	BIM 设备专业软件	
Bentley Architecture	Bentley	BIM 建筑设计软件	以 Microstation 为平台，集成了多个专业的 BIM 系列软件。能与AutoCAD、Microstation 等CAD 软件实现交互，并能用 IFC 格式文件和其他设计分析软件，实现对产品的建模信息的共享。采用Bentley Navigator 软件对其进行碰撞检测与结构仿真
Bentley Structural	Bentley	BIM 结构设计软件	

续表

软件名称	开发公司	使用类型	软件特点及应用内容
Bentley Building Mechanical Systems	Bentley	BIM 设备专业软件	
Tekla Structures	Tekla	BIM 结构设计软件	本系统以钢、混凝土结构为主体，通过BIM 建模，实现了建筑细部及构件列表的自动生成，并实现了施工仿真
Digital Project	Technologies	BIM 建筑、结构设计软件	在 CATIA 平台上开发了一套适合于建筑设计的 BIM 系统，该系统既能对建筑物、结构进行设计，又能通过扩充软件包完成设备的设计。内置程序模块，实现了对复杂表面的优化和细分
ArchiCAD	Graphisoft	BIM 建筑设计软件	该系统所需存储的磁盘空间很少，建模速度很快，包含了 BIM 软件所需要的大部分功能，并且可以以 IFC 格式输出。设有在同一平台下开发结构和设备的专业设计软件
NAVISworks	Navisworks 公司		支持 PDMS 和 PDS 模型，能够直接读取采用类似后缀的类似软件的模型，主要是可以解决项目存在的项目生命周期较长的问题，对模型进行整合，将多种三维模型整合到同一个模型之中，它有校审、渲染以及碰撞校审功能。支持硬碰撞校审和软碰撞校审。同时也可以定义复杂的碰撞规则，提高了准确程度，而且统一后的模型的漫游渲染功能便于新手学习
LUMION			用来制作电影和静帧作品，涉及的领域包括建筑、规划和设计。使建筑可视化。渲染的时间很快，效果比较好

2. 在投资决策和成本管理中的应用

投资者根据成本数据信息制定出相关的成本管理方案，这样虽然有一定的参考价值，但与现实的情况不同，很容易出现成本管理上的差异从而让项目出现问题，不能保证投资估算数据信息的准确性，对投资决策方向造成不利影响。在这种情况下，相关工程部门可以采用施工信息模型技术，提高项目投资估算数据信息的准确性，并利用信息模型数据库系统存储项目成本数据信息，确保项目过程中各种数据之间的相关性，从而更好地编制相关投资估算文件，确保投资最终结算时数据信息的科学性和实用性。

3. BIM 技术在工程投标阶段成本管理中的应用

在工程造价招标投标过程中，施工信息模型技术可以快速制定出完善的招标数量清单，减少重复性工作内容，提高招标投标和评标的效率，设计图纸属于二维图纸。要制作数量清单，需要重新检查设计图纸的内容，建立模板，然后使用模板文件导出数量清单并制作相关的投标清单。投标人需要结合投标单位提供的二维设计图纸，在审查设计图纸后建立模型，以文件的形式导出全面的单价信息，并详细编制相关招标文件，这不仅会导致双方浪费时间和精力，但也会导致投标书和投标清单的编制出现错误，不利于成本管理。在这种情况下，在提供二维设计图纸的基础上，积极采用建筑信息模型技术，创建三维设计图纸模型。施工单位可以根据其工作中的工程模型生成工程量清单，投标人也可以使用三维模型文件直接生成工程量清单。双方都可以节省很多工作步骤，减少工作时间，全面提高工作效率。

4. BIM 技术在规划设计成本管理中的应用

信息模型技术建设可用于项目规划设计，有效实现相关定额项目工作。在设计方案制定过程中，要提出定额工程工作标准，在保证工程功能和质量的前提下，严格控制工程造价。在使用建筑信息模型技术的过程中，设计团队需要将各种工程数据和设计信息输入模型，将二维设计图纸转换为三维模型，然后，利用数据库系统中的定额数据信息，高效获取各种预算数据，严格按照定额设计标准和规范控制设计阶段的成本，形成良好的定额设计模式，促进成本管理方案的优化和全面。

5. BIM 技术在工程造价管理中的应用

在项目施工过程中，造价管理部门应积极采用 BIM 技术，为施工部门的造价管理提供指导。首先，利用 BIM 技术进行碰撞检查，及时发现设计图纸中存在的问题，然后，避免项目中因设计图纸问题导致的成本管理缺陷，从而从根本上提高成本管理的有效性。采用 BIM 技术碰撞检查法，可以快速了解设计冲突点，并在施工前采取有效措施，避免施工过程中的变更，以免增加设计变更的成本。同时，还可在机电设备与主体工程的交叉处设置预留孔洞，以保证定位的准确性，有效避免成本增加的问题。其次，在施工阶段，借助 BIM 技术漫游虚拟空间功能，可以充分了解施工项目的内部条件，改变传统的根据技术人员想象判断内部条件的方式，使用 BIM 技术软件定制漫游路径，并采用假报告模拟的方法，使相关部门对建设项目的内部情况形成准确的了解，使技术人员能够直观地进行施工指导活动。5D 虚拟建筑技术可以用来深入理解项目进度和成本管理之间的关系。相关团队可以利用三维模型和综合成本指标控制，在 5D 虚拟建筑技术的支持下，直观地控制项目进度和成本，确保高效的进度和成本管理。此外，在项目施工阶段，BIM 数据库系统还可用于实时加载项目文件和数据信息，以便于成本控制。

6. BIM 技术在结算阶段成本管理中的应用

在项目清算阶段，施工单位可以利用 BIM 技术实现成本管理，将所有项目数据信息和资料插入三维模型，建立工程量模型和成本数据关联模型，模拟真实情况，不再依赖人员重新计算和价格重组，这可以从根本上改善。提高整体工作效率。为了保证结算阶段的成本管理效果，在使用 BIM 技术的过程中，必须积极学习成功经验，将项目的所有施工数据信息与项目图纸的数据信息进行比较，明确项目中是否存在成本管理问题，提出相关成本控制建议，推动严格项目成本控制。

5.7.3 多主体交互式协同设计

在计算机的支持下，专业设计师围绕同一个设计项目进行高效的交互和协作进行工作。协同设计的核心思想是提前发现问题。为了实现协同设计，必须在产品组件之间建立系统连接。协同设计还需要项目的总体设计方案，该方案可以始终处于最新版本的状态。在协同设计过程中，设计师打开任何其他专业组件设计方案，组件应与设计师的工作保持一致。在这种情况下，MBD 为解决上述问题提供了新的可能性。交互式协同设计方法的主要特点包括设计载体建模、设计过程排序、虚拟仿真推广、快速迭代和模型集成。协同设计的出现，使设计从传统的以管理为导向的组织运作模式，转变为组织内部成员为同一目标分工协作的运作模式，为不同领域不同风格的设计师提供了更专业的设计空间；协作在一定程度上提高了设计的并行性，但这种设计方法也带来了新的问题：由于协作工作的主体具有一定的自治性，必须相互协作，冲突不可避免。因此，冲突的解决和发现已经成为协同设计中一项关键的支持技术。

虽然有几种冲突检测和解决方法，但它们往往表达和解决特定领域特定方面的冲突，而不注重协作环境和应用特点。

从设计过程的角度来看，协作的需求源于任务的划分，这从三个角度影响团队工作的效率：第一是任务之间的关联度（团队成员子任务之间的接近度）；第二是结果之间的对比（工作方式如何影响小组工作的结果）；第三是信任度（成员对团队合作效率的信任度）。因此，任务能否合理划分，直接决定了项目中冲突发生的频率，进而影响项目的效率和效果。

划分任务的方法有很多：例如，以人为主体，根据设计师的经验进行划分；以任务为主体，根据设计子任务之间的耦合程度进行划分（划分的原则是：将密切相关的部分分配给设计师，设计师之间的关系相对松散）；使用人工智能中基于案例的思维来划分任务，例如制造信息网络的智能任务管理系统，实现协同工作中的自动划分和任务管理。它主要包括一个基于规则的推理机和一个面向对象的虚拟代理模块。第一种方法将客户的作业请求分解为几个基本任务；第二种方法是自动分配任务，这种方法的优点是自动化程度高，缺点是没有充分考虑设计师的设计专长，可以通过将基于规则的推理机制与基于设计专长的自动匹配机制相结合，在应用中增强了设计专长，因此，任务求解者可以在智能性和灵活性之间实现平衡，以便生成能够合作完成给定任务且冲突可能性较小的子任务。

在协同设计中，冲突的多样性和复杂性要求冲突解决体系具有清晰的层次结构和合理的结构。可以使用客户机/服务器结构在三个层次上控制冲突，这三个层次对不同类型的冲突采用不同的冲突解决策略，并通过层层过滤充分发挥计算机在协作项目中的辅助作用，在网络辅助的多智能体协作项目中，将过去必须面对面协商的工作模式转变为多层次的冲突解决机制。

5.8 工程设计数字化仿真

5.8.1 工程设计仿真概述

建筑设计学者对生物形态的研究比上述科学家的研究更具实用性，生物形态所展示的形状对建筑设计有着无限的吸引力，为建筑设计创造丰富的形状提供了原型。此外，计算机生成的设计主体还为建筑物的实际建造建立了结构和结构基础，因为它在计算机上建造形状时具有结构关系的基本逻辑。

计算机仿真技术的交互与仿真可以根据建设项目的要求建立虚拟的三维模型，并且对于整个施工过程，可以用肉眼直接观察模拟过程。团队可以清楚地理解使用各种组件的效果，计算机仿真技术可以通过技术核算降低施工成本，避免外部系统干扰。利用计算机仿真技术可以弱化测试项目的风险系数，从而保证测试系统的安全性。通过利用计算机仿真技术可以提高建筑设计水平，可以对建筑设计中的结构设计和参数设置进行详细的分析和优化，从而提高建筑设计的效果。

通过计算机仿真技术建立的虚拟环境是应用详细数据建立的数字模型。在设计中，需要根据实际三维场景的要求再现整个建筑的设计。通过改变计算机的系数，可以获得更全面的信息，发现问题，并立即广泛改变其他相应的位置，这大大加快了设计方案变更的速度和质量，提高了设计效率和方案修正率。在计算机模拟技术的应用中，努力涵盖太阳辐射、人工照明、热力等技术参数，逐步缩小计算机模拟技术与真实体验之间的差距。

工程设计仿真中的关键技术包括：计算机仿真技术、实时交互技术等。计算机仿真技术是计算机技术在各种高科技技术的集成下，用各种感知技能模拟环境的过程。实时交互技术是一种视景仿真技术，它可以模拟视觉场景，也可以用于创建整体环境。

工程虚拟仿真关键技术包括：动态建模技术、快速三维成像技术、立体显示和检测技术。基于动态建模技术建立虚拟仿真模型是工程运行虚拟仿真管理的第一步，工程运行管理三维虚拟仿真模型的建立主要基于二维 CAD 设计图纸，必须根据实际工程对各种参数进行补充和调整，以确保虚拟仿真的建立。为了提高工程虚拟模型的可视化程度，创建的虚拟模型的图像刷新频率应至少为 15Hz，复杂工程的刷新频率应大于 30 帧/s。立体显示技术通过传感器等设备获取需管理的信息特征，从而进一步定义待模拟对象的物理和化学效应，并将得到相关数据转换为电信号传输到传感器上，以便于管理人员实时监控项目运行，如投影设备、立体显示器、双色眼镜等。

5.8.2 工程产品性能仿真

随着市场对定制产品需求的不断增长，针对市场变化，开发出满足客户对功能和性能需求的产品，这是产品开发中需要解决的问题。产品配置技术是实现大规模定制的关键技术，它可以有效地支持产品的快速定制。该方法通过主模型和主产品文档对定制产品进行变形设计，从结构、技术和功能三个角度统一描述了产品模型，提出了产品族建模的三视图方案，为产品族建模和模块的初始设计提供了有效支持，达到快速设计定制产品的目的。同时模块化和产品族是配置设计的重要基础，产品配置是一种典型的基于知识的产品设计方法，在配置设计过程中需要大量的关于产品的多领域知识的描述，从而达到统一有效的表达、组织和管理，集成到产品族模型中，实现产品的最优协同配置设计。

产品配置方案的建模和仿真过程包括三个部分：

（1）在产品族的模型中，对产品系列仿真模型的进行建模，同时系统模块进行分解，分解成子模块单元中，这样就可以充分继承和重用 modolic 标准的多领域基本模型，便于快速定制仿真模型，等待子模型建模完成后，对这些子模型进行系统组装以此来建立产品族的仿真模型，最终建立起相对应的产品族仿真模型库来满足之后的运用工程。

（2）根据提供的产品配置方案生成仿真模型，我们需要弄清楚产品族仿真模型与产品族之间存在对应关系，从而引用相应的产品族仿真模型，同时设置相应的值参数，我们就可以修改产品仿真模型，直接生成仿真模型实例，同时对产品配置方案生成仿真模型进行评价。

（3）性能仿真分析。在模拟软件环境下，对仿真模型的实例进行编译和仿真，并以二维图形或三维动画的形式显示仿真结果。

工程产品性能仿真包括五个部分：工程结构性能仿真、工程环境影响仿真、声场仿真、交通流仿真和工程环境美学性能仿真。工程结构性能仿真可提出多维设计方案，以解决具有挑战性的设计问题。工程环境影响仿真不仅缩短了施工周期，而且提高了施工效率，保证了施工安全。声场仿真主要用于高频室内噪声分析。一方面，交通流仿真测试不同的场景和方案，以支持工程设计方案的额外优化；另一方面，面对作业过程中可能出现的紧急情况，建立安全高效的人群疏散机制和事故应急救援预案。

建筑性能模拟。建筑性能模拟一般分为物理实验模拟和软件计算模拟，是参数化设计中最常用的将抽象的环境因素转化为定量数据以影响设计的方法。同时，为可行性方案的比较和数字化建筑设计的优化提供了一定的依据。

物理实验模拟。物理是通过物理实验来模拟的。为了测试建筑物的物理性能，有必要对建筑物的全部或部分进行物理实验，使建筑物具有同等规模。常见物理实验的模拟包括地震实验、风洞实验、音效实验、日间照明实验等。物理实验的模拟通常分为三个阶段，即缩放建筑物的整体或部分实体模型，准备相应的实验设备或实验室进行模拟，并对模拟数据进行后处理。

软件计算与仿真。随着计算机仿真技术的不断发展，施工性能的计算与仿真越来越多地应用于实际工程中，主要分为性能和管理仿真，如图 5-1 所示。建筑设计的计算模拟通常分为三个阶段：前期准备、分析计算和后期处理。初步准备是使用性能仿真软件进行建模和计算机网格划分，建立计算模型，这是计算机仿真的基础。计算网格建模和划分的质量直接决定了后续分析和计算的准确性。与一般的三维建模软件相比，仿真软件的建模能力一般，尤其是对于复杂的非线性建筑，在仿真软件中建模更为困难。通常使用三维建模软件进行建模，然后导出仿真软件的可读格式，在模拟软件中划分网格，为进一步分析和计算做准备。大多数仿真软件的预处理、分析、计算和后处理工具都是在不同的平台上完成的，如 ANSYS、Ecotect 等。分析和计算，在仿真软件中定义仿真条件和计算参数，然后处理计算模型数据。科学定义仿真条件和计算参数是分析计算的关键。例如，对于流体分析和 Fluent 计算，首先定义流体材料的类型（如水、空气等），选择合适的模拟计算模型（如热传导模型、湍流模型等），并定义边界条件（如风从哪个方向吹，风速是多少等）。设置计算精度和计算周期，然后将其交给计算机进行计算。一般来说，建筑师可以直接进行简单的计算和模拟分析，如光环境和能耗分析，但对于功能性强、专业性强的计算和模拟分析，如结构分析和声环境模拟，模拟条件和计算参数的定义以及计算结果的处理需要很强的专业知识。在这种情况下，专业工程师通常会进行计算和模拟工作。后处理是指利用仿真软件将计算结果以彩色轮廓显示、矢量显示等图形处理方式显示在计算机屏幕上，或以图形、曲线等形式显示或产生计算结果。

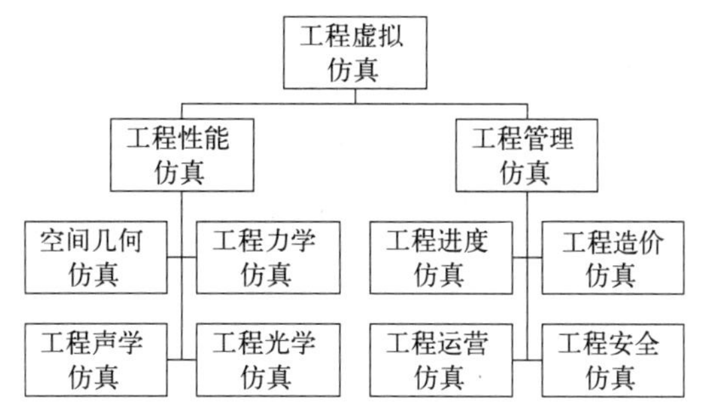

图 5-1 工程虚拟仿真框架

5.8.3 工程管理仿真

工程管理仿真包括五个部分：动态工程项目结果可视化导航、工程进度仿真、工程成本仿真、工程质量管理仿真和工程安全管理仿真。动态工程项目结果可视化导航是一种交互式设计，真正实现了“所见即所得”的多样化，还可以增加体验的兴趣，更好地展示了设计师的各种创意。工程进度仿真可以不断优化施工方案，提高项目施工效率。工程成本仿真，一方面，可以通过成本预算降低项目的总成本；另一方面，成本控制数据也为后续完工和交付管理提供支持。工程质量管理仿真适用于不同学科的协同设计。主要的工程安全管理仿真过程包括应急仿真模型的建立、多决策主体行为仿真分析的构建和目标的评估，工程安全管理仿真从上到下展示了基础设施的弹性特征。

虚拟项目运营过程管理仿真是通过虚拟现实技术和计算机仿真技术的综合应用，构建一个符合项目运营管理现实的三维、动态、实时、可视化的虚拟仿真运营环境，为了确保管理者能够全面观察项目运行的全过程，从而根据现实情况布置出实时模拟场景，我们可以利用系统预测功能进行运行趋势预测，这样在后续管理策略的制定和优化，我们可以以此为可靠依据，同时在虚拟项目中，根据物体位置的变化和相互作用，我们可以通过建立物体的坐标系来反映物体运动特征建立虚拟模型，定义出建筑物的三维几何模型、方位角和空间位置，从而实现项目运营管理的虚拟仿真的实现。

专题：数字建筑发展

思考与练习题

1. 什么是参数化数字设计？它如何帮助应对工程设计的挑战？
2. 解释模型产品的定义，并提供一个实际应用案例。
3. 为什么 MBD 对工程设计如此重要？列举两种获取形状特征注释信息的方法。
4. 介绍参数化建筑模型，包括其算法和关键要素。
5. 面向对象的构建逻辑在参数化软件中的应用是什么？为何它在工程设计中有价值？
6. 阐述解释性图解与生成性图解的区别，并讨论数字图解的作用。
7. 列举至少三种数字建筑的设计软件，并说明它们的特点。
8. 什么是 BIM 标准和管理？它们如何改进工程设计流程？
9. 解释多主体交互式协同设计的概念，并阐述其优势。
10. 简要描述工程设计仿真的概念，并讨论工程产品性能仿真和工程管理仿真的区别。

6 工程物联网

本章要点与学习目标

1. 了解工程物联网的概念和重要性。
2. 掌握物联网的关键技术，包括信息物理系统、核心技术和发展趋势。
3. 比较工业物联网和工程物联网，理解工程物联网的优势。
4. 理解工程物联网的体系构架，包括泛在感知、网络通信、信息处理和决策控制。
5. 熟悉工程物联网的应用领域，包括实际项目案例。

本章导读

本章介绍物联网的概念，详细讨论信息物理系统、核心技术和发展趋势，比较工业物联网和工程物联网，深入研究工程物联网的体系构架，并通过一些实际项目案例，展示工程物联网在实际应用中的潜力和效益。

重难点知识讲解

6.1 工程物联网概述

6.1.1 物联网

物联网是实现物物相连的互联网络。物联网的概念最早是由比尔·盖茨在他 1995 年的著作《The Road Ahead（未来之路）》中提出的。1999 年，美国 Kevin Ashton 教授将物联网定义为 Internet of Things（IoT）。2005 年信息社会世界峰会（World Summit on Information Society，WSIS）在很大程度上扩展了物联网的概念。

物联网最开始概念只是局限于 RFID 网络，通过对物体添加射频标签与标签识别设备并将这些物体及相关设备组成网络，在这个网络中，不同设备具有不同的标签，借助射频标签可以实现物体的识别和管理，实现简单的信息交互功能。简而言之，物联网就是通信网和互联网的拓展和网络延伸，实现人与物、物与物的交互和无缝连接，达到对物理世界实时控制、精确管理和科学决策的目的。在物联网中，将所有物体连接在一起就是利用互联网，所以物联网的本质就是将互联网延伸到货品上，让信息在互联网上进行交流。

物联网有三个主要特点：一是互联网的特性，即对于需要接入互联网的物必须有一个能够实现互联互通的网络；二是识别和通信特性，即纳入物联网的事物必须具有自动识别和物体通信的功能；三是智能化特点，即网络系统要具有自动化、自反馈、智能控制的特点。

物联网三层构架包括边缘、平台和企业，相邻网络层级通过不同的通信协议进行连接。物联网技术的云应用在云端部署消息队列系统和日志服务，记录所有层级的数据交换。典型的物联网应用有能源管理、交通监测和医疗保健三类。能源管理通过智能设备网络通信和能源信息数据监测实现能源优化使用；交通监测通过物联网技术实时传输车辆信息，实现智能交通服务；医疗保健通过物联网技术无线采集人体健康数据，实现精准医疗和远程诊断。

6.1.2 工业物联网概念

工业物联网（Industrial Internet of Things，IIoT）是实现万物互联中人物互联的具体方式，是支撑工业数据分析及调度的关键技术体系。国内外工业及相关企业也陆续启动互联网或物联网平台建设。工业物联网是第四代工业革命的代名词，已成为各国新型制造战略的核心。本质和核心是通过互联网平台将工业设备、工厂、生产线、产品、供应商、客户紧密地联系在一起，形成跨设备、跨系统、跨区域的互联互通，提高生产效率，推动整个智能制造服务体系。从技术层面来看，物联网的首要任务是解决多种工业设备的互联互通，而不是传统工业数据的整合、海量数据的管理和处理，以及产业应用的创新和融合。

工业物联网的架构通常分为三层，通常称为感知层（即机器设备的传感器和数据采集层）、传输层（网络服务和云平台层）和应用层（终端应用层）。感知层的任务是感知和收集各类终端数据，传输层的任务是将数据通过各类通信网络提交给应用层，而应用层负责数据存储和分析。

为了达到机机互连、人机互通的协调合作目的，贯穿于生产制造、运营管理、物料采购、仓储物流和市场销售等环节的全面信息交互必不可少。而这些都依赖于包括生产过程前后、制造工厂内外的数据集成。

亚马逊提出全托管的物联网平台。思科提出云雾一体化的工业物联网理念，引入边缘计算功能。航天云网构建了国内最大的工业物联网服务平台，实现了工业资源的网络共享，物联网已经成为最时尚的工业生产与消费模式。

工业物联网针对多类型工业设备的接入、多元工业数据的继承、海量数据的管理与处理、工业应用的创新与融合等关键科学问题进行解决。工业物联网面向要素：作业工人、生产装备、原料、在制品。工业物联网的四个阶段：智能感知控制、全面的互联互通、深度的数据应用、创新的服务模式。

6.2 物联网的关键技术

6.2.1 信息物理系统

信息物理系统（Cyber-Physics System，CPS）是集计算、通信和控制于一体的智能系统。信息物理系统通过人机交互界面实现与物理过程的交互，利用网络空间对物理实体进行远程、可靠、及时、安全、高效的控制。CPS 的目标是使物理系统具有更强的计算能力、通信能力、精确控制能力、远程协作能力和自主能力，并通过物联网形成各种相应的自主控制系统和信息服务系统，完成现实社会与虚拟空间的有机协调。CPS 与物联网具有类似的功能，但 CPS 强调“循环反馈”，要求系统能够感知物理世界，然后通过通信和计算对物理世界起到反馈控制的作用。

CPS 是基于融合深度计算、环境感知、通信控制能力可控可信可扩展的网络系统物理设备，它通过计算过程与物理过程的交互和反馈回路实现深度融合的实时交互来增加或扩展新的功能，以安全、高效、可信的形式对一个物理实体进行实时检测或控制。

信息物理系统包括泛在环境感知、网络通信、嵌入式计算、网络控制等系统工程，使物理系统具有通信、计算、精确控制、远程协作和自主功能。它侧重于计算资源与物理资源的结合和协调，主要用于一些智能系统。例如设备互联、智能家居、机器人、物联传感等。CPS 的特征有：

（1）海量运算。海量运算是 CPS 接入设备的一个常见特性。因此，接入设备通常具有强大的计算能力。从计算性能的角度，把一些高端 CPS 应用比作胖客户端/服务器架构，物联网可以比作瘦客户端服务器，因为物联网的物品不具备控制和自主的能力，商品和服务器之间也会发生通信，大多数商品之间无法在一起。从这个角度看，物联网可以看作是 CPS 的简化应用，使物联网的定义和概念更加清晰明了。在物联网中，主要是射频标签和读写器之间的通信，不涉及人。自然界中物理量的变化大多是连续的或模拟的，而信息空间数据是离散的。信息从物理空间流向信息空间，必须通过各种类型的传感器将物理量转换为模拟量，再通过模拟/数字转换器转换为数字量，才能被信息空间所接受。在这个意义上，传感器网络也可以看作是 CPS 的重要部分。从产业的角度来看，CPS 的应用范围从智能家庭网络到工业控制系统，甚至智能交通系统。这种覆盖范围超出了简单地将现有设备连接在一起，而是衍生出更多具有通信、计算、控制、配合和自主能力的设备。

（2）智能感知。通过互联网能够获取远程端智能传感设备传来的实时数据信息，通过对这些数据信息的分析和处理达到对远程端的状态监控。智能传感设备是数据源，也是整个物联网技术的基础。

（3）网络技术。远程终端从智能传感设备获取实时数据后，需要接入“网”才能实现数据的远程实时共享。网络是远程端和本地端进行连接的桥梁，是实现整个过程必不可少的环节。

（4）服务器技术。服务器为整个系统提供平台业务的管理以及数据的存储管理服务，方便工程人员对系统进行管理以及为客户提供数据服务。

（5）可视化技术。当远程数据中心获取到本地终端设备的运行数据后，必须将数据转化处理成一种可以视觉输入的信息才得到相关信息。尤其是数据的可视化，用一种直观、便于理解的方式表现出融合信息识别和图像处理所要展现的数据信息。数据直观化表现，将很大程度上提升远程监视的精确度以及执行效率。

许多控制系统都是封闭系统，甚至一些工业控制应用网络也具有联网和通信功能。但是工业控制网络的内部总线多由工业控制总线使用，网络内各个独立的子系统或设备很难通过开放式总线或 Internet 进行连接，通信功能较弱。CPS 将通信置于与计算和控制相同的位置，因为 CPS 所强调的分布式应用系统中物理设备之间的协调离不开通信。

CPS 在网络规模上，在网络内部设备的远程协调能力和自主能力上，包括对控制对象类型和数量的要求上，都远远超过了现有的工业控制网络。

随着传统工业控制技术的不断进化和变革，生产设备变得多样化、数字化、智能化，对远程数据传输技术的需求更加迫切，这给工业物联网数据传输领域带来了更多的机遇。随着云平台、智能管理、智能控制等的发展，数据传输逐渐演变为一种新的资源管理模式和更有效的监管手段。

6.2.2 物联网的核心技术

从技术架构上，物联网可分为感知层、网络层和应用层三个层面。感知层是物联网对象识别和信息获取的来源。传感层由不同的传感器和传感器网关构成，CO_2 浓度传感器、湿度传感器、温度传感器的标签、二维码、RFID 以及摄像头和 GPS 等检测终端。网络层负责传递和处理感知层获得的信息，由各种互联网、专用网络、有线和无线通信网络、云计算平台、网络管理系统组成。应用层与行业需求结合，是物联网和用户（包括人、组织和其他系统）的接口。

工业物联网的核心技术：

1. 感知控制技术

感知控制技术，包括传感器、多媒体、工业控制等。面向不同终端的数据采集模块是数据采集系统的核心部分，该层次的技术研究主要包括传感器技术、嵌入式系统技术、采集设备以及核心芯片。

2018 年，美国 MEAS 传感器公司是全球领先的传感器和基于传感器系统的设计和制造商，主要提供各种传感器技术产品，应用范围涉及压力、振动、推力、温度、湿度、超声波、位置和液体等。图 6-1 为 arduino 平台传感器套件。

在智能传感技术方面，采用 SCADA 软件系统采集数据，然后将数据传输到数据库，存在成本高、效率低的问题。因此，智能工控网关作为一种新的控制方式受到青睐。智能工控网关具有以下功能：解析各种终端协议；OT 网络与 IT 网络对接；数据缓存和边缘计算能力。

2. 网络通信技术

网络通信技术用于连接传感层的终端和应用层的服务器，主要包括互联网、工业以太网等有线网络、WLAN 等专用无线网络和 GSM 等蜂窝网络。

在网络通信技术方面，延迟敏感网络（TSN）和低功率广域网（LPWAN）是两个热门的发展方向。工业物联网的无线通信技术按传输距离可分为两类：短距离通信技术，例

图 6-1　arduino 平台传感器套件

如的 WiFi、Zigbee 等；低功耗广域网通信技术 LPWAN，非授权频段如 LoRa，授权频段如 GSM、WCDMA 等成熟的蜂窝通信技术，LTE 及其演化技术。

窄带物联网 NB-IoT 是一项新兴技术，其主要特点如下：覆盖广：传输距离可达 25km；室内覆盖增强：覆盖增强高达 20dB；接入容量大：单个扇区可接入超过 50000 个低速率设备；低功耗：5Wh 电池寿命长达 10 年；延迟灵敏度低：小于 10s；低成本。因此，具备上述特点的 NB-IoT 在低功耗、低速、广覆盖的分布式工业物联网应用场景中具有非常广阔的应用前景。在传统制造业的转型升级中，快速发展的物联网技术扮演着非常重要的角色。数据采集系统作为智能工厂的基础，为 MES 制造执行系统、LMS 物流管理系统、WMS 仓库管理系统等工厂 IT 系统提供数据支持，也是构建工业大数据平台的前提。但在实际应用中，主要存在可扩展性、互操作性和实时性等问题。

3. 信息处理技术

数据清理主要是基于探索性分析得到的一些结论，然后对四种异常数据进行处理，分别是缺失值、异常值、重复数据和噪声数据处理。

因为数据是基于其类型发掘的，所以必须对其进行分岔才能充分利用数据。根据所涉及的数据类型，可以执行不同类型的分析。更常见的是：流分析（Streaming Analytics）将来自传感器的未排序流数据与来自研究的存储数据相结合，为了发现熟悉的模式进行地理空间分析（Geospatial Analytics），物联网传感器数据和传感器物理位置的结合可以为预测分析提供一个整体的视角。

目前，物联网数据的主流存储方式有私有云、混合云、云托管和原生云。这些数据转储可用于提高洞悉力。

4. 安全管理技术（加密认证、防火墙等）

加强传感器网络保密的安全控制。为了保证传感器网络内部通信的安全性，需要一种有效的密钥管理机制。例如，在物联网的 RFID 系统中，可以根据实际需求选择具有密码和认证功能的系统。具体而言，可以通过以下措施进行完善。

（1）增强节点的身份验证。对于其他传感器网络（尤其是共享传感器数据时），需要对节点进行身份验证，以确保非法节点无法访问。可以通过对称或非对称加密方案来解决身份验证问题。基于身份验证的密钥协商是创建会话密钥的必要步骤。

（2）加强入侵监测。在敏感场合，节点应设置阻塞或自毁程序。当发现某个节点离开某个特定的应用程序或位置时，就会启动阻塞或自销毁，使攻击者无法完成对该节点的分析。

（3）加强传感器网络的安全路由控制。传感器网络安全需求涉及的加密技术包括轻量级加密算法、轻量级加密协议和可以设置安全级别的加密技术。

Web 应用程序防火墙与传统防火墙的本质区别在于传统防火墙在底层（网络层和传输层）屏蔽信息，而 Web 应用程序防火墙在应用层过滤所有应用程序信息。物联网网络防火墙的建设，是在对整个拓扑架构和详细分析的前提下，通过在被保护网络周边全面安放专门的专业软硬件和相关管理，对跨界信息进行监控和编辑。

6.2.3 物联网技术的发展趋势

1. 终端智能化

一方面，物联网及其智能终端改变了人机交互的方式，另一方面，机械之间的交互方式也发生了巨大的变化，物联网最终将成为技术发展和产业应用的必然趋势。物联网智能终端正在加速向智能家居、安全防护、交通控制、环境控制、智能医疗、智能制造等多个行业和领域渗透融合。

2. 感知融合化

物联网传感技术包括国际电信联盟将射频标签、传感器技术、纳米技术、智能嵌入技术等结合起来，实现对所需信息的有效获取和处理，从而满足网络和工业的多样化应用，并在一定的安全范围内实现信息共享与融合。

3. 连接泛在化

目前，物联网的连接技术概念主要有两个发展方向。一种是短距离无线网络方案，包括 WiFi、蓝牙、RFID、ZigBee、DECT 等技术。另一种是低功率广域网（LWAN）技术，该技术专为低带宽、低功耗、长距离、大规模连接的物联网应用而设计，包括 NB-IoT、LoRa、Sigfox、eMTC 等多种技术，通过低功耗广域网和局域网之间各种技术的互补，可以实现最佳的物联网开发和体验。

4. 计算边缘化

边缘计算作为一项新技术，在世界范围内还处于起步阶段。随着物联网在各行各业的不断深入发展，边缘计算逐渐在多个数据量大且分散、实时响应要求高的领域进行了试点研究。所取得的成果得到了业界的广泛认可，也越来越受到物联网行业的关注。目前对于边缘计算的概念还没有统一的定义，但业界普遍认可的边缘点是一种靠近终端或终端网络边缘的数据源，在一个平台上提供智能服务，该平台集网络、计算、存储和应用于一体的核心竞争力，它可以满足各种物联网行业的数字化需求，包括实现安全与隐私保护、实时业务处理、智能应用等关键需求。边缘计算重新定义了“云-网-端”关系，是对当前广泛使用的计算的有力补充。

5. 网络扁平化

突破了无线接口和无线传输，扁平化的网络架构演进也是克服这一矛盾的有效方法之一，物联网最主要的目的是构建一个扁平化架构的低延迟和低成本的网络架构，同时使用更少的设备，支持移动端到端安全稳定，提高网络资源的利用率。

6. 服务平台化

物联网的发展平台是“共同平台＋多元应用”的模式，所有的都是互联互通的，物联网应该延伸到我们生活的每一个角落和每一个行业，根据不同的行业甚至不同的可以延伸不同的应用场景，这些应用的要求也不同，所以产品形式、物联网系统应用和感知服务多元化。物联网的发展促进了用户与企业之间的互联互通，让彼此更加了解彼此，对于服务提供商来说，如何了解用户的需求，协调供求关系，进而构建一个标准体系的生态平台就显得尤为重要，将不同性能和特点的硬件系统高度集成，发挥打造网络化服务平台的整体性。

6.3 工程物联网

6.3.1 工程物联网的特征

数字建造的核心是遵循信息物理系统（Cyber-Physics System，CPS）理念，构建同步映射的数字工地以达到建造过程的可计算、可分析、可优化、可控制的目的。工程物联网是实现智能感知、传输、分析、决策和控制的关键技术，是数字建造的核心。工程物联网包含硬件、软件、网络、云平台及其与之相关的感知、通信、分析和控制技术的综合技术体系，作用于建筑生产的全要素、全产业链以及全生命周期，从而重构工程管理的范式。在构建“数字工地”过程中，工程物联网是实现智能感知、传输、分析与决策控制的关键技术。基于硬件、软件、网络、云平台等一系列技术构建工作物联网平台，其目的是实现建造资源利用的效益最大化，使更为容易降低风险事故的发生，解决建筑生产过程中的复杂性和不确定性，减少流程信息损失，提高资源配置效率。

工程物联网所包含的工程要素主要包括六个维度：人、机、料、法、环、品。人：是工作的主体。机：是人所控制的一切对象。料：是制造产品所使用的原材料。法：指制造产品所使用的方法。环：指人机共处的特定工作条件。品：指各类的建造产品。

工程物联网主要特征：①泛在感知是工程数据获取的基础，通过对人机料法环品进行感知，实现对数据的获取，对数据进行初级加工，建立数据流动闭环；②异构互联是工程数据传输的前提，异构软件、异构硬件、异构数据、异构网络为数据传输的各个环节的深度融合，打通交互通道，为信息及时共享提供重要保障；③虚实映射是工程数据表达的方法，将工程实施过程中蕴藏的资源及数据映射到数字空间中，为管理决策提供可视化的载体；④分析决策是工程数据处理的手段，分析是将感知到的数据转化成认知信息的过程，决策是对信息的综合处理，通过分析决策最终形成最优策略，构成了工程物联网的核心环节；⑤精准执行是工程数据价值的体现，通过科学决策反馈物理空间，使得建造过程更高效、更安全、更可靠，现场资源的调度也更加合理；⑥优化自治是工程数据应用的效果，通过建立不同类型的工程知识库（如 BIM 模型、风险治理经验、管理技巧），从而实现对历史经验的复用。

6.3.2 工程物联网的优势

工程物联网是物联网技术在建造领域的拓展，为实现建筑业转型升级提供一条有效的实现途径。工程物联网相比传统技术具有更特别的优势。

1. 工程物联网能让施工更精益

工程物联网实现了预制结构从生产到施工阶段的状态可追溯。实现建造过程的精益化管理。工程物联网系统初步整合了现有系统的软硬件资源，融合了先进的计算机技术和网络技术，注重系统与用户之间的信息共享和用户需求反应，从而实现对用工情况的实时监测，保障建设单位和劳动用工的合法权益，有效防止拖欠工资，缓和劳动冲突，减少劳动纠纷，营造和谐氛围，为建筑业健康的劳动关系，提供有力的支持，为企业创造更多的经济效益，实现劳资双方互利共赢。在系统上继续拓展其他智能化管理功能的同时，深度应用人工智能、大数据、互联网等新技术，摆脱传统项目管理模式在信息检索、状态感知和实践、实施关键指标、流程实时监控等方面，提供基础设施管理辅助分析、引领建设项目管理模式向智慧转型。比如我国香港地区屯门区的公租房是装配式建筑，形成基于 BIM 的物联网平台，节约 40％的现场等待时间，提高 6.67％的装配效率。

某公司 TL12V2 履带式装载机配备了设备群组管理系统。在机器设备层，TFM（Takeuchi Fleet Management，竹内车队管理系统）是由 ZTR（Zero Turn Radius，某加拿大公司）控制系统的车载硬件系统实现的，该公司在装载机制造时安装了该硬件系统。车载传感器把数据送入控制单元，通过与机器设备的 CAN 总线建立连接，TFM 从控制单元获取数据。支持 TFM 的装载机提供一系列传感器采集的信息，包括发动机扭矩、喷油器计量轨压力、液压油温度、装载机位置、发动机转速、蓄电池电压、发动机油压、发动机冷却液温度、油位、油耗率、过滤器状态、行程表及最近一次通信的消息等，从而准确评估履带式装载机的工作状态。

2. 工程物联网让项目更加安全

基于传感器监测到的异常数据快速预警响应。工程物联网技术在施工安全管理中还可以保证建筑材料的质量和安全，避免施工人员进入危险区域，警示提示安全环境的危险状态等。

建筑工程施工环境复杂，物联网具有对危险区域精确定位的功能。人员与危险位置重叠表示进入危险区域，系统会发出安全警告信号提醒施工人员。工程物联网还能严格控制人员和物料的进入顺序，控制施工现场人员和机械的流动频率；建筑材料的质量和安全是保证工程安全的基础。RFID 技术可以突破条形码识别的缺点，实现批量材料微电子芯片编码。

3. 工程物联网让建筑更智能

工程物联网可实现很多智能功能，提供更好的使用体验，包括可以实时监控体育场噪声水平、进行园区内人流以及物流的管理、监控洪水风险、降低能耗等。

智能都柏林是一个涵盖智慧政府、智慧出行、智慧环保、智慧生活、智能民众五个方面的项目，由都柏林政府和多家科技公司合作开发一系列科技创新成果，尤其是利用公共数据开发出新的应用程序。克罗克公园智能体育场项目是其中的代表项目之一。克罗克公园是欧洲第四大体育场，可容纳 82300 人，是众多演唱会等文艺活动的举办地点，它是盖尔运动协会的主要体育场之一，现在用来举办足球和橄榄球竞赛。克罗克公园主办方通过传感器、摄像头等多连接设备可以收集特殊活动事件数据，更准确地收集和分析球迷群体的行为，提供更好的用户体验，同时利用物联网设备还可以监控噪声、物流、供水等指标，提升环控，降低能耗。

6.3.3 工业物联网与工程物联网的比较

工业物联网与工程物联网存在一定的联合和显著的区别，如图 6-2 和图 6-3 所示。明显的差异体现在四个方面：工程感知对象具有泛在性和实时变化的特点；工程建造过程具有时空变化与弱耦合特点；工程建造任务具有唯一性和不可重复的特点；工程建造环境具有复杂性和信号屏蔽的特点。

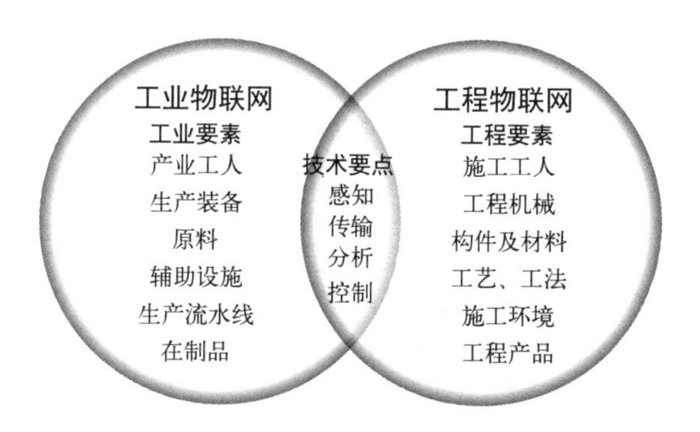

图 6-2　工业物联网与工程物联网的主要联系

综上所述，有别于工业物联网工程，工程物联网是一套支撑建筑业、工业化、信息化深度融合的综合技术体系。

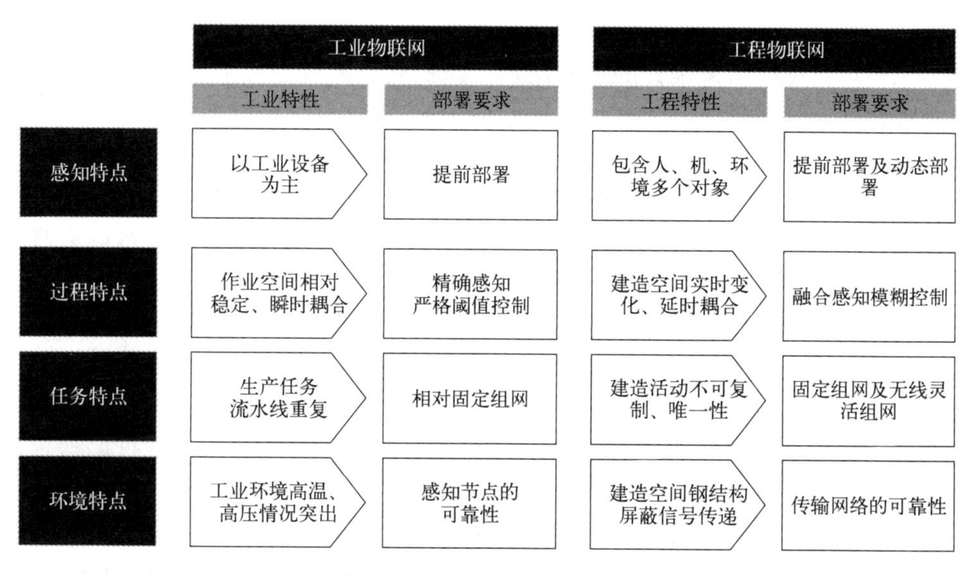

图 6-3　工程物联网的体系架构

6.4 工程物联网的体系构架

6.4.1 泛在感知

泛在感知具体包括传感器技术、机器视觉技术、扫描建模技术、质量检测技术等。在实际应用过程中，还需将多传感器融合的方式与工程要素相结合，才能做到对症下药，达到高精度、高可靠性感知的目的。人机料法环品均可以通过泛在技术进行感知。不同的工程要素有不同的感知方法，如图 6-4 所示。

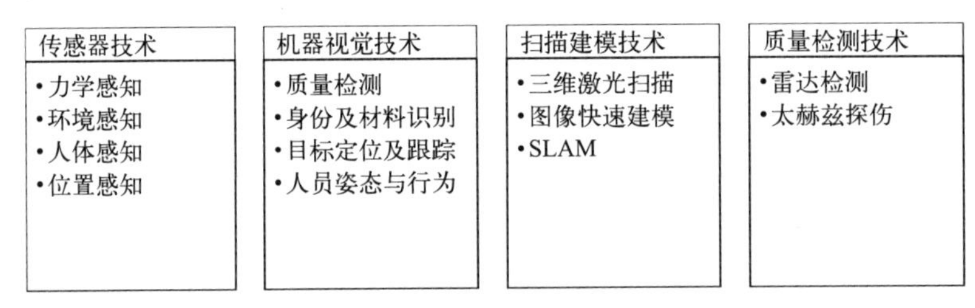

图 6-4 泛在感知的各项技术

1. 施工人员

施工人员作为建造活动的主体，在项目开展的过程中占有重要地位。对于施工人员而言，其感知的内容可以分为：劳务信息、作业状态以及健康状态。根据感知对象分为单人感知和群体感知。

采用无线射频标签、指纹识别、人脸识别、虹膜识别、语音识别、手指静脉识别等方式进行入场识别。人员位置感知依赖于定位技术，包括惯性导航、无线网络、超宽带、蓝牙、超声波、红外、机器视觉、地磁信号、地图构建、均匀定位和北斗卫星定位等。其中，无线射频标签因其便携性好、功耗低、成本低、传输范围广而成为建筑现场应用的最高技术。

随着建设项目规模和复杂性的不断增加，建筑从业人员的数量也逐渐增加，工种复杂，工程项目的风险和管理难度加大，人员的科学管理就显得尤为重要。

工程物联网技术的应用可以将实名制与后台计算机管理系统相结合。工程物联网技术在人员系统管理中的应用包括：劳动实名系统子系统、人员定位子系统、热成像监测子系统。将物联网技术引入人员管理模式中，可以更科学有效地保障施工人员的人身安全。如：结合劳动实名方式制动系统的热成像监测子系统，可以有效地实现现场人员进入多个生物体的外观，进行非接触式的温度测量，充分了解信息化施工人员的状况，防止非法工人作业，还可以对工作人员总数进行统计，合理安排工作，安全、高效，保证了工程人员的安全，保证了施工进度的顺利进行，国内典型的应用有墨计星盘等，提供建筑劳务一站式服务平台，通过某现场工人管理 APP，可以对劳务管理过程进行多维度的数据收集、分析、实时预警和定位风险，如图 6-5 所示。

2. 工程机械

工程机械是建造活动的必备工具，随着装配式施工的推行，工程机械机器相关作业活动也越来越频繁。有效监管机械的实时位置、运行状态及执行动作。实时位置感知主要是

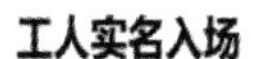
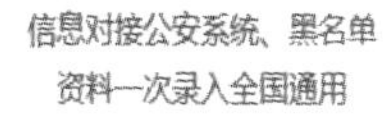
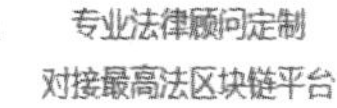
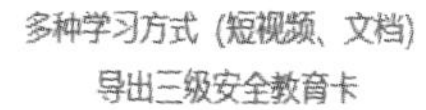
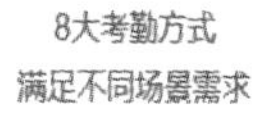

图 6-5　某现场工人管理 APP 的相关功能

针对运输、起重等在施工现场移动作业的设备，机械位置的感知技术与人员定位技术基本相同，比较成熟的是依靠绝对值编码器、北斗卫星定位和 IMU 等方法。

机械运行状态的感知包括温度、速度、受力、电磁和位移的感知，依靠机械内置的传感器完成负载力矩指示器是一种普遍应用在感应起重机上的倾覆力矩的传感器。大多数施工事故发生在机械操作过程中，要感知机械运动的动作，如提升姿势、挖掘动作等。

利用机器视觉进行姿态动作，利用多种传感器捕捉机器的关键执行动作。基于多个传感器融合的技术受建筑环境的影响更小，从长远来看更耐用，以便更全面地捕捉机械和设备的执行情况。

通过物联网探测设备，初步提供现场机械设备（大型起重机、真空装置、滤油设备等）的远程状态监测和自我安全管理，并对机械设备的各种信息进行感知，探索大型起重机施工过程中的安全自我管理功能。通过智能系统判断设备运行、空转、停车的不同频率，实现设备运行的智能分析和现场安全预警，并实时上报上级管理中心。

利用 GPS、移动蜂窝网络和互联网等技术，对工程机械设备进行地理位置定位、设备运行状态监测、信息管理和双向通信，并对采集到的数据进行深层次挖掘和分析，实现对工程机械设备机群的监控和管理，实现工程机械全生命周期管理，是物联网在工程机械领域的典型应用场景。

3. 工程材料

工程材料在工程中起着至关重要的作用。它们是建筑工程的物质基础，包括构成建筑物、构筑物的材料，如水泥、混凝土、钢材以及围护材料，施工过程中的辅助材料，如涂料、面层材料、防水材料、装饰材料等。在工程物联网中，通过物联网技术运用，可以获取材料运输过程中的物流信息，材料到现场以后的使用情况等。

材料是最早应用感知技术的工程要素，主要包括材料的识别机参数的获取、数量的统计和位置的跟踪，针对工程构件还需要进行质量的检测、检测和拼装精度的控制。

目前利用 RFID 和 GPS 定位技术的建筑工地资源定位已经得到了广泛的利用。材料的识别、数量的统计、相关参数的获取是同步进行的，还可以利用嵌入式芯片、粘贴二维码和射频标签。物料跟踪可以获取物料运输过程中的物流信息和现场物料的使用情况等。另外，基于 Zigbee 的无线传感器网络和 RSSI 接收信号强度指示器的系统来解决环境更加复杂的施工现场的资源跟踪问题。

4. 工程方法

工程方法是以一段时间为载体的过程，而不是实体，想要感知到法，大多都是间接感知。间接感知是指利用传感器定位、RFID 等技术对“方法产品”等工程要素进行感知和计算分析，包括智能检测、电子检测、智能旁站和关键事件感知等。电子检查是利用 RFID 或 TM 卡等移动识别技术，将读取事件信息、突发点信息进行保存，施工计划对比记录即可获取漏点和误点等信息，对施工过程进行有效判断。

智能检测是一项系统技术，自动设置巡检区间，对 GPS、RFID 等感知到的信息进行计算，和预设的施工计划对比达到实时校验施工流程的目的。换言之，智能巡检可以自动感知工程变更点并实时形成数据报告反馈给现场管理人员。

关键事件感知是基于多传感器设备的多源信息采集，事件关联模型和优化算法相关联便可对建设过程中的关键事件节点进行感知、分析。

智能旁站是一种通过机器视觉对施工过程进行监督，从而判断实际工艺是否符合施工方案的技术。对于处于建设状态的施工半成品的感知，一般聚焦于结构健康的检测，采用应力应变、超声波等传感器对建筑结构的变形和受力进行实时检测。另外可以利用机器视觉、探测雷达、太赫兹探伤、激光扫描技术、声光成像技术进行结构成型质量的检测等。

5. 工程环境

基于工程物联网的环境监控，既可以保证施工过程的安全性，又可以为运行中的建筑节能管理提供有益的参考。作业环境：风速、尘埃、气体、光照、温度等气候条件及噪声环境。相应的可利用传感器有：风速计、尘埃感应器、气体检测设备、光照强度感应设备、温度计、分贝计等多种检测设备和传感器感知。对于地质，采用位移、应力应变、沉降、载荷、压力、温湿度、雨量、水位、岩石工程检测传感器以及探地雷达等各类测量设备，对地下土体进行自动感知、测量和数据采集工作。

现有的基于 LTE、Lora、Zigbee 的连接方案是将无线传感器终端实时采集现场数据和信息，通过相应的无线传感器网络将施工现场的自然环境等信息传递给实时监控系统，监管机构可以利用移动设备和远程通信掌握现场的最新信息。感知层利用智能环境边缘智能网关和现场监测环保设备、传感器、监控摄像设备组成检测系统，获取各类环境监测数据、设备状态数据、现场图像、报警事件等信息，为服务层提供基础数据，实现对环境的综合感知。

基于噪声、扬尘等的环境监测，可以将环境变化信息及时传递，智能分析后判断施工安全质量管理风险，并完成环境各种风险的预警和辅助预判后续工作环境，如自动喷雾系统、分析数据参数等。实时监测空气中的扬尘指数，减少空气中的扬尘，减少空气污染，同时高效地减少员工的工作量，进一步改善施工现场环境，降低风险。

地表沉降的观测可以利用 GPS 和布设水准测网来完成。当涉及地下施工的时候，声光成像技术可以感知地下环境形成 3D 影像。周围环境和现场空间环境的感知，可以利用机器视觉、三维激光扫描、图像快速建模和同步定位与建图（Simulataneous Localization and Mapping，SLAM）等技术。与激光扫描比，图像建模适合于快速且适用于大尺度的工程场景。

6. 工程产品

运维阶段的建筑产品的感知。嵌入式设备、智能传感器、机器视觉技术以及可穿戴设备实现建筑设备运行状态的感知、健康状态的感知、能耗的感知以及使用者状态的感知，提高人与建筑产品之间的信息交换。通过对感知数据的集成分析与判断，提高人与建筑产品之间的信息交换，保证运行阶段的安全性、舒适性、便利性和节能性的需求，比如建筑设备自动化运行情况、比如安防和消防设备的运行情况等。

6.4.2 网络通信

物联网网络通信是指通过计算机和网络通信设备对图形和文字等形式的资料进行采集、存储、处理和传输等，使信息资源达到充分共享的技术。物联网的通信环境有Ethernet、WiFi、RFID、NFC（近距离无线通信）、Zigbee、6LoWPAN（IPv6低速无线版本）、Bluetooth、GSM、GPRS、GPS、3G、4G等网络。对于不同的管理层级都可以使用个性化的智能感知、分析以及决策控制技术。随着5G通信技术的发展，可以预见工程大数据的传输将会更加快速可靠。

工程物联网的网络通信层颠覆了传统的基于层次金字塔模型的控制层次，形成新的分布式系统，形成灵活组合的网络服务以实现不同设备之间的交互。具有网络通信形式有：现场总线、以太网、无线网络、无线局域网、5G网络、互联网接入技术等。

1. 现场总线

连接现场设备与控制系统之间的开放型全数字化、双向传输、多支路通信网络，主要解决工程现场施工辅助设备、工程机械等设备之间的数字化通信，以及这些现场设施与先进控制系统之间的信息传输。该技术可使施工现场向网络化、集成化、智能化方向发展；现场总线系统的优点：多分支结构、全数字通信、互操作性和互换性、现场设备状态控制、分散控制。

2. 以太网

以太网是一种计算机局域网技术，以太网是目前应用最广泛的局域网技术，取代了令牌环、FDDI和ARCNET等其他局域网技术，包括物理层和数据链路层协议等内容，规定了物理层和数据链路层的接口以及数据链路层与更高层的接口。IEEE 802.3标准是以太网的技术标准，实现不同设备之间的交互，推动企业内部信息系统网络与现场控制系统网络的无缝融合。

3. 无线网络

无线网络是一种利用无线技术进行传感器组网以及数据传输的技术，具有节约线路布放与维护成本、组网简单（支持自组网，不要考虑线长和节点数制约）的优点。

目前无线网络已经运用于实际的工程建造场景中，如基于IEEE802.15.4的Wireless HART与ISA100.11a技术，已用于工程环境感知、过程测量与控制极端环境不适合有线网络，如超大面积的吊装盲区观测，无线网络是唯一选择。其中WiFi具有高速率高功耗，Zigbee具有低速率低功耗的特点。

4. 无线局域网

任何使用无线传输介质的计算机局域网都可以称为无线局域网。这里的无线媒体可以是无线电波、红外或激光。无线局域网是在传统有线局域网的基础上发展起来的，是对有线局域网的无线扩展和替代。它是以有线局域网为基础，通过无线 HUB、无线接入节点（AP）、无线桥架、无线网卡等设备实现无线通信。

5. 5G 网络

5G 网络（5G Network）是第五代移动通信网络，峰值理论传输速度为 20Gbps，即每秒 2.5Gb，比 4G 网络速度要快 10 倍以上。例如，1G 的电影可以在不到 4s 的时间内完成下载。随着 5G 技术的诞生，用智能设备共享 3D 游戏、电影、超高清（UHD）节目的时代即将到来。特别是在无线覆盖性能、传输时延、系统安全性和用户体验均有显著提高。5G 技术定位于万物互联。在虚拟现实的应用中，体育、旅游、智能交通、视频会议、智能电网、物联网等技术至关重要。5G-EMBB 的关键作用在于工作条件的缺乏，只需要手中的平板电脑或相关的 AR 眼镜设备就可以获取相关的工作条件信息，并作出最优的工程决策。

6. 互联网接入技术

在配用电通信网中，带宽用来描述链路对业务数据的传输能力，即单位时间内配电网中特定的某一条链路能够承载的最高的数据量。宽带接入是相对于窄带接入而言的，一般接入速率超过 1Mbps 的称为宽带接入。宽带接入技术主要包括铜线宽带接入技术、光纤接入技术、HFC 技术和无线接入技术。

6.4.3 信息处理

信息处理层被认为是工程物联网建设中的最重要一环。数据分析是将已感知到的工程数据转化为可认知的数据，对原始数据赋予意义，是挖掘工程实体状态在时空域和逻辑域的内在因果性或关联性的过程。例如深基坑的检测系统，可以利用数据挖掘技术进行分析计算，将检测数据转化为可以识别的风险分布图，对现场工程师进行警示。

工程信息往往具有以下特征：海量性，摄像头提供 GB 级，工程资料永久保存；异构性，涉及结构化数据、半结构化数据（施工日志等）、非结构化数据（流媒体等）；高速高频性，定位传感器采样每秒 4～20 次；生命周期工程数据需要涵盖项目全生命期。在对工程数据需要强大的数据计算和分析能力。

1. 云计算

云计算是一种通过互联网按需访问计算资源的技术，包括应用程序、服务器（物理服务器和虚拟服务器）、数据存储、开发工具、网络功能等，这些资源托管在由云服务提供商管理的远程数据中心上。云计算的应用领域非常广泛，包括但不限于：金融云、教育云、医疗云、政务云、工程云等。云计算为提供工程数据提供集中式服务。

通过云计算平台，安全控制的视频、定位基站等安全行为数据可以上传到云端大型计算机平台；可以基于云计算平台对机械设备的运行数据、多工况下的机械故障、不同故障类型进行准确采集与识别。比如，某云物联网平台提供了一种可快速开发的 Web 服务，只需要拖入一些控件，做一些配置就可以完成一个简单的物联网 Web 应用，对单一场景，需求简单的项目非常实用。

云计算提供了一种用于数据集中进行处理的服务模式，这种服务模式是通过对集中在许多个数据中心的各种资源进行处理，然而这种服务处理模式在面对大量的设备接入、进行数据处理时，显示出服务能力不足。目前工程云计算存在一定的局限：云计算无法满足工程海量数据的计算需求；海量数据同步增加了传输带宽的负载量，难以完成实时性的数据分析；边缘设备具有有限电能，数据传输造成终端设备电能消耗较大；计算按照流量进行收费，成本较高。

2. 边缘计算

边缘计算是一种分布式计算框架，使企业应用更接近数据源，例如，通过物联网设备或本地边缘服务器，从而实现更快响应，提高系统稳健性。边缘计算为在地理位置或网络距离上统一与用户相邻的资源提供计算、存储和网络服务。资源分散、物联网终端提供服务的计算模式作为一种发展趋势，将推动物联网更好地发展，边缘计算是物联网发展的补充力量和催化剂。数据的存储、传输、计算和安全由边缘节点（如监控设备）来处理，而不是依赖于终端，边缘平台部署在离终端更近的地方。

边缘计算的核心是提供一种就地处理数据的能力，其主要特点是满足数据的实时计算和服务，使很多物联网和智能感知设备在本地端采集大量数据进行预处理操作，从而缓解云计算能力的不足，针对边缘计算的使用场景，许多业内倡导者在国内多个领域进行了研究和应用。

边缘计算作为云计算的补充，具有以下优点：降低物联网应用中关键通信中端到端数据传输的最小应用时延；实现终端的最大实时响应；超载配合各种数据的管理、连接、使用；最大化附近通信性能、数据安全和用户隐私；实现最高的决策效率，保证用户的交互体验。基于此，边缘计算在物联网智能环保产业中具有很大的应用价值和发展空间，并对边缘计算在智能环保领域中的应用进行了研究。

边缘计算克服了工程设施计算资源受限的缺陷，同时降低了云端数据处理的压力。边缘计算主要解决大量需要实时交互的工作、计算中心的网络延迟等问题，比如高空的火灾风险预警等。边缘计算实现了与云协作的计算模式，横向发展了通用计算能力。垂直行业应用程序的垂直集成为各类智能场景的应用提供了完整的支持，在智能城市、智能家居等领域得到了广泛的应用。

比如，广州塔的结构健康监测采用了边缘计算的方法，将其建筑分为主体结构、单元结构、单元结构单元等计算单元，单元结构单元配置计算基站。边缘计算在减少数据传输带宽的同时，在后期统计时直接提取可能存在损失的节点，实现对大型复杂构筑物的实时损伤检测与预警，避免了延时带来的安全隐患。

3. 雾计算

雾计算（Fog Computing）是云计算（Cloud Computing）的延伸概念，主要用于管理来自传感器和边缘设备的数据，将数据、处理和应用程序集中在网络边缘的设备中，而不是全部保存在云端数据中心。OpenFog 联盟是雾计算的主要推动者。雾计算的定义是：一种系统级的水平架构，将计算、存储、网络、控制和决策资源和服务分布在从云到对象的任何地方，旨在解决物联网、AI、VR、5G 等业务场景的需求。雾计算并非是些性能强大的服务器，而是由性能较弱、更为分散的各种功能计算机组成，雾计算是介于云计算和个人计算之间的，是半虚拟化的服务计算架构模型，强调数量，不管单个计算节点能力多么弱都要发挥作用。

雾计算和云计算是相互依存、相互补充的。有些功能适合由雾计算节点来完成，有些功能适合在云上运行。根据应用、场景、网络环境的不同，边界也不同。

FCN（Fog Computing Node）是一种物理或虚拟的计算节点，提供智能终端设备与云之间的数据管理和通信服务。与智能终端设备或接入网紧耦合。OpenFog 联盟提供的雾计算参考架构主要从雾计算节点、软件和功能需求三个方面进行描述。

（1）雾计算节点：主要包括节点资源、节点管理、协议抽象层等组件。节点资源包括计算、存储、网络、加速器等。节点管理包括硬件配置管理和安全保护。协议抽象层实现传感器与其他终端设备的适配与对接，支持异构终端与雾节点之间的兼容与通信。

（2）软件：包括应用服务、软件背板、应用支持和节点管理。其中，节点管理主要是完成雾节点或系统软硬件资源的配置，并维护其运行状态。软件背板主要实现节点之间的通信功能，稳定运行节点的各种软件。应用支持提供应用管理、运行时引擎、应用服务器、消息和事件、安全服务、数据存储和管理、分析工具和框架等软件，供多个应用（微服务）使用和共享。

（3）功能需求：雾计算架构需要满足一系列的功能需求，以确保其能够有效地支持各种应用和服务，具体包括安全性、灵活性、可靠性、可管理性和效率等。

雾计算可应用于物联网、5G、AI 等场景。物联网的典型应用场景包括智慧城市、远程智能安防、智能交通、车联网等。物联网主要解决低延迟、本地化安全、灵活可扩展的部署和用户位置感知等问题。

6.4.4 决策控制

决策控制层是工程物联网实际效益的体现。在物联网中，决策控制层可以用于实现对物联网设备的远程控制、监测和管理以及预测和维护。基本控制理论是以拉氏变换为基础，通过反馈系统的设计解决“单输入-单输出”定常系统的问题。现代控制系统融入了基于数据驱动的控制模型，解决了“多输入-多输出”的问题，分析的对象可以是多变量、非线性、时变和离散等更加复杂的问题。

工程建设系统的许多要素是非线性的、结构多变的、多层次的、多因素的和各种不确定性的。例如，基坑开挖地表沉降的影响因素有桩顶水平位移、深部位移、地下水位、支护轴力等 10 多种。

1. 控制系统

控制系统一般分为控制器和被控对象，可分为开环控制系统和闭环控制系统。在工业上，常见的控制系统有：监控和数据采集（SCADA）系统、集散控制系统（DCS）和其他较小的系统，如可编程逻辑控制器（Programmable Logic Controller，PLC）系统。SCADA（Supervisory Control And Data Acquisition）系统是基于计算机的 DCS 系统和电力自动化监控系统，可用于电力、冶金、石油、化工、天然气、铁路等领域的数据采集和监控控制及过程控制。SCADA 系统，即数据采集与监控系统，其中涉及组态软件、数据传输链路（如数字无线电、GPRS 等）的工业隔离安全网关，安全隔离网关是保证工业信息网络安全的，大多数工业都要使用这种安全防护网关，防止病毒，保证工业数据、信息的安全。其中一种隔离网关是：工业安全防护网关 pSafetyLink，简称隔离网关。

DCS 在国内自动控制行业又称集散控制系统。相对集中控制系统是一种新型的计算机控制系统，它是在集散控制系统的基础上发展、演化而来的。DCS 的骨架-系统网络，是 DCS 的基础和核心。由于网络对于 DCS 系统的实时性、可靠性和扩展性起着决定性的作用，对于 DCS 系统的网络，必须在规定的时间内完成信息的传递。“确定”时限是指在任何情况下都能完成信息传递的时限，该时限是根据被控过程的实时性要求确定的。

可编程逻辑控制器（PLC）是在个人计算机（简称 PC）发展之后，为了方便和体现可编程控制器的功能特点而被命名的。PLC 具有通用性强、使用方便、适应性广、可靠性高、抗干扰能力强、编程简单等特点。PLC 在工业自动化控制，尤其是顺序控制中的地位，在可预见的未来，是无法取代的。从结构上看，PLC 分为固定式和组合式（模块化）两种。固定式 PLC 包括 CPU 板、I/O 板、显示面板、内存块、电源等，这些元素组合成一个不可分离的整体。模块化 PLC 包括 CPU 模块、I/O 模块、内存、电源模块、底板或机架。这些模块可以按照一定的规则进行组合和配置。PLC 具有通信网络功能，它使 PLC 与 PLC、PLC 与上位机等智能设备之间可以交换信息，形成一个统一的整体，实现分散集中控制。大多数 PLC 有 RS-232 接口，有些有内置接口，支持各自的通信协议。PLC 通信目前主要是通过多点接口（MPI）、PROFIBUS 或工业以太网进行数据通信。

2. 控制系统的特点

物联网控制系统具有多样化、开放化、广泛化和智能化的特点，所以在设计时需要借鉴原有的传统网络控制的成果，又要满足物联网的特点和需求。物联网控制系统具有安全性强、安装操作方便、稳定性高、多样化管理、实时性强、成本低、兼容性高、功耗小等特点。传统环境中，当控制系统比较简单，控制器之间不需要进行协调和控制时，可以使用单层建构；当控制系统比较复杂时，需要进行控制器协调功能时，一般采用双层架构。在高度复杂的环境中，需要智能化的控制系统，比如专家系统、模糊系统以及神经网络系统已经广泛应用于施工风险分析及控制中。

同时也需要微型化的控制系统。微型化控制系统是一种集成了运动控制、机器视觉、传感器和执行器的完整解决方案，可用于自动化制造和加工应用。它可以通过减少组件数量和简化设计来降低成本，同时提高生产效率。西门子的微型控制系统专为大型独立设备应用项目设计，为设备制造者提供了经济高效的自定义解决方案。比如具有代表性的微电机系统（Micro Electromechanically System，MEMS），微型化的器件或器件的组合，由机械、电子、光学等组成的综合控制系统。MEMS 广泛应用于国防科技领域。比如研华科技的微型控制系统，尺寸合适的驱动器、控制器和 HMI，设计为无缝协作，并为单机版机器提供完全集成的自主设计。微型控制系统与嵌入式结合，有利于工程设备的智能化升级。它利用单一编程软件的便利，简化网络连接，从而帮助缩短开发时间，提高生产效率。比如让摄像头具备本地识别、分析及决策的能力；工人的安全帽自动定位甚至引导工人施工；极端工况下工程机械具备自动导航、作业分析的能力。

在更高端更复杂的场景，需要协同化的控制系统。协同化的控制系统是一种多智能体系统，它由多个智能体组成，这些智能体可以通过协作来实现共同的目标。在协同化的控制系统中，每个智能体都可以感知自己的状态和环境，并根据当前的情境作出决策。工程物联网平台实现了组织管理的信息系统，随着控制系统的智能化和控制设施的微型化，可以预见，工程机械及装备具备极强的信息交互及自主作业能力。此时整个系统具有高度的协同及自治能力。有利于建筑资源的合理利用，从建筑构配件的制造、运输到现场加工装配，减少等待时间，提高项目的效益。

6.5 工程物联网的应用

6.5.1 上海世贸深坑洲际酒店项目

上海世贸深坑洲际酒店项目，是世界“最低”的五星级酒店，是世界建筑奇迹。酒店在废弃的矿坑边坡上进行建造，地下 80 多米周边都是陡峭的岩石，施工难度极大，特别是主体结构与强风化坑壁岩大面积接触，需要进行土方爆破、开挖清理措施后才能进行施工。

因坑深坡陡、作业困难，且爆破时不允许对保留岩体及坑顶已施工结构产生扰动，因此对爆破施工安全质量要求高，需经周密计算和验证。因此，天然的不规则坑壁需要按照设计标高进行分层精准爆破开挖，必须在建造前准备获取矿坑的三维几何模型和不规则表面几何形状和坐标参数。

施工公司采用三维激光扫描进行，与 GPS 信息同步得到原尺寸的地理数据信息，实现不规则表面几何形状与坐标参数，设计方案的匹配，支持精准选择爆破点，计算分析所需的爆破与土方开挖量。

获得的点云数据在云计算平台中可用于测绘、仿真、分析、仿真、显示、检测、虚拟仿真等后续工作，有效地保证了废物换宝矿山复垦利用工程的顺利完成。

6.5.2 地铁数字工地与安全风险预警系统

目前我国地铁建设处于高峰时期，施工中物的不安全状态或人的不安全行为将导致安全事故的发生。因此，某地开展地铁数字工地与安全风险预警技术实践，围绕地铁工程结构与环境体的状态智能感知，以及施工现场人员与机械设备等移动目标的行为智能监控两个大的方面，开展基于物联网的数字工地，其总体架构具体而言可以分为：感、传、知、控四大功能分区。

（1）感：地铁工地智能感知

工程物联网通过各种类型的传感器对结构状态、环境状态、移动目标行为模式等信息进行大规模、长期、实时的现场监控感知。比如通过安装在隧道、支架、轨道等关键结构上的传感器，实时监测它们的应力、应变、位移等关键参数，确保了结构安全；通过工地中的环境传感器，实时监测环境中的温度、湿度、有害气体浓度等，以确保施工人员的健康和安全，同时保护了工地环境；使用 RFID 和视频监控系统跟踪施工人员和机械设备的位置和行为，防止了事故发生。

（2）传：地铁工地网络通信传输

地铁施工现场每天产生大量数据，需要实时可靠地采集并传输到控制中心。由于地铁工地环境复杂，需要根据实际情况实现路由拓扑快速收敛，采用无线多跳路由技术确保通信正常。地铁施工关键区域，需要集中布设传感器，获取现场数据，同时地面及井下人员需要频繁无线通信，采用 Zigbee 低速通信技术和 Voip 网络编码技术，减少了拥堵，实现设备与设备、设备与人、人与人的短距离通信。

（3）知：地铁工地信息融合预警

对施工过程中海量、多源、异构的工程信息进行结构化存储，实现检测数据与态势数据的信息关联。通过模拟分析地铁施工数据的统计特征和检测误差，采用滤波降噪的小波基和表征地铁施工检测数据特征的小波分解层最优特征方法，有效地降低了模拟噪声。以检测信息事实表为核心，构建包括时间维、空间维和场景维的多维数据星型模型，建立综合态势底层工程数据仓库。通过模拟专家进行施工警情的人工决策过程，基于实测数据、预测数据及巡视数据，进行多源信息的智能融合与警情决策，实现充分信息下的安全预警。

（4）控：地铁工地安全控制

根据感知、传输和信息融合的结果，进行智能控制，以确保施工现场的安全。如根据工地安全风险评估结果，找出可能的风险点和薄弱环节，制订相应的预防措施。如施工人员进入危险检测区域时，安全预警系统会发出警报，提醒相关人员撤离危险区域。如高支架模板变形监测系统实时监测模板沉降、支架变形和轴力，一旦发现相关数据超过警戒值，施工现场就会发出声光报警信号，提醒相关人员撤离。

6.5.3 越江隧道安全施工风险预警系统

地铁连接隧道是地铁运营防灾中重要的疏散通道。在中国不同城市的施工中，由于地下水环境复杂，造成在冻结施工中，水热耦合作用机理不明确，冻结效果受高水压影响，连接通道隧道结构、初始支护和二次衬砌结构受力情况发生变化，一旦发生安全隐患难以想象。2003 年，上海轨道交通 4 号线越江连接隧道因冻结法失效，大量泥沙涌入隧道，造成隧道损坏和废弃，造成三栋建筑物严重倾斜、防洪墙出现裂缝和沉降等事故。

武汉地铁 2 号线过江隧道，全长 3098m，是武汉地铁 2 号线穿越长江通道。隧道于 2009 年开始建设，于 2011 年完工。其中建设 5 个联络通道，已于 2012 年 12 月 28 日与 2 号线一起投入使用。该工程采用冻结法进行处理，埋深 39m，处于高水头动水层，其中左线冻结孔 60 个，右侧 46 个，中间穿透孔 6 个。

冻结法施工风险非常大：长江江底高承压冻结施工，冻结效果影响施工成败和人员安全。联络通道和隧道结构受力体系不断变化，冻胀、支护、开挖、冻融等环境影响结构性能和使用安全；紧急状态必须第一时间通知，采取应急措施和处置方案。

对此，基于物联网技术开展安全施工预警工作，具体而言，包括四个方面。

1. 冻结施工安全物联网设计

安装光纤光栅传感器对水平冻土、联络通道支护结构和既有隧道管片的温度-应变耦合进行检测，设立独立的供电系统、数据实时采集系统、数据存储系统和防尘防水保护系统，保障系统安全和系统数据采集能力。

2. 冻结施工安全物联网安装与调试

丝扣加焊接形式，将光纤线缆固定在冷冻管中，并悬空中心。在实时数据采集系统的组装中，光纤光栅通道的串联传感器被组织起来，每个通道中传感器的波长信号不能超过上限。同时，同一信道中传感器的波长信息有足够的变化范围，防止干扰。

3. 联络通道，人员定位系统及预警装置

无线传感网络和射频识别建立联络通道人员实时定位系统，每 40～60m 布置一个 RFID 读写器，采用电缆 RVVP4@0.5 进行连接，信号范围便可以在隧道工作区域均匀覆盖。

通过无线传感器网络（Wireless Sensor Networks，WSN）对 RFID 读写器和 RFID 识别卡的信息计算，及时将各区域的人员动态反映到计算机中。BIM 和 RFID 建筑施工人员智能管理系统在建筑施工人员的视觉定位和识别、智能预警、提高管理效率等方面具有优势。对施工过程中的不安全行为进行了分析和分类。结合 BIM 和 GIS 技术，实现了隧道围岩监测系统的数据集成和监测可视化，提高了数据管理效率。每一个工人身上有便携式智能终端，待机安全时是绿色，接收预警信号，变红闪烁，并可以进行声光广播报警。

4. 冻结施工安全物联网应用效果

该工程从冬天进行冻结，冻结时间为 45d，维护冻结 20d。采用 BIM 模型，实时感知冻土温度、应力和位移数据，采用 ANASYS 有限元数据模拟计算，构造高水压冻水条件下冻结多场耦合模型，分析不同冻结状态下的温度场、应力场、位移场以及冻结帷幕厚度演化规律。

6.5.4 超大直径盾构吊装作业指挥系统

被誉为“工程机械之王”，有“地下巨龙”的美称的盾构机，主要用于铁路、地铁、公路和水利基础设施工程的隧道连接。起重运输设备是地铁施工现场使用最频繁、交叉作业最多、意外伤害最高的机械，占比 10.4%。传统作业中缺乏安全状态感知能力，同时缺乏可视化平台支持。

1. 吊装作业“人-机-环境”智能感知传感器

为了防止碰撞发生，需要超声定位传感器、红外侦测传感器、盲区测距传感器、设备三维姿态传感器等传感器。同时需要环境感应器来监测场地温度、湿度、风速和风向。

2. 吊装盲区可视化监控与指挥系统

通过 BIM 对全要素自动化进行建模，将工程物联网采集的实时状态在三维模型中进行同步映射，实时感知同步更新。对吊装进行虚拟和模拟，同时对比实景吊装与虚拟吊装信息，实现了吊装作业的可视化分析及远程指挥，保障了吊装作业的安全。

将 BIM 与物联网深度结合应用于建筑运维管理，实现从感知、识别、获取到集成、分析、决策的完整信息流，提升建筑运维管理系统效率，是实现企业价值的有效途径。BIM 技术可应用于建设项目的规划、设计、施工、运维管理的全生命周期。在前期规划设计阶段，利用 BIM 技术实现 BIM 正向设计的概念和方法，直接建立三维模型。

可视化信息模型，基于 BIM 运营管理模式，通过可视化的物联架构信息模型，打破空间的壁垒，使建设的信息更加立体，直观地呈现在运营管理面前，使运营管理人员面对专业的信息，可以更高效地处理问题，有更快的响应速度，在提高运营效率的同时，为运维成本的管理和控制带来更多的可能性。

6.5.5 盾构机作业指挥系统

2021年，由我国自主研发的、国内直径最大（超过“长城”盾构机直径）、可连续不换刀挖掘5000m、用于江阴河穿越航道建设的全球第一台无人操作盾构机“聚力一号”成功下水。

“聚力一号”具有针对性极强的专门化设计，运用完全自主研发、世界首创的先进技术，实现“大块头”与智能化的完美结合。“聚力一号”专门配备特有的超长距离不换刀技术，可实现该线全线5000m掘进不换刀。同时，广泛运营物联网技术，配备智能化导向、智能化地质超前预报、刀具磨损光纤监测、盾尾间隙自动测量、管片上浮及收敛自动监测、高精度有害气体监测和同步双液注浆等系统，确保盾构隧道施工做到“可视、可测、可控、可达”，使高强度、高风险、高污染的掘进作业转为安全、高效、节能、环保的绿色掘进模式。比如刀具光纤磨损检测技术实现了刀具的实时监测；通过检测盾尾磨损检测技术，实现盾尾磨损的实时监测；全智能化管片拼装技术，只需一个按钮，盾构机就能实现隧道内分段的自动运输抓举拼装，大大提高分段拼装质量，降低工人的工作强度；智能远程安全监控管理系统，可实时记录盾构掘进数据，管理风险边界，及时报警并提供解决方案，还可实现盾构机远程故障诊断和远程控制，实现盾构机全生命周期控制；绿色环保管道延伸装置，彻底解决隧道泥浆溢出的施工环境污染；泥水分层逆洗循环技术，可有效应对岩溶复合地层和断裂带工作面坍塌、泥水管道堵塞停滞、刀盘形成泥饼等施工风险，快速恢复刀盘驱动功能。

6.5.6 石油石化工程物联网

石油石化工程物联网是指将物联网技术应用于石油石化行业中，实现对生产过程的实时监控、数据采集、数据分析等。目前，物联网主要应用于石油行业的石油钻井平台监测、抽油井和海上采油平台监控、油气管道运输监测、油气田仪器无线抄表、产品物流、资产跟踪管理和应急管理等领域。

国内油气田数字化建设非常重视现场传感器的部署和应用，强调建立实时采集系统，支持预测预警、状态分析、设备设施状态监测等功能。长庆油田、大港油田、新疆油田、冀东油田通过在井口部署自动化传感器和执行机构，实现了生产数据的自动采集，油气井生产问题的实时监测，并支持软件计量。此外，借助视频监控和环境监测，在部分油田实现了油井远程启停、紧急关停等功能。

通过改进信息采集、传递、控制和反馈方式，将经验管理、人工巡检、人工上报、分步总结的传统生产管理模式，转变为智能化管理、电子巡检、自动填报、实时采集的数字化主动“精准”生产管理模式；将前线分散、多层次的控制模式转变为后方生产指挥的集中控制模式，大大提高了生产效率和管理水平。

某石油企业利用物联网技术对其广泛的油气生产装置和设施进行改进，其中包括老旧装置的大修和改造。通过引入智能监管和人员资质审查、培训管理和行为指引、许可管理和施工检查，以及施工风险主动控制，该石油企业大幅提高了改造项目的安全性和效率。具体来说：智能监管和人员资质审查，该石油企业引入智能身份识别技术，确保只有合格人员才能进入危险区域；培训管理和行为指引，利用虚拟现实技术为员工提供沉浸式的培训体验，确保施工人员遵守安全标准；许可管理和施工检查，利用物联网传感器监测危险区域的环境条件，并支持远程审查和检查；施工风险主动控制，物联网传感器监测装置的结构和性能，及时报警并记录异常情况。

某石化企业将人工智能的机器视觉识别技术对传统的人工视觉识别方法进行升级，实现了自动智能识别和预警功能，自动预警潜在的安全隐患，提醒员工及时处理，确保生产效率和稳定，确保企业生产工作顺利完成。通过人脸识别技术建立参建人员“电子档案”，预防和遏制盗窃等安全问题。通过建立人脸信息库，提前自动判断人员资格，确保合格人员进入现场。在施工现场实施智能监控系统与作业许可票证管理系统相结合，实时监控作业申请人、施工承包人、监护人、审核人等人员，监控作业区域内是否存在人员的危险行为、是否存在未经授权的人员或物体越界等不规范行为。当风险值达到规定值时，应进行电子围栏划分。通过入场实时许可及预警，可防止外来入侵者并通知相关管理人员及时处理。安全考核及再教育包括制定安全考核及安全培训计划，后台直接生成培训记录和评估反馈，利用便携设备完成培训考试，自动完成数据分析，实现多样化、生动的影像式交底，留存交底影像，实时上传，自动生成交底记录。内置海量高清素材，可按照不同工种、安全知识常见培训需求，高效完成自主学习。产品持续更新，满足多元化培训需要。

某石化公司为提高作业安全性，引入 BIM 技术结合智能化隔离系统来确保高风险作业的安全性。通过数字工地可视化管理、人员劳务状态监控和危险区域电子围栏管理等多个方面，提高施工作业的安全性和效率。利用 BIM 模型和自动定位装置，管理人员可以远程操作，降低风险和安全管理模块。物联网系统从根本上解决了信息感知和获取的困难，管理人员可提高数据处理能力。

某石化公司在吊装工程中，通过 BIM 和物联网技术，可以建立三维仿真模型，呈现给运维管理人员，帮助他们快速定位问题并作出决策。通过移动吊车和调整吊车臂的角度，可以观察整个吊装过程中可能发生的碰撞情况，并确定最远吊装位置。根据吊装情况，可以确定起重机的最佳位置并记录数据，为高风险作业提供更智能化、安全和高效的解决方案。

专题：物联网新型基础设施建设三年行动计划

思考与练习题

1. 物联网技术在工程物联网中的应用有哪些关键优势？请列举实际案例。

2. 工程物联网如何提升建筑和工程项目的安全性和效率？

3. 在信息物理系统中，传感器和数据采集技术扮演着怎样的角色？它们如何支持工程物联网的实现？

4. 工程物联网与工业物联网有何异同之处？在工程领域，它们分别适用于哪些具体应用场景？

5. 工程物联网的体系架构包括哪些关键组成部分？请详细描述它们的作用和互联关系。

6. 通过具体案例，探讨工程物联网在建筑、交通、石油石化等领域的成功应用，以及这些应用如何提高生产效率和管理质量。

7. 在工程物联网领域，数据安全和隐私保护是重要考虑因素。探讨工程物联网中的数据安全挑战，并提出相应的解决方案。

8. 未来工程物联网的发展趋势是什么？它将如何影响建筑和工程行业的未来发展？

9. 如果您是一位建筑或工程领域的专业人士，您会如何应用工程物联网技术来改进您的项目和业务？

10. 工程物联网如何与其他数字建造技术（如 BIM 和参数化设计）相互整合，以实现更高效的建设过程和更优质的项目交付？

7 数字建构思想、手法、工具和精度

本章要点与学习目标

1. 深入探讨数字建构的思想，理解其与建构理论的关联性。
2. 学习数字建造的核心手法，包括形态建模技术和虚拟建造的连续性。
3. 探讨数字建造的工具，包括数字建筑设计软件和建造方法与工具。
4. 理解数字测量的重要性以及在数字建筑设计建造中的应用。
5. 探讨数字建筑设计建造的精度控制，包括设计误差和建造误差的来源与控制。

本章导读

本章介绍数字建构的概念，探讨其与建构理论的关系，以及数字建造在建筑和工程领域中的应用前景，详细讨论数字建造的核心手法，探讨数字测量的重要性，并介绍数字建筑设计建造中的精度控制方法。通过本章的学习，将更深入地理解数字建构的概念和实际应用，为数字建造领域的深入研究和实践奠定基础。

重难点知识讲解

7.1 数字建构的思想

7.1.1 建构理论

建筑建构理论是建筑学领域的一个概念，涉及建筑的设计、建造和功能。这一理论涵盖了多个方面，包括建筑结构、材料、空间布局、文化和环境因素。建筑建构理论强调建筑是一个复杂的系统，其设计和构建是受到多种因素的影响。

不同时代建筑师和理论家对建筑表皮、结构和建构有不同看法。19 世纪中叶森佩尔（Gottfried Semper）指出挂毯是围合空间的表皮，与结构墙体分离。路斯（Adolf Loos）提出饰面材料应忠于自身特性，不模仿底层材料，强调表皮与墙体的差异。赛克勒（Eduard F. Sekler）提出建构是结构和建造的表现性形式，强调建构应表现结构和材料构造的逻辑。

在赛克勒的时代，建筑的受力结构已不再是森佩尔时代的墙体，新的钢筋混凝土结构体系及钢结构体系使得结构构件、维护墙体、饰面表皮进一步分离，赛克勒的建构思想正是试图把这种建筑部件的分离统一在具有理性逻辑的设计哲学体系中；然而，事实上，之后的建筑发展在后现代文化及哲学影响下，这种建筑部件之间的分离趋势日益明显。弗兰普顿（Kenneth Frampton，美国建筑理论家）继承了赛克勒的建构学说，以建构的视野和历史研究的方式重新审视了“现代建筑演变中建构的观念”，以及“现代形式的发展中结构和建造的作用”，并重提建构文化精神，试图以它作为思想武器，抵抗建筑设计的形式主义倾向；弗兰普顿的学说影响至深乃至影响到中国建筑界，确实如此，对于建筑设计回归到建筑本身、再现建筑的本质审美价值起到一定作用。建构理论（Tectonic）世纪之交的几年也曾作为武器帮助中国青年建筑师冲破了西方建筑文化及中国传统建筑文化的双重束缚，建筑设计真正具有了纯粹的职业性特性。建构理论认为，设计师只能在人类已掌握的结构体系以及材料构造技术条件下表现最终形式，只能屈从于结构及材料、被动地表现形式。虽然建构理论帮助中国青年建筑师摆脱西方和传统文化的束缚，使建筑设计从作为意识形态的工具还原到作为解决基本建造问题的过程，重视解决建造问题，但其限制了形式的创新性。

7.1.2 数字建构的由来

数字建构是指使用数字技术、计算机辅助设计和模拟工具来创建和分析建筑设计和相关建筑信息的过程。这包括使用计算机辅助设计（CAD）、建筑信息建模（BIM）、虚拟现实、计算机数控加工（CNC）、三维打印和其他数字工具，以帮助建筑师、工程师和设计师在建筑项目的不同阶段进行建构和建模。数字建构有助于提高设计的精确性、可视性和协作性。

数字建构作为一种建筑建构技术，是建筑 CAD 发展与计算机发展的共同结果，第一代的 CAD 技术是以绘图自动化为特征的，与 CAD 技术在其他行业的应用一样，CAD 在建筑中的应用，也是始于手绘过程向自动化过程的过渡——显示屏代替图板，鼠标代替铅笔和尺子；CAD 数据成为图纸的电子版本，存储点、直线、圆、弧等的相关电子描述。在科技的发展过程中，科技更新起步于模仿旧有的模式。

数字建构的发展源于计算机科学、数学建模和数字制造技术的不断进步。数字建构产生的关键因素和历史背景包括：计算机辅助设计（CAD）的兴起、数控制造技术的进步、三维打印技术的涌现、数字建构技术的融合、数字化生态系统的崛起、可持续性和定制化需求。数字建构的产生是多个技术和趋势相互作用的结果，这些因素共同推动了数字建构从概念到实际应用的演变。

数字技术手段为设计师提供了一个非常好的条件，通过运用数字技术辅助建筑设计，具有创造性复杂建筑体能够以很快地用精确的图纸表达和较短的建筑施工周期完成一个实实在在的设计。数字技术给建筑设计带来自由性，在自由形体的塑造和操作上表现得尤为明显，具有不可比拟的优势。最为人熟知的莫过于弗兰克·盖里的古根海姆博物馆，将实体模型转换成数字模型，通过提取剖面，不规则的形体以二维图形表达出来，以便于施工，从而使得这个以前根本所无法想象的“怪物”得以实现，成为一个划时代的产物。

“数字建构”具有明确的两层含义：使用数字技术在电脑中生成建筑形体，以及借助于数控设备进行建筑构件的生成及建筑的建造。前者的关键词是建筑设计的“数字生成”，其结果应该最高程度地反映人类生活行为及场所环境条件，而后者的关键词是建筑物的“数字建造”，最终建造形式应该最高程度地表现建筑的结构逻辑及材料的构造关系。这两层含义也可用“非物质性和物质性”来阐述，在计算机中生成设计属于数字技术的非物质性的使用，而在实际中构件的生成及建筑的建造则是数字技术的物质性使用。

数字建构特点包括：①建筑设计形体最大程度地反映了使用者生活要求及人类行为特征；②建造形式充分表现自身结构逻辑及材料构造关系；③以计算生成形体的几何逻辑关系作为建筑结构及材料构造的基础；④无论建筑设计还是材料加工以及建筑物建造均依靠软件技术及数控设备。

随着数字建构的发展，有许许多多的建筑师和工程师对“建构”有着不同的见解。在关于数字建构的探讨之中，有一种观点日益得到支持，即“数字建构”意味着“理性的觉醒”，建筑师将各种功能的要求和现状条件的限制转化为设计变量，将所学的关于空间、场所、形式美的理论和结构、材料、造价等实际经验提炼出算法，在理性的控制下“计算”出的最佳设计方案的解集，数字建构是将“可述的功能”转化为“可见的形式”，而建筑学也开始力求从“技术滞后”的局面向成为“技术领先”学科的靠拢。然而，这可能是一种过度乐观的看法，如《建筑技术及设计》所指出：“数字设计的最大弊病就在于因为技术一致性而丧失了因为设计者的不同背景而产生的差异性和地域性。几乎所有国家的参数化设计的作品都是极其相似的，设计的过程也大同小异”，如何实现建筑情感创造突破形态上的枯燥单一是需要关心的问题。

7.2 数字建造的手法

7.2.1 数字设计的形态建模技术

计算机图形学的发展是数字设计的基本前提，数字设计的形态建模依靠图形学研究的数字建模技巧；计算机软硬件技术的不断进步，使得它能够更加高效快速地处理复杂的图形数据问题，从而满足建筑设计对不同形体的创建要求。

数字设计的本质在于按照使用要求建构形态，而形态的获得要依靠数字建模技术。在数字建模技术方法中，有三种描述物体的三维模型，即线框模型（Wireframe Model）、表面模型（Surface Model）及实体模型（Solid Model）。20 世纪 60 年代，建模方法主要为线框模型，它的数据结构和生形算法简单，主要表达点和线的空间几何关系，同时它对计算机硬件要求低，运算速度快，可生成工程视图；20 世纪 70 年代初期开始了表明建模技术的尝试并探索复杂形体的设计和制造，表面模型是通过描述组成实体的各个表面或曲面来构造三维形体模型，它描述物体有两种渠道，一种是基于线框模型的表面模型，另一种是基于曲线曲面描述法构成的曲面模型，曲面建模可产生真实感的物体图像，但物体表面边界不存在联系，因而无法区分物体内外从而不可分析计算；20 世纪 70 年代后期发展了实体模型，直至今日它仍然是主要的建模方式，它可以更完整地表达几何体的关系，如内外、体积、重心等。20 世纪 80 年代末出现了非均有理 B 样条（Non _ Uniform Rational B-Splines，NURBS）曲线曲面建模方法，这一方法能够精确表示二次曲线曲面，随后产品设计的建模大多采用 NURBS 方法，国际标准化组织也已将它作为定义产品形状的唯一数学方法；20 世纪 90 年代，基于约束的参数化、变量化建模技术，以及支持线框模型、曲面模型、实体模型统一表示的不规则形体建模技术已经成为几何形体建模技术的主流。20 世纪 90 年代以来，这些建模技术也从工业设计领域引入建筑设计领域，并成为当前数字设计以及数字建造文件的表达基础。

上述建模技术都可称作几何形体建模，它包含两个基本内容，即几何信息和拓扑关系。几何信息是指坐标系中的大小、位置以及形状信息，包括最基本的几何元素，即面、边和顶点的位置坐标、长度和面积等；拓扑关系是指构成几何实体的几何元素的数目和连接关系，即点、线、面之间的包含性和相邻性。在计算机中定义几何形体除了几何信息及拓扑关系之外，还有几何形体的非几何属性信息，包括物理属性和工艺属性等。

实体模型建模的方法是最常用的建筑设计形体建模方法，由于实体模型可进行剖切和布尔运算（即取并集、交集、差集等），实体建模可协助建筑师进行造型方案的推敲。实体模型建模有许多方法，但可归纳为三种主要的表示方法，即分解表示法、边界表示法（Boundary Representation，B-rep）、构造表示法（Constructive Solid Geometry，CSG）。

分解表示法是按某种规则把形体分解为更易于描述的小的体块，每一小的体块又可分为更小的体块，这种分解过程直至每一小体块都能直接描述为止。

边界表示法是按照形体的“体-面-环-边-点”的层次，详细记录构成形体的所有这些几何元素的几何信息及其相互连接的拓扑关系，实体的边界通常是由面的并集来表示，而每个面又由它所在曲面的定义加上它的边界来表示，面的边界是边的并集，边的边界是点的子集。

构造表示法是按照形体的生成过程来定义形体的方法，它包括扫描表示法、构造实体几何表示法、特征表示法。扫描表示法是基于一个基体并沿某一路径运动而生成形体，它需要两个分量，即运动的基体以及基体运动的路径，如果是变截面的扫描，还要给出截面的变化规律。构造实体几何表示法是通过对组成形体的元素进行定义及运算而得到新的形体的一种表示方法，组成形体的元素可以是圆柱、圆锥、球体等，其运算可以是几何变换或者是“并、角、差”等集合运算。特征表示法是针对具有特定功能要求的产品进行产品形体建模的一种模型创建方法，它首先抓住产品形体的特征，但还是通过上述几何形体建模的方法来实现该产品形体的建模，不同领域的产品，具有不同的模型特征，比如建筑设计的形体就有别于一般日常生活用品的形体特征，后者关注产品形体如何满足使用要求、符合人体工学特性、生产加工工艺、而前者关注形体满足人的活动及行为要求、与环境的协调关系、结构的安全可行、建造的可能性及经济性等。

参数化建模和变量化建模其实就是属于特征表示法，在模型的创建过程中，常常把产品特征的形状用若干参数来定义，并在具体的产品设计过程中确定参数的值，从而形成特定的产品设计。参数化设计是指设计模型在保持拓扑关系不变的基础上，利用参数去约束形体及尺寸，这里的约束是指各个几何元素之间的关系，比如平行、垂直、共线等，可分为全约束、半约束以及过约束三种情形，由于数据相关且模型关联，因而自动生成的二维或三维模型都是智能双向关联的。变量化设计是指形体建模时，动态地编辑并识别约束，在新的约束条件下能够求得特征点、形成新的图形。参数化设计与变量化设计不同，前者在设计全过程中将形状和尺寸联合考虑，而后者则分开考虑；参数化技术表现为尺寸驱动（Dimension-driven）的几何形状修改，而变量化设计则不仅可以做到尺寸驱动也可实现约束驱动（Constrain-driven），即由工程关系来驱动几何形状变化，这一过程更有利于产品结构优化。

7.2.2 虚拟建造与物质建造的连续性

1. 计算机辅助设计

计算机辅助设计（CAD）是以计算机图形软件作为主要手段来辅助设计者完成设计的分析、建模、修改、优化并输出信息等综合性任务，包括设计的形体造型、模型的优化、综合评价以及信息交换等主要内容，其中形体造型也就是图形建模及表达，它是最核心的工作；顾名思义，在最初它是辅助设计的，是作为设计工具而出现的，但随着参数化设计方法的运用，由于形体建模基于某种关系约束，设计形体随参数的输入变化而自动发生变化，事实上它已逐渐超越辅助的作用，上升到具有一定自动性能的生成功能，因而，CAD 虽仍然称为 CAD，但 A 这一字母已从辅助（Aided）变化为自动（Auto）。计算机辅助制造（CAM）是依靠计算机软件系统控制的数控机床和数控设备来完成产品的加工、装配、检测等工作，它对制造生成的规划、执行、管理和调控起到辅助作用；但像 CAD 一样，辅助制造也正在向着自动制造的方向发展。

CAD 与 CAM 这两个独立技术的有机结合形成了系统性的产品生产产业链，用统一的设计及控制信息来组织产业链上的各个环节，通过信息的创造、信息的传递、信息的提取、信息的优化、信息的处理及信息的协同等工作，物质的生产产业链将可协调运行并产出所需要的产品。对于建筑的设计与建造过程也一样，CAD 与 CAM 相结合所产生的建筑信息流也可控制建筑的物质建设全过程。因此，CAD 与 CAM 的集成融合了设计与制造，实现了生产的一体化。毋庸置疑，这一综合技术不仅提高了设计效率与物质生产能力，同时使得越来越多的复杂建筑构件及建筑实物得以实际建造。

“镂空装饰墙体”是一个运用 CAD 与 CAM 集成技术进行设计加工的典型案例。首先设计在图形软件中建立线框模型，即三个等腰三角形，把它们复制并提高高度进行旋转，再将上部的三角形与下部的三角形进行曲线连接形成单元体；之后将线框模型变换成实体模型，并将同一单元进行叠拼、建成空花墙体模型，完成墙体的设计建模；在此基础上，将设计信息按某种格式传输到数控机床控制端，机床操作系统根据设计指令，运动机床前端作用于材料，进行去除加工，从而加工出墙体的单元体；最后将单元体进行组装、建成镂空装饰墙体。这是一个完整的计算机辅助设计及计算机辅助加工的集成工作过程，可清楚看到数字技术运用于生产加工的技术路线。

2. 建筑信息模型

（1）建筑信息模型的定义

建筑信息模型（BIM）是指三维建模、自动生成图纸、智能参数化组件、关联数据库施工进度模拟等特征集于一体的设计管理技术方法。伊斯特曼教授于 1974 年提出了建筑描述系统（Building Description System），被誉为“BIM 之父”。他在 1975 年的文章“The Use of Computers Instead of Drawings in Building Design”中详细描述了这一系统，其中包括三维构件元素的排列、设计元素的定义和相互作用、二维图纸由三维模型生成、图形上的实时更新、集成数据库用于制图、碰撞检查、量化分析以及项目进度控制和材料采购等。这一建筑描述系统为今天的 BIM 的雏形。

经历了 20 多年的发展，BIM 的概念历经了建筑产品模型（Building Product Model）、产品信息模型（Product Information Model）、建筑建模（Building Modeling）等称谓。2002 年由欧特克（Autodesk）公司提出，并由美国建筑师杰里·莱瑟琳（J. Laiserin）推广，把它发展成为如今广为人知的建筑信息模型 BIM（Building Information Modeling）理论。

如今世界上公认的 BIM 的定义由美国国家建筑信息模型委员会（NBIMS）提出，主要包含三个方面内容：①BIM 是一种建筑信息的智能化数据库或产品；②它综合了自动生成、商业运营、可共享信息的协同化过程；③它是用于处理贯穿整个项目全生命周期的可重复使用、可检验、透明的、可持续的信息交换及工作流程的管理工具。

从 NBIMS 的定义来看，BIM 的概念有三个关键词，即数据库、过程以及工具，因而可以将 BIM 理解成是一种集多项特征于一体的创新性方法。我们一般把基于 BIM 方法在计算机软件中搭建的模型称为 BIM 模型，基于 BIM 的方法进行建模或模拟分析所应用的计算机软件称为 BIM 软件。

（2）BIM 标准框架

BIM 方法能够顺利应用在建筑全生命周期过程中，最重要的是建筑信息模型能够共享与轮换，它要求行业制定相应的标准并严格实施，以保证不同人采用不同 BIM 软件建立的 BIM 模型能够相互共享与转换。当今国际通行的 BIM 标准框架主要有 IFC、IDM 和 IFD。

工业基础类（Industry Foundation Classes，IFC）是由 IAI（互操作性行业联盟，Industry Alliance for Interoperability）提出的直接面向建筑对象的工业基础类数据模型标准，该标准的目的是促成建筑业中不同专业以及同一专业中的不同软件可以共享同一数据源，从而达到数据的共享及交互。IFC 标准为建筑设计、建造、管理行业提出了统一的信息存储和交换格式，不同类别软件间输入输出时能够相互兼容，保证了信息传递的流畅性和准确性。

信息交付手册（Information Delivery Manual，IDM）类似一个筛选标准，将各个阶段所需要的 IFC 模型中的有效信息分别提取出来，比如审查电气设备的图纸，只需要筛选出与电气相关的信息即可，不需要把建筑墙面做法、卫生间洁具安装等冗余信息调出，这样可以提高各阶段的工作效率。

国际字典框架（International Framework for Dictionaries，IFD）定义了建筑信息各部分的概念和属性。就好像字典一样，给建筑信息包含的每个概念名称及概念链接的多个属性赋予一个全球唯一标识符（Globally Unique Identifier，GUID），使得不同国家、不同人对同一个建筑信息的认识是一致的，避免定义构件类别出现多种可能。

IFC、IDM、IFD 三者构成的标准体系，使得不同地区不同使用者之间建立和使用的 BIM 模型是可共享、传递和转换的，对于 BIM 的应用与推广起着非常重要的作用。

3. 数字建构形态逻辑的连续

CAD/CAM 和 BIM 技术正在建筑行业带来革命性变革。在目前的建筑过程中，不同专业和领域的分工虽然存在，但协同和对接不够有效。在设计阶段，各专业通常分开操作，导致缺乏精准整合。施工阶段，大多数项目依赖设计图纸进行施工，但这不够精确。整个建设过程中，管理也存在问题，各方往往自行其是。

CAD/CAM 和 BIM 技术成为解决这些问题的纽带。它们将设计、管理、加工、施工、工期和造价等各个专业和行业紧密结合到建筑信息模型中。在这个平台上，各方的工作和变化会得到及时反馈，可以进行评估和优化。这种变革实现了整个产业链的连贯性，同时使得建筑设计从一开始就具备了连续性。

在建筑设计中，不论是使用线框模型、表面模型还是实体模型方法，都包含了基本的几何信息。线框模型包含线段的长度和端点信息，表面模型包括构成表面的几何定义和边界信息。实体模型根据不同方法包含了详细的几何信息，例如按分解法创建的模型包含每个体块的几何信息，按边界表示法创建的模型包含了“体-面-环-边-点”的所有几何信息和拓扑关系，按构造实体几何表示法创建的模型包含了元素的几何信息和几何运算信息，而按参数化特征方法创建的模型包含了参数化几何关系和特征形体的参数几何信息。

这些几何信息构成了计算机软件用于建构形体的逻辑基础，不仅在虚拟建构中起着关键作用，也为物质建造提供了基础。这些几何信息可以用作结构设计的基本框架，逐步发展成最终建筑的形体结构，以及相关的材料和连接设计。这些几何关系可以在最终建筑的内部结构和外部立面上体现出来。比如：凤凰国际传媒中心的设计灵感来自莫比乌斯环，一种具有特殊拓扑性质的曲面。在设计和建造过程中，莫比乌斯面被用作基础控制面，外壳的钢结构以四边形网络实体模型的形式展现，主要由主肋和次肋组成，交叉点形成双向叠合空间网格结构。幕墙也与主次肋的方向相对应，采用四边形片面划分，与莫比乌斯面紧密契合。这个莫比乌斯环的设计不仅仅是一个独立的结构，它还充当了内外、顶部和底部之间的连接，包括 61 个透明的玻璃盒子，每个都带有电控顶棚，可以通过电脑控制打开或关闭。当所有玻璃盒子打开时，内外完全融合，创造出独特的空间效果。这座建筑成功地将形式、结构和构造连接高度统一，充分展示了数字建筑设计的魅力。

7.3 数字设计及数字建造的工具

7.3.1 数字建筑的设计软件

计算机中图形的生成主要依靠图形软件进行，而图形软件有不同的类型，比如有专用图形软件，它提供一组菜单，使用者通过菜单来创建图形；再如有通用编程图形软件，它设有几何图形函数库，使用者需要运用高级程序设计语言调用图形函数库中的图元来创建图形；另外还有一些软件提供一组菜单，同时还设有内嵌语言，使用者既可以通过菜单创建模型，也可通过内嵌语言菜单来创建图形。建筑工程与其他行业有所不一样，它由建筑、结构、给水排水、暖通、电气、概预算、施工组织等专业组成上下游相联系的专家团队共同完成建筑工程建设任务，从建筑方案的设计开始，到建筑的建成交付使用，甚至交付运营后的建筑运维管理，全过程需要前后连续的数据图形、附属信息以及能够承载这些数据链的软件平台。以下介绍几类与数字建筑相关，且比较适合使用的软件。

1. 参数化设计软件

参数化建模是参数化设计的实现手段，包括参数转译、建立约束和建立关联三个核心步骤。通过参数转译将影响设计的因素转译成为计算机可读的数据或图形；通过约束建立起模型中几何体之间的关系；通过关联将数据与几何体之间建立起关系。如今很多人只是片面地将参数化设计当作一种通过编程生产曲面复杂形态的方法，但其实参数化设计的核心应用是通过建立约束、关联，调节不同的参数时，参数化模型中的各个构件会联动进行变化，从而实现设计优化和多方案比选。

参数化建模是在参数化软件平台上完成的。参数化软件最早在工业生产中得到了广泛的应用，例如零件设计、飞行器外壳、发动机等。工业设计常用的参数化软件包括 Solidworks、Pro-E、UG、CATIA 等，这些软件都可以建立约束和关联，并拥有内嵌的计算机语言工具进行编程和二次开发。在建筑设计中，比较常用的参数化设计软件主要有 Rhino 的插件 Grasshopper，Microstation 的插件 Generative Components、Processing、Autodesk Maya、Autodesk 3DMAX 等，以及 BIM 软件的 Digital Project、Benetley Building、Autodesk Revit、ArchiCAD 等。常用的参数化设计软件可参见表 5-1。

2. 建筑信息建模（BIM）软件

BIM 模型是参数化模型的进一步发展，在一般的参数化模型中主要是建立图形与数据间的相互关系，不需要赋予图形相应的材料、造价等属性特征，而在 BIM 模型中组成模型的单元是以建筑构件的形式存在的，建筑构件包含了构件的几何图形与物质属性两个方面。通过 BIM 模型还可以对项目进行造价估算和施工模拟等一般参数化模型不能实现的工作。

BIM 模型是基于 BIM 技术开发的，各大企业也各自拥有自己的 BIM 软件。建筑专业的 BIM 软件主要包括 Autodesk Revit Architecture、Bentley Architecture、Digital Project、ArchiCAD；结构专业包括 Autodesk Revit MEP、Bentley Building Mechanical Systems 等。其中 Revit 系列软件和 Benetley 系列软件囊括了建筑、结构、水暖电全部专业的内容，各自系列的软件之间可以达到完美兼容。常用的 BIM 软件可参见表 5-2。

3. 建筑性能模拟软件

建筑性能模拟是参数化设计方法中将抽象的环境因素转移为定量数据的最常用的方式。它为数字建筑设计中可行性方案比选和设计优化提供了定量的依据。随着计算机模拟技术不断发展，计算机模拟结果越来越接近真实情况，相比于制作实体模型进行物理实验，计算机模拟更加经济，操作更加简便。

计算机模拟软件类型非常丰富，几乎可以涵盖各种类型的建筑性能，常用的建筑性能模拟软件包括结构分析、声光热环境分析、能耗分析、风环境分析、疏散分析等。各类功能的模拟软件特点不同，适应的分析内容也不同，需要设计师根据情况进行选用，达到尽量接近实际的模拟效果。表 7-1 总结了常用建筑性能模拟软件的使用特点和应用范围。

常用建筑性能模拟软件的使用特点和应用范围　　表 7-1

软件名称	开发公司	使用类型	软件特点及应用内容
ANSYS	ANSYS,Inc	有限元分析软件	集结构、流体、电场、磁场、声场分析于一体,在国际上使用最广泛的有限元分析软件。在非线性建筑设计中常用于做结构模拟和风环境模拟
ABAQUS	Dassault Systems	有限元分析软件	功能非常强大的结构模拟有限元分析软件,特别适合模拟非线性问题,主要用于进行静态及非线性动态应力、位移模拟分析
SAP2000	Computersand Structures,Inc	结构分析和设计软件	结构分析常用的软件,空间建模方便,弹性静力分析和位移分析较强,非线性计算能力较弱
MIDAS/GEN	MIDAS IT	结构有限元分析软件	钢结构和钢筋混凝土结构设计和模拟常用软件,适合进行非线性问题有限元分析计算,除分析外还可以进行结构优化设计
Ecotect	Autodesk	建筑环境模拟软件	综合性的建筑环境模拟软件,可进行光环境模拟、辐射模拟、可视性分析、能耗模拟,将天气数据制作成可视化图表等,与常用的建模软件有着非常好的兼容性
WINDOW	LBNL	光环境模拟软件	拥有庞大的玻璃、窗框、百叶等窗构件库,专门用于模拟窗的光环境及人环境性能
Radiance	LBNL	光环境模拟软件	基于真实物理环境进行模拟计算,主要用于对自然光和人工照明条件下的光环境进行模拟,有很好的计算能力及仿真渲染能力
Daysim	NRC-IRC	光环境模拟软件	以 Radiance 为计算核心,模拟全年的日照辐射,并对室内照明进行优化设计
Fluent	ANSYS,Inc	CFD 软件	国际上使用最多的 CFD 软件,拥有先进的计算分析能力及强大的前后处理功能,在建筑设计领域常用于模拟建筑的风环境以及火灾排烟过程
Phoenics	CHAM	CFD 软件	世界最早的计算流体的商用软件,常用于建筑单体或建筑群的风环境模拟。可以直接导入 AutoCAD 和 SketchUp 建立的模型
Airpak	ANSYS,Inc	CFD 软件	基于 Fluent 计算内核,专门面向建筑工程的 CFD 模拟软件,主要用于模拟暖通空调系统的空气流动、空气品质、舒适度等问题
DOE. 2	LBNL	能耗分析软件	由美国能源支持,劳伦斯伯克利国立实验室 LBNL 开发的功能强大的非商业能耗模拟软件,被很多国家作为建筑节能设计标准的计算工具,众多商业能耗模拟软件的基础
Energy Plus	DOEH 和 LBNL	能耗分析软件	在 DOE. 2 基础上开发的免费的能耗模拟软件,常用来对建筑的采暖、制冷、照明、通风以及其他能源消耗进行全面能耗模拟分析和经济分析
DeST	清华大学建筑技术系	建筑环境及 HVAC 模拟软件	对建筑的热环境及设备性能等进行全年逐时段的动态模拟,广泛应用于商业、住宅建筑的热环境模拟和暖通空调系统模拟

续表

软件名称	开发公司	使用类型	软件特点及应用内容
PKPM	中国建筑科学研究院	综合性设计模拟软件	国内自主研发的，集建筑结构设计、能耗分析、施工项目管理、造价分析等多种功能于一体的综合性设计模拟软件
EASE	ADA	声学模拟软件	综合使用了声线追踪法和虚声源法进行声学效应模拟，计算精度较高且速度较快，是世界范围内广泛应用的室内声环境模拟软件
Acoubat	CSTB	声学模拟软件	通过建筑构件的隔声计算，模拟和控制室内声环境，及时对分析目标房间的墙体、地板等采取相应的隔声策略
Raynoise	LMS	声学模拟软件	广泛应用于剧院、音乐厅、体育场馆的音质设计以及道路、体育场的噪声预测分析，能准确地模拟声传播的物理过程
CATT	CATT	声学模拟软件	主要应用于厅堂音质进行模拟分析。可将SketchUp和AutoCAD建立的软件直接导入，定义各界面的材质和属性，然后进行计算
Cadna A	Datakustik	噪声模拟软件	常用的噪声模拟和控制软件，广泛应用于评测工业设施、道路、机场等区域的多种噪声源复合影响
EVACNET	University of Florida	疏散模拟软件	以网格形式描述建筑空间，人员在网格中进行流动，来模拟人员的疏散，适合应用于大型复杂建筑火灾中逃生。模拟中考虑了人疏散过程中的行为特点因素，使模拟更加真实
EVACSIM	TH Engineering Ltd	疏散模拟软件	
Simulex	HEIS	疏散模拟软件	由C++语言编写的，模拟人从大型空间或结构复杂的场所中逃生路线和时间

4. 其他模拟软件平台

除了以上设计和性能模拟类软件之外，在数字建筑设计过程中还常用到BIM云平台、施工仿真及管理类软件、造价估算软件等。

一般大型数字建筑的模型量比较大，特别是将建筑、结构及设备专业的模型汇总在一起时，使用单机进行操作速度较慢。为解决这一问题，一些大型软件公司开发了计算能力强大，且不占用单机资源的BIM云服务器，比如Autodesk公司的A360平台、Gehry Technologies的Trimble Connect平台（原名GTeam）。表7-2列出了其他模拟软件平台。

其他模拟软件 **表7-2**

软件类别	软件特点及应用范围	代表性软件
BIM云平台	在网络服务器上进行各专业模型汇总和碰撞检查，计算能力强且不占用单机资源。有不同级别的使用权限设定，保证模型的安全性。施工过程中使用移动设备就可以查询图纸和模型，进行施工指导	A360、Trimble Connect
BIM仿真及施工管理软件	可以导入多种格式的三维模型，通过制定施工进度表，能在软件中实现虚拟的施工全过程。能快速创建出逼真的渲染图和动画，检查空间和材料是否符合设计想法以及进行构件的碰撞检查	Navisworks、Navigator

续表

软件类别	软件特点及应用范围	代表性软件
BIM 造价估算软件	各个专业的工程量能够通过 BIM 软件输出列表，各个构件的造价信息也可以输入 BIM 模型中，不需要专业的造价预算师重新构件模型。在建造过程中实时更新 BIM 模型中的工程量和构件单价的变化情况，能对成本有更好的控制	广联达、鲁班、斯维尔、PKPM、Innovaya、CostOS、Dprofiler

7.3.2 数字建造的建造方法与工具

数字时代已经在逐渐重置设计与加工之间的关系，在可想到的与可建造的之间建立了直接的联系。建筑设计不仅可由数字软件生成，同时通过数控技术可以实现“文件到工厂”的建造过程。数控加工有效解决了生产效率和生产灵活性在工业化生产过程中的矛盾，实现了从标准化到部件定制、再到个性化生产的变革，同时这一转变并不是以增加造价和人力消耗为代价，因而数字技术正在制造和建造领域向着深度和广度方面发生一场革命。

数控加工就是软件系统控制加工设备进行制造或建造的过程。数控软件是由程序员根据加工对象的几何属性，材料性能、加工要求、设备特性，通过系统规定的指令编制而成的程序。数控加工的过程也是设计的理想几何形态向着数字技术背景下的材料物质几何形态的一个转换过程。当前的数字建造途径主要有二维切割、三维去除、塑形加工、数字拼装、3D 打印等。每种建造方式都有着对应的建造工具和相应材料，同时可以应对不同的复杂几何形体的数字建造要求。

1. 二维切割

二维切割（2D Cutting）是最常用的构件加工技术，主要针对平面的板材进行切割加工。常用的二维切割方式包括刀具（Cutting Tool）、激光束（Laser-beam）、等离子弧（Plasma-arc）、火焰（Flame）和水刀（Water-jet）等，见表 7-3。

常用的二维切割工具的特征、优缺点及适用范围　　表 7-3

切割方式	特征	优缺点	适用范围
刀具切割	一般是使用硬质的刀头，如高强度钢、合金、陶瓷、金刚石等，对板材进行切割，是最为传统的切割方式	切割的厚度范围很大且速度比较快，但刀具会因为磨损产生误差，需要经常进行更换	主要是对玻璃、石材、陶瓷等材料进行切割
激光束切割	使用高强度的激光束结合高压二氧化碳气体，熔化或者烧断材料实现切割	切口很窄只有约 0.1～0.5mm，切割精度较高，速度较快。一次性投资较大，维护运行成本也很高	激光切割主要应用于 12mm 以下的薄钢板、部分非金属板（如木板、PVC 板、有机玻璃板等）的切割，不适于切割铝板、铜板，以及较厚的金属板
等离子弧切割	用电弧将压缩气体加热到 2700℃ 的高温产生等离子弧，借助高速热离子气体熔化和吹除熔化的金属而形成切口	切割厚度范围较大，但精度一般，热效应产生的变形较大	常用来切割 3～80mm 厚的不锈钢板，也可以切割铸铁、铝合金、水泥板、陶瓷等材料
火焰切割	利用乙炔、丙烷等气体混合氧气的火焰枪，通过燃烧产生高温，熔断钢板实现切割	简单经济，但精度较低，热效应产生变形也比较大	它是钢板粗加工常用的方式，用于切割比较厚的钢板

续表

切割方式	特征	优缺点	适用范围
水刀切割	利用混合有石榴砂的高压水柱对材料进行切割	切割过程中不产生热效应及燃烧后的有害物质，材料不会因为受热及之后冷却产生变形，切割更加精准，安全环保，且切割厚度范围较大，是目前适用性较好的切割方法	水刀切割广泛应用于陶瓷、石材、玻璃、金属、复合材料等多种材料的切割

2. 三维去除

三维去除也可称为减材制造（Subtractive Fabrication），它是将块状材料通过刀具切割的方式去掉多余的材料，形成所需构件形状的加工方法。它使用数控机床进行材料加工，首先将三维的数字模型（一般采用 IGES 格式）输入数控设备的计算终端，数控机床自动将模型数据转化为控制切削前端移动的 G-code 代码，然后进行材料的去除切削加工。通过更换不同直径、形状的切削前端的刀头，可以调节去除切削的效果和精度。切削的速度需要根据材料的硬度、表面粗糙度等特性进行调整。在初期，先用大口径的刀具对快材进行粗加工，尽早除去过多的物料，然后改用小规格的刀具，对大块材料进行微细去屑处理。

建筑建造中常运用多轴数控机床加工木材、石材，产品通常作为外围护或结构梁柱等构件，也可用它们来加工泡沫块材作为混凝土、GRC、GRG、FRP 等构件制作的模板。比如日本建筑师阪茂在法国梅兹设计的蓬皮杜中心的木结构梁柱的加工中，用了数控铣床对胶合木进行加工，切削出细节、连接孔等，然后进行拼装；再如盖里在德国杜塞尔多夫设计的新海关大楼酒店工程中，为了预制外挂的曲面混凝土板，浇筑混凝土板的模具正是利用数控铣床切削泡沫板材，之后再在泡沫模具内浇筑混凝土成型曲面挂板。

3. 塑形加工

塑形加工是用机械力量、形体压迫、热量或蒸汽等手段将材料重塑或变形为需要的形态。在加工金属材料时，可采用超过金属弹性极限的压力使其变形，也可将其热熔再塑形；平面曲线通常通过数控弯曲具有弹性特征的钢材和木材的条、管、棒得到；传统的双曲面制作通常使用不同的可塑性材料，如人造石、预铸式增强石膏板材等，通过模具热弯吸塑等工序完成，而模具通常采用 CNC 机床对木材进行加工而成。多点数字化成形技术可以利用高度可调的冲头形成模具来制造三维曲面钢板、这种技术可在同一设备上进行多种不同造型的三维曲面加工，且可在小设备上实现大尺寸钢板加工而不需要将其分割，这种技术在制作鸟巢中的大量扭曲钢板加工时发挥了重要作用。不同的塑形加工方式见表 7-4。

不同的塑形加工方式 **表 7-4**

建造方式	特征	优缺点	适用范围
弯曲成形	弯曲成形是对有塑形变形能力的材料，如金属、胶合木、合成材料等的直管（杆）或平面板材，用模具或其他工具施加压力，使其弯曲成所需形状，是最常用的塑形制造方式	成本较低，制作速度较快，加工尺寸范围较宽。对于单一半径的单曲面加工精度较高，但加工复杂曲面的精度会降低	适合加工厚度较小且曲率变化简单的管材或板材。管材可以弯曲成单曲线和双曲线形状。板材更适合通过弯曲制成单曲面形状，不适合制作双曲面

续表

建造方式	特征	优缺点	适用范围
模具成形	区别于直接在模具中浇筑液体材料冷却成形的铸造方法，模具成形是将平面板材放在两个相互咬合的模具内压制成形。或是只制作下方模具，通过加热让材料变软，由于重力效应材料自动贴附在模具表面，冷却后固定成形。它是加工标准构件常用的方式	模具成本很高且制作周期长，适合利用同一模具加工大量相同的构件，降低单位成本，加工精度很高	可以加工任意形状，但需要形状完全一致
单点成形	单点成形是利用计算机控制金属头对平面板材施加压力，类似于古代用锤子砸铁进行塑形的方式，主要用于加工金属板材	不需要制作模具，制作精度较高，但加工时间较长，造成单位成本的增加	可以加工任意形状的构件，构件之间形状可不同
多点成形	多点成形是通过计算机控制金属点阵的高度，形成近似的曲面形状的上下咬合的模具，对平面板材施加压力，塑造成所需形状	模具数控可变，能以较低的成本、较短的时间制造形状不同的构件。在金属点阵表面垫一层橡胶垫，可以避免点阵模具在板材上留下凹痕	可以加工任意形状的构件，构件之间形状可不同
液压成形	液压成形只制作构件下方一个模具，在上方通过高压液体对管材或板材施加压力，使其形成所需形状	模具成本很高且制作周期长，加工精度高，适合利用同一模具加工大量相同的构件	可以加工任意形状，但需要形状完全一致

4. 数字拼装（Digital Assembly）

数字拼装指在工地现场应用数字技术将构件单元安装到指定位置。一般在人工拼装难度比较大，比如拼装的定位复杂、拼装有一定危险性或构件比较重等情况下，利用机械臂将构件安装到位。比如瑞士苏黎世联邦理工学院 ETH 的 Gramazio 和 Kohler 教授专门研究机器人在数字拼装方面的运用，他们为瑞士一个葡萄园设计的用于酿造和品尝葡萄酒的服务楼，立面采用排列呈渐变形态的砖块。利用计算机编码操控机械臂将砖块摆放成设计位置和一定角度并粘结，之后将一整块砖墙单元运至现场填充到混凝土框架结构中作为外墙。

目前，数字拼装还受到机械臂本身操作范围的限制，并且由于砌筑的机械臂都是固定的，给建造带来许多不方便的地方，可移动的机器臂系统将有待研发，它的操作范围将更大，工人只需按下控制键盘，机器臂就能根据指令行走到相应位置进行安装，这将大大减少人工，依靠数个机器人协同工作将在更大程度上提高生产加工效率。

5. 3D 打印

3D 打印，又称三维打印，是一种增材快速成型制造技术，它是数字模型文件为基础，运用粉末状可粘合材料，通过逐层叠层打印的方式来构造物体。1986 年，Charles Hull 开发了第一台商业 3D 打印机；1993 年麻省理工学院获 3D 印刷技术专利；1995 年美国 ZCorp 公司从麻省理工学院获得唯一授权并开始开发 3D 打印机。不同类型的 3D 打印技术见表 7-5。

不同类型的 3D 打印技术 **表 7-5**

类型	累积技术	基本材料
挤压	熔融沉积式(Fused Deposition Modeling，FDM)	热塑性聚合物、木质材料、食材
线	电子束自由成形制造(Electron Beam Freeform Fabrication，EBF)	金属丝材、金属粉末、形状记忆合金、复合材料

续表

类型	累积技术	基本材料
粒状	①直接金属激光烧结(Direct Metal Laser Sintering, DMLS) ②电子束熔化成型(Electron Beam Melting, EBM) ③选择性激光熔化成型(Selective Laser Melting, SLM) ④选择性热烧结(Selective Heat Sintering, SHS) ⑤选择性激光烧结(Selective Laser Sintering, SLS)	①钢材、不锈钢、各种合金 ②钛合金、钴铬合金 ③不锈钢、钛合金、钴铬合金 ④不锈钢、钛合金、钴铬合金 ⑤尼龙、金属粉末、陶瓷粉末
粉末喷头	石膏3D打印(Plaster-based 3D Printing, PP)	石膏
层压	分层实体制造(Laminated Object Manufacturing, LOM)	纸、金属膜、塑料薄膜
光聚合	①立体平版印刷(Stereolithography, SLA) ②数字光处理(Digital Light Processing, DLP)	①光固化树脂 ②光固化树脂

建筑领域也不例外，通过3D打印可以制造建筑构件甚至建造房屋，可打印材料包括陶土、砂子、金属、塑料、玻璃、混凝土等。特别是3D打印混凝土建造技术的发展，它可以经济、快速、高质地建造房屋；同时它可以方便地打印建造非线性形态的建筑，从而满足日益增长的个性化生存空间的要求。

（1）混凝土三维打印。最早由美国南加州大学教授比洛克·霍什内维斯及其团队开发，它使用混凝土作为打印材料，通过计算机控制打印头的挤出和位置，逐层堆叠混凝土以建造建筑结构。这一技术被认为有潜力用于在地球以外的星球上建造房屋，例如在月球或火星上。另外，中国某公司在2014年使用混凝土分层挤出技术，在24小时内成功打印了一座房屋的主体结构，以用于当地的动迁工程。这种技术可以有效减轻建筑材料的重量，提高隔热和保温性能。同时，清华大学的某建筑联合研究中心开发了机器臂协同弯曲打印技术，成功应用于上海智慧湾步行桥的建设，使建筑结构更加创新，包括桥梁和栏杆等构件。这些技术代表了建筑领域的创新，能够提高建筑施工效率和减少成本。

（2）陶土三维打印。三维陶土打印大大简化了传统制陶繁琐的方法，与其他材料的打印方法一样，它将软件生成的形体进行打印路径设计，并通过一定格式的文件传输给3D打印机便可以打印所需的产品。陶土的特点是材料便宜、易于储存，且它的流变性相对易于掌控。比如荷兰设计师奥利维尔·范赫普特开发了高精度的陶土3D打印机，允许实时调整参数和在打印过程中进行协同工作。另一方面，加泰罗尼亚高等建筑学院的Brian Peters改装了一台3D打印机，使用陶土制作砖块。这些技术提供了创造陶瓷制品的新途径。

（3）粉末三维打印。粉末粘结技术（3DP）最初由麻省理工学院的萨克斯（Emanual Sachs）等人在1993年开发。这种技术的原来是用一个喷墨打印头在计算机控制下，在粉末上喷液体胶粘剂。每喷完一层，成型缸下降一个距离，供粉缸上升一高度，从供粉缸推平一些粉末到成型缸，铺上一层薄薄的粉末。如此反复地打印、送粉、推粉，直到产品制作完成。最后将没有打印到的部分去除掉。在这种技术中，材料的选择十分重要，一般可以选择石英砂、陶瓷粉末、石膏粉末、金属粉末等作为填料主体；有时还需加入一定粉末助剂，增加润滑性和滚动性，利于铺粉均匀，比如氧化铝粉末、可溶性淀粉、卵磷脂等；而胶粘剂需要黏度低，面张力适宜。

意大利工程师蒂尼（Enrico Dini）发明了名为 D-Shape 工艺的打印方法。这一工艺的打印机有 6m×6m 大小，打印架上有 300 个喷嘴，每个相距 20mm，由于喷嘴有缝隙，为了填满这段距离，打印架还可以朝着其正常运动方向的垂直方向运动。粉末层高大约 5～10mm，胶粘剂的精度是 25DPI（1mm）。打印的粉末使用沙子混合了氧化镁，其中沙子是成型粉末，氧化镁是粉末助剂，用于与胶粘剂反应；胶粘剂使用了水溶氯化镁。这样胶粘剂呈酸性，粉末呈碱性，二者可以发生中和反应，胶粘成型粉末。由于叠层打印而成，产品表面能清晰地看到层与层的叠层线。

（4）玻璃三维打印（G3DP）。玻璃三维打印是由 MIT 媒体实验室研发的一个项目，它是一个用于打印光学透明玻璃的加法制造平台。这个平台基于双重仓体构成，上层仓是一个加热仓，作为一个干燥的暗盒放置原材料，下层仓用来进行退火。干燥暗盒在接近华氏 1900℉的条件下操作，并且能够达到容纳足够的材料来建造一个独立的产品，融化后的材料从上层仓流经漏斗形的喷嘴到达下层仓成型，喷嘴由氧化铝—锆石—二氧化硅复合材料做成。该研发小组由介导物质组、机械工程学院、玻璃实验室以及 Wyss 学会合作组成。

（5）塑料三维打印。塑料三维打印通常使用 ABS 或者 PLA 塑料，并运用熔融沉积成型方法叠层成型。这项技术是 20 世纪 80 年代由普立得公司（Stratasys）的克伦普（S. S. Crump）发明，并在 20 世纪 90 年代商业化的。随着这些科技专利的过期，近年来多个活跃的开源社区与商业公司利用这种技术制造了多种桌面级 3D 打印机。此技术首先加热热熔性材料，比如塑料、玻璃等，使材料温度超过熔点成为液态胶状物。然后通过计算机控制的运动机件与喷嘴挤出热熔的材料，一层层涂抹，直到累积成目标三维实体。这种技术对材料有所限制，一般必须是制作成丝状材料才能被挤出机挤出，如 ABS 或者 PLA 塑料即制造成线材使用。挤出时对温度的控制也比较严格，如果温度过高，可能导致材料流动性变差堵塞喷嘴；如果温度过低，则可能根本无法挤出，但因其较为环保，所以是目前最为普及的桌面级 3D 打印机技术。

2015 年，清华大学建筑学院教授利用 FDM 技术和 PLA 材料打印了世界上最大的 3D 打印亭子“火山”（Vulcano），该构筑物获得了吉尼斯世界纪录。“火山”长 8.08m，高 2.88m，由 120 度中轴对称的 100 块 3D 打印模块单元组成。工作团队由 20 名工作人员组成，历时一个月完成了设计、加工和建造。三维打印技术为建筑建造提供了新的方式，将建筑设计、加工和施工连接成一个建筑产业链。3D 打印技术的优点包括降低建造成本、缩短工期、省去模板制作和钢筋绑扎等工作，据估计可以节约建筑材料 30%～60%、缩短工期 50%～70%、减少人工 50%～80%，总体降低建筑成本 50%以上。

目前 3D 打印建造领域尚需解决多项问题。首先，建筑用三维立体打印材料需要经过研究和试验，以确保其满足建筑需求，目前主要使用混凝土、水泥基材料等。其次，打印精度问题，因为建筑工程要求精确度，而三维打印技术在堆叠过程中难以满足这些要求。打印尺寸也受限，目前建筑三维打印的模型尺寸相对较小，难以应用于大型建筑。建筑的复杂性也是一个挑战，对于结构复杂或不规则的建筑模型，打印速度较慢，精度较低。

其他待解决的问题包括建筑外墙的保温和防水等技术与打印方式的配套，多层和高层建筑中的应用技术需要进一步研发，多种材料协同打印技术的开发，以及打印设备的移动性和自动挪移问题。这些问题需要在未来的研究中得到解决，以推动三维打印建筑技术的发展。

7.3.3 数字测量

建筑的精度测量不仅是检验静态状态下建筑构件的尺寸，并通过相应的方法调整误差。它还包括一个时间段内对建筑变形的监测，通过对测量结果的分析，对变形的趋势进行预测以及应用技术手段控制变形。

在传统施工过程中，建筑定位测量都是依靠卷尺、铅垂线等工具，由于操作方便，直到现在，在小尺度建造过程中，如房间的室内装修，它们仍是最常用的测量定位工具，但这些工具具有较大的局限性，如受测量人员个体行为影响较大，测量的范围也较小，容易受到遮挡物的干扰等。20 世纪 80 年代以来，光电测距仪、数字水准仪、数字全站仪等先进的测量工具和技术开始应用于建筑工程中，大大提高了测量的效率，提高了测量精度和范围。目前依靠卫星系统的 GPS 定位技术，以及最新的三维激光扫描技术，为建筑测量提供了操作更简便、更高效精确的方法，能够对建筑构件的误差、变形有更好的监测，并能及时发现问题和解决问题。

1. 地面测量

地面测量仪器包括光电测距仪、电子经纬仪、数字全站仪、数字水准仪等，使用这些数字定位测量工具，配合卷尺、水平尺、铅垂线，是目前建筑建造中常见的定位测量方法。光电测距仪用于测量两点间距离，适合在地面不平整、障碍物较多、使用卷尺不易拉直时使用；电子经纬仪用于测量水平角和垂直角，配合卷尺或光电测距仪进行放线定位，由于有了测量角度和长度功能的数字全站仪，经纬仪的使用逐渐减少；数字全站仪是集测量水平角、垂直角、距离、高差多项功能于一体的高技术测量仪器；数字水准仪是专门测量高差的仪器，精度比全站仪还高。目前数字建筑建造中常使用数字全站仪作为定位测量仪器，数字水准仪进行地形高差的测量，卷尺、水平尺、铅垂线等工具用在小块构件和室内装修的放线定位中。

2. 三维激光

三维激光扫描技术是 20 世纪 90 年代中期出现的新技术，是继 GPS 定位技术之后在测绘领域又一项重大技术革新。三维激光扫描系统由三维激光扫描仪、计算机控制器和电源供应系统三部分组成。三维激光扫描仪在较短的周期内不断发射激光束，激光接触到被测物体会返回仪器，由仪器根据返回的距离和时间计算出被测物体的三维坐标。三维激光扫描在建筑上有多种用途，如设计阶段的物理模型扫描，弗兰克·盖里就常常先用手工制作物理模型，然后通过三维扫描的方式将物理模型以点云的形式输入计算机中，再进行形体的重建和深化设计；再如在加工和施工阶段，对加工完成的构件或组装完成的建筑进行三维扫描，可将得到的点云输入计算机中与设计模型进行对比，误差在规定范围内才能进行下一步工序；还有在改造项目中，为了能够准确了解旧建筑的定位、几何特征等方面的信息，可以使用三维扫描仪对旧建筑进行整体或局部扫描，然后将点云输入计算机进行建筑形体的重建，并在此基础上设计加建部分，马克·贝瑞就是使用该技术对高迪设计的圣家族教堂的石材构件进行三维扫描，并通过参数化设计方法重建扫描的构件，为继续设计圣家族教堂未建成部分提供参考。

3. 无人机测量

无人机测量技术为各行各业提供了巨大的技术支持，对数字建筑同样也是如此。无人机测量可高效化开展检测工作，一旦出现紧急突发事件，通过无人机测量技术的应用能有效缩短工时，确保突发事件的及时处理，最大限度降低经济损失。同时，应用无人机测量可快速处理信息，数字建筑的数据信息十分庞大且复杂，而无人机测量技术能更好地做到数据精度的保障，也能有效提取地物地貌信息，并且在测量过程中有较大的测量尺度，能够反映建筑项目的真实面貌，利于建筑物信息的直观展示。随着近些年来我国无人机技术的发展以及建筑工程行业发展的趋势，通过无人机测量能够更好地为建筑领域服务，通过无人机测量技术使其在数据收集和整理、处理的高质量方面，能够更好地保障工作效率，使其数据信息安全可靠，支撑着数字建筑的实施开展，为建筑工程项目的建设质量、建设水平奠定了坚实基础。

4. GPS 定位测量

全球定位系统（Global Positioning System，GPS）最早由美国军方研制用作侦察、导航等军事用途，GPS 技术克服了传统地面测量易于被复杂地形、障碍物或恶劣天气等造成测量困难的缺点。目前 GPS 测量技术主要用于大跨建筑或高层建筑的放线定位与变形监测中，有着高精度、高效率、操作简便的优点，利用 GPS 进行放线定位，数据测定和分析都由计算机完成，避免了人为误差的产生，施工控制网的基点选择约束也比较少，不需要基点之间相互视线贯通。

7.4 数字建筑设计建造的精度控制

7.4.1 设计误差的来源

“误差”指设计形体与实际建成的建筑物之间的差异，将误差控制到最小值是建筑高质量的标志。数字建筑从设计到建造过程具有多个环节，存在多种影响因素，在一定程度上影响着误差。设计阶段的误差是指从方案设计到施工图设计阶段中，各个设计环节工作交接或设计与加工对接时，产生的两个环节间模型或数据信息的差别。下面从设计软件的误差、不同软件间信息传递的误差、材料工艺的设计误差、设计预留误差等方面，详细阐述设计阶段误差的来源。

（1）设计软件的误差包括建模原理影响、建模精度设置影响、建模命令运算精度影响等方面。软件本身误差需要通过选择合适的建模软件、正确的建模方法和建模命令等方式尽量降低，以此为实际建造提供一个准确的参考模型。

（2）不同软件间信息传递的误差是由于不同软件建模原理和运算机制不同，造成在信息输入输出的交换过程中出现了模型或数据信息的改变。由于不同设计软件建模原理和运算机制问题，可能造成有些设计软件在建模或文件传输过程中会出现模型信息的改变而产生误差，比如建筑专业将模型提交给结构专业进行设计，结构专业再将结构分析结果反馈给建筑专业时，由于两个专业使用的软件的建模原理和运算机制不同，在结构软件中完成的结构模型与在建筑软件中导入的模型会有差别，因此会导致设计软件间的误差，该误差需要通过技术手段尽量减少。在同一平台下的软件之间相互导入或导出设计模型，不会发生信息出错或丢失信息的情况，比如在基于 Revit 平台的 Revit 系列各专业软件相互导入导出时不会发生错误。为解决以上问题，一方面需要软件研发机构对软件的兼容性进行提升，保证建筑信息能够准确无误地传递；另一方面要求不同专业的设计人员在选择设计软件时，尽量使用基于同一平台的系列软件，比如各专业设计建模都使用 Revit 系列，或都使用 Bentley 系列，尽量不混合使用。

对于一般建筑而言，常规软件基本能够满足建模要求，但对于形体复杂的建筑，一方面这些软件本身无法建立准确的复杂曲面模型，另一方面结构工程师的建模能力常常达不到一定要求，这就造成分析计算模型本身存在很大误差，计算结果也会受到影响。最好的办法是通过编写程序，实现建筑建模软件中的设计模型信息可直接传输到结构计算软件中，这样只需要在结构软件中进行网格划分便可进行分析计算，减少性能模拟计算与建筑设计模型的传递误差。

（3）材料工艺的设计误差和材料工艺的误差是两个概念，材料工艺的误差指构件的实际尺寸与构件设计尺寸的差别，是实测值，而材料工艺的设计误差是指通过计算或模拟求得的材料工艺的误差，与建成后实际测得的材料工艺的误差的差别，是理论值。实测和理论的差值越小，说明材料工艺的设计误差越小。

经验评估和软件模拟都是基于已有的建成案例获得的经验数据，它是通过经验数值或计算模拟获得变形量，并在设计模型中反映出来。为了减少材料工艺的设计误差，一方面需要通过对已有数据详细分析，推导出科学的算法，由经验数值或计算机求得尽可能接近真实情况的变形量，另一方面采用先进的技术方法和严格的管理措施，保证建造时构件的变形符合设计预想，避免出现不可控的变形。

（4）设计预留误差是在设计过程中，根据以往经验为构件变形与施工安装变形等提前预留余地，设计时可通过构造设计来实现。在设计阶段，需要提前预估建造阶段可能出现的其他误差，包括材料变形、技术工艺等造成的误差等。比如在幕墙的设计中，将外墙金属板与背后的龙骨之间空开 10mm 的距离，用于调整金属板之间的误差，不同位置的外墙金属板与背后的龙骨之间的距离会不同，可能变成（10±2）mm，但目的是使金属板外表面平整。设计预留误差具有积极意义，它不是简单地减少误差或消除误差，而是通过构造设计，调节一定范围的误差量来达到设计要求。在建造过程中通常利用建筑立面分缝来调节误差。留缝一方面起到了释放构件变形产生的应力、增加建筑细节、提高感知精度的作用，另一方面可以用于消除构件单元加工产生的误差。

7.4.2 设计误差的控制

针对上节所述的设计阶段的误差来源，解决误差的方法一方面要在设计阶段遵从相应的设计原则，来减少设计软件本身造成的误差，另一方面要通过提前预估误差及设计供误差调整的构造措施，从而减少加工和施工阶段可能出现的误差。

1. 提高精度的设计原则

为应对设计软件本身及模型传递过程中造成的误差，需要在设计的各阶段选择合适的软件进行建模；在模型信息传输过程中，选择相互兼容性好的软件及合适的转换格式；在建模过程中设置正确的参数，科学地使用软件命令进行模型的搭建。

（1）在设计的各阶段选择合适的软件进行建模

首先讨论概念方案设计阶段的软件选择，以 Rhino 进行 NURBS 建模为例，主要是通过曲线经过挤出、扫掠、放样等操作，精确地生成曲面，但在生成曲面后，需要将曲面围合成体，这时经常会发生不同曲面接合处不连续、出现拐点的情况，采用 NURBS 建模方法比较难处理这种问题，而多边形建模方法对形体的控制比较自由，曲面更加平滑流畅，更适合进行复杂三维曲面的找形，通常可用 Maya、3DMAX、Rhino 的 TSpline 插件进行多边形建模。所以很多事务所（如扎哈事务所、MAD 等）的设计流程是利用 Maya 的多边形建模方法生成多个复杂的雏形后，优选出一个或几个方案，提取出它们的特征曲线，导入 Rhino 或 Digital Project 中再进行曲面的重建工作。

在初步设计阶段，如果选择 NURBS 建模方式，可以使用参数化编程功能的软件，如 Rhino 结合 Grasshopper、Digital Project 等，对曲面进行精确建模，并且利用参数化编程对形体进行优化、细分，使曲面单元能够加工制造。

在施工图阶段，选择 BIM 系列软件时，可选用 Revit、Digital Project 等进行三维建模，他们可以保证各专业之间的模型不出现相互冲突，然后通过 BIM 模型自动生成二维图纸，遇到需要修改的情况，直接修改三维 BIM 模型，二维图纸会自动进行更新，省去了应用传统设计方法时需要人工检查图纸的麻烦，可以保证各图纸之间不出现相互矛盾的情况。

（2）选择相互兼容性好的软件及合适的转换格式

虽然目前很多软件支持三维模型格式，如 3ds、obj、IFC 等文档的输入和输出，但在输入输出过程中还是会出现模型信息的丢失、错误及精度下降等问题。这是因为不同软件之间的文件兼容性不好所造成的。设计师在设计过程中，尤其是专业协同要求较高的施工图设计阶段，最好使用同一系列的软件进行各专业的设计，比如同时使用 Revit 系列软件或 Bentley 系列软件。因为同一系列的软件存储格式都是各自统一的标准格式，比如 Revit 系列软件都是 rvt 格式，Bentley 系列都是 dgn 格式。同一系列软件之间的兼容性最佳，基本不会出现模型信息出错的情况。当然，对于软件开发商来说，需要进一步增强不同软件间的兼容性，保证模型信息传递的准确性。

同时，在使用三维建模软件导出模型时，尽量选择不改变模型精度的格式，比如从计算机输出用于数控加工的构件模型常选用 IGES 格式，较少选用会改变模型特征、降低精度的 3ds、obj 等网格格式。

（3）科学使用软件命令

选择了合适的软件，如何科学地使用软件建立模型，是设计阶段提高精度的关键。建模是通过建模软件的菜单命令来实现建模操作，每个菜单的后面都是个算法。在建模软件中输入命令时，由于所选的命令本身就是个近似处理相关问题的手段，所以与需要的结果之间会存在误差，比如使用 Rhino 中曲面展开命令展开不可展曲面时，展开后的平面跟原曲面相比，面积会发生变化。出现这种情况需要判断产生的误差是否可忽略不计，如果不是，则可以通过编程自行编写产生误差更小的命令，比如增大细分面的数量可以使拟合更加准确。

设计人员需要提高建模水平，选择合适的命令及顺序进行建模。当软件现有命令不足以满足要求时，可以通过编程手段对软件进行二次开发，自行创造更科学的建模命令。

2. 根据误差范围进行设计

根据误差范围进行设计分为两个阶段：第一，通过经验估算或软件模拟，求得建筑构件因建造阶段的变形、材料本身质量、加工工艺、加工工具、施工安装、测量定位等各方面因素造成的误差范围；第二，由设计、加工、施工等多方经过协商，根据误差范围选择合适的方法去应对，比如通过构造或提前采取预变形措施等。

对于复杂度较高的建筑来说建成案例比较少，再加上各个工程特色分明，差别很大，所以经常会遇到现有经验无法预估误差范围的情况，这时需要根据实际情况，创造新的工艺方法来估算误差范围。比如可以制作 1∶1 等比例局部模型进行实验，一方面检验建造的可行性，另一方面测试材料工艺等因素造成的误差范围是多少，并以此为依据对设计进行优化调整，例如 XWG 工作室采用纤维增强复合材料 FRP 作为曲面屋顶材料，是首次在国内应用 FRP 作为建筑外围护材料，所以没有成熟的参考案例，为了能够了解曲面屋顶构件建造方法的可行性，以及构件的制作误差、力学性能等方面特征，在实际开始批量加工构件单元前，首先挑选了曲率变化最大的一块单元进行样品制作，并进行了破坏实验。由此了解了 FRP 屋面板构件的制作工艺、误差、变形、性能等方面情况后，再对设计进一步优化，一方面留出一定缝隙作为误差调整的空间，另一方面对连接 FRP 屋面板的节点尺寸、精度、工艺等方面提出要求。

根据误差范围进行设计，要求设计师在设计阶段就提前与加工方、施工方进行交流，了解构件的加工、安装的工艺方法及精度等情况，进一步增强设计与建造之间的联系。

3. 供误差调整的构造设计

为了应对材料变形、制作工艺、施工拼装等方面产生的误差，经常会在设计时预留一部分空间，通过供误差调整的构造，小幅度调节构件单元的形状或位置，使得建筑精度满足设计要求，特别是对于大型的建筑，每个构件单元微小的误差经过累积可以达到非常惊人的误差，造成建筑无法交圈、合拢，甚至出现破坏、坍塌的情况。为避免这类情况出现，应在每个构件处设置供误差调整的构造，将建筑分为数个区域，在每个区域内设置一个或多个供误差调整的构造，使得区域内累积误差在各自区域内得到消除。误差调整构造需要根据构件的类型、要调整误差的大小、建筑的外观效果等方面进行设计，尽可能用最简单易行的构造方式调整或隐藏误差，主要包括采用建筑分隔缝调节、螺栓调节、套管调节、误差隐藏等方式。

7.4.3 建造误差的来源

机械手臂、3D 打印、数控机床加工等新兴数字化技术，代表了数字化的建造手段。这些数字建造技术作为高精确性、专业性的加工生产方式，被广泛用于工业化生产中，比如各种机械制造行业、航空航天领域、汽车制造行业等。而随着数字化建造的工具和方法从机械制造领域逐渐向建筑领域发展，建筑工业朝着精确建造和高技术建造的方向发展，赋予了数字建筑实现的可能。

然而，当数字技术运用到实际的建筑工业中时，其精雕细琢、高技术、高投入的建造方式具有一定的不适应性。建造工业一般有如下特质：第一，建筑的尺度大、结构重、荷载高。因此，能够批量制造的、低成本的建筑原材料如钢筋混凝土，才能适应建筑工业的需求。第二，建筑的设计、建造高度复杂，建筑建造的场景往往具有非常高的复杂度。在建造的现场，各工种的协调，复杂的施工步骤，都指向一个相对不精确的建造体系。第三，在设计建造过程中，建筑师精力往往投入在平衡多个问题和沟通各方需求，而并非是对高级的技术的研究。基于以上原因，从工业精细化制造体系下移植发展而来的数字建造做法，对材料的要求较高，对高技术设备和专门培训人才的要求较高，对建造精细度的要求较高。

建筑的建造分为构件加工、现场施工、精度测量等阶段。在工厂加工阶段，材料、工艺、加工工具、变形等因素都会产生一定误差，并累积起来反映在每个构件上；在现场施工阶段，每个构件的误差会不断积累，并与测量定位、安装、构件变形等因素产生的误差累积起来，反映在完工的建筑上；在精度测量中，因为仪器、测量方法及测量环境影响，本身也存在一定的误差。建筑最终的误差是通过精度测量结果与设计模型或图纸进行对比而得知。下面从材料自身误差、加工工具误差、加工工艺误差、构件变形、测量定位和精度检查误差、施工安装误差等方面，详细阐述加工和施工阶段误差的来源。

1. 材料自身误差

建筑材料分为天然材料，比如木材、石材等，以及人工合成材料，比如玻璃、复合材料等。从自然界直接获得的天然材料是经过自然界的阳光、风、雨等各种外力作用长期形成的，所以材料本身不是均质的，比如天然木材一般不会是规则的圆柱体，并且会有疤节、裂缝等瑕疵；在将天然木材进行二次加工，制作成建筑构件时，需要尽量避免使用有疤节和裂缝的部分，否则也会从材料本身造成设计及建造的误差。

人工合成的材料是人为把不同物质通过化学或聚合的方法制成，材料的性质与原物质已完全不同，如塑料、合金等。合成材料也会因为生产过程中工艺的限制，造成材料本身存在一定误差。

2. 加工工具误差

加工工具误差来自于工具本身，以及操作工具过程所产生的误差。工具本身误差是由工具的特质带来的，比如钻头的直径决定了钻孔的精度。减少工具本身误差需要选择精度较高的工具，但提高加工精度，有时意味着延长加工时间，增加加工成本，在实际操作过程中应该综合考虑精度、工期和成本，比如采用刀具作为切削工具时，刀具的尺寸直接影响切削的精度，刀具钻头的直径从 2mm 到 20mm 不等，通过更换不同直径、形状的切削头，可以调节切削的效果和精度。

数控加工机器本身的误差，一部分由机器前端的运动所致，这部分误差较小，一般在±2mm 以内；另一部分为机器前端连接的切具所造成，切削用具包括刀具、激光束、等离子弧和水刀等，通过移动机器前端以及切具，将加工对象制造成所需形状，但在这个过程中，也会产生一定的误差。激光切制的切口很窄，只有约 0.1～0.5mm，是精度非常高的加工方式：等离子弧切制方式是借助高速热离子气体熔化，并吹除熔化的金属而形成切口，切口范围比较大，一般在 5mm 以上，精度稍低。

数控机器加工过程中也需要技术人员进行操作，人为操作作为一种因素，如果操作方式不当，也会导致一定误差的产生，另外在数控加工的过程中，构件的定位、切割用具的校准等如果不符合要求，也会产生误差。

3. 加工工艺误差

加工工艺的好坏也可能导致构件的实际尺寸与构件设计尺寸产生差别，这主要受制于工艺的合理性、温湿度等操作环境、工人操作水平等因素的影响。在实际加工过程中，一个构件的加工往往需要多个工序，各个工序之间的衔接得当与否会产生一定的误差。

比如在某FRP屋面板单元建造过程中，虽然聚氨酯泡沫芯材是采用数控机床进行加工，理论上加工精度可达±1mm以内，但表面铺设FRP树脂纤维层以及涂腻子找平等后处理工作都是人工完成的，操作过程中泡沫模具也会有一些变形，所以FRP屋面板单元制造完成后的精度并没有达到设计要求的±3mm。抽取有条形窗洞的单元进行窗洞宽度的测量，发现5个条形窗洞相同位置的宽度，误差从－2mm到＋15mm不等，同一条形窗洞不同位置的宽度也有5mm的差距。

除此之外，加工工艺还与施工顺序、施工时间安排、是否实时抽检等环节有关，在这些环节中都有可能会产生误差。

4. 构件变形

构件的变形从构件开始生产，一直到建成一段时间后达到稳定状态的整个过程中一直存在着，它包括在工厂加工变形、存放变形、从工厂到现场运输变形、现场安装变形以及建成后的变形等。

构件变形包括自体变形和外力变形。自体变形是自身因素（内因）造成的变形，包括来自于构件自重以及内应力作用所引起的变形等。外力变形是外力因素（外因）造成的变形。

在国家大剧院建造后对外壳钢结构变形进行了测定，结果发现竖向变形最大的位置在顶环梁的正北点，该点向下达到142mm的变形。这类变形在设计荷载范围内，不会影响到结构稳定性，但需要在设计中考虑，比如采取反拱设计、误差预留等措施。在建造过程中，构件的运输、存放、吊装、卸载等步骤都需要采取相应的措施，控制构件因荷载因素产生的变形。超过设计荷载、爆炸、冲击等作用会造成不可逆的永久变形，这类变形会影响到结构的稳定性，甚至会出现破坏坍塌的情况。

内应力作用引起的变形主要是构件受温度、湿度变化产生，包括由构件所处环境的温湿度变化，以及构件在建造过程中加热、冷却和焊接等工艺引起。比如焊接产生的误差，在设计阶段需要合理设计焊缝的位置、焊接坡口形式，在建造阶段严格遵守焊接工艺流程，尽可能在环境稳定的工厂内进行焊接工作，采取预防变形和反向变形的措施，科学安排焊接的顺序等，否则会由此带来构件变形。

5. 测量定位和精度检查误差

测量定位和精度检查误差主要来自加工和施工过程中由测量仪器、测量方法、人为读数等产生的误差，比如在施工中使用数字测量仪器，不同型号的仪器存在不同大小的误差；全站仪的精度也一样，采用某全站仪进行高程测量的理论精度为2＋2ppm（parts per million，每百万单位），即固定误差为2mm，测距误差2ppm，每公里增加2mm，比如测距为100m时，高程测量误差约为2.2mm，1000m时误差约为4mm；另外如HDS2500型三维激光扫描仪的测距误差在50m内为6mm，超过50m后仪器测距误差随线性增加，在200m时达到42mm。

造成测量定位和精度检查误差的原因有很多，以精度检查中应用的三维激光扫描方法为例，其产生误差的主要因素包括仪器误差、目标物体反射面导致的误差、外界环境误差等。仪器误差是由激光测距误差和扫描角度测量误差等系统误差造成的；目标物体反射面导致的误差，主要受目标物体反射面与仪器的角度以及表面粗糙度影响；温度、气压等外界环境因素也会对仪器的精度产生影响，特别是恶劣天气环境下，影响比较大，不适合进行测量和扫描。

为了提高数字测量仪器的定位效率，并不是每一个构件都有一个对应的定位参考线或参考点，往往是一个区域内使用一条参考线，在区域内，利用卷尺、水平尺、铅垂线进行定位。定位参考线或参考点设置越密，定位精度越高，但定位工作量越大，需要平衡两者之间的关系，在满足测量定位精度的基础上，提高测量效率。

6. 施工安装误差

在工厂加工完成的构件运至现场进行组装，会在定位、安装、调整等工序过程中产生施工安装误差。相比于在工厂进行加工，现场受天气影响较大，并且施工操作要比工厂内难度高得多，因此安装过程中会产生较大的误差，如钢结构的焊接，如果施工环境不利，或者工人技术不当，都会造成误差。为了减少施工安装误差，一方面要尽可能在工厂内预制构件，减少现场的工作量，另一方面在施工前制定好施工方案，严格按照操作步骤进行施工，实时监控安装精度，保证施工质量。

7.4.4 建造误差的控制

为控制上节所述建造阶段的各类误差，本节将从加工和施工的精度控制原则、误差监测方法以及超过允许误差的解决方法等方面，阐述建造阶段的精度控制方法。

1. 加工和施工阶段的精度控制原则

在加工和施工阶段，进行构件加工和现场拼装，需要遵循加工和施工阶段的精度控制原则，包括构件加工数字化、构件组装精简化、工序安排合理化、误差监测常态化等，使得建造工作能够高效、高质量完成。

(1) 构件加工数字化。利用数控机设备或智能机器进行加工，实现施工定制化生产。

(2) 构件组装精简化。按照结构受力以及材料构造关系进行单元构件的分拆，同时又要尽量减少构件数量；需要巧妙地进行构件连接节点设计，以降低组装难度，并保证组装的精度。

(3) 工序安排合理化。在建筑施工现场中，如何协调好各施工单位的关系、如何合理安排加工及施工工序、如何合理安排材料及工具的存放地点、如何有效协调施工机械如吊机及脚手架等的使用等，这些问题也直接影响到建筑的施工精度。

(4) 误差监测常态化。在构件加工及建筑施工过程中，对所加工的构件及施工的建筑实时不间断地进行监测是保证精度的重要环节。

2. 误差监测方法

在加工和施工过程中对误差进行监测，能够及时发现问题并解决。误差监测首先要根据工地现场情况、周围环境、施工方案等进行详细了解，并与参与建造的各方进行沟通，制定合理的误差监测方案，包括监测内容、监测点的布设、监测精度以及监测周期等方面。监测内容是根据施工现场的情况、误差来源等方面，确定监测的目标及监测方式。监测点的布设要综合考虑经济性和精确度，用最少的测量仪器和人力达到准确的误差监测的结果；监测点应布置在结构关键位置，如最大应力或最大变形出现位置，并且应安全易于通视，方便观察。监测精度的确定主要依据监测结果能否反映建筑物的误差情况，在监测之前需要预估建筑的误差，比如变形、安装误差等方面，工程中一般精度要求为预估误差的1/20～1/10，或1～2mm。此外，以满足精度为前提，应合理安排误差监测的周期。

以CCTV新台址钢结构的误差监测为例，监测内容为钢结构变形监测、转换桁架测量、悬臂的预控及施工缝的监测，发现问题及时校正。

3. 超过允许误差的解决方法

在部分项目的加工和施工过程中，由于设计考虑不周或施工质量不佳等原因，会出现实际误差超过设计范围的情况，简称为超差。为应对这种问题，应该根据实际情况通过调整建成部分的构件，或者在建造过程中临时调整设计，以保证满足建设要求。选择何种方式解决超差的问题，需要综合考虑误差的大小、分布范围、处理误差难度、成本工期等多个方面。

调整建成部分的构件。在面临超出容忍误差的问题时，首先应检查是否存在消除误差的预案。如果有可行的预案，应迅速实施，即使无法将误差完全调整到设计要求的范围内，也应该尽量减少误差。如果没有可行的误差消除预案，那么在不影响工期和造价的前提下，应采取措施来减少损失。

调整设计。当通过调整建成部分的构件无法将误差缩小至规定范围或代价极大时，在保证建筑使用功能和结构稳定性等条件下，只能在有较大误差的建成部分的基础上，临时调整设计，以相对较小的代价，让还未建造的部分依照已建成部分的形态更改设计进建造。例如，某钢结构屋面板，根据对已建成的钢结构的测量数据，对尚未加工的FRP屋面板单元进行形状调整的设计，然后按照新的设计形状进行加工；经过调整，所有的屋面板都能够正确安装到位，避免了不必要的问题和浪费。

专题：关于推动智能建造与建筑工业化协同发展的指导意见

思考与练习题

1. 请解释数字建构的概念，并说明其与建构理论的联系。
2. 形态建模技术在数字建造中的作用是什么？举例说明其应用领域。
3. 虚拟建造和物质建造的连续性对于建筑和工程项目有何重要性？
4. 介绍一种数字建筑设计软件，并说明其主要功能和优势。
5. 数字测量在建筑设计建造中的应用可以如何提高精度？
6. 分析设计误差的来源，并提出减少设计误差的建议。
7. 建造误差可能导致什么问题？列举一些减少建造误差的方法。
8. 数字工程与数字工匠在数字建造中的角色有何不同？

8 数字化施工的模型分析方法

本章要点与学习目标

1. 深入探讨数值分析理论的概念和原理。
2. 理解三维模型的建立方法和分析方法。
3. 掌握关键多维度、物联网和云计算的数字化控制方法。

本章导读

本章探讨了数字化施工的模型分析方法。首先深入探讨数值分析理论的概念和原理；其次，探讨了三维模型的建立方法和分析方法，分析了其实现过程；最后，从关键多维度、物联网和云计算的数字化控制方法进行分析和探讨。通过本章的学习，将更深入地理解数字化施工的模型分析方法，为数字建造领域的深入研究和实践奠定基础。

重难点知识讲解

8.1 数值分析理论的模型分析方法

8.1.1 模型分析方法的价值

数字化模型是一种利用计算机技术和数学方法将现实世界中的物体、系统、过程、组织结构或现象转换为可在计算机中存储、处理、模拟和优化的虚拟模型。数字化模型的优点在于能够以较低的成本和风险模拟和预测真实世界的各种情况，从而支持决策、优化资源配置、提升工作效率和创新能力。数字化模型是数字化施工的基础，数字化施工要围绕数字化模型开展各项工作，因此模型及模型分析方法对于数字化施工至关重要。其意义体现为以下几点：

(1) 设计协调：数字化模型能够消除传统二维图纸可能带来的歧义，使得所有相关人员都对设计有一致的理解。此外，通过使用 BIM（建筑信息模型）工具，设计变更可以在模型中实时反映，减少了错误和延误。

（2）优化设计：数字化模型允许设计师和工程师在施工开始之前对设计进行详尽的分析。例如，通过模拟施工过程，可以预测并解决可能出现的问题，进一步优化设计。

（3）精确施工：基于模型的施工可以确保精确的施工，因为所有的步骤都是根据模型计划和测量的。此外，数字化模型可以生成具体的施工指令，指导现场操作。

（4）质量控制：通过将实际施工结果与数字化模型进行对比，可以检查施工质量是否符合设计要求。这种方式可以在现场进行，也可以用于远程监控。

（5）设施管理：数字化模型不仅在施工阶段有用，它还可以作为设施管理的工具。一旦建筑完成，模型可以继续用于维护、修理和更新设施，提高了设施的使用寿命和性能。

数值分析是一门研究用数值方法解决数学问题的学科，它主要关注如何通过计算机算法实现数学问题的近似解。数值分析提供了一系列严谨的数学理论和算法，用于处理那些无法得到解析解或者解析解难以求得的实际问题。数字化模型将实际问题抽象成数学模型，并通过计算机程序实现模型的建立、模拟和分析。建立数字化施工模型的过程中，需要使用数值分析方法求解模型中的复杂计算问题。

数值分析是数字化模型背后的核心支撑技术。

基于数值分析理论的模型方法，是对工程结构进行力学和安全性评估的主要方法，随着近年来各类商业性数值分析软件和开源数值分析求解器的不断涌现，数值分析模型在建筑施工中得到了前所未有的应用和发展，在解决各类工程质量和安全问题过程中发挥了巨大的价值。

该方法主要是针对施工结构进行模型建立，施加各类外界作用和边界条件在施工全过程的建造演变进行同步分析模拟求解后，可得到关于结构内力和变形的详细信息，供项目决策使用。

8.1.2 模型分析方法分类及原理

针对不同的分析对象，需要进行数学意义上的抽象进来建立相应的数学模型，并配合采用配套的数据分析方法，因此分析方法由分析对象确定。

根据分析对象的连续性和非连续性特征，可将其分为连续性分析方法和非连续性分析方法。

1. 连续性分析方法

连续性分析方法是数学分析领域的重要工具，主要用于研究连续性方程的解的性质。在实际应用中，这些方法被广泛用于解决各种各样的科学和工程问题，包括流体动力学、固体力学、生物医学工程等领域。

连续性分析方法主要是我们常用的有限单元法、有限差分法，以及近年来逐步开始使用的边界单元法和无单元法。

（1）有限单元法：有限单元法（Finite Element Method，FEM）是一种广泛应用于工程和物理学中的数值分析方法。该方法主要用于求解偏微分方程，特别是解决具有复杂边界条件的弹性问题。在有限单元法中，求解区域被划分为许多小的、相互连接的元素（或称为“有限元”），然后使用插值函数来表示未知函数。通过这种方式，可以将微分方程转化为一个线性方程组，最后求解该方程组即可得到问题的数值解。

（2）有限差分法：有限差分法（Finite Difference Method，FDM）是一种求解微分方程和偏微分方程的数值方法。该方法通过在求解域上离散化微分方程，并将微分运算转换为差分运算，从而将连续问题转化为离散问题。然后，使用迭代或直接方法求解离散后的代数方程。有限差分法在流体动力学、热传导、波动问题等领域有广泛应用。

（3）边界单元法：边界单元法（Boundary Element Method，BEM）是一种主要用于解决边界值问题的数值方法。该方法通过将问题在边界上进行离散，将内部问题转化为边界问题，从而避免了在全域上进行离散的复杂性。边界单元法特别适合于解决具有复杂几何形状的问题，如二维和三维的弹性问题、流体动力学问题等。

（4）无单元法：无单元法（Element-Free Galerkin Method，EFGM）是一种用于求解偏微分方程的数值方法。该方法没有明确地将计算域离散成单元，而是使用一个由节点组成的连续分布的基函数来逼近未知函数。这使得无单元法具有灵活性高、无需划分网格等优点。然而，无单元法在处理复杂几何形状和边界条件时可能会面临挑战。

其中有限单元法是在当今工程技术发展和结构分析中获得最广泛应用的数值方法，它通过将一个连续的物理系统离散成有限个小的单元，并对每个单元设定特定的插值函数来逼近原问题的解。这种方法能够有效地处理复杂的几何形状和边界条件，并能够适应各种不同的材料性质和加载条件，并且其支持非线性计算特性，使得在岩土和地下工程中得到大量应用。有限单元化发展到今天已经成为求解各类施工问题的有力工具，并已经被工程科技人员所熟悉。其思想就是将工程实体离散为若干个连续单元之间，通过节点连接形成整体，用于模拟工程实体。单元与单元间的连接只有节点，其节点单元边是不关联的，但连接必须满足变形协调条件，无裂缝且不会重叠；当节点和单元组成的模型受到外力作用和约束限制时，将会发生变形，组成单元亦随之发生，连续变形，其特点表现为节点位移。有限单元方法所得到的结果是近似解。目前工程建设中较为常见的有限单元商用分析软件，包括 ANASYS、ABAQUS、PLAXIS、MIDAS。

有限单元法在数字建造中有广泛应用。比如，挡土墙设计，有限单元法可以用于分析挡土墙在受到土压力作用下的变形和应力分布，以及土体内部的剪切力和位移；地基稳定性分析，有限单元法可以用于分析地基在承受载荷作用下的应力分布和变形，从而评估地基的稳定性；边坡稳定性分析，有限单元法可以用于分析边坡在受到重力作用下的应力分布和位移，以及土体内部的剪切力和位移，从而评估边坡的稳定性；隧道设计，有限单元法可以用于分析隧道在受到土压力和围岩作用下的变形和应力分布，以及围岩内部的位移和应力；地下管道设计，有限单元法可以用于分析地下管道在受到土压力和内压作用下的变形和应力分布，以及管道接口的位移和应力。

边界元法以及有限差分法，重点解决了施工过程中的大变形分析问题，但由于其偏重于科学研究的原因，在实际工程中应用比较少。比如结构静力分析，边界元法可以用于分析结构在外部载荷作用下的应力分布和位移，例如分析桥梁结构在车辆和风载作用下的响应。结构动力学分析中，边界单元法是一种有效的方法，可以用来研究结构在动力荷载下的反应。流体力学分析中，边界单元法可以用来研究水工建筑物中的液体流动，如大坝的渗透、流致振动等。对于有限差分法，可以用于分析结构在外部载荷作用下的应力分布和位移，例如分析房屋框架在重力作用下的响应；也可应用于动力荷载作用下的结构反应分析，如对桥梁的地震反应进行分析；还可以用来分析土木建筑中的液体，如大坝的水动力特性。

2. 非连续性分析方法

在数值模拟中，非连续性分析法是指一种用于分析物质非连续性变形的数值方法。这种方法用于研究材料在极限载荷（如撞击、爆炸等）下的大范围塑性变形和非线性动力响应。

非连续性分析法的概念基于物质的非连续性变形理论，该理论认为，当材料受到超过其承受能力的载荷时，会发生局部的、突然的、不连续的塑性变形。这种变形会改变材料的几何形状和物理性质，并且会对材料的整体性能产生显著影响。

非连续性分析法是一种数值模拟方法，通过建立数学模型并利用数值计算方法求解，从而得到材料的非连续性变形规律和整体性能。这种方法既可以反映材料的非线性特性，又可以反映材料在极限载荷（如高速撞击、爆炸等）下的非线性动力学行为。非连续性分析法可以模拟和分析材料的微结构和局部变形，能够提供更详细、更准确的材料性能信息，为材料的设计和优化提供指导。该方法在应用中需要建立合适的数学模型和选用适当的数值计算方法，对计算资源和计算能力有较高的要求。

非连续性分析法主要包括离散元法和流形元法。

离散元法（Discrete Element Method，DEM）是一种数值计算方法，主要用于模拟大量颗粒在给定条件下的运动和行为。该方法最早由 Cundall 于 1971 年提出，起源于分子动力学。离散元法的基本思想是将连续体离散化为由有限个离散的单元组成的集合，每个单元具有一定的物理属性，如质量、刚度等。通过跟踪每个单元的运动和相互作用，可以模拟集合整体的动态行为。它适用于模拟离散颗粒组合体，在准静态和动态条件下的变形及破坏过程，常应用于岩石、土地学、脆性材料加工、粉体压实、散体颗粒输送等领域。常用的离散源商业软件包括 ITASCA 公司的 UDEC、PFC 一级 Thornton 版 GRANULE 等。

离散元法的特征：离散性，离散元法将连续体离散化，使得可以对复杂的几何形状进行模拟。这种离散化的处理方式使得方法具有较好的灵活性和可扩展性。单元性，离散元法将连续体分解为有限个离散的单元，每个单元具有一定的物理属性，这种单元性的处理方式使得方法能够更好地反映实际问题中的局部细节和特征。动态性，离散元法可以模拟大量颗粒在给定条件下的动态行为，这种动态性的处理方式使得方法能够更好地反映实际问题中的动态变化和相互作用。

基于非连续力学的离散元和流形元法，使得对施工中不连续介质的模拟和分析成为现实，为工程结构分析提供了另外一套解决思路，目前应用以离散元法为主。

离散元法在建设工程领域都有应用，岩土工程中离散元法可以用于模拟岩石和土壤在受力、变形和破坏过程中的行为，如岩石的破裂、土壤的液化等。矿山工程中离散元法可以用于模拟矿山的崩落、岩爆、矿柱的稳定性等问题。环境工程中离散元法可以用于模拟沙尘暴、泥石流等自然灾害的发生和发展过程。

8.1.3 基于有限元分析的模型分析方法

有限元分析是一个强大的工具，可以帮助工程师和科学家优化设计、预测性能、降低成本和减少实验测试。它在各种工程和科学领域中都有广泛的应用。有限元分析将连续的求解区域离散化为由有限个小的、相互连接的元素组成的集合，并对每个元素定义特定的物理和几何属性，来模拟和分析物理现象。

有限元分析的基本步骤为：

（1）建立模型的有线元网格：这一步主要是根据实际物理问题的特点，将连续的求解区域离散化为由有限个相互连接的元素组成的集合。有线元网格是一种常用的方法，它通过定义一系列的节点和连接这些节点的元素来构建模型。这个过程包括创建节点、定义元素类型（例如，二维的三角形或三维的长方体）以及连接节点等。

（2）定义单元性质材料或者参数：在这一步中，需要为有限元模型中的每个单元定义或分配材料属性，例如弹性模量、泊松比、密度、热传导系数等。这些属性将根据单元所在的区域或材料的变化而变化。

（3）定义边界条件和初始状态：在有限元分析中，需要定义模型的边界条件，例如固定边界、自由边界等。这些边界条件将影响模型的解。此外，如果模型涉及物理量的时间变化（例如热传导或流体流动），还需要定义初始状态。

（4）进行有限元网格模型的初始评分分析：在进行正式的模拟分析之前，通常需要对有限元模型的网格进行评估，以确保其足够精细和合理。这包括检查单元的大小和形状，确保它们能够提供足够的精度，并避免产生过度扭曲或过大的应力集中。

（5）进行施工阶段模拟分析：对于涉及多个时间步骤的模拟分析，例如结构施工过程，需要按照预定的时间步骤进行模拟。每个时间步骤可能涉及不同的边界条件、材料属性或载荷条件。通过逐步模拟每个步骤，可以观察结构在不同时间点的响应和变化。

使用有限元分析的注意事项包括：确保模型能够反映实际问题，并足够精确。选择合适的单元类型和求解方法。定义合理的材料属性和边界条件，正确施加载荷。

有限元分析的预期结果包括：位移分布，显示模型中每个点的位移情况。应力分布，显示模型中每个点的应力情况，包括正应力和剪应力。应变分布，显示模型中每个点的应变情况。失效预测，根据应力或应变分布预测结构的失效模式，如屈服、断裂等。优化建议，根据分析结果提出结构优化建议，以改善结构的性能。

8.1.4 基于离散元分析的模型分析方法

离散元分析方法（Discrete Element Method，DEM）是一种用于模拟颗粒或颗粒群体行为的数值方法。

离散元分析包括以下关键概念：颗粒模型，将颗粒体系中的每个颗粒看作是一个离散的实体，通常用几何形状（如球体或多边形）来表示，每个颗粒具有质量、位置、速度和形状等属性。相互作用力，在离散元分析中，颗粒之间的相互作用通常由一些基本的力模型描述，如弹簧-弹簧、弹簧-阻尼、摩擦力等，这些力模型根据颗粒之间的距离和速度来计算相互作用力。时间步进，通过数值积分方法来模拟颗粒体系的时间演化，通常使用离散时间步进方法（例如 Euler 法或 Verlet 积分法）来更新颗粒的位置和速度。碰撞检测和响应，在颗粒体系中，碰撞是常见的，离散元分析需要检测颗粒之间的碰撞，并根据碰撞的性质计算碰撞的响应，例如速度改变或能量损失。边界条件，定义颗粒体系的边界条件，以模拟真实系统的边界条件，如容器壁或受限空间。结果分析，分析模拟结果，获取关于颗粒体系行为的信息，如颗粒的位移、速度、力、应力、应变等。

离散元分析的具体步骤如下：

（1）建立离散元颗粒模型：需要定义颗粒的几何形状、大小、初始位置和速度。通常，模型中的每个颗粒都用一组参数来描述，包括位置、速度、质量、弹性属性等。使用中，确保颗粒之间的初始化配置满足物理实际，并考虑颗粒之间的相互作用。合理选择颗粒的数量和密度。

（2）建立接触力计算模型：需要定义颗粒之间的相互作用力，这包括接触力、摩擦力、弹性力等。通常使用接触模型来描述这些力的行为。注意事项：选择合适的接触模型以反映颗粒之间的物理性质，例如弹性碰撞、粘附等。确保力模型与实际情况相符。

（3）计算边界作用：需要定义颗粒群体与边界或周围环境的相互作用。这可以包括墙壁、容器或其他边界条件。使用中边界条件的选择和建模需要根据具体问题进行。确保模型边界与实际物理系统相匹配。

（4）建立颗粒运动方程：需要基于牛顿运动定律，建立颗粒的运动方程，描述颗粒在外力和相互作用下的运动。注意事项：确保颗粒之间的相互作用力和外力正确地反映在运动方程中，以实现准确的模拟。

（5）选择时间步长进行迭代计算：需要将时间分成离散的步长，使用数值积分方法（如欧拉法、中点法等）进行时间步长的迭代计算。需要选择合适的时间步长以平衡模拟的稳定性和计算效率。小时间步长可以提高精度，但增加计算成本。

离散元分析是一种复杂的数值方法，需要细致的模型设置和参数选择，以确保模拟的准确性和可靠性。此外，对于不同类型的颗粒系统（如颗粒流、颗粒堆积等），需要根据问题的特性进行适当的模型调整。模拟结果通常需要与实验数据或现实情况进行验证和校准，以确保模型的可信度。

8.2 三维数字化模型

8.2.1 三维数字化模型的建立方法

三维数字化模型是一种基于计算机技术的建模方法，通过数字模型来描述物体的外观、内部结构、空间位置等信息。模型分析方法则是指通过一定的计算和分析手段，对模型进行评估、优化和改进的过程。

基于三维数字化模型的模型分析方法，即通过三维数字化模型进行模型分析的方法。它主要通过 BIM 技术来实现，因此，该方法主要应用于建筑领域。核心内容在于分析模型的内外部空间关系。通过 BIM 技术构造的数字模型是最基本的操作步骤，所有的数字化信息都应该储存和反馈到 BIM 模型中，所有的操作和应用都应在 BIM 数字化模型基础上进行。具体包括：模型建立，通过 BIM 技术构建数字化模型，描述建筑物的外观、内部结构、空间位置等信息。空间关系分析，对模型进行空间关系分析，包括内部空间关系和外部空间关系，内部空间关系指建筑物内部各部分之间的相对位置和空间关系，外部空间关系指建筑物与周围环境之间的相对位置和空间关系。模型优化，根据分析结果对模型进行优化，改进模型的性能和设计。数字化信息管理，通过 BIM 模型对建筑物相关信息进行管理，包括设计信息、施工信息、维护信息等。

1. 设计阶段

（1）数据采集和规划。设计单位首先采集项目相关数据，包括场地信息、现有结构、规划要求等。基于这些数据，设计单位开始构建三维 BIM 模型，包括规划、建筑、结构、安装、装饰等设计内容。

（2）协作与模型更新。各设计团队协同工作，不断更新 BIM 模型以反映设计决策和变更。BIM 模型可用于可视化、冲突检测和性能分析，以确保设计满足各项要求。

（3）可视化与审查。利用 BIM 模型进行虚拟现实（VR）或增强现实（AR）演示，以便设计团队和业主更好地理解项目。进行审查和批准，确保设计满足质量和法规要求。

（4）最终 BIM 模型。在设计阶段结束前，生成最终的 BIM 模型，包括设计决策、材料规格、设备信息等。

2. 施工阶段

（1）工程计划和执行。施工单位使用设计阶段生成的最终 BIM 模型来制定详细的工程计划。记录施工进度、质量控制、安全措施等信息，并将其整合到 BIM 模型中。

（2）变更管理。如果在施工过程中发生变更，更新 BIM 模型以反映这些变更。BIM 模型可用于变更控制、冲突检测和材料/设备追踪。

（3）实施和验收。在实施过程中，施工单位可利用 BIM 模型进行可视化和协作。验收过程也可以在 BIM 模型中记录，以确保工程符合设计要求。

（4）最终整合。在施工结束前，生成完善的整体 BIM 模型，包括施工的所有资料和进度信息。

3. 运维阶段

（1）运维计划。甲方和运维管理方利用 BIM 模型来制定运维计划，包括设备维护、清洁、安全措施等。

（2）资料整合和维护。将各类运维资料数据集成到 BIM 模型中，包括设备手册、维护日志、保养计划等。定期更新 BIM 模型以反映实际的运维情况。

（3）运维管理。利用 BIM 模型检索设计和施工阶段的各类信息，帮助运维管理方更好地管理建筑。执行和完成各类运维工作计划，包括维修、更换、升级等。

通过设计、施工和运维三阶段连续的模型构建和维护，BIM 不仅能够为项目提供全生命周期的数字支持，还可以提高项目的效率、降低成本、提高质量和安全性。这种数字化管理方式为建筑和基础设施项目提供了更加智能和可持续的解决方案。

BIM 模型的质量对于 BIM 应用的成功和效益至关重要。在模型质量控制方面，须遵循的基本建模规则有：

（1）建模规则和操作标准。在 BIM 项目开始之前，涉及的各方，包括设计单位、施工单位和运维方，应当达成共识并制定一套统一的建模规则和操作标准。这些标准应明确规定模型构建的方法、参数、命名约定、坐标系、单位制等。

（2）模型质量控制。在建模过程中，需要实施严格的质量控制措施，以确保模型的准确性和一致性。这包括对模型进行质量审查、冲突检测、模型几何和属性的准确性检查等。

（3）数据的一致性和完整性。模型应确保数据的一致性，不同专业之间的数据应无冲突。数据的完整性也至关重要，确保模型包含所有必要的信息，以支持设计、施工和运维阶段的需求。

（4）文档化和记录。所有的模型更改和决策应该被文档化并记录下来，以便将来的参考和审查。这也有助于确保模型在不同阶段的一致性。

（5）培训和教育。所有涉及 BIM 的项目团队成员应接受相关的培训和教育，以了解标准和最佳实践，并能够正确地使用 BIM 工具和流程。

（6）审查和验收。在项目的不同阶段，进行定期的模型审查和验收，以确保模型符合标准和要求。验收阶段可以包括独立的第三方审查，以提供额外的质量保证。

（7）模型维护和更新。随着项目的进行，模型可能需要进行多次更新，以反映变更和改进。维护模型的历史记录和版本控制非常重要。

通过建立统一的 BIM 建模规则和操作标准，以及严格的质量控制流程，可以确保模型的质量，并最大程度地发挥 BIM 在项目生命周期中的优势。另外建立模型中，需要考虑计算性能、建模工作量和准确度的平衡。这有助于减少错误、提高效率、降低成本，并确保项目在设计、施工和运维阶段取得成功。

8.2.2 基于三维数字化模型的分析方法

因为各个专业通常是分开进行设计的，这可能导致信息沟通不畅和潜在的问题。在传统的二维 CAD 设计中确实存在，具体体现为：

①信息孤岛：不同专业可能使用不同的软件和文件格式，导致信息隔离，难以共享和协作。②冲突和错误：不同专业的设计团队可能会产生冲突，如管道与结构元件的干涉。这些冲突通常在施工或运维阶段才能被发现，增加了成本和风险。③信息丢失：在传统的二维设计中，可能会丢失某些关键信息，或者信息不够详细，从而难以实现准确的设计和施工。④沟通协作问题：专业间的协作和沟通通常依赖于纸质文件或电子文档，这可能导致信息传递的滞后和误解。

为了解决这些问题，部分企业已经转向建筑信息建模（BIM）技术，这是一个基于三维模型的数字化设计和协作方法。通过 BIM 的一些优势，可以解决信息沟通不畅的问题：①三维模型：BIM 使用三维模型，提供更全面的空间和设计信息，有助于不同专业之间更好地理解和协作。②一体化设计：BIM 允许不同专业的设计团队在同一模型中进行协作。这有助于提前发现并解决冲突，减少了设计和施工阶段的问题。③信息集成：BIM 模型包含建筑、结构、机电等多个专业的信息，使不同专业之间的信息集成更容易。④可视化：三维可视化使设计更容易理解，有助于各方更好地共享设计意图。⑤实时协作：BIM 工具支持实时协作和云端存储，团队成员可以同时访问和编辑模型，从而更好地协同工作。⑥自动化检测：BIM 软件通常包括冲突检测功能，可以自动识别潜在的问题，帮助团队提前解决。⑦数据交换标准：行业内已经建立了一些标准，如 IFC，用于 BIM 模型之间的数据交换和互操作性。

在 BIM 中进行深化设计协同工作时，碰撞检查是一个重要的环节，旨在发现并解决硬碰撞（物体在空间中相互交叠）和间隙碰撞（物体之间有缺失、漏洞或间隙）等问题。使用 BIM 软件的冲突检测工具，对整合后的模型进行检测。这些工具可以识别模型中的硬碰撞和间隙碰撞。一旦检测到碰撞问题，BIM 软件可以生成详细的碰撞报告，包括问题的位置、类型、严重程度等信息。设计团队需要协同工作，解决检测到的碰撞问题。这可能需要进行设计变更、调整位置、重新布局或其他必要的措施。在 BIM 环境中，设计团队成员可以实时协同工作，共享信息，以更快速地解决碰撞问题。协作平台允许设计师、工程师和其他相关方共享模型、注释和决策。所有的碰撞检查结果、解决方案和决策都应被记录和文档化，以备将来的参考和审查。

另外 BIM 在检测中还包括软碰撞，软碰撞通常指的是在模型中存在一些不符合规范或标准的设计，但不会在实际施工中导致实际物理冲突。这些问题可能包括规范不合规、建筑法规违规、工程成本高等情况。通过软碰撞和硬碰撞的检查和解决，可以帮助减少设计和施工中的问题，提高效率，减少成本，并确保项目按计划顺利进行，特别受到机电施工专业人员的认可。

8.3 关键多维度、物联网和云计算的数字化控制方法

8.3.1 概述

多维模型分析方法是一种综合性的建模和管理方法，旨在集成多维要素信息，以便在工程项目的不同阶段中方便地获取和分析关键数据。这一方法的核心功能在于建立中央数据库，将建筑模型与多个关键要素属性无缝集成，为工程项目各方提供便捷的检索和获取渠道。

在实践中，多维模型分析方法需要考虑多个重要因素，以确保项目的综合管理和成功实施。以下是一些关键要素，它们在多维模型分析方法中发挥着关键作用：①时间效应，考虑项目的时间维度意味着将项目的时间维度纳入建模和分析中，包括进度计划、阶段性成果和里程碑，监测工程项目的实际进展与计划进度之间的差距，这有助于跟踪项目的进展并识别潜在的时间风险；②质量控制，将质量管理与建模集成，以实时监测和改进项目的质量，减少缺陷和纠正措施的成本；③安全控制，集成安全管理和模型分析，以确保施工过程中的安全，预防事故并采取相应的措施；④合同管理，在模型中集成合同和法律要素，以便进行合同履行和管理，确保各方的权益；⑤经济成本控制，综合考虑项目的成本估算、预算控制和成本风险分析，以跟踪项目的经济健康状况，并识别成本超支或节约的机会，从而优化成本管理和资源分配；⑥自然环境，考虑自然环境的影响，包括气候、气象条件、土壤、水文等因素，以支持环境可持续性和资源管理。这些关键维度的考虑可以使项目管理更全面和可持续，以满足项目的综合需求。

在多维模型的基础上可以进行多维分析和决策，可以为工程项目管理提供更全面、综合和智能化的解决方案。多维分析可以综合考虑多个关键维度的影响，这些维度可以根据项目的需要进行自定义。项目管理团队可以使用模型的数据和分析来制订战略性和战术性决策，这有助于项目在各个关键维度上取得平衡，以实现综合的项目目标。多维分析可以帮助项目管理者更全面地理解项目的各个方面，减少风险，有助于综合考虑项目的可持续性，包括社会、经济和环境方面的可持续性，从而更好地作出决策，提高项目效率并实现项目成功。

基于物联网（IoT）和云计算的 BIM（建筑信息建模）模型分析方法结合了 BIM 技术、物联网传感器和云计算资源，以提高建筑和工程项目的管理、监控和决策支持能力。这种方法允许实时监测建筑和基础设施的状态、性能和资源利用情况，并基于这些数据进行分析和预测。

基于IoT的BIM模型可以实时数据采集，通过物联网传感器安装在建筑和设施中，用于收集各种数据，包括温度、湿度、能源消耗、设备状态、人员流动等；可以数据云化，将采集到的数据通过互联网连接传输到云计算平台，以进行存储、处理和分析，这种云化数据管理提供了高度可扩展性和灵活性；可以实现BIM模型整合，BIM模型用于描述建筑和基础设施的几何、结构和功能信息，这些模型与物联网数据整合在一起，形成了综合性的数字化表示；可以实时自动监测和分析和预警，减少人的工作量，基于整合的BIM和物联网数据，可以实时监测建筑和设施的性能，并进行数据分析，以识别问题、优化运营和资源利用；可以预测和模拟，BIM模型可以用于预测建筑和设施的未来状态和性能，这有助于制定决策并采取措施以应对潜在问题；可以决策支持，通过综合分析和可视化展示，项目管理团队可以更好地理解建筑项目的状态，并作出决策，以提高效率和降低成本。

8.3.2 基于时间效应的4D模型分析

四维建筑模型（4D BIM）是在传统的三维几何建模的基础上，将时间维度整合到建筑模型中的一种高级BIM技术。通过添加时间因素属性，4D BIM允许建筑项目的时间计划和进度管理与建筑模型的三维几何信息相结合，从而提供更全面的项目管理和决策支持。

（1）4D BIM的主要特点。①时间属性添加：4D BIM将项目进度计划的时间因素整合到三维建筑模型中，为每个构件或工程活动分配时间属性。②可视化模拟：通过时间属性，4D BIM可以生成可视化的模拟，展示项目的建设过程和进度。这使项目管理团队能够直观地了解工程的时间安排。③进度管理：4D BIM允许实时监测项目的实际进展与计划进度之间的差距，从而更好地进行进度管理和调整。④冲突检测：4D BIM可以帮助识别时间上的冲突，例如资源短缺或工序重叠，以及其对工程进度的潜在影响。⑤资源分配：通过4D BIM，可以更好地规划和管理工程所需的人力、设备和材料资源，以确保进度如期完成。

（2）应用领域。①工程进度规划：4D BIM在工程进度规划中起到关键作用。它允许项目管理团队可视化地查看和调整进度计划，确保项目按时交付。②风险管理：通过模拟不同风险情景和其对进度的影响，4D BIM有助于识别和管理潜在的项目风险。③冲突解决：4D BIM可以用于解决施工阶段的冲突，例如资源冲突、工序冲突，以减少项目延期。④决策支持：项目管理团队可以使用4D BIM的可视化模拟来作出决策，以优化资源分配和进度调整。⑤客户沟通：4D BIM可用于向客户和利益相关者展示项目进度，以增强透明度和合作。

通过将时间因素整合到建筑模型中，4D BIM有助于提高工程进度管理的效率和可靠性，确保项目按计划如期完成，同时减少延期和成本超支的风险。这是建筑和工程行业越来越广泛采用的先进技术之一。

8.3.3 基于经济成本控制的5D模型分析方法

经济成本控制是实现工程管理经济效率和确保各项施工工作顺利进行的关键。将经济成本纳入4D BIM（四维建筑信息建模）模型中可以实现以下好处：

（1）全面的信息交流：通过将经济成本信息整合到4D模型中，项目团队可以在一个统一的平台上查看建筑模型、时间进度和成本数据。这有助于实现全面的信息交流，减少误解和信息不一致性。

（2）经济成本的可视化：4D BIM允许将经济成本以可视化的方式表示在时间线程上。这有助于项目管理团队更好地理解成本分布，例如何时需要哪些资金和在哪些工程活动上。

（3）资源和成本协同分析：项目团队可以使用4D BIM来分析资源和成本的协同关系。例如，他们可以查看资源的需求与时间进度的关系，以优化资源分配，从而降低成本。

（4）成本控制和预测：通过4D BIM，项目管理团队可以实时监控实际成本与计划成本的差距。这有助于更好地控制成本，并在必要时做出调整。

（5）风险管理：4D BIM还可以与风险管理结合使用，帮助项目团队识别潜在的成本风险并采取措施以减轻风险。

（6）决策支持：将经济成本数据与建筑模型和进度计划相结合，为项目决策提供更多信息和依据，使决策更全面和明智。

（7）客户和利益相关者的透明度：通过4D BIM，客户和利益相关者可以更清楚地了解项目的经济状况和成本分布，增强透明度和信任。

总之，将经济成本控制属性添加到4D BIM模型中可以促进信息共享和协同分析，可以很好地实现信息交流的共享机制和经济成本的协同分析机制，有助于更好地管理项目的经济效益，降低成本风险，并确保工程按计划顺利进行。这种综合性的方法对于提高工程管理的经济效率非常有益。

8.3.4 基于环境效应的多维模型分析方法

对于数字化施工中，环境主要包括气候、地理位置、风、温度、湿度、降水、阳光、噪声、污染等。建筑的环境效应是由建筑物本身属性及周边环境因素共同决定的，在施工前可将环境效应施加到建筑模型信息上，形成集成环境维度的新模型。通过将环境效应进行全面考虑，形成集成环境维度的新模型，可以为建筑设计提供更多的参考依据，实现绿色、可持续的建筑发展。

基于环境效应的多维模型，可以进行模拟和分析，模拟建筑物在不同环境条件下的性能，如能源消耗、通风、采光、热舒适性、声学性能等，并进行性能分析。设计师可以使用新模型来优化建筑的设计，以最大程度地减少环境对建筑的不利影响，提高资源利用效率。新模型可以用于评估建筑的可持续性，包括绿色建筑认证标准（如LEED、BREEAM等）的符合度。一旦建筑建成，新模型仍然可以用于实时监测环境参数，以调整建筑的运行和维护，以提高效率和舒适性。

具体而言，可以在以下几方面进行完善：①能源消耗和碳排放：建筑物的建筑材料、结构和设计都会影响其能源消耗和碳排放。通过在建筑模型中考虑这些因素，可以优化建筑设计，降低建筑物的能源消耗和碳排放，从而减少对环境的负担。②气候变化适应性：考虑环境因素的新模型可以帮助建筑适应气候变化，减少对极端天气事件的脆弱性。③水资源利用：建筑物的用水需求与当地的水资源状况密切相关。在建筑模型中考虑水资源利用效率，可以帮助设计出更加节水的建筑物，减少对水资源的需求和浪费。④室内环境质量：建筑物的设计和材料选择会影响室内空气质量、温湿度、光照等因素。通过对建筑模型中的室内环境因素进行模拟和优化，可以提高建筑物的居住舒适度和健康水平。⑤声学和光污染：建筑物的外部造型、窗户设计和材料选择会影响周围环境的声学和光污染。在建筑模型中考虑这些因素，可以减少建筑物对周围环境的噪声和光污染。⑥生态系统服务：建筑物的设计与周边自然环境的关系会影响到生态系统服务，如空气净化、水源涵养、生物栖息地等。在建筑模型中考虑这些因素，可以促进建筑物与生态环境的和谐共生。⑦社会文化影响：建筑物的设计和风格会受到当地文化传统和社会价值观的影响。⑧环境教育：这种模型可以用于教育和宣传，帮助人们更好地理解建筑与环境之间的相互关系，以鼓励可持续的设计和建筑实践。在建筑模型中考虑这些因素，可以确保建筑物与周围环境的和谐统一，促进社会文化的传承和发展。

8.3.5 基于物联网和云计算的模型分析方法

1. 基于物联网的模型分析方法

物联网技术的出现，为监测数据模型的构建提供了新的可能。物联网是物物相连的互联网，通过传感器等设备将自然界的各种量转化为电信号，实现物体间的互联互通。这种互联互通的特性，使得物联网成为构建监测数据模型的前提。基于物联网的数字化施工模型分析方法是一种高度智能化和综合性的方法，旨在实现工程项目的实时监测、质量管理、安全控制和资源优化。

（1）数据采集。数据采集是基于物联网的数字化施工模型分析方法的起点。传感器和监测设备部署在工程项目的关键位置，以测量各种参数，如温度、湿度、位移、压力、电流、电压等。这些传感器将物理量转换为可测量的电信号，并将数据实时传输到中央数据库。

（2）数据传输。采集到的监测数据需要通过互联网技术传输到中央数据库，通常是云计算平台。传输方式包括有线传输、无线低速网络传输和载带物联网技术等，以确保数据的实时性和可靠性。

（3）数据集成。在中央数据库中，监测数据需要与建筑信息模型（BIM）或其他工程本体模型集成。这一步骤是实现监测数据模型的关键，通过建立传感器与 BIM 中的构件或区域的对应关系，可实现工程本体和监测数据的集成和相互关联。在数据集成过程中，还需要处理异常数据，确保采集信息的完整性和连续性。异常数据可能会由于传感器故障或环境变化引起，因此需要对其进行修正，以保持数据的准确性。

（4）数据分析。数据分析是核心，它包括实时监测、质量控制、安全管理和资源优化等方面的分析。数据分析使用各种技术，如统计分析、机器学习和人工智能，以提取有价值的信息和见解。对于安全相关的监测要求，数据分析可以帮助设置警告范围和危险范围，以及确定超限时间。这有助于及时发出警报信息，采取适当的安全措施。

此外，互联网监测数据分析方法还可以进行离线分析，包括工作时间分析和工作频率分析，以优化资源利用和进一步提高工程项目的效率。

综合分析，基于物联网的数字化施工模型分析方法通过实时监测、集成多维数据、智能分析，以及迅速响应问题，提高了工程项目的管理和执行效率，同时也增强了质量和安全控制的能力，使工程项目能够更好地满足复杂的建设需求。

2. 基于云计算的模型分析方法

云计算是一种通过互联网提供计算、存储、网络和分析等服务的方式。它基于共享的硬件资源池，允许用户根据需要弹性购买计算能力和存储空间，而不必拥有本地的物理设备。这使得云计算提供商能够高效地管理资源，实现资源的灵活分配和优化利用。

随着工程项目的复杂性不断增加，传统的单台计算机本地分析已无法满足实时分析和大规模数据处理的需求。数字化施工模型分析需要处理庞大的数据量、进行复杂的计算和模拟，以支持决策制定、质量控制、安全管理等方面的需求。这就需要强大的计算和存储能力，以及分布式的数据处理和协同工作环境。

基于云计算的数字化施工模型分析方法通过将计算和存储外包到云计算提供商的云平台上，实现了高度的弹性和资源共享。通过将大量传感器数据传输到服务器中，在服务器中将数据与 BIM 模型形成对应关系，建立数据监测模型，实现工程本体与监测数据的集成和互相关联。数据分析则是根据监测结果，设置相应的警告范围和报警范围阈值，同时设定恰当的超限时间，要求对于超出阈值的传感器数据第一时间发出报警信息，还可以根据获得的监测数据进行离线分析。它的主要特点包括：

①资源弹性调配：用户可以根据需要动态分配和释放计算和存储资源，无需担心硬件和设备的限制。这使得在处理大规模数据时能够灵活应对，而不必预先投资大量的硬件设施。②分布式数据处理：云计算平台提供了分布式数据处理能力，可以并行处理大量数据和复杂计算任务。这有助于实现实时数据分析、模拟和建模，以便快速作出决策。③多用户协同：云计算环境允许多个用户同时访问和协同工作在同一个模型上，以支持多方合作、信息共享和实时协同。④安全和可靠性：云计算提供商通常具有强大的安全和备份机制，确保数据的安全性和可靠性。此外，数据在云上存储，不易受到本地设备故障的影响。⑤成本效益：云计算采用按需计费模式，用户只需支付实际使用的资源，无需为硬件采购、维护和升级承担额外成本。这可以降低总体成本，特别是对于中小型企业而言。

综合来看，基于云计算的数字化施工模型分析方法为工程项目提供了更强大的计算和分析能力，有助于实时决策制定、质量监控、资源优化和安全管理。它是应对复杂工程项目需求的一种现代化、高效率的解决方案。

专题：提高 BIM 技术覆盖率工作

思考与练习题

1. 解释什么是数字化施工的模型分析方法，为什么它们在工程领域中重要？
2. 有限元分析和离散元分析在数字化施工中有什么不同的应用领域？
3. 请描述三维数字化模型的建立方法，并说明其在施工管理中的优势。

4. 什么是4D模型分析？它如何帮助施工计划和管理？
5. 5D模型分析是如何关联施工成本控制的？举例说明其应用。
6. 多维模型分析方法如何考虑环境效应和附加关键要素？为什么这些因素重要？
7. 物联网和云计算在数字化施工中的作用是什么？提供一个实际案例。
8. 思考数字化施工模型分析方法对施工质量和工程进度管理的潜在影响。

9 施工现场空间环境要素的数字化控制方法

本章要点与学习目标

1. 了解施工现场临时设施的数字化施工控制方法，包括问题识别、数字化模拟优化、建模和数字控制应用。

2. 学习施工现场作业人员的数字化监督管理，包括基于临边洞口的智能识别、RFID和BIM技术的应用、人员安全状态的智能识别和控制。

3. 掌握施工现场材料及设备的数字化物流管理方法，包括建筑原材料、构配件和机械设备的管理和调度。

4. 理解基于绿色施工的环境因素数字化管理，包括环境因素的数字化管理在工程策划和实施阶段的应用，以及BIM技术在节材、节地、节能和节水上的应用。

本章导读

本章关注施工现场临时设施、作业人员、施工物料及设备、绿色化施工等方面的数字化需求，系统阐述施工现场空间环境要素的数字化管理理念、控制方法及管理设备等内容，探讨现场控件环境要素问题的识别、数字化模拟建模、优化和数字控制应用，熟悉施工现场作业人员的数字化监督管理技术，掌握施工现场材料及设备的数字化物流管理方法，理解基于绿色施工的环境因素数字化管理。

重难点知识讲解

9.1 施工现场临时设施的数字化施工控制

施工现场临时设施是为保证施工和管理的正常进行而临时搭建的各种建筑物、构筑物和其他设施。包括：临时搭建的职工宿舍、食堂、浴室、休息室、卫生间等临时福利设施，现场临时办公室、作业棚、材料库、临时铁路专用线、临时道路、临时给水、排水、供电等管线、现场预制构件、加工材料所需的临时建筑物以及化灰池、储水池、沥青锅灶等。临时设施一般在基本建设工程完成后拆除，但也有少数在主体工程完成后，一并作为交付使用财产处理。临时设施按其价值大小和使用期限长短，可分为大型和小型两类。前者如宿舍、道路、桥梁等，后者如化灰池、堆料棚等。所有临时设施费用，建设单位从基本建设投资中取得补偿；施工企业则从按规定向建设单位收取的临时设施包干基金中开支。

施工现场的临时设施一般由施工企业自行搭建，并由施工企业以临时设施包干费的形式向建设单位或总包单位收取费用。施工企业根据预算所列的工程直接费和间接费总和，按照各地区规定的临时设施费率计算费用金额，并入工程预算造价；收取的此项费用，由施工企业包干使用。

临时设施的性质与固定资产既相似又有区别。临时设施在施工生产过程中发挥着劳动资料的作用，其实物形态基本上与作为固定资产的房屋、建筑物相类似。但由于其建造标准较低，一般为临时性或半永久性的建筑物，不可能长时间或永久使用，多数在其可使用期限内就需拆除清理。因此应将临时设施的价值参照固定资产计提折旧的方式采用一定的摊销方法分别计入受益的工程成本。

9.1.1 临时设施管控存在的问题

建筑业在当前我国的经济发展中，属于支柱产业之一，近年来，随着建筑业的迅猛发展，建筑安全已成为高危行业的一个值得关注的焦点，尤其是在建筑临时设施的安全管理方面至今还没有引起足够的重视，一些建筑临时设施的安全监管也暴露出较多的问题。由于建筑临时设施安全引发的事故从某种程度上也反映出人们在建筑临时设施方面疏于管理，特别是在搭建、设置、使用等方面都片面认为是临时设施，加上考虑到成本和拆除等因素，故没有引起足够的重视，由建筑临时设施所引发的安全事故呈逐年上升的趋势，这无疑给我们敲响了警钟。

施工现场人、机、料、法、环等空间环境要素的安全管理及控制是工程建设的关键。随着我国工程建设的发展，工程结构和建设环境日益复杂，各类新型问题层出不穷，如工程施工场地狭小、临时设施空间布置受限、各类设备管理难度大、作业工种繁多、交叉作业内容多、现场作业人员流动性高、管理难度大、工程体量大、传统施工物料管理难以满足现代化工程建设需求、周边环境保护要求高、绿色施工技术研发需求大等。传统建筑施工现场空间要素的管控理念、方法、技术及设备已越来越不适应边界条件极度受限的大中型城市工程项目建设和更新需求，亟需突破传统现场管理理念的束缚，充分利用物联网、互联网及云计算处理等高新科技成果，结合具体工程建设背景及项目特点开发适用于新形势下的施工现场空间环境要素的数字化控制方法。

施工现场临时设施的布置与优化对项目顺利施工具有显著影响，合理有效的场地布置方案在提高场地及设备利用率、提高办公效率、方便起居生活、降低生产成本等方面有着重要的意义。随着项目施工标准化水平的不断提高和文明工地建设的推进，临时设施也逐步成为展示建筑企业 CI（Corporate Identity，企业形象识别系统）形象的重要载体。传统的施工场地布置因没有具体的三维模型信息，通常都是技术负责人凭自身经验结合现场平面图进行大致布置，一般难以及时发现场地布置中存在的弊端，更无法合理优化场地布置方案。

现场施工阶段可分为地基基础施工、主体施工、一次结构施工和装饰装修，现场的施工道路、材料加工区、机械设备等在不同的施工阶段布置也需要及时变化。未经过合理优化的场地布置方案为了在不同施工阶段适应施工需求，需对方案根据施工阶段进行重新调节布置。这样二次布置必将增加人力、物力、财力的再投入，增加施工工期，降低经济效益。因此，依靠传统 CAD 图纸进行现场平面布置的方法以及后期的传统管理方式，已不能满足现代化施工的需求，利用现代化的数字化施工控制技术进行施工现场临时设施的管控具有重要意义。除了以上问题外，现场临时设施还有以下问题存在：设计不统一、质量参差不齐、周转率低、成本高、安全性重视不够、临时设施安全问题具有潜伏性、安全问题具有易发、安全问题递延等。如某县级市在实施旧城改造过程中，开发商利用未拆除的墙体搭建临时设施，后因基础开挖而倒塌，死伤多人。

针对目前的建筑临时设施管理和使用而言，大多是比较粗放的，既没有严格规范的参考依据，又缺乏必要的管理措施，更没有系统完善的操作方法和定式，只是用比较直观的行为，结合局部要求和有关规定机械地加以管理，加之一些部门和人员在具体的工作中又片面地将临设视为“临时”，为了临时而临时，始终处在应付的状态中。

因此，建筑临时设施虽是建筑施工的附属设施，其管理丝毫都不能掉以轻心，更不能松懈和忽视每一个环节，因为临时设施存在的安全及相关隐患将直接影响到整个建筑施工的安全和管理效果，需要建立相应的工作机制，切实有效地把建筑临时设施由粗放型管理模式转移到规范化制度化上的轨道上来，改善建筑施工的生产作业条件，推动建筑业健康有序地向前发展。

9.1.2 临时设施建模与数字化优化

1. 临时设施建模

施工现场临时设施大多数都是临时活动板房，这与房屋结构相差不大，利用参数化设计软件中自带的门、窗、墙、板等系统族库，可以对临时设施进行快速建模。建模步骤如下：

(1) 收集项目信息：在开始建模之前，首先需要收集项目相关的信息，包括施工现场的平面图、建筑模型、临时设施的需求和规格、安全要求等。这些信息将成为建模的基础。选择合适的 BIM 工具：选择适合项目需求的 BIM 建模工具，例如 AutodeskRevit、SketchUp、ArchiCAD 等。确保所选工具能够满足项目的要求，并且具备临时设施建模的功能。创建基础建筑模型：在 BIM 软件中创建项目的基础建筑模型，包括主体建筑结构、道路、地基等。这个模型将作为临时设施建模的基础。

(2) 添加临时设施图层：创建一个专门的图层或模型组件，用于表示临时设施，例如施工临时建筑、设备、道路标志、安全栏杆等。定位和调整临时设施：根据实际需求，将临时设施放置在建筑模型中的适当位置，确保设施的位置和尺寸与实际施工需要一致。添加属性和信息：为每个临时设施添加相关属性和信息，包括名称、材料、尺寸、施工期限、安全要求等，这些信息将帮助项目管理人员更好地监控和管理临时设施。建立关联性：在 BIM 模型中，确保临时设施与主体建筑和其他设施之间的关联性，这可以通过引用、链接或在模型中创建关联来实现，以确保设施与整个项目一起更新和调整。

(3) 模拟施工过程：使用 BIM 软件的时间线或 4D 建模功能，模拟施工过程中临时设施的安装和拆除，这有助于识别可能的冲突和问题，并优化施工计划。可视化和共享模型：利用BIM模型可视化工具，生成三维模型和二维平面图，以便与项目团队和相关各方共享，这有助于沟通和决策。

（4）更新和维护：持续更新BIM模型，以反映实际施工进度和变更。在临时设施的建设和拆除过程中，及时更新模型以保持准确性。整合数据和分析：利用BIM软件的数据分析功能，对临时设施的使用情况、安全性能等进行分析，这有助于项目管理和决策优化。协同工作：与项目团队的其他成员，包括建筑师、工程师、施工人员和设备供应商协同工作，以确保BIM模型与实际施工相符。

2. 临时设施数字化优化

数字化施工集成管理技术作为一种有效解决分散式管理难题的技术手段，旨在通过应用信息平台、智能移动设备等技术实现建筑全过程信息采集，应用BIM模型进行信息集成和可视化展现，应用网络化的项目管理平台支持在线、协同的场地、进度、商务、质量、安全、资料管理。下面对数字化施工场地集成管理技术、进度集成管理技术、造价集成管理技术、材料设备采购集成管理技术、质量集成管理技术以及文档集成管理技术等数字化施工集成管理技术研究与应用情况进行分析。

基于BIM的施工场地数字化技术通过三维的方式根据施工需求和周围环境在施工场地合理布置一系列设施。在施工场地进行规划和优化布置，与传统技术相比该技术具有施工交底方便、施工成本低、二次搬运作业少、管理效率高等众多优点。

利用数字化技术模拟施工工况，通过三维视角和施工现场模拟漫游，可以对安全隐患进行排查，对场地布置中潜在的不合理布局进行进一步优化。如运用Revit软件中的日照分析功能，可模拟分析日照情况，根据日照情况及时调整办公生活区的临建间距与朝向。如部分学者运用了运筹学方法建立了描述和评估方案的数学模型与计算方法。定性和定量地对临时设施布置方案进行合理评判。如部分学者借鉴了制造业中定性价值流的计算方法，建立了施工现场平面布置价值流的计算模式，计算出临时设施之间的总价值流，为布置方案优化提供了科学依据。数字化的方法应用可大大减少人为主观因素的影响，有助于更科学地优化判定方案。

临时设施的数字化模拟优化可以遵循以下理念，以便于后续的实际施工操作。

（1）标准化设计

以标准化设计为主要设计理念，统一规格、统一材质、统一形象，以装配式为主要设计方向，在传统临建设施设计的基础上，对各连接节点、结构进行重新设计，在保证安全适用的前提下，将结构模块化，减少螺栓使用量，改以承插的方式。模块化的构件重量更轻，易于工人提拿安装，并且在出现损坏后，只需更换相应构件即可，简单快捷，承插的方式大大减少了安装难度和速度，并减少了吊装机械的使用。

（2）标准化加工

建立标准化加工厂，通过专业、高精度的固定机械保证加工精度，采用流水线加工，提高了加工速度和产量，建立严格的验收制度，包括进场材料验收、过程工序验收、最终出厂成品验收三道验收流程，确保每一套出厂的产品质量合格、规格达标。

（3）标准化图集

编制标准化临建设施图集，内容包括产品编号、产品形象、规格、材质、图纸等信息。通过标准化临建设施图集，项目部能够快速地找到想要的标准化临建设施产品，了解其全部信息，然后根据实际情况下单，大大地提高了管理效率。

（4）统一调配

一直以来项目对临建设施采取各自为政的管理方式，未形成统一的管理网络，通过统一管理，可以形成以统管部门为供应商和中转站，项目部为客户的管理模式，项目部只对接统管部门，统管部门能够了解各项目部的临建设施进退场需求信息，对供应和周转作出应对，无论是供应使用，还是回收加工厂翻新，亦或是周转到其他项目，统管部门都能作出妥善安排，使标准化临建设施在各项目间流动起来，周转起来，避免闲置和报废。

9.1.3 临时设施的数字控制应用

随着文明工地的建设越来越受到地方政府部门和施工企业的重视，施工方与地方政府有关部门就共建文明工地的沟通、交流、展示也越来越频繁。运用 BIM 技术的可视化场地布置图可以非常直观地展示工地建设效果，并可以进行三维交互式建设施工全过程模拟。运用 BIM 技术的明细表统计功能实现对临时设施的快速计量和计价，既可以节省人力，又可以加快工程量统计速度。同时，依托 BIM 系统中临时设施 CI 标准化库的建设、完善，可以标准化建设临时设施，在满足施工生产需求的同时更好地展示了企业 CI 形象。

数字化控制不仅可以帮助施工管理者解决项目实施中可能出现的问题，还可以将数字化技术的信息作为数字化培训的资料。施工人员可以在三种模拟环境中认识、学习、掌握临时设施的建造、维护和处理方法等，实现不同于传统培训方式的数字化培训。如利用平台的课程系统教授施工人员基本的安全知识，补充体系构架；利用数字化技术进行项目交底，更明确地对细部危险源防护措施进行 3D 查看，减少因处理未知情况而造成的危险。数字化培训可以提高培训效率、增强培训效果、缩短培训时间、降低培训成本。

临时设施的数字化施工控制还可促进工地管理水平的提升，如用电监控系统可通过参数采集模块对各电器设备的功率、电流和电压等参数进行采集并传输至监控中心进行实时监控，对各区间各时段用电信息进行记录并分析，一旦出现违规情况则可自动报警；移动标养室数字化管理系统可实现混凝土试件的恒温、恒湿控制，通过太阳能绿色发电供能、移动远程监控室内环境等有效提高施工现场混凝土养护室规范化程度，节约了工程项目成本，体现了绿色建造理念、科技信息化管理思维，为施工项目现场的混凝土质量提供有力的技术保障；视频监控系统可以实时监控施工现场四大区域关键部位的情况，方便管理人员远程监控或在需要时调看相关视频记录。

采用 BIM 技术，可对施工现场的临时照明设备进行光照和位置优化。基于 BIM 技术体系内的光照优化软性，可在三维场景中分阶段模拟局部和全局的照明情况，并根据光照分析结果、现场施工光照最低要求、光污染控制要求等对原定照明布置方案进行优化，其优化方法有增减照明布置点、移动照明设备位置、更换照明设备型号以增减单个设备光照强度和关照范围等。光照分析能够有效降低现场光照能耗，使得临时用电额度控制在阈值以下，对于工程环保和成本控制有重要意义，但同时，光照分析亦能够通过合理优化，使得施工期间现场光照正常满足施工要求，减少由于夜间施工照明局部区域不足引发的安全隐患。亦可利用太阳能发电技术，通过 BIM 模型预先对项目所在地进行光照分析，策划出最优的太阳能面板布设方式。所采集的太阳能可对办公区域及走廊、施工现场的路灯进行照明。这既保证了夜间照明，促进安全生产，又对于绿色施工节能减排有实质的意义。

9.2 施工现场作业人员安全的数字化监督管理

9.2.1 施工现场作业人员安全管理的问题

目前，工程施工现场安全管控总体上处于依赖于人的管理模式，其主要缺点为工作量大、不稳定性、信息流失、监管和执行难度、效率低。施工现场作业人员是施工作业的核心要素，人员管理是保障项目成功的关键。国内在作业人员管理方面的信息化应用较晚，目前仍大量采用纸质记录的作业模式建立工人花名册、指导现场考勤及工资发放等，不仅影响管理效率，而且无法保障实际数据的准确性，存在大量待解决的问题：首先，以传统纸质记录的作业方式面对流动性较强的施工作业人员群体时，在人员信息更新及时性、信息录入准确性等方面难以保证；其次，人员信息分离在各类管理资料中，无法作为系统参考和检索的依据，不能有效支撑人员相关的企业和项目管理决策；最后，人员信息虚假或缺失导致现场管理能力受限，使得人员安全无法得到有效保证。

传统人员管理模式严重制约了企业和项目对施工现场的安全管理水平。因此，有必要开展作业人员的数字化安全管理研究和应用工作，引入和集成数字化技术手段，进行施工人员各项关键信息的感测与分析，最终建立互联协同、智能生产、科学管理的施工人员信息生态圈。采用人员数字化监督管理方法，可在虚拟环境下基于自动采集到的人员信息开展数据挖掘分析工作，形成施工作业员工动态信息库，对人员的技能、素质、安全、行为、生活等作出响应，提高施工现场人员信息化管理水平。具体而言，为了实现对施工现场数字化人员的有效管理，通常会将人工智能、传感技术、生物识别、虚拟现实等高科技植入人员穿戴设施、场地出入口、施工场地高危区域等关键位置，以期实现施工现场作业人员安全的全方位监控。

9.2.2 基于物联网的施工现场人员进出管理系统

基于物联网的施工现场人员进出管理系统是施工人员数字化监督管理的核心，也是人员管理工作的起点。通过物联网技术，建立人员实名制管理体系，制定统一的人员信息管理规则，实现人员信息登记、实时动态考勤、安全培训教育落地、人员工资发放、人员诚信管理、工种配备等功能，一方面可保障企业基础数据的准确性，促进企业层对项目层数据进行有效管控；另一方面也可大幅提升项目层对施工现场人员的综合管控水平，使人员作业水平管理、作业安全管理、业务流程管理等能得到标准化的贯彻落实。

基于物联网的施工现场人员进出管理系统目前可分为 3 类：单项目式、移动 APP 式和云平台综合式。其中，单项目式管理系统主要是闸机硬件厂商自带系统，一般配合施工现场出入口闸机进行安装部署，并由闸机硬件厂商交付给施工方使用，仅用于进出口位置的人员管控；移动式 APP 式管理系统主要面向施工管理人员和现场施工人员，以打造单人个性化应用为主；云平台综合式管理系统主要面向更大范围的综合式人员管理，一般借助多类现场传感器等感知手段获取人员信息数据，并以公有云服务器为物理载体建立云端数据分析和展示平台，使管理人员可同时进行多个项目和多层级的人员管控。由于云平台综合式管理系统功能强大、管理对象完整、易于部署和使用的优势，近年来得到了广泛的发展，下面以云平台综合式施工人员实名制管理系统为例进行阐述。

1. 系统架构设计

系统主要由物联网智能硬件终端子系统、云端劳务业务子系统以及大数据分析子系统等三部分组成。物联网智能硬件终端子系统有门禁设备、二维码生成或扫描设备、RFID设备、生物识别设备、视频摄录设备、移动终端等。云端劳务业务子系统包含身份认证、企业数据统计、项目数据统计、班组数据、工种数据、工人信息大全、考勤数据、行为记录等功能。大数据分析子系统包括劳务基础数据、劳务用工评价、劳务工效分析、劳务薪酬体系等。

系统可应用于工程项目中诸多场景，如实名认证登记、智能终端考勤采集、工人基础数据分析、劳务作业人员统计、公众分析、安全教育监管、工人个人行为记录、企业多项目集中管控、项目作业劳动分析、工资发放管理、生活住宿管理等，综合利用该系统，可帮助项目管理者进行全面人员管理、资源配置、生产规划等多种复杂管理。

2. 系统功能实现

系统在功能实现过程中，其关键在于各类智能传感设备的应用，包括：视频监控设备、门禁控制设备、IC卡授权设备、身份证读取设备、人脸（虹膜）生物识别设备、RFID设备、二维码设备、智能控制终端设备等。这些设备需要利用物联网技术实现智能互联，才能在应用过程中有效配合，完成任何应用场景下的数据自动采集记录，执行系统发布的各种指令操作，自动回传采集数据，满足建设项目现场人员管理的自动化、智能化要求。具体的终端硬件有：

（1）IC卡闸机门禁

IC卡闸机主要面向施工作业人员进出现场管理工作。通过闸机（三辊闸、翼闸、半高转闸、全高转闸等）约束进出作业人员配备IC卡和刷卡，并通过IC卡授权模式实现对施工作业人员进出项目各区域的授权管理，不同权限人员只能进出对应的施工区域；基于数据采集终端和网络通信，可将IC卡中携带信息自动上传至云端平台，将人员信息、进出场时间等存储在云端数据库中。管理人员可通过云端平台进行人员进出统计信息的查看和单个人员信息的检索。

常规作业情况下，采用三辊闸或翼闸方式，通过多通道的合理配置，基本可满足大型项目人员通行需求。云端平台开发了相应的人员进出数据接口，可供企业层面的管理平台直接进行数据调取，方便企业对所管辖项目的统一管理。

（2）人脸（虹膜）识别闸机门禁

人脸（虹膜）是用于闸机门禁位置的另一种人员信息采集方法，在采用IC卡作用门禁准入条件时，施工作业人员有重复使用同一张IC卡或代刷IC卡的行为，难以进行有效管控；这在常规施工区域是可以容忍的行为，但在高危区域，应强令禁止，采用人脸（虹膜）识别的技术手段，可使非正常通行概率大幅降低。而单台人脸（虹膜）识别设备最少支持存储500张人脸（虹膜）信息。

（3）二维码闸机门禁

二维码授权方式是一种人员信息采集方式，可与人员管理的移动端APP进行联动。施工现场人员通过扫描二维码，与IC卡、人脸（虹膜）方式相比，具有更丰富的信息的上传功能，如身体健康状态、当日作业情况、使用施工机具设备等。配合二维码，可形成更为详细的施工日志，在进出口的同时，同步完成了施工作业信息的采集工作。二维码授权不仅仅用于进出口，而且可以广泛应用在施工现场的各个管理环节。

（4）RFID授权方式

有别于前述三种授权方式，RFID授权方式是一种主动式的人员管理方式。基于RFID技术，可自动识别现场施工人员携带的芯片信息，自动完成进出口放行和危险区域限制管理等。一般情况下，用于普通进出口时，可在10～50m范围内识别到人员信息后，直接安排人员通过；而用于危险区域管理时，则需要RFID接收端和芯片端近距离接触后，才能自动运转闸机放行。采用RFID授权，单个通道高峰期单位时间的可通行人数接近200人。

（5）视频监控方式

视频监控方式是一种24h的不间断监控方式，可作为上述四种技术手段的补充。一般在进出口位置进行视频监控摄像头安装，可进行人员进出的直观查看和历史视频回溯，是目前现场人员管理的最直接和最有效的手段。其可实现的功能项包括：基于人脸抓拍技术，清晰抓拍每一个通道的进出人员特质，实时采集通行人员照片，并与通行记录对应匹配，支持实时查询；对进出口情况进行远程实时监控，实时掌握进出口动态；存储较长时间的视频监控资料，便于信息回溯；抓拍照片能够支持实时查看和长期有效保存；涉及关键信息的文件可进行加密处理。

云端劳务业务子系统是云平台综合式施工人员实名制管理系统的核心部分，主要负责处理与劳务相关的各项业务。前端通过Web前端界面或移动APP进行管理，逻辑部分对物联网终端收集的数据进行统计和报表生成，后端使用数据库技术将过程和结果进行信息存储，通过云平台保障数据安全和可访问性。

大数据分析子系统则负责对收集到的施工人员数据进行深度分析和挖掘，以发现数据中的价值并为企业决策提供支持。该部分利用数据挖掘算法和机器学习模型，对施工人员的行为、习惯、工作表现等进行分析，发现潜在规律和问题。同时基于历史数据和实时数据，构建预测模型，对施工人员的流动趋势、工作效率等进行预测，设定预警阈值，当数据达到或超过阈值时触发预警，并将分析结果以数字仪表盘和可视化报表的形式展示给管理层，提供决策建议和优化方案。

9.2.3 临边洞口的智能安全预警

在建工程的楼面临边、屋面临边、阳台临边、升降口临边、基坑临边对工人的安全具有显著的影响。这些区域往往涉及高处作业、边缘作业等高风险活动，如果处理不当或防护措施不到位，很容易发生安全事故。下面通过红外对射、RFID和BIM技术对临边洞口进行安全管理。

1. 基于红外对射的临边洞口智能安全预警

基于红外对射的临边洞口识别技术通过在施工现场临边洞口等危险区域周边布设移动式主动红外对射装置，当施工人员进入防区遮断对射装置间的红外光束时，立即触发报警和警示装置。该技术由五大部分构成：红外对射主动识别子系统、自动报警子系统、供电子系统、信号传输子系统、监控主机子系统。

（1）红外对射主动识别子系统

红外对射主动识别子系统主要由主动红外对射传感器和便携式支架构成。主动红外对射传感器是利用红外线的光束遮断式感应器，具有抗干扰能力强、敏捷度高、稳定性好、低能耗等优点。

红外对射主动识别子系统的工作流程，如图 9-1 所示。

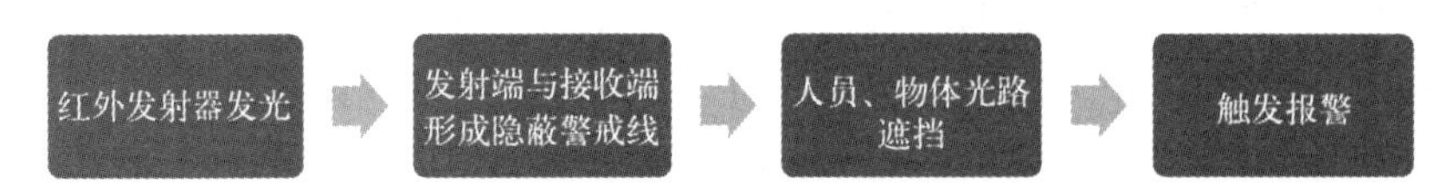

图 9-1　红外对射主动识别子系统的工作流程

（2）自动报警子系统

自动报警系统由报警器、语音提示器、时间继电器等构成。报警器一般为蜂鸣器和报警信号灯，当红外对射传感器触发报警时可同时发出声、光两种报警信号，以达到提醒现场人员注意的目的；语音提示器主要由语音模块和扬声器组成，语音模块可保存一段录制好的报警语音片段，在提示器被触发时由扬声器播放；时间继电器是根据施工现场的实际需求来定制报警时长、设置语音提示的播放时间。

（3）供电子系统

考虑到轻量化与便携性的要求，红外对射识别子系统和自动报警子系统等均需要独立移动电源子系统进行供电，由于能力密度高、体积小、重量轻等优点，供电系统采用聚合物锂电池进行供电。

锂电池可安装在具有防水、防火、防物体打击的小盒内，既保证边界防护系统在不同的气候条件下正常运转，又方便了拆卸。

（4）信号传输子系统

信号传输子系统主要由无线信号发射模块和信号中继器构成。红外对射传感器输出的报警信号可由无线信号发射模块转换为高频频率无线信号，传送至监控主机。工程施工现场环境复杂，无线信号的屏蔽现象严重，需根据实际工程情况在信号发射器与报警器主机之间设置无线信号中继器作为信号中继，用以克服信号阻挡。

（5）监控主机子系统

监控主机可接受由无线信号传输系统传递的施工现场各防布区红外发射传感器的报警信号，借助安装在手机端和 PC 端的施工现场临边洞口防区监控软件系统，现场管理人员可便捷地掌握现场临边洞口的实时布防情况。

2. 基于 RFID 和 BIM 技术的临边洞口识别

通过这两项技术实现施工现场临边洞口的位置坐标和作业人员动态位置的定位，通过采集数据和 BIM 模型数据的实时交互动态地分析人员安全状态信息并对危险状态进行预警，主要由 RFID 定位子系统、BIM 模型子系统、风险评估预警子系统、监控平台子系统等构成。

（1）RFID 定位子系统

RFID 定位系统借助射频标签和射频读写器实现现场作业人员的空间位置定位。射频标签中存储的 ID 号以及作业人员的工种、作业区域、准入区域等信息，可附着于现场作业人员的安全帽或工作服上，作为现场人员的身份唯一标识。

射频读写器布置在施工现场临边洞口区域，通过实时扫描射频读写器可以动态地识别其控制区域内作业人员携带的射频标签。定位子系统工作时，射频读写器发射信号，定位标签收到信号后即被激活，进而借助天线将自身信息代码传递至读写器，信号经过读写器调解码后被送往后台电脑控制器，通过分析即可确定施工现场作业人员的位置。

（2）BIM模型子系统

BIM模型子系统为现场安全管理人员提供了临边洞口安全管控的模型数据支持，主要包含基础模型、信息更新以及数据交互三大基础功能。

BIM模型中融合了工程施工现场3D模型与项目的一般属性意义以及施工现场临边与洞口周边危险因素信息。BIM模型子系统中信息更新模块主要是根据实际工程情况对BIM进行实时更新和修正。实际施工中要定期修正和更新BIM模型以及真实的临边洞口信息，从而为现场临边洞口安全等危险区域的识别提供准确的数据基础，如图9-2所示。

图9-2　基于BIM技术的临边洞口防护流程图

（3）风险评估预警子系统

风险评估预警子系统主要有定义、评估分析和预警三大功能。①定义：主要分析工程施工现场临边及洞口的特点，通过整理与总结施工现场的大量基础数据资料，制定临边洞口等危险区域的定义规则、危险区域的识别规则以及预警规则。②评估分析：是读写器（一般为多个）将实时作业人员携带的标签信息数据传送到计算机时，会通过内嵌的算法将作业人员所处的环境信息和位置信息计算分析出来，并进一步对作业人员当前的安全状态进行定量评估。③预警：一旦作业人员进入临边洞口等危险区域，系统会根据预设的预警等级和作业人员的危险区域进行精准报警。

（4）监控平台子系统

通过软件平台将RFID定位子系统、BIM模型子系统及风险评估预警子系统进行集成开发，可形成基于PC端和手机端的施工现场临边洞口监控软件系统，现场管理人员通过软件系统上的动态BIM模型可便捷地掌握现场临边洞口的实时布防情况。

9.2.4　人员行为安全状态的智能识别

工程施工现场人员安全状态控制是一项综合性的安全管控技术，涉及施工现场人、材、机、环等众多环节，综合应用到人员的位置、行为和心理状态识别、危险品的安全管控、机械设备的状态监控及环境监控等多个专项技术，涉及物联网、互联网、大数据、模式识别、心理学、生理学等众多技术和学科，具有影响因素多、多学科交叉、高系统集成度等特点。

现阶段人员安全状态智能控制技术主要由五个环节组成：①基础信息收集；②危险要素定义；③危险信息的输入和更新；④人员状态的计算分析；⑤人员安全状态的控制。

1. 基于深度学习的人员安全状态及行为判别技术

（1）基于图像的人员安全状态识别技术

其核心硬件为深度摄像头和计算机，通过获取现场作业人员工作状态图像，借助人员行为数据库和深度图像分析、对比技术而达到人员安全状态识别目的。该技术主要由数据库模块、数据采集模块、图像处理模块、计算分析模块、信息输出模块组成。基于图像的人员安全状态识别技术的主要应用点为：身份识别、安全防护检查、作业行为监控。

1）数据库模块。数据库模块基于图像的人员安全状态识别技术的基础，主要由工人信息库、工作信息库、安全防护模型库、行为数据库等构成。工人信息库中主要储存现场作业人员的编号、照片、工种、作业区域等基础信息。工作信息库可根据实际工程的进度和工作安排进行动态的信息更新和调整。安全防护模型库中主要储存施工现场不同作业工种的防护设备的模板图像信息。行为数据库主要储存不同工种的作业人员的规范作业行为图像信息。

2）数据采集模块。数据采集模块为该技术的前段模块，是通过摄像头对现场作业人员进场、工作状态的彩色图像和深度图像信息进行采集，并将采集得到的图像信息传输给管理平台系统。

3）图像处理模块。这是对前端采集的图形进行去噪、增强等处理，建立易于识别分析的人脸图像模型、人体防护模型、人体节点模型等模型数据。人脸图像模型用于作业人员的身份识别；人体防护模型用于特定工种的安全防护检查；人体节点模型用于对作业工人的行为进行判别和分析。

4）计算分析模块。这是将预处理得到的人脸图像模型、人体防护模型以及人体节点模型等与数据库中的人员身份数据、安全防护模型库以及人员行为数据等中的数据进行比对计算分析，进而对人员的身份、防护状态进行定量评估分析。

5）信息输出模块。将计算得到的有关施工现场作业人员的现场准入信息、安全防护信息以及作业行为状态信息等安全状态分析结果反馈给管理平台系统，以供现场安全人员进行有效监控。

（2）基于视频人员异常行为检查与识别技术

目前，对人体异常行为的检测与识别的方法主要有基于模板匹配的方法、基于图像动态特征的方法以及基于状态空间的方法三大类。

基于模板匹配的方法的基本思想就是先预定义一组行为模板，将现场获得的人员行为视频中的每一帧与行为模板进行实时比较、匹配分析，最终得到现场人员异常行为检测与识别的判定结果。该方法具有实现较简单、算法复杂度低等优点，但由于噪声和运动时间间隔的变化敏感，该算法的抗干扰性差。

基于图像动态特征的方法通过施工现场人员行为视频序列中的光流信息、运动趋势等动态信息来描述行为，从而实现对施工现场人员行为的识别，该方法的思路如图 9-3 所示。

基于状态空间的方法采用概率概念实现对人员异常行为的检测和识别，具体为采用概率将每个静态行为对应的行为状态联系起来，从而将异常行为识别转化为对静态状态遍历及计算其联合概率的问题，并选择最大的联合概率值作为人员行为分类的标准。该方法具有鲁棒性，能在庞大的人员行为数据中识别出复杂行为，且误报率低。

2. 基于生理、心理状态的人员安全状态及行为判别技术

（1）施工现场人员生理状态识别技术

施工现场人员生理识别技术是集人体生理状态指标感知技术、无线网络传输技术数据

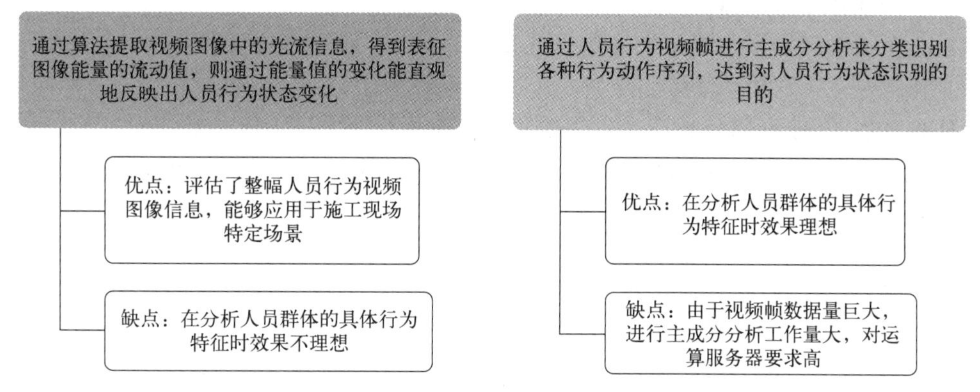

图 9-3 基于图像动态特征方法的思路

分析等于一体的综合性技术。

该技术主要由感知子系统、中继协调层以及后台服务层三大部分组成。①感知子系统：主要功能为感知并输出人体生理参数。主要通过各种类型的传感器感知设备获取人体的心跳、温度、脉搏、血压等相关生理参数，数据获取过程还包括数据预处理步骤，具体包括对生理参数信号的放大、过滤等。数据输出则通过无线信号发射模块（如低能耗蓝牙）将采集得到的数据传输到移动设备上。医用传感器非常成熟。②中继协调层：主要负责接收、处理、分析从感知层获取的数据，同时也是后台服务层的数据来源。借助于蓝牙，感知子系统将数据传递到用户手机上，手机端对采集到的生理状态信息进行分类和深度处理，最终将处理结果展示给用户，并借助远程网络传输技术将数据传输到服务器进行保存。③后台服务层：主要面向施工现场、企业的管理人员以及政府的相关部门，可以结合大数据、云计算等技术，对施工现场人员的健康状况甚至某一时段的生活状况进行分析，对施工现场人员样本足够多、采集数据达到一定数量级后，可进一步对工程项目、施工企业、建筑行业的从业人员的生理或心理状态进行宏观数据分析，得到行业从业人员的生理、心理状态基础数据。

（2）施工现场人员心理状态识别技术

施工现场人员心理状态识别涉及心理学、生理学、计算机、人工智能等领域的交叉问题。目前的研究都是基于人脸表情、语音或生理指标等进行人的心理状态识别。而现在针对施工现场人员心理状态的研究尚处于理论和实验室研究阶段，该技术的主要步骤为：

1）情绪定义，主要有离散模型和连续模型两种模型理论。离散模型认为人类存在确定数量的基本情感，每种基本情感有其独特的生理唤醒模式、体验特性和外显模型，而不同形式的基本情感的组合构成了人类的情感。

2）情绪模型建立，可穿戴设备在人员身上布设不同生理参数传感器，借助现场人员施工状态下不同场景的内心状态诱发实验，采集被测对象在特定情感下的实时生理信号参数（如心电、肌电、皮肤电导、血压、呼吸、血氧饱和度），对获取的生理参数进行去噪、过滤、平滑等预处理操作，采用分类算法对实验样本数据进行特征选择和分类，最终建立实验室条件下不同施工状态下人员的情绪识别模型。

3）生理信号特征提取，提取统计特征参数（均值、中值、标准化等）。原始生理维度矩阵多个生理信号在原始特征融合，其维度较高、冗余度较大，为了提高情感识别效率和准确度，需要消除冗余信息。

4）心理状态识别，主要是生理信号的识别，采用心理状态识别算法，建立表征生理状态和情绪状态关系的生理特征矩阵。心理状态识别算法主要方法如下：①神经网络；②支持向量机；③K近邻分类算法；④连续前向选择算法。

其核心思想是实际测试样本与人员心理状态样本集中的不同心理状态进行样本对比，从而得到施工现场作业人员实时真实心理状态。

（3）仿生立体视觉感知技术

区别于传统平行双目视觉系统，仿生立体视觉系统完全仿照人眼视觉系统构建模型。人眼需要保持标准辐辏状态才能实现三维意识空间的重构，因此，仿生眼视觉系统在执行目标监视任务之前，也需要完成自动在线校准，将左右眼相机调整到校准辐辏状态以为后续动态目标检测、行为识别等任务提供基础保障。基于特征点匹配的视觉反馈和双眼运动模型相结合，实现了仿生眼实时动态的在线自动校准。

3. 施工现场人员安全状态的关键智能控制技术

施工现场人员安全状态的关键智能控制技术包括：智能安全帽和个人防护装备（PPE）。智能安全帽，配备传感器和摄像头，可以监测工人的头部姿势、体温和疲劳程度；智能PPE，包括智能手套、鞋、眼镜等，用于监测生理指标、姿势和环境条件，并提供实时反馈或警报。生理参数监测：心率监测，穿戴式设备可以监测工人的心率，以检测焦虑、疲劳或紧张情况；疲劳检测，通过监测眼睛活动、头部姿势等生理指标来识别工人的疲劳水平。实时定位系统（RTLS），利用RTLS技术，可以跟踪工人的位置，并在危险区域或禁止区域内发出警报，以确保他们的安全。环境监测：空气质量监测，检测施工现场的气体浓度，如有害气体或粉尘，以确保工人不受有害气体的暴露；温度和湿度监测，监测工作环境的温度和湿度，以防止工人受到极端天气条件的危害。视频监控和图像分析，摄像头和图像分析技术可以用于检测危险行为、识别危险物品和监控施工现场的整体安全状况。人工智能和机器学习，基于AI和机器学习的系统可以分析大量数据，识别潜在的安全风险，并提供实时建议和警报，以改善工人的安全行为。移动应用程序，安全管理应用程序可以在移动设备上运行，用于报告危险、接收安全指导、访问培训材料等，以增强工人的安全意识。远程监测和管理，远程监测技术允许管理人员远程访问施工现场的实时数据，以及对紧急情况作出快速反应。培训和教育，利用虚拟现实（VR）和增强现实（AR）技术，可以为工人提供模拟培训，使他们能够更好地理解和应对潜在的危险情况。

这些技术的综合应用可以提高施工现场的安全性，减少事故风险，并提高工人的生产力和福祉。同时，这些技术还可以提供大量的数据，用于分析和改进安全管理策略。

4. 人员安全3D姿态和轨迹评估技术

人员安全3D姿态和轨迹评估技术是一种用于监测和评估工作人员在工作环境中的三维姿势和运动轨迹的技术。这些技术旨在提高工作人员的安全性，防止受伤或事故发生，尤其是在需要复杂动作或在危险环境中工作的情况下。技术的基本原理包括以下方面：传感器监测，穿戴式传感器或设备（如智能安全帽、手套、背心等）配备了加速度计、陀螺仪、GPS、摄像头等传感器，用于捕捉工作人员的姿势和位置信息。数据采集和处理，传感器生成的数据被采集并进行实时或离线处理，以识别工作人员的姿势、位置和动作。3D建模，使用这些数据，可以生成工作人员的三维模型，包括关节角度、身体姿势和移动轨迹。实时监测和警报，基于建模结果，系统可以实时监测工作人员的姿势和位置，以识别潜在的危险情况，并发出警报。

准确捕捉工作人员的三维姿态是一项挑战，因为人体在不同工作任务中的姿势变化多样。确保姿态识别的精度是一个技术难点。处理工人的生物特征和位置数据涉及数据隐私和安全问题。确保数据受到保护，只用于合法和合规的目的是一项难题。当前，最为常用的方法就是采用端到端的一阶段方法或者先将问题分解成 2D 姿态估计再从 2D 关节位置恢复 3D 姿态的两阶段方法，目前两阶段方法的性能优于一阶段方法。图 9-4 为姿态估计系统总体框架：先输入实时视频流数据，对每一帧的人体进行 3D 姿态估计，对姿态估计所产生的 3D 人体骨架序列进行行为识别，并输出识别结果。对于隐私问题，部分采用边端设备处理为骨架系统，保证用户的信息安全，如图 9-4 所示。

图 9-4　总体方案系统框架

算法改进，不断改进算法以提高姿态和轨迹的准确性，可以使用深度学习和机器学习等方法来训练模型。对于骨架数据的行为识别，关键在于如何学好空间特征与时间特征。所谓空间特征，即每一帧骨架中各个关节的状态。时间特征指的是骨架各个关节随着时间的推移而改变位置。

9.3　施工现场材料及设备的数字化物流管理

工程施工现场材料及设备的物流管理是施工现场物流管理中的关键，但是由于建筑现场环境复杂、作业空间受限等因素，其往往也是建筑物流管理中较为薄弱的一环。传统建筑施工现场材料与设备主要依赖于人工进行各阶段管理的方式必然导致了建筑现场材料与设备的管理流程繁琐、管理手段极不规范、管理效率低、管理时效性及动态性较差、管理成本居高不下等难题。

鉴于此，基于现代化物流管理理念利用物联网、BIM、“互联网+”等数字化技术手段，通过将建筑施工现场的主要原材料（如各类钢材、成型钢筋、混凝土、模板等）、小型机械、大型装备等物料的存储、供应、加工、借还及调度等现场物流的关键环节进行数字化控制，明确施工现场物流流程中的各区域资源需求情况，降低现场库存压力，优化现场物流运输路线，降低因物流不规范造成的施工现场建筑材料剩余，可有效提高建筑施工现场材料与设备的数字化物流管理水平。

9.3.1　施工现场建筑原材料的数字化物流管理

1. 施工现场建筑原材料物流管理的现状

工程施工中的原材料主要包括各类成型钢材、钢筋、商品混凝土、木材、砌块、水泥、砂石、焊条、装饰材料、玻璃及其他施工所用到的高分子材料等，涉及的材料种类多达上百种，其中每种材料规格也非常多，比如说钢筋单从直径大小分类就有数十个品种，如果进一步考虑钢材强度及相关组分的不同，使得钢筋种类成指数倍增加。传统施工企业对于现场施工原材料的管理不够重视，主要依靠人工手动记账来完成原材料的入库、出库及库存信息的管理等工作，因工作项目涉及产品专业之多、企业之众、环境之杂是其他行业无法比拟的，作为中转枢纽的仓库进行物料收发管理时会产生海量的数据，以传统方式进行施工现场仓库管理容易重复建账，浪费人工，同时依靠人工进行录账，出错较高，且一旦发生错误无法进行问题溯源，后期调查及处理难度大。另外，对于应用于工程特定部位、有特殊设计要求或需进一步现场加工处理的原材料（如钢筋），如何保证施工现场原材料的实时跟踪定位、运输路线管理、工序交接等物流信息的准确性、实时性与可追溯性成为施工现场原材料物流管理的重要组成部分。因此应根据施工现场建筑原材料及其使用特点，建立基于现代化物流管理理念的施工现场原材料数字化物流管理平台，实现建筑原材料入库、出库信息的快速准确录入，同时结合先进的物联网自动识别技术，实现施工现场原材料的运输定位、部位识别、责任人交接等功能，并通过与材料供应商等上游平台的信息交换与共享，进一步为项目采购提供决策基础，实现建造成本的最优化。

2. 数字化技术在钢筋物流管理中的应用

以施工现场钢筋的数字化物流管理为例，钢筋作为工程项目中必不可少的建筑原材料，除了成型钢筋骨架等在钢筋加工生产车间加工后直接运输至工地现场之外，尚需在工地搭设钢筋加工临时工棚来完成部分钢筋的进一步加工。因此施工现场钢筋数字化物流管理主要包括：原材仓储、钢筋加工、现场配送三个主要环节。下面分别介绍数字化技术在上述三个环节中的具体应用。

（1）原材仓储。原材仓储的数字化主要体现在两个方面：一是钢筋出入库信息的数字化；二是钢筋仓库定位的数字化。随着信息化技术的逐步普及，传统依靠人员手写录入的钢筋出入库管理模式已经逐渐被淘汰，取而代之的是依靠计算机的数字化表单管理模式，并且随着 RFID 及二维码技术的发展，逐渐从人工手动逐项录入发展至通过手持扫描设备采集表单信息，避免了人工录入过程中可能出现的各种误差或错误，工作效率成倍提高。原材信息采集后，可通过信息化平台进行库位的数字化分配，指导工人利用运输设备完成精准入库工作，并通过各类传感器及无线传输技术，将原材位置信息实时传输至仓储信息管理平台，可实现钢筋仓库内的数字化定位管理。同时，利用系统平台可实时监控各类钢筋的库存量、每天或特定时段的钢筋吞吐等信息，提高库存盘点效率，为工程项目材料采购提供基础数据。

（2）钢筋加工。通过钢筋数字化物流系统可将成型钢筋加工计划及加工分配任务制作成可供数字化加工设备识别的信息流，该信息流包含了钢筋基本信息（如质检报告等）、加工尺寸要求、加工时间节点、加工后钢筋制品堆放库位等，并在加工完成后，将加工信息（如责任人、加工设备编号、性能检测结果等）上传至信息平台，完成钢筋加工阶段的数字化管理。

（3）现场配送。钢筋数字化物流管理系统将依据施工现场各分部分项工程的钢筋需求指令，进行钢筋制品的配送安排，包含钢筋品牌、牌号、规格型号、数量、配送时间等，通过与现场设备调度系统等相关平台的信息互通，可实现配送路线的实时优化，提高车辆空间的利用率。

通过 BIM 的材料管控平台可实现建筑原材料的数字化物流管理，其中 BIM 平台主要包括三层架构。平台三层架构技术如下：

（1）数据层。数据层基于私有云计算，包括 CentOS、MongoDB、MySQL、Hadoop 等基础应用。

（2）逻辑层。逻辑层采用了模型数据和业务数据并存的方式，将建筑 BIM 模型与建筑装饰材料施工流程相整合，通过统一的数据访问接口进行访问，为多端应用提供支持。

（3）应用层。基于逻辑层提供的访问接口，可通过 Revit 端、Web 轻量化端、手机端对建筑装饰施工节材进行全方位的优化与管理。

3. 数字化技术在装饰材料管控中的应用

某公司基于 Revit 技术建立了装饰材料管控平台。基于 Revit 的插件端是装饰材料管控平台的关键组成部分，是实现源头节材的核心手段。Revit 插件主要具有两个方面功能。

（1）对 Revit 模型中指定尺寸砖的数量进行统计分析。通过对 Revit 模型中构件的属性的解析，统计分析出砖模型中标准尺寸的数量、损耗砖的数量、异型砖的数量，并通过 BIM 三维可视化精准定位的方式对模型中非标准砖进行快速定位，便于现场装修。

（2）对 Revit 模型中指定尺寸龙骨的数量进行统计分析。通过输入龙骨模型的构件类型名称和标准长度，快速统计分析出当前 Revit 模型中标准龙骨的数量和龙骨损耗的数量（非标准龙骨的数量），并对非标准龙骨的模型进行空间定位，便于装修工人标识位置。

基于 BIM 的装饰材料管控平台 Revit 插件端。通过本插件，既可实现装饰构件的空间定位，又可查询统计非标准件的数量，并导出为 excel，供施工人员参考。基于 BIM 的装饰材料管控平台 Web 端。在装饰材料管理界面中，以饼状图、折线图的形式，展示物料的损耗情况，为施工管理人员提供决策依据。手机端，装饰施工人员可通过手机端访问平台，实现装饰材料的现场库存查询、现场统计、现场校核，提高施工效率。

9.3.2 危险品或设备安全位置的智能识别

安全风险管控中的关键因素——施工现场危险品或设备。过去，对其的管理主要依赖于人的管控，但方式效率低、工作强度高、管控难度大、隐患多、不利于施工现场风险的高效管控。为减轻这些隐患，工程建设领域已经研发出了基于 RFID 和 GPS 定位技术的施工现场的危险品管理系统，该系统主要由 RFID 模块、GPS 定位模块、无线数据传输模块、危险品管理系统等组成，可以实时监控危险品从出厂、入库、运输、进场、使用到报废全过程的安全状态。如常使用的智慧安全帽，可以很好地识别。

1. 基于 RFID 的危险品管理模块

RFID 危险品管理模块主要由射频标签、射频读写器构成，施工现场使用的危险品上均布设有作为其唯一标示的射频标签，射频标签上记录有危险品的基本信息，且伴随每个危险品从出厂、运输、进场、使用、回收或报废的全过程。射频读写器为危险品标签采集硬件，在出厂、入库、运输等不同的阶段，当射频标签靠近读写器时，标签在电感耦合效应作用下获得能量而被激活，读写器将获得其 ID（标签序号），读写器在验证标签的合法性后开始对其携带信息进行读写操作，最终将不同阶段的信息存储或上传给上位机管理系统。

2. 危险品运输车位 GPS 定位模块

在运输危险品的车辆上安装 GPS 系统，可以对危险品运输车辆在运行中的情况进行实时定位跟踪，借助 GPS 定位技术可以实时捕捉车辆运输过程中的实时位置、行驶轨迹、行驶速度以及停靠时间等具体数据，该模块具有车辆行驶超速报警、疲劳驾驶报警、实时位置更新与查询、信息与求助服务、行驶线路实时监控等功能。

一旦出现危急情况，系统会自动报警，并在很短的时间（秒量级）将车辆的违章情况传到管理平台系统并记录下来，以便实时实施抢救，最大程度减少社会和群众生命安全事故的发生。

3. 无线数据传输模块

车载 GPS 系统和射频标签读写器上都内置有无线数字输送模块，以确保出厂、出库、进场、使用等各阶段采集的危险品状态信息以及危险品输送过程中的状态信息数据能够实时上传给管理系统。

4. 危险品管理系统

各阶段射频读写器采集到的危险品的使用和存储状态信息以及 GPS 系统返回的运行状态信息会通过无线网络实时上传至管理系统，施工现场管理人员通过网络可以方便地对数据库进行访问，及时了解危险品在流通过程中和状态下的基本信息，也可以对进入现场后危险品的使用和检验情况进行动态实时跟踪管理，并对存在危险的状况进行反馈处理和动态干预。

目前基于 RFID 和 GPS 的危险品管理系统的运行具体包含以下环节：检验与检测、入库、出库、运输、现场管理、回收、报废等。

厂家生产出危险品并检验合格后，将危险品的唯一 ID 号、危险品名称、危险品的基本信息、危险品的属性、检验日期、有效期限等基础信息写入射频标签。

危险品进入存储仓库时，通过读写器对标签信息进行识别，将危险品基本信息、入库时间、存放区域等信息写入射频标签，并将信息上传至仓库数据库进行管理。

危险品出库时，读写器扫描射频标签后，危险品的客户、出厂时间、运送目的地等基本信息将被上传至管理系统书籍库。

物流配送单位接收危险品后，对危险品上的射频标签进行扫描，读写器获得危险品客户、应送达目的地、送达时间等信息后，将实时将配送时间写入射频标签和数据库管理系统。而车载 GPS 将全程监控。

物流单位将危险品送至现场后，现场仓库人员通过读写器扫除送达危险品的基本信息，根据其属性和功能安排入库存放并将信息上传至管理平台。

工程结束后，现场对使用过的危险品进行统一检查和盘点。满足使用要求的可联系物流单位帮助回收，不满足使用要求的就根据相关规定进行报废，同时在危险品管理系统中将报废的危险品信息从数据库中删除和存档。

9.3.3 施工现场建筑构配件的数字化物流管理

施工现场建筑构配件主要包括各类型钢构件、PC 构件等，可在现场通过一定的连接方式直接进行组装的成品构件。传统施工现场建筑构件物流管理因构件供应商与施工企业各自管理，而无法形成共享信息流，其物流管理未形成信息闭环。近年来随着物联网自动识别技术的发展，二维码技术和 RFID 技术在建筑业物流管理中的应用越来越普遍，并通过与 BIM 信息技术的融合，大幅提升了建筑现场物流管理的数字化水平。

上海中心大厦的建设是一项极其复杂的工程，其使用的材料和设备种类繁多，包括钢材、混凝土、玻璃、电梯、空调、照明设备等。这些材料和设备的采购、运输、存储和使用都需要精细的管理和协调。首先，材料的采购和运输就是一项巨大的挑战。由于上海中心大厦的高度和重量，需要使用大量的高强度钢材和混凝土。这些材料通常需要在远离建设现场的地方进行加工，然后通过大型起重设备进行吊装。这就涉及物流的问题。由于材料的体积大、重量重，传统的物流方式往往无法满足需求。例如，如果使用卡车进行运输，那么需要建设专门的运输道路，而且卡车的载重能力也会成为问题。如果使用船只进行运输，那么需要考虑到港口的承载能力，而且还需要考虑到海上风浪等因素对运输的影响。其次，材料的存储也是一个难题。由于上海中心大厦的建设周期长，需要储存大量的建筑材料，这就涉及仓库的设计和管理问题。由于材料的体积大、重量重，传统的仓库可能无法满足需求。例如，如果使用传统的钢筋混凝土仓库，那么需要考虑到仓库的承重能力，而且还需要考虑到仓库的温度和湿度控制问题。再次，材料的使用也是一项挑战。由于上海中心大厦的建设涉及多种不同的材料和设备，这就需要在施工过程中进行精细的调度和管理。例如，如果使用了高强度的钢材，那么就需要在施工过程中进行特殊的处理，以防止钢材的变形和损坏。如果使用了大型的起重机，那么就需要进行特殊的操作和维护，以防止起重机的故障和事故。

管理方式已无法适应上海中心大厦工程垂直运输管理的需要。因此，急需一套结合了BIM系统管理技术和物联网自动识别技术的数字化物流管理系统，以满足工程需求。面对各个专业如此大体量的材料和设备，首先需要通过BIM模型对各专业材料和设备进行统计和分类，结合工况进行材料运输分析。BIM模型主要生成该货物的材料编码、名称、规格、数量、使用部位、出货日期、生产厂家、供应商名称（运送日期、运输方式、耗时）等二维码信息，用于材料、设备进出各级仓库、运输和使用的管理。结合上海中心大厦工程庞大的材料设备，从下单采购到运输仓储，直至现场管理和施工的问题，通过引入二维码技术对材料和设备进行标记管理，使对材料设备的可视化智能管理成为可能。整合了BIM技术和物联网技术的数字化物流智能管理系统由数据服务器、二维码打印机、电脑、若干扫描终端及互联网设备等配套设施组成，如图9-5所示。

基于二维码识别技术的上海中心大厦工程数字化物流管理系统的实施按以下步骤进行：首先，材料和设备装箱打包时就生成该货物的材料编码、名称、规格、数量、使用部位、出货日期、生产厂家、供应商名称（运送日期、运输方式、耗时）等二维码信息，以备管理材料进出各级仓库和工地调度之用。项目部针对各专业工程，对材料和设备按照区域、楼层、数量、编码进行了详细的分类和整理，将影响和制约工程进度的主要设备和材料提取出来，并且根据工序安排赋予其相应权重。以办公区装饰工程材料为例，遵循办公区装饰施工工序的原则，梳理出43种制约施工进度的主要材料和设备。在将数据信息标准化和梳理了各专业的材料设备后，需要对施工材料进行信息采集。信息采集严格按照材料设备的三级出库管理制度进行管理。例如，办公区装饰工程的立柱材料从工厂运出进行一级出库扫描，到达工地库房进行二级出库扫描，最后施工时楼层仓库出库进行三级出库扫描。

材料设备运输完毕，及时将数据上传至服务器，以保证材料设备运输状况的信息及时更新，便于数据分析和汇总。至此，在服务器数据库的基础数据完整的前提下，就可以利用数字化物流管理系统对工程材料运输进行可视化和智能化的管理。通过对材料和设备的

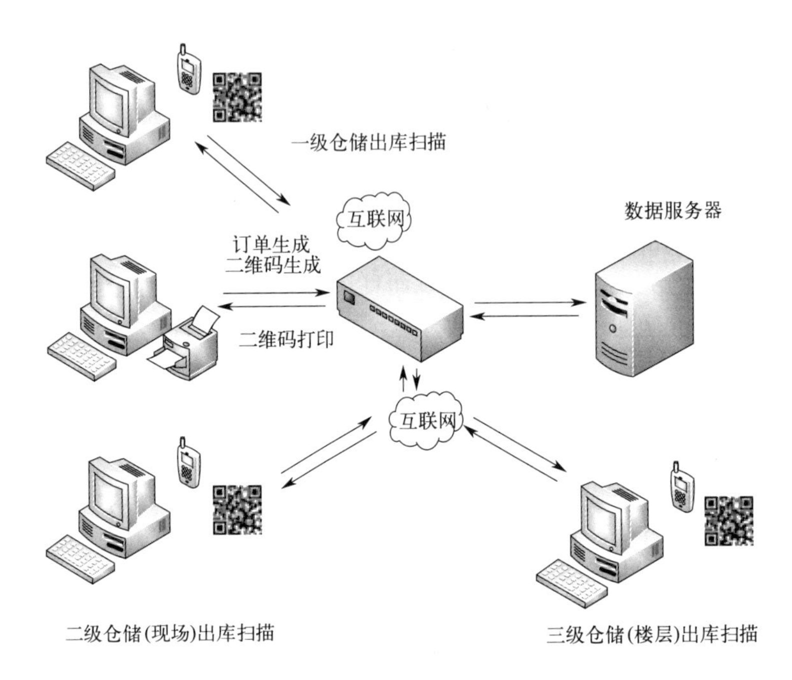

图 9-5　物联网物流系统工作流程图

数据信息二维码计数，可以及时反映在可视化和智能化系统上，以进度形式反映每层、每区以及各项材料设备的供应到位情况。通过掌握材料和设备的总体情况，可以合理调配垂直运输资源，以满足与施工进度相匹配的材料和设备的供应计划。

根据对各专业工程及其单位的材料和设备的运输情况进行统计，可以对整个上海中心大厦工程施工的垂直运输资源进行分析和管理。通过二维码计数在可视化物流智能管理系统中进行各电梯或塔式起重机运行时间分析、各专业占用电梯或塔式起重机时间分析，以及电梯或塔式起重机使用饱和度分析等，主要为合理分配垂直运输资源，为施工电梯转换、永久电梯安装和塔式起重机的拆装等重大方案的决策，提供重要数据支持。

9.3.4　施工现场机械设备的数字化调度管理

施工现场常用大型机械设备主要包括：大型塔式起重机、土方车、挖掘机、汽车式起重机、履带式起重机及各类桩工机械等。传统大型施工机械的调度主要采用工人＋对讲机的管理模式，该方式不仅调度效率极低、人员安全风险大，而且很难对施工现场不断变化的作业条件及时进行掌握，调度效果主要依赖于调度员的实际经验，经常出现部分区域机械设备紧缺或工作量极大，而其他区域存在设备窝工的情况，机械设备的利用率不高。

施工现场大型机械设备的数字化调度系统是通过在大型机械设备上安装数字化定位传感器、设备工作状态采集仪、调度指令显示装置等智能化设备，并经由无线传输技术（如GPS远程传输）进行数据实时交互传输，最终通过系统集成完成施工现场各类大型设备的调度和管理。下面以基坑土方开挖为例说明施工现场大型机械设备的数字化调度系统工作模式。首先在土方开挖常用设备（如土方车和挖掘机）上安装GPS定位模块、载重识别模块、智能语音模块及调度显示模块，通过数字化调度系统将开挖部位及行驶线路发送至指定挖掘机，挖掘机在接到指令后，严格按照事先路线行驶至指定部位进行土方开挖作业，同时，土方车也行驶至特定位置，并在满载后按照规定路线进行土方外运作业。在此过程中，数字化调度系统将依据现场三维模型进行分析系统得到的现场各部位土方开挖情况，合理安排挖掘机和土方车数量，实现各部位土方开挖量精细化管控，可有效避免车辆空载待运情况发生，促进车辆运行效率的提升。同时，施工现场大型机械设备数字化调度管理系统可实现施工现场设备的进出场差异化管理，实时明确在场设备数量及各设备现有状态（包括设备基本信息、设备状态、工作区域、进出场时间、事故次数、维保记录等），简化现场大型机械管理难度，提升施工现场机械设备的数字化管理水平。

9.4 基于绿色施工的环境因素数字化管理

目前对绿色施工的定义是在工程施工过程中，采用各类技术手段，实现工地现场节能、节地、节水、节材和环境保护，有效降低工地现场资源消耗和环境污染水平。绿色施工是可持续发展理念在工程施工中全面应用的体现，但在传统施工模式下，绿色施工多数采用人工盯防、污染源定期化验的管理形式进行，不仅需要耗费大量人力、物力，又难免出现管理上的漏洞，使得大多数项目上绿色施工变成口号，无法得到有效的执行。

首先，在工程项目策划阶段，可利用基于 BIM 技术的模型分析方法建立项目的多维度模型，结合各项环境因素对施工过程进行绿色施工优化，进而编制最优的绿色施工方案；其次，在工程项目实施阶段，可基于物联网传感器技术实时获取环境数据，与绿色施工需要达到的预期阈值，当发生实时数据超出阈值现象时，即采用自动化控制设备实现环境因素智能管控；最后，通过基于 BIM 模型分析方法的绿色施工优化，以及环境监测、环境控制等措施，形成了全方位的“四节一环保”施工优势，对于绿色施工理念的落地有重要的推动作用。

BIM 技术应用于施工现场布置拥有巨大的技术和经济效益优势。施工现场布置是为施工活动服务的，不同阶段的施工活动不同，对施工现场布置的要求也不同。施工现场布置要随着施工阶段的变化而不断变化，以满足施工活动的要求。施工现场布置涉及施工要求、物料运输、人员机械流动、现场管理、安全环保等各种因素，各因素又相互影响，使施工现场布置常复杂。传统的施工现场布置是使用二维图纸进行布置，不够直观且无法反映施工现场布置的全貌，也无法发现施工现场布置的潜在问题。运用 BIM 技术进行施工现场布置，可以直观展示施工现场，便于管理人员沟通交流，对各种可能的施工现场布置方案进行尝试，节约能源，减少碳排放。通过 BIM 技术的碰撞检测功能可以发现施工现场布置方向和时空安排上存在的问题。例如通过模拟塔式起重机吊运物料可以发现塔式起重机在施工中可能存在的碰撞问题，通过模拟汽车和施工机械的运动可发现在道路转角处可能存在的转弯过陡、道路过窄等问题。运用 BIM 技术也可以对二维图纸已展现的细节问题进行处理，如施工现场灯具的高低、视频监控的位置和角度、消防设施的布置等。而且运用 BIM 技术进行工程量统计更为精确，用于指导物料采购，可以节省施工现场布置成本，节约材料。运用 BIM 技术的模拟功能可帮助工作人员提前发现施工现场布置中存在的问题，从而避免二次布置，既节约用地和能源，又可加快施工进度。

9.4.1 工程实施阶段的环境因素数字化管理

施工现场主要环境污染源包括扬尘污染、噪声污染、光污染、水质污染、固体垃圾污染、辐射物体污染等，但目前环境影响效应最大且普遍存在的三个主要污染源为扬尘污染、噪声污染和光污染。工程实施阶段的环境因素数字化管理可以通过结合信息技术、传感器、数据分析和建筑信息建模（BIM）等技术来实现，以提高施工效率、降低成本，并确保项目的环境可持续性。基于数字化技术手段，打造抑尘喷雾控制系统和声光控制系统等，可对三大污染源进行有效控制。

绿色施工与安全生产并行的环境监测。通过智能环境监测系统，各类温湿度、噪声、粉尘、风向风力等传感器实时采集工地扬尘、噪声、气象等数据，将数据通过云端实时展示在现场 LED 屏、平台 PC 端及移动端，帮助监管人员准确了解工地环境状况。

1. 扬尘污染数字化管理

扬尘污染采用抑尘喷雾控制系统进行管理和控制。系统一般可由四个部分组成，包括数据采集层、数据传输层、指令控制层、喷雾系统层等。其中，在数据采集层，现场可布置 PM2.5 传感器、PM10 传感器、温湿度传感器、风力风向传感器等，并将传感器连接到采集模块，进行原始环境的数据采集；在数据传输层，将现场采集模块采集到的数据通过无线方式上传至管理平台，管理平台可以部署在云端服务器或现场服务器；在指令控制层，基于管理平台上获取的数据情况及分析结果，发出指令对现场的喷雾系统进行控制；在喷雾系统层，系统由各类喷头和高压喷雾设备组成，负责抑尘喷雾颗粒的生成。

由于抑尘喷雾控制系统的应用环境是建筑施工现场，考虑到施工环境变化多端的特点，系统重点考虑设备尺寸、安装便利性、智能控制的准确性、喷雾效果优劣等问题。首先，喷雾设备的尺寸和安装需要考虑移动性和安装便利性。施工现场常见的喷雾设备多采用快接式安装方式，喷雾管线和喷头的安装和拆卸均可通过插拔完成，大大提高了喷雾设备的使用效率，使其能够广泛应用于多变的各类施工环境下。其次，喷雾设备喷头需具备多种喷洒方式，满足各等级抑尘要求。可重点从喷雾距离长短、喷雾颗粒大小、喷雾扩散面积、喷雾形状等方面进行优化，使喷头的喷雾能力与现场扬尘污染抑制要求相匹配。最后，控制系统需采用智能化和数字化的控制方式。施工现场可采用手动控制与根据现场的传感器信号反馈进行自动智能控制两种方式进行控制指令切换。

2. 噪声和光污染数字化管理

噪声和光污染数字化管理主要通过声光控制系统进行有效管控。与扬尘污染不同，噪声和光污染较难在出现问题时进行有效控制，而应当采用管理措施进行预防，其本质上是管理流程的数字化。噪声和光控制系统既可以进行集成开发，也可以单独进行开发。

针对光污染，可通过技术手段对现场光照系统、设施设备进行改造升级，再建立光照设备设施管理平台，采取自动控制手段进行光照开关的智能化控制。光照设备设施管理平台进行自动化控制的依据包括两个方面，其一是基于 BIM 模型进行的光照方案优化结果；其二是通过现场光照传感器采集到的光照数据。一般情况下，可在 BIM 模型分析出的各大光照区域分别安装光照传感器，当发现光照传感器出现数据异常时，则结合施工情况进行开关部分光源的远程控制。施工现场使用的光照传感器多采用壁挂式或立杆式，其选型参数指标需考虑响应时间、测量范围。

针对噪声污染，主要来自施工大型设备，而设备的消音改造相对困难，数字技术可以提供有效的支持。具体措施如下：噪声污染控制管理平台，建立一个噪声污染控制管理平台，该平台可以根据实时监测数据优化施工时间和区域分配，以减少高噪声设备的同时使用；合理布局和控制，通过合理布局施工现场，避免大量高噪声设备集中在一个区域，在特定情况下，可以使用隔声棚或临时隔声屏障来降低噪声水平；低噪声设备选择，建立施工设备噪声管理数据库，选择低噪声设备，并避免高噪声不合格设备的使用；算法优化，通过噪声计算算法可以计算当日施工噪声的理论值，以进行施工方案的优化；车辆进出优化管理，通过与进出口地磅系统关联，管理进出车辆的数量和轴重；减少夜间运输车辆的数量，对进出敏感区域的车辆进行监测，如噪声超限，可以通知减速或进行处罚。

3. 车辆管理系统

车辆进出管理是车辆管理的系统的核心环节。智慧工地系统通过工地进出口的车牌识别相机，对进出工地的车辆进行车牌信息识别，实时监控车辆的进出通道，避免违规车辆进入工地，可以有效地提高车辆进出的规范性和安全性。经过清洗区域，渣土车和材料运输车辆进入工地，车辆进入首先通过车牌识别系统，识别车辆进出记录，为确保绿色施工，渣土车等需要经过冲洗系统，减少扬尘，摄像头通过图像技术实时监测未进行清洗的车辆，将信息报告至后台，通过引导标志引导车辆到指定卸货区卸货。车辆管理系统的具体功能如下：

（1）车辆定位和轨迹回放：通过物联网与AI智能识别技术，可以实时定位车辆位置，并且可以回放车辆的运行轨迹。这样可以更好地掌握车辆的动态信息，发现违规行为或异常情况时能够及时处理。

（2）质量监督：工地的车辆管理系统可以对进出工地的物料进行智能识别，包括对物料的种类、数量、运输状态等进行实时监控和统计。这样可以有效地监督物料的使用和运输情况，确保工地施工质量和安全。

（3）数据统计和分析：工地的车辆管理系统可以收集车辆进出、物料运输等数据，并且对这些数据进行统计和分析。这样可以更好地掌握工地施工情况和车辆运行情况，为工地管理提供决策支持。

（4）车辆装载和违规管理：通过在工地出入口设置地磅，对渣土车的空车、重车两种状态进行数据采集上传，实时上传空重车的总重差计为车辆装载量。同时也可以通过系统智能识别车辆装载情况和物料运输卸载情况，对超载等违规行为进行限制和管理。

9.4.2 BIM技术在节材上的应用

建筑节材是绿色施工中非常关键的一个环节，对于减少施工过程中材料的消耗具有重要影响。建筑节材措施包括了设计阶段的节材措施及施工阶段的节材措施。设计阶段主要通过施工方案优化，在源头减少建筑材料的用量；施工阶段节材又分为施工技术节材和施工管理节材，分别通过施工技术优化和施工管理优化节约建筑材料。

1. 装饰施工节材领域存在问题

装饰施工节材领域目前存在的问题主要有三个方面：

（1）在现阶段建筑装饰施工中通常采用钢材、轻钢龙骨作为装饰主材，龙骨材料多为厂家定尺供应，而不像铝型材那样可开模加工。在装饰现场施工中，施工人员根据安装部位所需的尺寸，对原料进行切割，安装剩余的部分则作为废料处理，这造成了材料的大量浪费。

（2）在传统建筑装饰施工中，对于施工原材料没有有效的管控措施，作业人员根据自己习惯取用原料，易造成材料的浪费。

（3）在建筑施工安全隐患排查、施工质量管控等领域已有相关系统投入应用，信息录入方便，但在装饰施工节材领域没有合适的工具和手段。

2. 基于BIM的节材应用分析

采用BIM技术，可以解决机电管线的碰撞问题，避免资源由于碰撞问题而产生浪费。机电管线碰撞是安装工程施工时影响现场进度的主要因素，严重影响了施工作业的顺利进行。管线碰撞形式主要包括不同专业工程的交错管线布置、预埋管件定位及安装是否符合设计要求等，考虑到机电管线较为密集、排布复杂的特性，在进行施工设计过程中，各个专业间往往缺乏有效沟通，这是导致出现碰撞的关键原因。采用传统CAD制作二维图纸，无法形象标志出管线碰撞情况，不能有效地预先处理管线碰撞问题，大量管线穿插作业问题常常发生，造成返工与材料浪费的现象时有发生。而BIM技术所具有的协调性功能便能够对这一问题加以有效地解决，施工技术人员可通过模型软件自动找到各专业碰撞问题点，再进行碰撞点的二次优化设计，同时，可以优化管线排布路径和排布进度，使后施工管线不受到先施工管线的空间限制，避免二次返工。

采用BIM技术，可以使进度、材料和资源等得到合理配置等。集合时间维度，可建立四维施工过程模型，充分考虑时间维度的影响。现场施工是动态过程，材料堆放、资源利用都受到时间进度安排的控制，提前多久进行材料、资源的采购和安置是关系到工程顺利进行的关键。以BIM模型为核心，参照预期的施工进度安排进行动态模拟，分析每个施工阶段中材料、资源配备是否合理，阶段施工目标是否能够有效达成；施工过程中，同样可参考已完成的施工进度不断进行后期进度优化设计，从而使整个施工过程始终处于良性循环迭代状态，使资源、材料利用与施工过程的推进能够呈现相辅相成的局面。

采用BIM技术，可以模拟混凝土工程施工，降低混凝土工程材料成本。首先，在钢筋用量方面，可以在模型中实现钢筋接头率的深层优化，针对模型中的钢筋进行钢筋量统计，进行与设计用量的比较分析；根据对应钢筋型号优化搭接方式，确定采用焊接或机械连接方式，以达到节省钢筋的目的。其次，在混凝土用料方面，采用模型中统计出的混凝土用量，可以对现场的实际施工作业量进行控制，找出节约混凝土材料的措施。最后，在模板使用方面，通过模型中对主体结构施工进度、工序的分析比对，可增加周转率较高的钢模板使用量，减少常规木模板的应用，进一步减少工程模板投入成本，提高工程建设效率。

通过材料管控平台的管控要求：①在施工前，能够对提料方案进行优化，从而在源头减少材料的损耗，实现源头节材。②在施工过程中，能够即时指导施工人员施工，从而减少施工过程中的材料损耗，实现过程节材。③能够将装饰材料的采购量、使用量、流转信息等数据以直观的方式展示出来，为装饰施工材料管理提供依据。综上分析，基于BIM装饰材料管控平台功能如图9-6所示。

基于Revit，通过模型优化提料可实现源头节材；通过Web端，装饰施工管理人员可对原料相关各种信息进行分析，实现管理节材；通过手机端，装饰施工人员可获得施工指

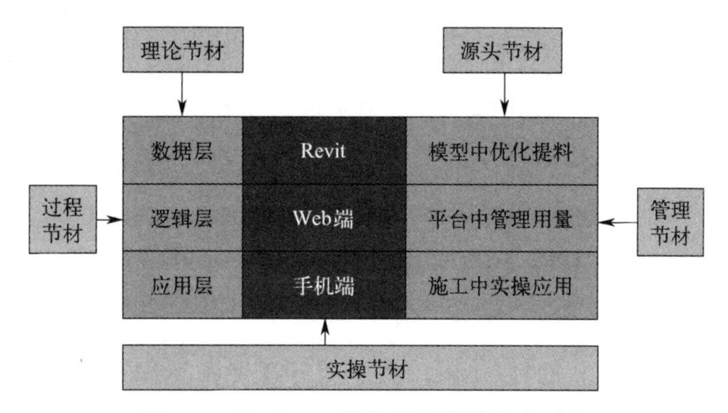

图 9-6 基于 BIM 装饰材料管控平台功能

导，实现实操节材。

9.4.3 BIM 技术在节地上的应用

在建筑施工过程中，通常需要对基坑进行大面积的开挖。传统粗放式的开挖方式通常是基于平面图及开挖方式来大致确定需要开挖的土方量，对自然环境中的土体扰动较大，甚至会对周边的建筑物或者原有的市政管线造成不利影响。基于 BIM 技术，可预先根据施工进程计算各个施工阶段的土方开挖量，进而根据场地布置安排情况构建土方开挖的动态模拟模型；基于建成的场地布置动态模型，可对施工作业现场仓库、加工厂、作业棚、材料堆放的排布情况进行优化，尽量做到靠近已有交通线路，最大限度地缩短运输距离，使材料能够按工序、规格、品种有条不紊地进入施工作业区。

比如某一家建筑公司计划在城市中心建设一座大型综合商业大楼。工地有限，附近的交通道路繁忙，施工进度需要严格控制，以确保按计划完成项目。土方开挖是项目的重要阶段，需要高度优化，以降低运输成本和减少交通干扰。BIM 技术应用：①数据收集和建模。建筑公司使用 BIM 软件创建了整个项目的三维建模。这个模型包括建筑结构、地下管道、基坑等要素，并包括了与土方开挖相关的地形和土地利用数据。②土方开挖动态模拟。利用 BIM 技术，建筑公司构建了土方开挖的动态模拟模型。该模型考虑了施工进度、建筑物的施工顺序和地下管道布局。通过该模型，他们可以预测每个施工阶段所需的土方量，并确定土方开挖的最佳时间表。③资源优化。基于模拟结果，建筑公司优化了土方开挖的资源分配。他们安排挖掘机和卡车的运输路线，以最小化运输距离，并将土方运输与其他工序协调。此外，他们确保材料根据工序规格有序进入施工作业区，减少了混乱和浪费。④交通管理。BIM 模型还帮助建筑公司规划了交通管理策略，以减少施工对城市道路交通的干扰。他们制定了临时交通路线和施工时间表，以确保交通流畅。⑤实时监控和调整。在施工过程中，建筑公司使用 BIM 模型进行实时监控。如果出现变化或延迟，他们可以快速调整土方开挖计划，以适应新的情况。⑥成果和收益。通过使用 BIM 技术进行土方开挖的动态模拟和优化，建筑公司取得了以下成果和收益：A. 降低了运输成本：通过最小化运输距离，建筑公司降低了土方运输的成本，节省了大量资金。B. 减少了交通干扰：通过精确的交通管理和调整，他们减少了施工对城市道路交通的干扰，提高了周边居民和商家的满意度。C. 提高了施工效率：土方开挖的有序进行确保了施工的高效性，有助于项目按计划完成。D. 实时决策能力：BIM 模型的实时监控和调整功能使建筑公司能够迅速应对变化和问题，确保施工进度不受干扰。这个案例表明，基于 BIM 技术的土方开挖动态模拟模型可以在建筑施工中实现更高效、更可控的土方开挖过程，从而提高工程项目的成功率。这种技术不仅有助于资源利用的最优化，还有助于减少对周边社区和交通的负面影响。

9.4.4 BIM 技术在节能上的应用

随着建筑施工规模的不断扩大，建筑资源浪费与环境污染等问题日益严重，成为影响人们生活质量的关键因素之一。近年来，人们的环境保护意识不断增强，为适应这一变化，现代建筑设计在强调建筑质量的同时，将绿色节能理念融入其中。同时，基于 BIM 技术的应用可实现节能建筑结构设计的合理性，提高建筑节能效果，对新时期节能建筑结构设计的创新与发展有着积极的影响。

在设计工作阶段，BIM 技术不仅可以方便快捷地绘制 3D 模型，还可以提高建筑的可施工性，提高资源能源的利用率，有利于建筑的可持续性设计。传统的技术，是在建筑设计完成之后，再进行能耗分析，相比而言，BIM 技术是在设计的初期就利用具备强大兼容性的三维模型，进行的能耗分析，这样一来，不仅注入可持续发展理念，也避免通过设计修改来降低能耗设计需求。除此之外，BIM 技术与多种软件数据兼容，大大提高了设计项目的整体质量。

传统建筑施工过程中的资源浪费与环境污染主要来自于材料的大量使用。为降低材料的浪费，在保证建筑施工质量的基础上，采用 BIM 技术，在绿色节能理念的指导下，创新建筑结构设计方式。某建筑结构设计中大量使用了钢质框架，减少了传统设计中混凝土的使用。钢制框架结构在提高装配效率的同时，也保证了建筑质量。不仅如此，每一个房间的顶部均采用了框架式吊顶设计，隔板具有隔热功能，从而降低建筑内部温度控制导致的能量消耗。

BIM 技术的透视效果能够更好地了解建筑物内部结构设计的情况。相较传统钢混结构设计来说，这种设计效果减少了钢筋、混凝土等材料的使用，同时借助隔声地板、阻尼垫等环保材料，实现了隔声效果。房间隔断采用嵌入式结构设计，这对于降低传统框架建筑结构的资源消耗起到了一定效果。

BIM 技术在节能建筑结构设计中的应用可以辅助完成建筑结构内部的热环境性能模拟，并对建筑结构设计的空间热岛效应进行分析，调整建筑物的结构设计效果。某节能建筑结构设计的效果图中，为实现对空间热岛效应的抑制，设计人员对主卧的开窗面积与房间布局进行了调整，在保证其功能性的同时，减少了热效应下的空气对流，使主卧结构设计的节能效果更加明显。

BIM 技术的应用为现代节能建筑结构设计提供了支撑。在传统建筑设计中，凭经验设计的建筑资源浪费现象较为严重，依托 BIM 技术的数据仿真等优势，可以对建筑结构设计的光性能、热性能、风性能等进行仿真，以此作为节能建筑结构设计的依据，对现代节能建筑结构设计的推广应用有着积极影响。

9.4.5 BIM技术在节水上的应用

BIM技术在节水方面的应用体现在协助土方量的计算，模拟土地沉降、场地排水设计；利用BIM实现建筑自身的减排属于BIM在节能方面的应用。建筑工程施工过程对水资源的需求量极大，混凝土的浇筑、搅拌、养护等都要大量用水。建筑施工企业由于在施工过程中没有提前计划，没有节水意识，肆意用水，往往造成水资源的大量浪费，不仅浪费了资源，还将受到主管部门的经济和行政处罚。因此，在施工中节约用水势在必行。

传统施工临时用水管网主要依据工程施工内容及现场临时需求进行随机布置，这就导致了工地现场临时用水管网布置较为混乱，存在重复布网及水资源浪费严重等问题。在引入数字化技术后，可通过BIM模型实现对施工现场中的临时用水管网的优化布置，减少管网重复布置量，提升管网循环使用效率；同时在废水、雨水回收和重利用方面，可通过BIM技术进行废水回收、雨水回收系统的设计，与各层级的废水、雨水管网有效衔接，并将其转化后的清洁水作为进出场车辆冲洗用水、卫生间用水、道路清理用水等，尽可能提升非传统水的利用能力，最终实现废水、雨水等的合理利用，达到节约水资源的目的。

BIM技术在节水方面的应用主要体现在模拟场地排水设计；设计规划每层排水地漏位置；设计雨水、废水等非传统水源的收集和循环利用。

利用BIM技术可以对施工用水过程进行模拟。比如处于基坑降水阶段、基槽未回填时，采用地下水作为混凝土养护用水。使用地下水对现场进行喷洒降尘、冲洗混凝土罐车。也可以模拟施工现场情况，根据施工现场情况，编制详细的施工现场临时用水方案，使施工现场供水管网根据用水量设计布置，采用合理的管径、简洁的管路，有效地减少管网和用水器具的漏损。

采用Revit软件对现场临时用水管网进行布置，建立水回收系统，对现场用水与雨水进行回收处理，并用以车辆进出场冲洗、卫生间用水、临时道路保洁等工作。施工现场贯彻节约用水理念，部分利用循环水养护，养护用水采用专业工具喷洒在结构层表面，起到节约用水的目的。使用现场集水池中水作为施工现场喷洒路面、绿化浇灌及混凝土养护用水，在池中水不够时方可使用市政给水。合理规划利用雨水及基坑降水，提高非传统水利用率。

专题：“十四五”建筑节能与绿色建筑发展规划

思考与练习题

1. 数字化施工控制对施工现场临时设施有什么意义？请举例说明。
2. 请解释临边洞口的智能识别在施工现场的作用和优势。
3. 如何利用RFID和BIM技术来管理施工现场作业人员的安全状态和进出管理？
4. 为什么数字化物流管理在施工现场的建筑原材料、构配件和机械设备方面非常关键？

5. 介绍BIM技术在施工现场节材、节地、节能和节水方面的应用，并说明其益处。
6. 讨论数字化施工控制方法如何有助于提高施工现场的安全性和效率。
7. 思考数字化环境因素管理如何有助于实现绿色施工和可持续发展目标。
8. 分析数字化控制方法在施工现场中的实际应用案例，包括其成功和挑战。

10 建筑部件数字化加工与拼装技术

本章要点与学习目标

1. 了解建筑部件数字化加工与拼装技术的重要性和应用领域。

2. 理解钢筋数字化加工与拼装技术，包括钢筋数字化建模、成型、数控加工和集中加工。

3. 理解预制混凝土构件数字化加工与拼装技术，包括数字化加工技术和数字化 3D 混凝土打印技术。

4. 理解钢结构构件数字化加工与拼装技术，包括 BIM 技术在设计、加工和安装阶段的应用。

5. 理解幕墙结构构件数字化加工与拼装技术，包括基于 BIM 的集成化应用、设计、施工模拟和数字化加工。

6. 理解机电安装构件数字化加工与拼装技术，包括 BIM 在机电安装建造、功能分析和验收阶段的应用。

本章导读

本章介绍数字化加工与拼装技术的概念和重要性，深入探讨钢筋数字化加工与拼装技术，包括数字建模、成型、数控加工和集中加工的方法，学习预制混凝土构件的数字化加工技术，讨论钢结构构件和幕墙结构构件的数字化加工与拼装技术，以及机电安装构件的数字化建造过程，最后探讨 BIM 技术在这些领域中的应用，以提高效率和质量。

重难点知识讲解

10.1 建筑部件数字化加工与拼装技术概述

建筑部件数字化加工与拼装技术是一种现代建筑制造和施工方法，利用数字化技术和先进的制造工艺，将建筑部件进行精确的数字化设计、加工和拼装，以提高建筑的质量、效率和可持续性。

对建筑行业而言，传统工作流程（包括建筑设计、结构设计、深化设计、加工制造和施工等过程）的各个环节之间时常存在着不同程度的信息间断，导致在整个工程项目文件数据的传输过程中需要重复输入或重新建模，有时甚至会造成不必要的高成本返工。建筑信息模型（BIM）的提出对于建筑行业各个专业和不同环节之间的协同合作及信息集成产生了重大影响，数字化加工制造技术对于提高建筑建造的效率也起着越来越重要的作用。

数字化加工制造技术是一种全新的制造方式，它是以信息和知识的数字化为基础，以现代信息网络为主要载体，运用数字化、智能化、网络化技术来提升产品设计、制造和营销效率的全新制造方式。数字化加工制造技术可以帮助企业实现以下目标：提高产品质量和效率，降低生产成本，缩短生产周期，提高企业的竞争力。建筑部品和部件数字化加工与拼装是数字化施工的关键技术之一。

建筑部件数字化加工与拼装技术包括四大部分：数字化设计和制造，使用计算机辅助设计（CAD）和计算机数控（CNC）技术，将建筑部件的设计和制造过程数字化，确保高精度和一致性。工厂预制，将建筑部件在工厂中进行预制，这样可以控制制造过程，减少材料浪费，并提高产品质量。快速拼装，预制的部件在现场迅速拼装，减少了施工时间，降低了人力成本，并减少了对施工现场的干扰。可持续性，减少了施工现场的废弃物，优化了材料使用，降低了碳足迹，有助于可持续建筑实践。

通过建筑部件数字化加工与拼装技术，可以对建筑进行四个方面的强化：精度和质量，数字化制造和精确加工确保了建筑部件的高质量和一致性。效率和节约，预制和快速拼装减少了施工时间和人力成本，降低了建筑项目的总成本。定制性，数字化技术允许根据具体项目的要求定制建筑部件，提高了设计的灵活性。可追溯性，通过数字化记录和追踪，可以跟踪建筑部件的制造历史和性能数据。

基于数字化模型，采用自动化生产加工装置、装备对建筑部品和部件进行加工与拼装，可大幅度提高生产和施工效率与质量。首先，精密的加工装备可对所需生产的建筑部件进行自动控制，使得制造误差相对较小，提高了生产效率；其次，对于建筑中所需的预制混凝土及钢结构构件，均可实现异地加工，而后运输至工地现场进行拼装，大大缩短了建造工期，建造品质可控。对钢筋、预制混凝土构件、钢结构、幕墙、机电安装管线等数字化加工与拼装技术研究与应用情况进行分析，从而为工程建造过程中的建筑部品与部件数字化生产和施工提供参考和指导作用。

10.2 钢筋数字化加工与拼装技术

钢筋加工是混凝土结构施工的重要环节，特别对于标准化的预制混凝土部件。在浇筑混凝土之前，必须将钢筋制成一定规格和形式的骨架并纳入模板中。制作钢筋骨架，需要对钢筋进行加固、拉伸、调直、切割、弯曲、连接，最后才能捆扎成型。钢材加工机械种类繁多，按其加工工艺可分为强化、成型、焊接、预应力四类。现阶段，预制混凝土构件加工工厂广泛应用了钢筋自动化加工设备，可对钢筋的调整、剪切、弯曲及绑扎等工序进行自动加工，生产效率与加工精度比传统手工加工方式均有很大的提高。首先根据施工图纸完成自动加工钢筋实际加工信息钢筋 BIM 建模，然后基于 BIM 生成钢筋技术路线加工单，最后通过钢筋加工设备与 BIM 软件接口，实现钢筋成品数字化加工和拼装。不同类型的钢筋采用的钢筋加工设备差异性较大，本节将介绍钢筋数字化建模技术、成型钢筋数字化加工技术、钢筋网片数字化加工和拼装技术以及钢筋骨架数字化加工和拼装技术。

10.2.1 钢筋数字化建模技术

钢筋数字化建模技术是一种使用计算机辅助设计软件对钢筋进行数字化建模的技术。这种技术可以帮助工程师更好地理解和控制钢筋的结构和性能，从而提高建筑工程的质量和效率。钢筋数字建模是依据设计图纸应用 BIM 软件建立钢筋模型，并在此基础上对钢筋建模进行深化设计、碰撞检测等，从而来达到零碰撞的钢筋模型。

1. 钢筋数字化加工流程

目前，我国钢筋加工企业在生产过程中普遍采用了规范化的管理理念，加强了对钢筋加工过程的管理。钢筋加工企业通过将云服务、大数据、物联网、智能控制等核心技术相结合，实现对企业进行最优管理，节约材料、人力和管理费用，保证了产品的质量和进度，从而使整个钢筋加工的生产效率和管理水平得到极大的提升。

（1）钢筋 BIM 建模流程

基于 Revit 的钢筋 BIM 建模包括准备工作和钢筋建模两个阶段：

准备工作是钢筋 BIM 模型建立的重要基础，包括读图、设置钢筋参数、创建钢筋主体以及创建剖面等步骤；

对钢筋进行建模，包括选择工作平面、设置箍筋参数、设置钢筋形状等步骤。

（2）钢筋碰撞检测

BIM 软件建立的钢筋 BIM 模型内部还存在诸多碰撞问题，如钢筋与钢筋之间的碰撞问题、钢筋同预埋件之间的碰撞问题、钢筋的保护层厚度问题。如不加以解决，将影响钢筋加工的成品质量。基于 FBX 格式文件可以将 Revit 创建的钢筋模型导入 Navisworks 软件，并结合工程经验和知识设置碰撞检测条件。如考虑到钢筋的保护层厚度而设置的公差值，最终得出钢筋 BIM 模型的碰撞结果。

在 Navisworks 软件中可以通过三维视图查看碰撞的详情。通过碰撞报告，它可以检测和分析钢筋设计中存在的冲突问题，包括钢筋之间、预埋钢筋、构造筋、吊点等的空间冲突，将产生的碰撞问题反馈给 Revit 软件，并对设计问题进行优化，保证钢筋 BIM 模型不存在任何形式的碰撞，提高了后续自动化加工生产的质量，并有效减少了后续绑扎过程中的二次加工。

（3）钢筋绑扎模拟

对于大型复杂构件，譬如预制盖梁、梁柱节点，其内部钢筋类型和数量较多，导致非专业工人无法快速且高效地进行钢筋绑扎，从而影响到钢筋的加工生产效率。通过 Navisorks 模拟钢筋的绑扎过程，详细地描述钢筋绑扎的各个环节及其使用的钢筋加工类型，为其加工提供可视化的技术交底。对于相同类型的预制构件钢筋绑扎工艺，可进行多次模拟、分析与优化等过程，以提高工作效率。

2. 钢筋数字化加工流程的案例

基于 BIM 的钢筋数控集中加工。在钢筋料单制作前，可以一键智能生成含有配筋信息的 Revit 结构模型（包含 BIM 实体钢筋模型），对接某公司自主研发的钢筋下料软件，自动生成符合规范图集及翻样规则要求的初步钢筋料单，根据料单需求自动优化配料，使钢筋切割按长短科学搭配，降低废料率，然后将优化后的钢筋料单存储成云数据或电子文档，供钢筋数控加工设备直接调用。

（1）快速创建 BIM 实体钢筋模型

在 BIM 模型中利用软件进行钢筋翻模，一键生成 BIM 实体钢筋模型，速度快，精度高。手工翻样在遇见复杂结构时容易出错，需要翻模人员具有多年的翻模经验。

利用某国产公司基于 BIM 钢筋数控集中加工软件进行翻样，可以解决项目技术人员工作经验不足的缺点，软件还针对梁、板、墙、柱常规构件和复杂异形结构，针对性地设置大量参数，基本覆盖项目建筑结构钢筋建模需求。

（2）钢筋工程量对量

根据需求，利用自主研发的 BIM 钢筋生成软件提供的“钢筋对量”功能，可以查看、核对每个构件的钢筋工程量，避免出现传统翻样与现场加工之间产生差异的问题，有效节省人工、材料，不仅可以降低加工成本，还可以提高加工效率。

（3）自动生成钢筋料单

通过基于 BIM 的钢筋数控集中加工软件自动创建的 BIM 模型，同时导入配筋信息，根据构件配筋信息自动生成符合平法图集及相关规范的 3D 钢筋模型，并自动生成钢筋料单。其中钢筋模型的锚固长度以及搭接长度将按照预设的抗震等级自动生成，模型生成结果与实际做法相一致。

（4）优化钢筋料单

利用钢筋模型生成的初步料单，将钢筋型号、加工顺序以及安装区域等信息进行自动分类汇总，通过软件自动优化配料，使钢筋切割按照长短科学合理搭配，将废料率控制到最低，同时生成钢筋加工料单和分拣料单。

（5）钢筋数控加工

钢筋集中加工厂根据制定的加工配送计划，将复核确认过的钢筋料单数据储存在网络数据库中，生成对接数控加工设备的钢筋电子料单，并同时生成料单二维码，将电子料单下发给操作工人，二维码钢筋料单上同时显示钢筋信息，并对相应加工操作人员下达加工任务指标，明确加工的成型钢筋原材料规格、堆放位置以及加工成型钢筋制品几何尺寸、数量和任务时间等要求。设备操作人员按照要求选用加工原材料，调试加工设备，通过数控设备上的扫码器，对二维码单进行扫描，数控设备即可按照顺序显示加工任务，钢筋原材料将自动通过数控设备，完成调直、弯曲及切断工序，实现批量成型钢筋加工，加工完成的成型钢筋按分区分项标识的原则进行堆放并悬挂吊牌。

（6）成型钢筋出厂检验

在成型钢筋出厂配送前，钢筋集中加工厂质量检验人员对加工完成的成型钢筋进行质量检查，检查成型钢筋物理力学性能指标，并出具检验报告，上传至钢筋集中加工管理平台，经检查合格的成型钢筋发放出厂合格证。通过控制钢筋加工过程中的质量，建立成品钢筋出厂数据记录系统，减少人为失误，有效监督成型钢筋的质量责任。

10.2.2 成型钢筋数字化加工技术

成型钢筋数字化加工技术是一种新型的钢筋加工技术，它是将传统的钢筋加工方式与现代计算机技术相结合，通过数字化的方式进行钢筋的加工。该工艺能有效地提高生产效率，降低生产成本，降低材料消耗。

1. 成型钢筋数字化加工技术的加工过程

成型钢筋数字化加工技术的加工过程：数字化设计和建模，首先，工程师使用计算机辅助设计（CAD）软件创建详细的结构设计。这包括确定需要的钢筋数量、尺寸、形状和布局。在数字模型中，钢筋的位置和要求被准确地定义。这些模型还可以包括其他工程要求，如结构荷载和约束条件。设计数据导入：数字化设计数据被导入数字化加工系统中。这确保了生产过程与设计一致。自动化切割：钢筋数字化加工系统中的计算机数控（CNC）机器按照数字模型的要求自动切割钢筋材料。这些机器根据设计数据中的几何参数和尺寸进行精确切割。自动化弯曲：切割后，钢筋需要进行弯曲以适应设计中的形状和尺寸要求。数字化加工系统中的CNC机器也可以自动执行这一任务。实时监控和质量控制：在整个加工过程中，系统可以进行实时监控。这包括检测切割和弯曲的准确性，以及确保钢筋的质量符合规格。如有必要，系统可以自动调整机器的设置以确保质量达到要求。包装及标记：经过处理的钢筋可进行打包，并贴上标签，便于在工地上辨认和使用。标签通常包括钢筋的规格、长度、生产日期等信息，对每个钢筋的加工参数、检验结果、出厂时间等进行了记录。这些数据可用于质量控制、质量保证和追溯性。当钢筋被运至工地后，根据工程计划，将已处理好的钢筋运往工地。数字化标签和数据记录使得在施工现场更容易识别和使用钢筋。

成型钢筋数字化加工技术具有许多优点，这些优点有助于提高生产效率、降低成本并提高质量。高精度和一致性：数字化加工技术使用计算机数控（CNC）机器，可以精确控制钢筋的尺寸和形状，确保每根钢筋都符合设计规格。减少浪费：通过数字化设计和优化，可以最大程度地减少钢筋材料的浪费。系统可以根据设计要求精确切割和弯曲钢筋，减少废料的产生。提高生产效率：自动化的加工过程比手工加工更快速，可以大大提高钢筋的生产速度。这有助于缩短工程项目的周期。减少人为错误：数字化加工减少了人工干预的需求，因此降低了人为错误的风险。这有助于提高质量和安全性。可追溯性：数字化加工系统可以记录每根钢筋的生产历史，包括材料来源、加工参数和检验结果。这提供了对钢筋的完整追溯性，有助于质量管理和质量保证。适应性：数字化加工技术可以适应各种不同的钢筋类型、尺寸和形状，以满足不同项目的需求，这增加了灵活性。实时监控：部分数字化加工设备具有实时监测功能，可对生产过程进行跟踪。这使得项目管理更加透明，有助于及时发现和解决潜在问题。降低劳动力需求：自动化加工减少了对人工劳动的需求，从而减少了人力资源成本。提高安全性，由于减少了人工干预，数字化加工技术可以降低工人在危险工作环境中的风险，提高安全管理水平。

2. 钢筋集中加工配送

钢筋集中加工配送是将钢材运输、储存、加工、配送、信息等环节合并进行一体化管理的系统。该工艺能有效地提高生产效率，降低生产成本，降低材料消耗。钢筋集中加工配送利用专业的成套机械设备、先进的生产工艺和工厂数字化生产管理系统对原钢筋进行加工所需形状的部品，并通过物流环节配送到工程现场直接安装的工作和过程。原始模式为钢材提供商→钢材市场→工地→现场加工，而新模式为钢筋采购→配送中心→分类存放→分类加工→组装→配送现场。相比传统模式，钢筋加工配送的模式具有一系列优势：

（1）集中加工：钢筋集中加工通常在专门的生产设施中进行，这些设施配备了现代化的加工设备和数字化技术。这有助于提高生产效率和质量控制，因为所有加工任务都在同一个地方完成，而不是在多个工地分散进行。

（2）优化材料使用：集中加工可以更好地管理和优化材料使用。钢筋材料可以精确切割和弯曲，减少浪费，提高资源利用率。

（3）标准化和一致性：在集中加工中，钢筋的加工过程可以进行标准化，确保每根钢筋都符合相同的质量标准和规格。这提高了建筑结构的一致性和可靠性；用全自动设备生产更有利于保证成品质量的均匀性，同时符合国家各种建筑质量标准，防止钢筋瘦身。

（4）提高生产速度：现代规模化生产创造集约价值，由于专门的加工设施通常配置了高度自动化的机器，因此集中加工可以更快地生产钢筋，大大降低生产成本，提高生产效率，这有助于缩短项目的施工周期。

（5）降低劳动力需求：相对于在施工现场进行加工，集中加工通常需要较少的人工劳动力。这可以减少劳动力成本，并减少工人在施工现场的危险性，符合我国劳动力红利逐渐消失的大背景。

（6）质量控制：在集中加工设施中，质量控制更容易实施，因为生产过程受到更严格的监督和检验。

（7）实时数据监控：对关键处理设备进行实时的数据监测，实现了对生产过程的跟踪。这有助于及时发现和解决潜在问题。

（8）减少施工现场混乱：由于钢筋事先加工好，现场施工过程更加整洁和有序，减少了混乱和安全风险。

（9）配送按需：成品钢筋可以按需配送到施工现场，减少了现场储存和管理的需求，降低了库存成本。

（10）低碳环保：符合低碳环保理念，减少原材料损耗。目前中国正经历从现场加工到集中加工配送的转型。

3. 钢筋加工数字化加工设备

在建筑工程中，钢筋加工是非常复杂且重要的工作，也是建筑工程中相对关键的工作，其质量直接影响结构工程是否安全。在建筑工程中，钢筋加工是非常复杂且重要的工作，也是建筑工程中相对关键的工作，其质量直接影响结构工程是否安全，涉及材料管理、造价管理、施工计划管理、成本控制管理、质量管理、加工场地及内部布局选择、安全生产管理、生态环境保护管理等方面。

钢筋加工过程中主要用到的设备有：切割机：切割机用于将钢筋切成所需的长度。它们通常配备了不同类型的切割刀具，可以应对不同直径的钢筋。弯曲机：弯曲机用于将钢筋弯曲成特定的形状和角度，以适应建筑结构的需求。成型机：成型机可以将钢筋弯曲成各种复杂的形状，如螺旋形、螺纹形等。这些形状的钢筋通常用于特殊的工程需求。焊接设备：用于将钢筋连接在一起，以形成更长的结构。

上述系统可以通过计算机数控（CNC）技术来控制机器的自动化运行，以提高精度和效率，升级自动化系统成为成型钢筋数字化加工设备。成型钢筋数字化加工设备有很多种，其中包括数控钢筋笼滚焊机、数控钢筋弯曲中心、数控钢筋锯切镦粗套丝打磨生产线、数控钢筋弯箍机、数控钢筋笼绕筋机和智能自动焊数控钢筋弯圆机等。某意大利进口的 MEP 钢筋弯剪设备分为大直径棒状钢筋弯剪设备和小直径棒状钢筋弯剪设备。大直径棒状弯剪设备可以加工预制构件的主筋，单线弯曲范围 ϕ10～ϕ28，双线弯曲范围 ϕ10～ϕ20，钢筋切断测量误差为±1mm；采用棒状材料，损耗率大。小直径盘圆钢筋弯剪设备采用盘圆钢筋，单线弯曲范围 ϕ8～ϕ16，双线弯曲范围 ϕ8～ϕ13，钢筋切断测量误差为±1mm，损耗率小，特别适合用于加工箍筋。

钢筋加工下游主要包括高速铁路和公路、装配式建筑、钢筋加工配送中心、桥梁隧道、轨道交通、城市综合地下管廊等诸多基础设施领域。

10.2.3 钢筋网片数字化加工与拼装技术

钢筋网片数字化加工与拼装技术是一种新型的钢筋加工技术，它可以实现钢筋网片的数字化加工和拼装，提高钢筋网片的生产效率和质量。该技术主要包括以下几个方面：钢筋网片的数字化设计：通过对钢筋网片进行数字化设计，可以实现钢筋网片的自动化生产，提高生产效率。钢筋网片的自动化加工：通过采用先进的数控设备，可以实现钢筋网片的自动化加工，提高加工精度和质量。钢筋网片的智能化拼装：通过采用智能化拼装技术，可以实现钢筋网片的快速拼装，提高施工效率。

1. 钢筋网片数字化加工设备

智能钢筋网片生产机器人可用于装配式建筑混凝土预制件标准网片和开孔网片的生产，该焊机能高质量地交叉焊接热轧带肋钢筋、冷轧带肋钢筋、光滑圆钢和光滑圆钢冷拉钢筋，具有产量大、精度高、改装方便、运行故障率低、节能性强、低耗优质等优点。其特点为：可加工标准网片和开孔网片；功能强大，热轧带肋钢筋、冷轧带肋钢筋、光圆钢筋、冷拉光圆钢筋均可优质交叉焊接；可焊钢筋直径范围广，横筋 ϕ5～ϕ12，纵筋 ϕ5～ϕ12。

2. 钢筋网片数字化加工工艺

钢筋网片数字化加工工艺是一种现代化的方法，用于将钢筋材料加工成特定形状和尺寸的网片，以满足建筑和基础设施项目的需求。具体而言包括如下步骤：

(1) 设计和规划：工程师使用计算机辅助设计（CAD）和建模（BIM）软件来创建详细的钢筋网片设计。这包括确定网片的尺寸、形状、钢筋直径、间距和连接方式等参数。输入设计数据：数字化设计数据被输入数字化加工系统中，确保了生产过程与设计一致。自动化切割：钢筋网片数字化加工系统中的计算机数控（CNC）机器开始执行切割任务。这些机器根据设计数据中的几何参数和尺寸，精确地切割钢筋，以创建网片的主体框架。自动化弯曲：切割完成后，机器可以自动进行弯曲工序，将网片中的钢筋弯曲到所需的形状和角度。这可以根据设计要求完成，确保网片的准确性。焊接（如有必要）：如果项目需要，某些部分的钢筋网片可能需要焊接以形成更大的网片或确保连接的牢固性。质量控制和检验：在整个加工过程中，系统可以进行实时的质量控制和检验。这包括检测切割和弯曲的准确性，并确保每个网片都符合精确的规格。对每个钢筋的加工参数、检验结果、出厂时间等进行记录。这些数据可以用于质量管理和追溯性。包装及标记：经过处理的钢筋网片可进行打包，并贴上标记，便于在工地上辨认和使用。标签通常包括网片的规格、长度、生产日期等信息。运输至工地：已处理好的钢筋网片可根据工程计划运往工地，由施工人员负责。拼装和安装：在施工现场，工人将钢筋网片按照设计要求精确地拼装和安装在混凝土结构中。

（2）工艺流程。创建空间模型→制作实体比例模型→三维扫描生成数字模型→绘制结构设计施工图→在钢筋网和钢筋之间分配二维码→生成二维加工图→钢筋整形→校正钢筋误差→焊接钢筋网→安装金属马凳→覆盖网→验收入库→投入使用。

（3）网片制作加工。主要加工方法是将制作好的钢筋点焊在矩形钢筋笼的一侧，并通过设置在方形体内的控制点进行定位；将钢筋垂直于该表面放置，并将其固定在两侧；然后平行于第一个钢筋面放置钢筋，逐渐形成三维钢筋网面。内置方钢上的夹具作为内部空间的定位点。根据设计图纸，滑动并固定中间区域的钢筋，使其准确满足图纸要求。定位后的钢筋通过点焊固定，形成钢筋网的整个加工过程。

3. 钢筋网片数字化加工的应用

北京某在建主题公园大型塑石假山采用三维钢网数字化施工技术。通过对假山实体模型进行三维扫描，获得数字化信息模型，利用 BIM 技术设计假山的结构和网格，完成了钢筋自动弯曲机的自编操作程序，实现了网状钢筋的数字化自动加工，解决了机械弯曲钢筋加工偏差大、钢筋装配定位不准确、网形还原度差等问题，实现了钢筋的数字化生产、快速校正、精确焊接和组装，具有较大的推广应用价值。

10.2.4 钢筋数控加工技术

钢筋数控加工技术（Rebar CNC Processing Technology）是一种现代化的方法，用于精确地加工和处理钢筋材料，以满足建筑和基础设施项目的需求。这种技术结合了计算机数控（CNC）技术、数字化设计和自动化加工，有助于提高生产效率、降低成本和提高质量。数控加工技术可以有效提高钢筋加工的生产效率和生产效益，实现数控加工技术的应用，对钢筋生产的数字化和自动化起到良好的推动作用，促进我国钢筋生产领域形成高质量、低成本的生产管理体系。在工业化不断进步的今天，数控技术在钢筋生产中的应用前景广阔。钢筋数控加工设备详细情况如下：

1. 智能钢筋数控弯箍机

智能钢筋数控弯箍机是一种能够实现钢筋生产过程中自动控制，并能有效地提高产品的加工质量和精度的数字化生产设备。目前市场上有很多品牌的智能钢筋数控弯箍机，例如浙江某公司生产的弯箍机智能搬运机器人，或者山东某公司开发的 LJ-WG12AG 型数控钢筋弯箍机。LLG-16 智能钢筋数控弯箍机采用国内领先的操作控制系统和专业化的多界面触控操作系统，使客户的操作更加方便快捷。通过设置产品尺寸和角度，自动生成图形，超大存储容量，方便客户随时调用。该设备可正反向弯曲，无论是加工箍筋、超长板筋还是双钩筋，都能满足加工各种异形箍筋的生产要求。通过对接 BIM 软件技术，工人只需简单设置加工产品的参数即可自动运行，提高了生产效率，节省了劳动力，实现了钢筋弯箍的自动化生产，是钢筋加工智能化制造的重要设备。

2. 数控钢筋笼滚焊机

数控钢筋笼滚焊机是一种能够实现钢筋生产过程中自动控制，并能有效地提高产品的加工质量和精度的数字化生产装备。数控滚笼焊机可以高质量地交叉焊接热轧带肋钢筋、冷轧带肋钢筋和光滑的圆形冷拉钢筋。目前市场上有很多品牌的数控钢筋笼滚焊机，例如山东某公司生产的数控钢筋滚笼焊机，或者四川某公司生产的数控钢筋笼滚焊机。该设备由 PLC 控制，自动化程度高，广泛应用于建筑工程、桥梁、高速公路、高速铁路道路等工程。其具有以下优势：加大：重而不散的钢筋笼（2～2.5m 桩径，6t 及以上）；加长：长而不扭的钢筋笼（单节最长 25m）；网络化：可搭载 MES 系统，支持 5G 网络化，实现数字化管理。

3. 钢筋数控加工工艺

导出料单数据并进行自动化处理、格式转换并生成加工任务条形码，然后利用网络传输至钢筋数控加工机械，以扫描条码进行任务指令的下发。加工工人只需在电脑上进行操作，将加工任务发送至数控设备中，管理人员在后台提前规划安排好工作任务计划，工人使用移动端获取当日的即时加工任务，扫一扫条形码料牌，确认该批次的批次数量、型号、尺寸信息后开动机器，一项任务完成后再自动跳转到下一条任务。

4. 钢筋数控加工的应用

钢筋数控加工技术在建筑施工中有着广泛的应用。例如，基于 BIM 技术的钢筋数控集中加工模式，从三维 BIM 钢筋创建、钢筋料单生成与优化，到成品钢筋加工、出厂检验，为项目提供高标准、高效率、低成本的先进模式，将钢筋数控集中加工的优势与 BIM 技术的优势完美结合，充分发挥经济与技术优势。

由于该技术利用 BIM 技术为手段进行钢筋的三维快速翻样，数据的自动处理并与数控加工机械的无缝对接，有效提高钢筋的加工质量和效率、降低劳动强度、材料浪费及能源消耗。例如天河机场三期扩建工程停车楼 T-W-5 和 T-W-6 区（建筑面积约 11040m^2）的施工过程中，钢筋加工全部采用了基于 BIM 的钢筋数控加工工法，共加工生产钢筋半成品 1450t，人均加工钢筋 4t/d，钢筋原材加工利用率在 99.5% 以上，经济效益率 28.8%。

基于 BIM 技术的钢筋数控加工工法，采用 BIM 技术翻样，数控机械加工，操作简单，充分发挥资源最大经济效益，通过技术推动成本控制，加快施工进度，是今后钢筋加工的趋势，同时避免了传统钢筋加工车间环境差、加工设备多、加工车间乱等问题，不但能提高企业在市场上的科技实力和综合竞争力，而且可以进一步促进经营开发的发展，带来更好经济和社会效益。

近年来我国钢筋加工机械得到快速发展，钢筋切断、弯曲、调直等钢筋加工机械在传统技术基础上，设备的性能和质量有了显著提高，新技术、新产品不断涌现。钢筋数控弯箍机、钢筋切断生产线、钢筋弯曲生产线、钢筋网焊接生产线、钢筋笼焊接生产线、钢筋三角梁焊接生产线、钢筋封闭箍筋焊接机等高效自动化生产设备近年来逐步得到推广应用，为我国钢筋工程的机械化专业化加工提供了条件。这些自动化生产设备采用伺服电机控制技术、PLC/PCC 计算机控制技术和工业级触摸屏人机交换界面技术实现了钢筋加工机械的原料输送、加工组焊、成品收集的全过程智能化控制，大大减轻了工人劳动强度，提高了生产效率和加工质量。

10.2.5 钢筋数字化集中加工

在传统建筑工程中，钢筋的加工通常在工地或预制混凝土工厂进行，这涉及人工测量、切割、弯曲和装配，容易受到误差、时间和资源浪费等问题。随着建筑行业的数字化转型，数字化集中加工技术应运而生，旨在解决这些问题并提高生产效率。比如使用传统钢筋加工机械，在施工现场或简易工棚内加工钢筋，首先面临的不利因素就是天气，一旦遇恶劣天气，则无法施工。例如T梁钢筋型号多，为保证工期，就需要多台设备同时加工，这样施工场地增大，用电设备增多，成品及半成品堆放混乱，各功能区划分不明确，工人高强度工作，安全隐患多，不利的工作环境等一些问题，甚至“放羊”式管理，不利于文明工地建设、不利于企业良好形象的保持，同时也会造成成本增加，效益降低。

在钢筋数字化集中加工点需要以下软硬件：CAD设计软件，用于创建和编辑钢筋构件的数字化设计。CNC加工设备，包括自动切割、弯曲和装配机器，根据CAD设计文件进行精确加工。数据管理系统，用于存储、管理和传输CAD设计数据到加工设备的系统。质量控制系统，监测加工过程并确保钢筋的质量符合标准。

钢筋数字化集中加工的优势：集中加工钢筋的厂房配备大型行吊，各功能区划分明确，原材区、半成品区、成品区、加工区、运输通道等明确标识。行吊方便了原材、成品及半成品装卸转运，大大节省了人力。一台数控调直机切断机、一台套丝设备加数控立式弯曲中心就可满足整个梁场的钢筋需求，大大减少了用地面积。利用行吊加之必要的加固措施，提高材料的存放高度，有效利用空间。

机械设备减少，带来了施工人员减少，用电设备减少，安全性提高。各功能区的划分，让工人各司其职，协同配合，提高了生产效率。集中化生产，更利于整个工地供给管理和人员管理，促进了文明工地建设，提升了企业形象。

装配式建筑的核心是工厂预制、现场装配。将构件如墙体、楼板、梁柱等在工厂内通过机械化生产线批量制造，实现标准化、模块化生产，极大地提高了生产效率，降低了人工误差，保证了构件质量和施工精度。标准化与模数化设计属于强化构件性能的主要制造方式，构件生产过程中，构件配筋设计所必须要关注到的问题是构件规格的一致性，尤其是设备应用方面，必须要确保钢筋与各构件设计符合相应标准。标准化的设计使得建筑元素具有良好的互换性和通用性，有利于项目的快速复制和规模化推广。装配式配件大多应用在细节结构上，因此，在制作中需要对相应参数设计与精准度进行控制，而基于对不确定因素的控制，需要构件配筋的尺寸与间距略大于基础标准，以便于现场节点连接。

钢筋数字化集中加工可以与装配式建筑相互配合，以进一步提高装配式建筑的效率和质量。在装配式建筑中，预制构件通常需要包括钢筋，而钢筋数字化集中加工可以确保这些构件的钢筋部分具有高精度和一致性。钢筋数字化集中加工可以提前为装配式建筑的构件生产所需的精确的钢筋，以适应具体的设计和构造要求，从而确保构件在工地上的准确装配。这两种技术的结合有助于实现建筑项目的高度工程化，减少了现场施工的不确定性，提高了整体工程质量，并降低了项目成本。

在节点位置可能会基于钢筋长度的不合理而需要重新制造，从而影响到施工进度，针对此问题可在设计过程中将钢筋墩头给予锚固设计，从而达到控制钢筋弯折情况发生的效果，间接提升安装效率。在构件研发工作中，可经由一体化生产将不同的专业项目集中，将构件数据与相关数值做精细化处理，以便于实现完整的技术创新。BIM技术属于当前建筑领域中所应用的新进技术之一，可将此项技术应用到装配式建筑中，实现装配式建筑的设计—加工—装配一体化技术的进一步发展。

10.3 预制混凝土构件数字化加工与拼装技术

10.3.1 预制混凝土构件

预制混凝土是一种在工厂或预制厂中制造的混凝土构件，然后将其运输到工地上进行组装和安装的建筑材料。

预制混凝土构件的基本材料是混凝土，并可能结合钢筋、预埋件、保温材料等其他构造材料，经过精心设计和严格的质量控制流程制作。预制混凝土构件的特点和优势体现在提高建筑质量、加快施工速度、节能环保和实现建筑工业化等方面。预制混凝土构件广泛应用于住宅、商业、公共建筑以及基础设施建设等多个领域，如预制混凝土楼盖板、桥梁用混凝土箱梁、工业厂房用预制混凝土屋架梁、涵洞框架结构以及地基处理用预制混凝土桩等。

预制混凝土的发展过程如下：1845 年，德国生产出预制混凝土楼梯。1875 年，英国 Lascell 提出首项预制混凝土专利：在结构承重骨架上安装预制混凝土墙板。第一次世界大战后，欧洲各国经济复苏，技术的进步带来现代建筑材料和技术发展的同时，城市发展带来大批农民向城市集中，大量人口涌入城市，需要在短时间内建造大量住宅、办公楼、工厂等，为装配式建筑快速发展创造了条件。第二次世界大战期间，欧洲损失人口 3300 万，其中德国损失 1531 万人，占总人口的 11%，城市中 50%以上建筑物不能居住。20 世纪 50～60 年代，欧洲大陆建筑普遍受到战争的影响，遭受重创，无法提供正常的居住条件，且劳动力资源短缺，此时急需一种建设速度快且劳动力占用较少的新建造方式才能满足短时间内各国对住宅的需求。于是装配式混凝土建筑快速进入了欧洲各国的住宅领域。1962 年，梁思成在《人民日报》发表文章：提出以工业化生产代替现场手工劳动，提倡以构件预制、现场安装的方式建造“预制房屋”。

按照结构形式和功能，预制混凝土构件可以被分为水平构件和竖向构件。水平构件主要包括但不限于：预制叠合板、预制空调板、预制阳台板、预制楼梯板、预制梁等；竖向构件主要包括但不限于：预制楼梯隔墙板、预制内墙板、预制外墙板（包括预制外墙飘窗）、预制女儿墙、预制 PCF 板（例如预制复合墙板）、预制柱等。

10.3.2 预制混凝土构件数字化加工技术

预制混凝土构件数字化加工与拼装技术是一种现代建筑领域的创新方法，旨在提高预制混凝土构件的生产和安装效率，减少浪费，并提高建筑质量。预制混凝土构件数字化加工与拼装技术是将数字化技术（例如 CAD、CNC、BIM 等）应用于预制混凝土构件的设计、制造和安装过程的方法。这种技术的核心思想是在工厂中数字化加工预制混凝土构件，然后将它们运输到工地上，通过精确的拼装和组装来构建建筑结构。其核心技术包括：建筑信息模型（BIM）应用、数字化加工设备与工艺控制、物联网与数据追踪、虚拟仿真与模拟、数字化质量管理等。预制混凝土构件的制造过程如下：

设计阶段。①工艺仿真。用仿真软件模拟预制构件的生产流程，提前发现潜在问题，优化工艺布局，减少实际生产中的试错成本。②构件的深化设计。这包括确定构件的尺寸、形状、强度、钢筋配筋和连接细节。使用计算机辅助设计（CAD）和建筑信息模型

(BIM) 等数字工具来创建构件的设计图纸，详细展示构件的几何形状、内部结构、预埋件位置、钢筋布置等复杂信息，通过 BIM 软件进行三维建模和碰撞检测，确保构件设计的准确性和完整性。③模型创建与数据交换。基于深化设计模型，创建专门用于预制加工的生产模型，包含精确的尺寸数据、材料属性、生产参数等信息。通过 IFC 等标准格式进行数据交换，确保设计信息无缝传递至生产环节。

生产阶段：①原材料准备，确保原材料的质量。混凝土通常由水泥、砂、骨料和水混合而成，而钢筋用于增强混凝土的强度。材料的选择和质量必须符合当地建筑标准和规定。②混凝土配制，根据设计要求和标准，基于 BIM 模型，精准预备需要的混凝土量，再混合原材料以制备混凝土，同时满足所需的强度和流动性。③模具制造，根据 BIM 模型设计，生成模具数字模型，导入模具系统，制造用于浇筑混凝土的模具，使得模具的形状和尺寸与最终构件相匹配。④混凝土浇筑和养护，采用数控机床、机器人手臂、自动布料机等自动化设备进行混凝土浇筑、振捣、养护、切割、打磨等工序，将混凝土倒入预制模具中，确保了混凝土均匀分布并去除相应气泡。智能控制系统实时监控并调整生产过程中的各项参数，如混凝土配比、振捣力度、养护温度湿度、时间等，确保混凝土养护科学进行，促进混凝土的固化。⑤拆模，一旦系统检测到混凝土达到足够的强度，可以采用机器人手臂或人工等方式拆除模具。构件在特定条件下继续养护以达到设计要求的强度。⑥质量控制，对每个构件进行质量控制检查，以确保其尺寸、强度和外观符合设计要求。进行非破坏性和破坏性测试来验证混凝土的强度。

运输阶段：准备好的预制构件可以运输到工地，在运输过程中要确保构件的完整性和安全。

安装阶段：在工地上，根据设计要求，使用起重机或其他适当的设备将构件安装到建筑结构中，进行精确的连接和对齐，以确保构件的稳定性和结构完整性。

施工完工：一旦所有构件都安装完毕并且通过质量控制检查，施工项目就完成了。

其完整过程如图 10-1 所示。

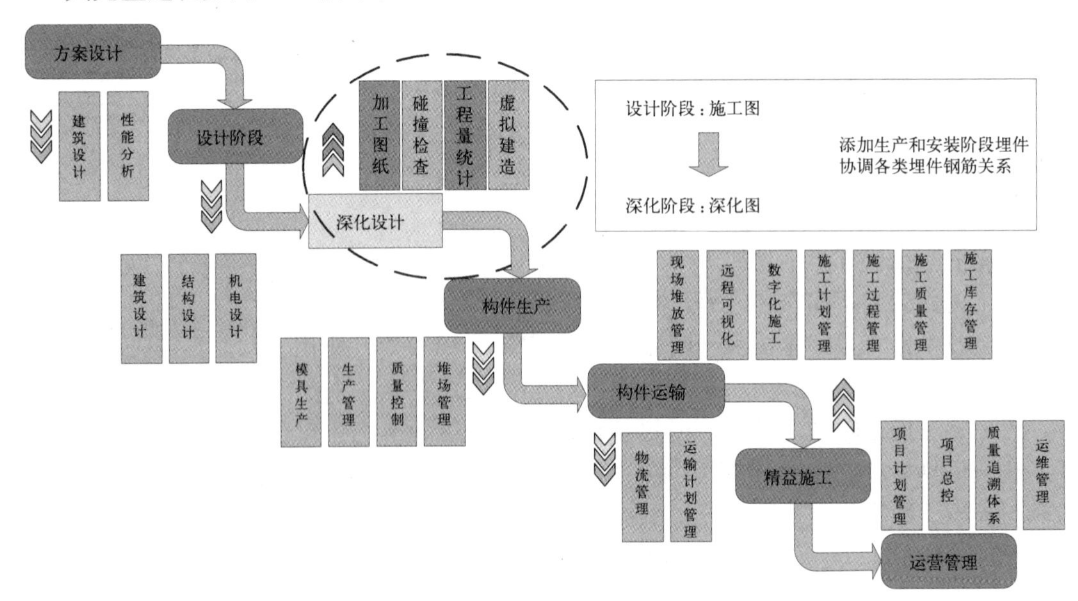

图 10-1　装配式建筑建造全过程

10.3.3 数字化 3D 混凝土打印技术

1. 3D 混凝土打印概念分析

计算机辅助设计的出现使建筑师能够构思出前所未有的几何复杂性和细节层次的自由空间。建造自由形式建筑的前景向混凝土技术提出了挑战，要求混凝土技术用能够可靠地实现更复杂设计的制造方法来应对这种数字范式的转变。建筑行业的全球生态足迹，混凝土是最广泛使用的建筑材料，敦促重新思考从设计到制造的策略。新颖的设计工具为建筑师和工程师创造了机会，让他们通过定制来构思更可持续、更节省材料的结构。将混凝土控制作为数字流程的一部分，可以在没有模板的情况下成型，并且只在结构需要的地方浇筑材料。

三维混凝土打印（3D Concrete Printing，3DCP）是作为数字混凝土的一部分研究的最流行的制造方法。从加工到完全固化，3DCP 打破了迄今为止混凝土的传统使用方式。3DCP，轮廓加工，或分层挤压，是一种添加式制造方法，在这种方法中，新浇筑的混凝土一层一层地堆积，以实现数字化设计。在推进 3DCP 的持续努力中，学术界和工业界都致力于解决材料配方、流变、加工和增强等重大技术挑战，从而便于建筑设计与应用。

使用预制 3DCP 实现定制混凝土结构具有巨大的结构、经济和生态前景。目前学界和业界已经作出一定的探索，比如深圳宝安 3D 打印公园、上海宝山 3D 打印步行桥、武家庄 3D 打印农宅、Serendix 的球形 3D 打印住宅、美国东 17 街 3D 打印住宅区、荷兰 3D 打印出租屋、德国打印双层住宅等。这些原型大多在学术环境中产生的，或者受益于强大的学术界和工业界合作。作为一项技术，3DCP 已经成功通过了概念验证开发阶段，因此已经准备好进一步转化为行业就绪技术。

根据制造环境，3DCP 可分为现场制造或预制。混凝土 3D 打印机通过将材料、挤压机和运动学结合成一个统一的过程进行设置。生产空间需要一个专用于材料处理的混凝土搅拌区、一个用于机器人工作单元的安全封闭区域以及一个用于控制和过程监督的清洁区域。

2. 数字化 3D 混凝土打印技术的构成

（1）挤压机系统

挤压工具具有加压混合室，混合室具有用于 OPC 灰浆和 CAC 浆料的两个入口和一个出口。腔室内的材料用带有锋利刀片的针式混合器有效地混合，锋利刀片切割材料。泵的设定流量决定了挤出机内部的流量。在设计这种工具时，重要的是避免混合室内的任何静态区域，并且混合器的几何形状不应阻碍或阻挡材料的主流。出口点的直径应至少比最大骨料尺寸大三倍，以避免骨料堵塞。双组分系统的有效使用依赖于良好的混合，这受到停留时间、混合速度和针式混合器的几何形状的影响。

（2）运动系统

在 3DCP 的背景下，需要利用一个以工业机器人为核心的运动系统，通过编程对机器人操作与龙门控制进行控制。典型的运动学系统由一个 6 轴机器人操纵器组成，该操纵器悬挂在一个 3 轴外部门架上。在印刷过程中，机器人的工作范围仅通过其 Z 外部轴扩展。台架的 X 轴和 Y 轴用于相对于不同的工作对象重新定位机器人，即不同的指纹。挤压工具作为末端执行器安装在机器人的第 6 轴上，在其第 5 轴上旋转 45°。将末端执行器定位在这个角度给出了最高的工作范围，因此使得能够在最大高度 3.5m 处制造一个柱，而在印刷期间不改变机器人配置。

（3）校准程序

3DCP系统的校准程序应确定材料如何在系统中流动，以及运动系统如何在3D空间中按照CAD模型的坐标系移动。通过在放置在电子秤上的容器内连续挤压混凝土来验证硬件规格。校准秤每秒钟记录一次堆积材料的重量，根据记录的值验证流速。

（4）印刷程序

印刷开始时，先用水灌注加速泵的外壳，用OPC泥浆灌注混凝土泵的软管。灌注设备后，可将材料泵入系统。首先，材料必须填充挤出机腔室，然后才能加入促进剂。在开始印刷之前，材料被挤压到容器中，直到达到正确的流变行为，这是由视觉确定的。

在印刷过程中，主要的工艺参数是流速、印刷速度和促进剂用量。对于我们的系统，所有这些参数都与硬件参数成线性比例。机器人操作员可以从示教盒改写所有三个值。当然，流速和打印速度在打印过程中会有所不同，并提前声明它们的值。加速剂量直接决定了印刷物体的硬化速度或垂直累积。该剂量还可以通过现场微调输入量来减轻印刷过程中的材料可变性。考虑到混凝土流速在一次印刷过程中会发生变化，提供所需加速剂剂量的最简单方法是以混凝土流速的百分比表示。为了安全起见，最大剂量值应该硬编码在系统中。存储在文本文件中的打印路径数据被加载到计算机中，该文件中的命令在线传输到机器人控制器。

数字化3D混凝土的打印方法包括设计自动化、打印路径、印刷适性检查、几何复杂性评估等几个步骤。

10.4 钢结构构件数字化加工与拼装技术

10.4.1 钢结构发展背景及特点

钢结构是一种广泛应用于建筑、桥梁、工业设施和其他工程项目中的结构系统，它的主要特点是使用钢材（通常是碳钢或高强度低合金钢）作为主要结构材料。钢结构具有许多优点，包括强度高、耐久性好、可重复使用、构造速度快、自重轻、抗震性能好等，因此在各种建筑和工程领域中得到广泛应用，如钢桥、钢厂房、钢闸门、各种大型管道容器、高层建筑和塔轨机构等。

改革开放以来，在科学技术的推动下，我国建筑工程对钢结构的使用也逐渐广泛起来，慢慢地衍生出各类复杂建筑。钢结构建筑主要因为其结构形式新奇、造型独特、可布置跨度大而被大量应用。钢结构建筑具有可持续发展性，主要节能特点体现在：钢结构建筑可以回收再利用，并且没有污染，符合可持续发展的特点；钢结构建筑施工过程中具备传统混凝土建筑不具备的节约水、地、材等自然资源特点。

钢结构工程中总体流程为：方案设计→初步设计→施工图设计→准备工作→技术交底→构件制作→资料整理→质量评定→吊装，具体如图10-2所示。在钢结构工程的工程项目管理方面，由于其体量越来越大、构件也越来越复杂，所以管理工作的难度也与日俱增。例如：一个钢结构工程总重为500t的项目，一般施工图数量为40张左右，而加工详图则为500张左右，并且所有的图纸都需要手绘，最后施工人员和车间加工人员还需要仔细审查各图纸，以确保图纸详情与设计一致。并且在钢结构工程项目中，有很多细致的构

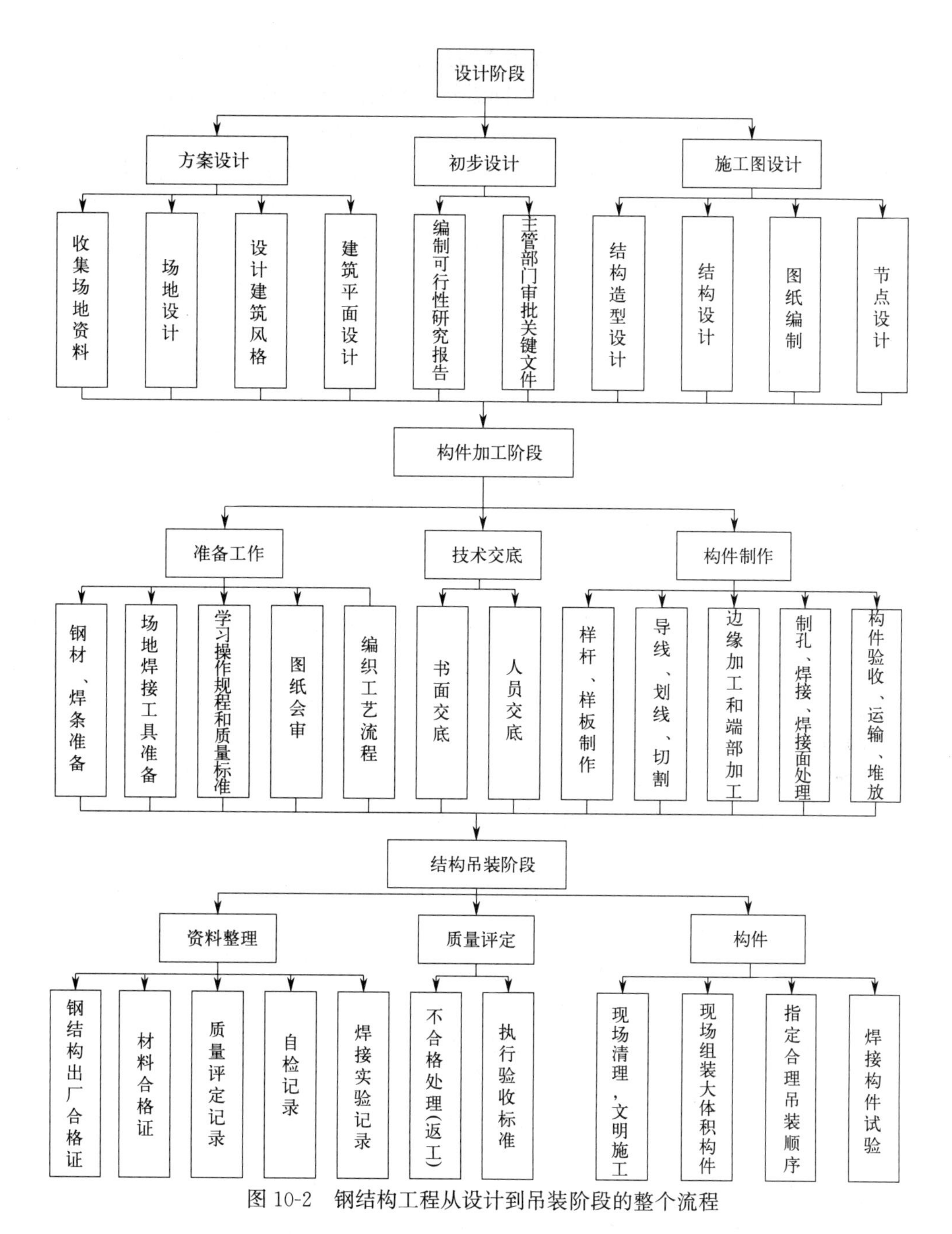

图 10-2　钢结构工程从设计到吊装阶段的整个流程

件，若设计人员与加工车间人员或现场吊装人员交流不及时，将会经常发生重新加工、拼接错误等现象，那样将对工程的施工进度造成极大的影响，致使其稳定性差。

10.4.2　BIM 技术在钢结构设计阶段的应用

钢结构设计阶段 BIM 的应用如下：①三维建模，使用 BIM 软件，建筑团队可以创建精确的三维钢结构模型，包括柱子、梁、框架、连接件等。模型可以包括详细的尺寸、材料规格、连接细节和构件属性。②材料和构件管理，BIM 允许设计团队准确地管理钢结构的材料和构件信息，包括供应商、规格和数量。这有助于有效的材料采购和库存管理。③协同设计，BIM促进了多学科团队的协同设计，包括结构工程师、建筑师、机械工程师等。团队可以在同一BIM平台上合作，共享设计信息和模型。④结构分析，BIM可以与结构分析软件集成，以执行钢结构的强度和稳定性分析。这有助于确保结构的安全性和性能。⑤碰撞检测，BIM可以用于碰撞检测，以避免钢结构与其他建筑系统的冲突，如管道、电气、暖通空调等。这有助于避免施工期间的问题和延误。⑥模拟和优化，使用BIM模型进行模拟，尝试不同的设计和施工方案，以找到最优解决方案。⑦生成文档，使用BIM软件自动生成设计文档，如结构图、图纸、工程规范和材料清单。

在钢结构设计阶段，以下BIM软件常常用于创建、分析和管理钢结构模型：Autodesk Revit，Tekla Structures，Bentley ProStructures，Dlubal RFEM，Robot Structural Analysis Trimble，SketchUp，Graitec Advance Steel。

10.4.3 BIM技术在钢结构构件加工阶段的应用

BIM技术在钢结构构件加工阶段的应用主要体现在深化设计、材料管理、构件制造3个阶段。在深化设计阶段，BIM技术能够辅助设计师更好地完成建模、布局、连接等工作，从而提升设计效率和质量。在材料管理阶段，BIM技术可以帮助施工单位更好地进行材料采购与管理，提高材料管理效率和质量。在构件制造阶段，BIM技术可以帮助施工单位更好地进行构件加工制造，提高构件加工制造效率和质量。

1. BIM模型与车间数控设备协同合作

钢结构详图设计和制造软件中使用的信息是给予高精度、高协调、高一致的建筑信息模型的数字设计数据，这些数据完全能够在相关的建筑活动中共享。BIM技术的引入，使得钢结构加工制造流程变得更加简单，尤其是在数字化管理方面，使得在加工阶段的工程造价大幅度降低。在现阶段的加工车间加工机床多数为数控机床，加工车间可把BIM模型输出各类数据格式信息（包括CIS/2、CNC、DSTV格式信息、DXF、DGN和DWG等图形文件），加工车间将这些数据信息和文件导入生产管理软件和数控机床系统中，最后利用数控机床进行构件的切割、钻孔、焊接等。

2. BIM软件与车间套料排版软件之间的数据传输

基于套料排版类软件，可将不同格式文件输入套料排版软件，可自动整理构件的形状、尺寸以及特性信息。然后软件将输入的所有零件属性按照其不同的板材规格、不同的材质进行自动的套料分组，完成每组零件的自动套料任务，这就减少了人为区分板材规格（厚度）和材质进行分组的工作，提高了自动化程度和工作的效率。

在对构件进行套料排版后，软件将自动生成Excel格式的项目排版零件统计，输出的信息包括图形、面积、数量和切割距离等详细统计数据，自动生成每个原材料板的利用率和废料的百分比以及重量信息等。

10.4.4 BIM技术在钢结构安装阶段的应用

BIM技术在钢结构安装阶段的应用主要有：施工序列规划，BIM可以用于规划和模拟钢结构的安装序列。施工团队可以在虚拟环境中模拟不同的安装方案，以找到最有效的方法，并避免施工冲突。这有助于提前解决潜在问题，减少施工期间的停工时间。协调与冲突检测，BIM 可以用于协调钢结构与其他建筑系统（如管道、电气、暖通空调等）之间的冲突。通过可视化的碰撞检测，可以及早发现并解决问题，避免在施工现场出现问题。可视化工程计划，利用 BIM 技术，可以创建可视化的工程计划，将工程时间表与 3D 模型相结合。这有助于施工团队更好地理解工程进度和安装顺序。安全规划，BIM 可以用于规划施工工地的安全措施。通过模拟安装过程，可以识别潜在的安全风险，并采取预防措施，以确保工人的安全。自动化设备导航，在大型工程中，自动导航设备（如吊车、起重机等）可以使用 BIM 数据来自动导航，以准确、安全地移动和安装钢结构构件，这提高了操作的精确性和安全性。施工文档生成，BIM 技术可以用于自动生成施工图、图纸和工程规范，使施工团队能够准确了解钢结构的安装要求。实时数据反馈，BIM 可以与现场传感器和监控系统集成，以提供实时数据反馈。这有助于监测施工进展和质量，并及时纠正问题。质量控制，BIM 数据可以用于质量控制，确保每个钢结构构件在安装过程中符合设计要求和规格。

比如在奥运会主体育场的建设中，BIM 技术被广泛应用于钢结构的精确安装和工程进度管理。通过 BIM，施工团队成功规划了复杂的结构安装序列，确保了工程的顺利进行。又如机场航站楼的钢结构安装通常非常复杂，但 BIM 技术可以帮助施工团队准确协调和安装大量钢结构构件，以确保工程按计划进行。这些案例突显了 BIM 技术在钢结构安装阶段的关键作用，它有助于提高施工效率、降低施工风险、确保工程质量，并提高安全性。通过将 BIM 整合到钢结构安装过程中，可以实现更高水平的项目管理和控制。

10.5 幕墙结构构件数字化加工与拼装技术

10.5.1 幕墙简介

幕墙是现代建筑中常见的外部墙壁系统，它通常用于外观装饰、隔热、隔声、保温和防水等多种功能。幕墙系统由多层构件构成，通常包括玻璃、金属、混凝土等材料，它们被组装成一个整体的墙壁，覆盖在建筑的结构框架上。1851 年英国伦敦为工业博览会建造的“水晶宫”被认为是建筑幕墙的原型，自此之后，直至 20 世纪 50 年代，随着建筑技术的发展及现代建筑艺术流派的兴起，幕墙作为新型的建筑外围护结构得到大规模使用，现代建筑的幕墙时代宣告到来。

20 世纪 80 年代，得益于新材料及技术革新的发展成果，建筑幕墙的最主要建筑围护功能才被完善，才得以广泛应用。具体包括以下几项关键技术的进步：①压力平衡系统：该系统利用幕墙面板内外之间空腔的压力平衡，从而消除其幕墙系统室内外的压差，并以此阻挡风雨进入室内。该系统被广泛应用于现代建筑幕墙的设计之中，该设计原则也被称为“雨幕原理”（The Rain Screen Principle）。②工业化的拼装生产体系：幕墙构件、面板甚至单元体全部由工厂生产制作完成，并在出厂质检合格后，再运输至建设工地现场安装。③气密、水密及热工性能的改进：在上述的压力平衡系统的基础上，一大批新材料以及新的系统构造、结构技术被研发并应用到实际工程之中，尤其以高性能玻璃（反射或低辐射玻璃）为标志，使得幕墙的气密、水密以及热工性能得以大幅提升。

幕墙主要包括四个部分：玻璃，玻璃是幕墙的主要构件之一，用于提供外部视野和自然光线。不同类型的玻璃可用于实现不同的效果，如隔热玻璃、隔声玻璃、安全玻璃等。金属框架，金属（通常是铝合金或钢）构成了幕墙的框架结构，支撑和连接玻璃等构件，金属框架还可以包括各种支撑系统，如横梁、立柱和连接件。绝缘材料，绝缘材料通常用于填充金属框架的空腔，提供隔热、隔声和保温性能。防水层，幕墙需要具备防水功能，以保护建筑内部免受降水的侵害。这包括防水膜、密封胶和排水系统等。

以“可持续发展”为发展战略，融合了智能技术、可再生能源技术、仿生技术、再以生物气候缓冲层为重点，从而最终实现节约资源，减少污染，营造健康舒适建筑空间的生态建筑幕墙开始出现。当前世界幕墙技术发展的主要领域和趋势主要表现在以下方面：在建筑学领域，幕墙主要向多元化、个性化、艺术化等方向发展；在功能研发领域，幕墙主要向节能、环保、安全、宜居等方向发展；在结构技术领域，幕墙主要向混合、异型、大跨度等方向发展，对隔热型材结构、预应力结构、整体张拉结构、索网结构、玻璃结构、复合结构等的研究将更为侧重；在材料科学领域，幕墙面板主要向节能玻璃、膜材、薄材、人造材等方向发展；在生产制作领域，幕墙主要向工厂化、机械化、规模化、标准化及数字化等方向发展。

许多具有复杂的形态及独特造型的建筑工程项目，对现有幕墙设计、施工技术不断提出高难度的挑战。得益于信息技术及计算机辅助建筑设计（Computer Aided Architecture Design）技术的爆炸式发展，许多先进的设计理念，诸如“数字化设计与建造”（Digital Design and Fabrication）、“快速原型技术”（Fast Prototyping Technology）、“建筑信息模型”被用于许多新建筑的设计中，催生出一系列有别于传统建筑行业的设计、建造施工乃至项目管理运营的新工具、方式及流程。与传统的建筑技术不同，专业化的幕墙企业其技术通常集成了设计院、机械制造企业、施工企业三类企业的特点，其设计研发体系也分别将（投标或顾问）方案设计、施工深化设计、加工制造设计这三个阶段垂直整合到其承接的幕墙工程项目之中。

10.5.2 幕墙工程的基本技术流程

幕墙工程的基本技术流程如下：

（1）设计阶段

建筑工程项目的业主方自身往往并无完善的幕墙设计管理流程，在幕墙专业分项工程的设计管控上容易处于信息不对等的位置，也容易忽视幕墙设计阶段的质量控制。目前较完善的大型幕墙工程设计主要由设计院（或建筑师）、幕墙专业顾问、施工总承包方（或项目管理承包方）、幕墙施工企业四方参与完成，而前三者仅对幕墙方案设计进行质量管控，施工图深化设计的质量控制往往由施工企业承担主要责任，其他三方仅起到协调或技术审批、监督作用。幕墙施工图设计流程为根据中标项目进行施工设计→拟定施工图设计进度及工作计划→系统基本构造节点设计→节点审查、计算校核→施工图设计、结构及热工计算→施工图内部审查、会签→施工图、计算书外部审查→最终修改、出图，公司外部会签→施工图、计算书的颁发、存档，如图 10-3 所示。

由于多数设计院并没有配备幕墙设计专业，因而在大型幕墙工程中，由业主聘请的幕墙专业顾问公司往往承担起招标方案图设计、招标文件编制等工作。业主方（或项目管理

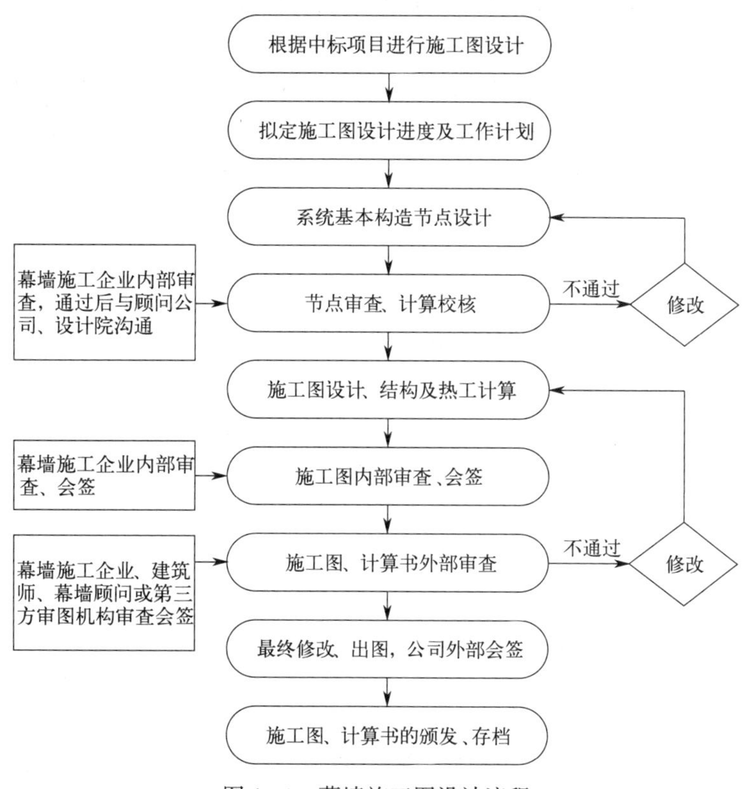

图 10-3　幕墙施工图设计流程

承包方）以及建筑师仅对幕墙外装饰效果包括饰面材质、颜色、风格等进行要求，而对幕墙系统节点、构造、工艺方面的设计审查、监督往往由幕墙顾问来承担。

（2）加工制作阶段

根据《住房城乡建设部关于印发〈建筑工程设计文件编制深度规定（2016 版）〉的通知》（建质函〔2016〕247 号）规定，幕墙及钢结构专业的加工、制作安装详图应由具备专项设计资质的单位完成。实际工程中，施工图不可能将所有的节点构造、制作工艺一一表达清楚。

一般情况下，幕墙工程施工图、施工组织设计等资料已表达了幕墙的节点构造、结构及现场安装、封修等现场工艺过程，缺乏对制作工艺过程的细节描述。目前，幕墙工程的施工图设计管理与加工设计的冲突主要表现在以下方面：

1）施工、加工设计不能顺利衔接。首先，在施工和加工设计交接时，如果幕墙施工图节点不全，技术要求、制作工艺不够明确，其积累的问题将被推到加工设计阶段。其次，如果施工图中表达的具体构造、制作工艺的没有明确的表达，则容易导致工艺设计人员对一些信息的丢失或误读。最后，在一些特殊位置如收口、转角，甚至不同幕墙系统的交接位置，如果施工图缺失对这些部位技术细则要求，工艺设计人员将无法配合制定合适的工艺措施。

2）所属专业范畴不同。施工图设计属于建筑设计范畴，因此其设计制作、审查、监督管理均由设计院（建筑师及结构师）或第三方审查机构对其进行专项审查，一般情况下，设计院或审图机构根本不了解也不会承担此部分图纸的审查工作，部分专业的顾问公司可能会就施工图中的重要基础节点提出加工工艺方面的质疑，但也不会去对加工图纸进行审查。

3）加工详图管理的问题。出于对商业利益的保护原因，幕墙工程的加工图（即便是成品组装图）一般不会被施工单位主动提交给业主或项目管理承包方。此外，两家以上的幕墙企业分标段施工，或组成联合体共同承建一个大型幕墙工程的情况也屡见不鲜，幕墙加工详图想建立统一的标准化管理体系，难度可想而知。

（3）施工阶段

幕墙工程强调的是集设计、加工、施工等技术流程于一体综合性技术项目，这也是其有别于其他建筑技术工种的重要特征，而传统的建筑施工技术管理体系中，与其他专业的配合、上下游技术信息的衔接、质量监管在国内大多数的工程项目中均难以实施有效管控。

由此可见，幕墙施工阶段的技术管理不仅限于对施工技术方面的控制管理，还应包括对整个项目系统性、前瞻性的计划、决策与控制措施。完善的施工阶段技术管理应包括建立健全的幕墙技术管理体系，制定严谨可靠的技术制度以及技术流程，建立严格的标准化施工和质检作业流程，建立正规化、程序化的施工资料管理制度和图纸会审工作。

10.5.3 基于BIM的幕墙工程设计

由于幕墙工程融合了部分制造业及一般建筑行业共同特点，而且大多数幕墙施工企业还在工程实施过程中集成了设计—制造—施工等的作业方式，因而当前盛行的以服务土木建筑工程、结构工程、钢结构工程、机电安装工程等专业为业务核心开发的BIM软件，并不能完全胜任复杂的幕墙工程BIM业务。以Autodesk公司Revit系列软件为例，该软件针对建筑工程的建筑、结构、机电（暖通、管道）专业进行了专门的功能设置，Revit尽管能提供简单的参数化幕墙建模命令，却也无法满足复杂幕墙的施工深化设计、加工图设计的需要，特别对于不规则的非线性曲面幕墙，往往需要其他造型软件的辅助，如采用Rhinoceros（犀牛）搭配Grasshopper插件进行外形的精确控制及表现。

1. 幕墙工程方案、施工图设计的参数化实现

在幕墙设计方面，利用BIM技术中强大的参数化建模技术，幕墙设计师可以精确控制其幕墙构件尺寸、空间定位，甚至材质属性、工程量等核心工程信息，为项目的信息化管理提供重要数据基础。设计师还可通过BIM与其他相关专业进行设计协同作用，其可视化特性能够预先消除复杂项目中的交叉专业对幕墙的不利影响，如碰撞干涉等；此外，可视化可辅助并确定专业项目的工作范围，同时提高对不同工种之间交叉作业的时间和空间利用，有助于减少工作流程的冲突问题。

大量具备独特外形及参数化设计理念建筑方案的出现，使得这些具备参数化外形新建筑的外围护结构——建筑幕墙的复杂性和实施难度大大增加。传统的、离散的设计方法已不能满足复杂幕墙工程设计的要求。面对具有复杂形态的建筑幕墙工程，其方案或施工图设计需要能够表达及产生足够精确的数据，以支持精确的空间三维测量放线以及幕墙系统构配件的工厂化预制生产。根据参数计算出更符合新方案模数的幕墙单元面板及构件，并以之构建成更为复杂的建筑表皮形体效果的数字化设计、建造方法，已成为众多复杂幕墙工程的最主要设计技术之一。

基于BIM的幕墙工程参数化设计。当前，幕墙工程的参数化设计可通过以下工具及方式实现：利用Revit、Catia、Digtial Project等典型的BIM建模软件，结合Autodesk CAD等二维制图软件，可实现基于BIM的幕墙工程参数化建模及方案图、施工图设计。工程师可凭借基于BIM的参数化三维建模技术，将其幕墙技术方案的构思以具体的三维图像、动画等媒介进行展示，并帮助业主编制招标图纸和文件，从而为进一步参与幕墙安装施工及加工组装提供技术指导。

在设计常规形态建筑物时，Revit软件可轻易实现对建筑及结构构件进行参数化建模设计。最新版本的Revit软件包含了建筑、结构和水电暖通三个专业功能模块，而其自带的"幕墙"建模功能包含在其建筑模块中。

在幕墙工程方案设计中，施工单位需要对项目中的幕墙工程需求进行设计、分析及计划。应用基于BIM的幕墙方案设计，可以在宏观（整个建设工程项目）及微观（幕墙工程整体及系统内部）的角度最大程度上同时展示其工程设计的技术及产品性能优势。

对于一个结构复杂的幕墙工程而言，其设计方案可能如同建筑方案设计一样，也需要多个幕墙设计师参与其中，并各自负责如幕墙系统中结构计算、技术功能分析、性能指标分析等。如果该工程处于早期顾问方案阶段，幕墙顾问还需要与建筑师或其他相关专业通过网络等方式协同作业。这样一来为确保其工作信息的及时性及唯一性，就需要一个能统一协调、同步共享各专业设计信息的数据库，以确保协同工作信息的及时和准确；而这些保证不同专业模型数据信息的关联，其核心就是模型本身或不同模型之间的参数关联。

2. 幕墙工程施工深化设计

根据美国建筑师学会（AIA）的对BIM模型、构件单元详细程度LOD（Level of Detail）的定义，BIM模型的精度可随工程项目的不断深入而增加，以满足各阶段工作任务的需要，具体可分为以下5个等级：LOD 100：Conceptual，指概念性设计；LOD 200：Approximate geometry，近似几何形体，模型单元深度相当于方案图设计；LOD 300：Precise geometry，精确几何形体，模型单元深度相当于施工图或施工图深化设计；LOD 400：Fabrication，建筑构配件加工，模型单元深度相当于安装施工图或加工图深化设计；LOD 500：As-built竣工模型，模型单元深度相当于竣工图设计。

在幕墙施工图设计阶段，幕墙施工图不仅要比方案图更细致，且对幕墙工程的许多施工工艺技术细节、材料要求、性能指标等都应有具体化的规定及要求。典型的幕墙施工图可包括但不限于以下内容：①完整的设计说明，包括封面、目录等；②幕墙工程招标范围内的平、立、剖面施工图及主要幕墙系统（类型）及重点交接部位，体系变化部位的大样图；③工程招标范围内所包含的幕墙系统（幕墙类型）的横竖剖基本节点图；④各幕墙系统的开启扇部位、转角部位、连接支座部位、不同类型幕墙交接部位、收边收口部位等的节点详图；⑤典型防火、防雷、变形缝、伸缩缝位置的节点构造详图及工艺技术要求，埋件大样及施工节点图；⑥主要型材断面图；⑦各系统重点或特殊节点或部位的工艺图、布置图；⑧相关安装工程设备、维护设备与幕墙系统对接部位的施工图及工艺图纸；⑨其他必要的特殊节点；⑩完整的幕墙结构计算书、热工计算书。

幕墙工程的施工BIM模型，其深度应完全具备生成或支持以上图纸的绘制及资料编制，否则将难以在施工阶段进行最基本的应用。除此之外，模型还应支持模拟施工过程、监控施工进度及质量、进行不同专业协调等可在工程项目管理过程中实施的具体应用。简单而言，幕墙工程的施工 BIM 就是完全能够支持幕墙工程实施、并能完成任务要求，实现若干辅助项目管理的工程信息化模型。

创建幕墙 BIM 深化施工模型的具体流程为：根据中标项目进行施工图设计→拟定施工图设计及 BIM 工作计划→系统基本构造节点协同设计→施工图设计、结构及热工计算→节点审查、计算校核→施工图及 BIM 模型自检、会签→图纸、计算书及 BIM 模型输出→施工图、计算书及 BIM 外部审查→外部施工图纸会签，交付施工 BIM 模型→创建工厂级 BIM 模型，BIM 数据、信息引用及指导加工深化设计→基于 BIM 模型数据及信息的加工图工艺审查、料单审查→幕墙构件、单元组件的加工制造。

随着建筑工业化程度的提高，不仅复杂幕墙工程有其生产制造环节的需要，就连常见系统构造建筑幕墙，其预制加工程度也越来越高，幕墙工程在典型的建筑专业工程和制造业工程的区别已趋向于模糊。因此，幕墙工程 BIM 模型要满足施工、加工设计的深度需要，则必须考虑达到 LOD 300 以上的精度等级。在 BIM 建模软件的选择方面，可利用 Catia（Digital Project）、Solidworks 或 Inventor 等制造业、机械工程建模软件，结合 Autodesk CAD 等二维制图软件，可实现基于 BIM 的幕墙工程施工深化设计、施工应用，还可兼顾与幕墙生产加工阶段模型信息的有效传递。

3. 幕墙工程加工图设计的参数化实现

在众多的幕墙种类里，单元式幕墙是目前工业化程度较高的一种常见形式。根据国家标准《建筑幕墙》GB/T 21086—2007 有关单元式幕墙（Unitized Curtain Wall）的定义为：由各种墙面板与支承框架在工厂制成完整的幕墙基本结构单位，直接安装在主体结构上的建筑幕墙。其幕墙龙骨杆件、面板、单元配件，均需要高精级加工，确保所有幕墙单元板块（组件）制作、运输以及现场高精度安装。单元式幕墙的组件制造精度，已超过一般混凝土预制建筑构件以及建筑钢结构的平均水平，达到或超过一般机械产品的精度水平。

根据对工程模型深度等级的划分，能被幕墙构件单元加工制造阶段应用的 BIM 模型其深度应为 LOD 400，且其部分信息应当预设至 LOD 500，以供工程验收后的项目后期维护、修缮所用。由此，复杂单元式幕墙工程（产品）的加工、组装图设计，也必须如机械产品的制造及装配，制定严格的设计标准，其 CAD 工艺图纸和数字化模型表达的深度，宜等同于机械制造工艺工程图或数字化的制造样机模型。根据我国国家标准《机械产品数字样机通用要求》GB/T 26100—2010 的定义，数字样机 DMU（Digital Mock-Up）是："对机械产品整机或具有独立功能的子系统的数字化描述，这种描述不仅反映了产品对象的几何属性，还至少在某一领域反映了产品对象的功能和性能。"数字样机技术其实早已成为先进制造业的标志性技术之一，数字样机技术的范畴从相对独立的个体工业品制造延伸到大型复杂工业装备、能源工业设施等领域，就发展成了数字化工程技术。诸如 BIM 的许多理念，如协同设计、参数化建模、虚拟建造、工程仿真等，都不难在数字样机技术中找到相同或相似的表述。

在幕墙发展的初期阶段，由于幕墙产品的结构、功能等相对传统机械产品简单，没有涉及复杂的构配件及形体结构，因此一直被视为建筑构配件多于"建筑产品"，也不需要应用数字样机技术到其设计及生产施工之中。进入 21 世纪之后，得益于计算机软硬件技术及信息技术的飞速发展，基于数字化、信息化的设计技术才从高精尖的工业领域用到民用建筑设计，同时，这种趋势还因算法建模等数字化建筑设计而进一步得以推广。因此，对于建筑幕墙工程而言，可清晰地梳理出其基于 BIM 的设计、管理技术路线，如图 10-4 所示。

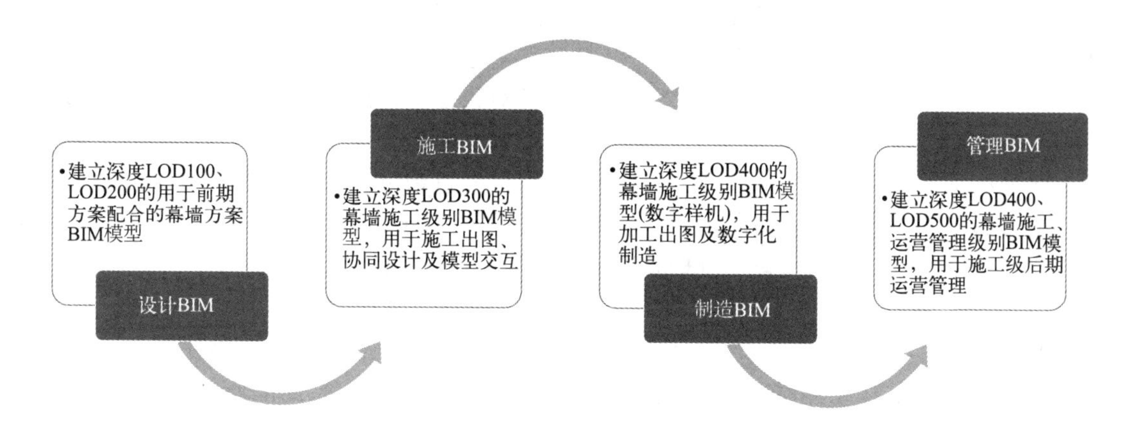

图 10-4　幕墙工程 BIM 技术路线

4. 幕墙工程与相关专业设计协同的实现

在复杂幕墙工程中，由于多专业交叉作业以及项目管理复杂问题的存在，幕墙与项目中其他相关专业的设计协同显得尤为重要，BIM 的协同设计能够最大程度上把项目的潜在技术、管理风险问题提前暴露出来。通过在项目实施前的基于 BIM 的工程设计协同，能预防及消除这些不利因素，从而达到提高整体效率，实现项目增值的目的。

基于 BIM 的幕墙工程设计协同工作主要内容如下：①幕墙方案图、施工图设计的协同。在较为复杂、大型的建筑项目中，工程师需要针对建筑物的外幕墙为建筑师提供专业技术意见及进行辅助设计。这期间需要大量的沟通及协调，以推动项目设计的顺利进行。当建筑师就某个部位或某种形式的幕墙形式、外观、功能及技术参数不太确定时，可能需要多个方案进行对比分析。②幕墙系统设计的信息协同。由于幕墙种类繁多，其依照工程项目的不同特点，需要在其面板选材、构造形式、使用性能等方面对其进行针对性的设计，以达到不同工程的需要。在早期的幕墙工程中，由于技术发展及经济因素等原因制约，这种系统化的幕墙产品只存在于少数重点或高端工程中。

10.5.4　幕墙工程项目施工模拟及项目仿真

幕墙工程借助 BIM 技术，令其工程设计、施工所需的工程项目信息都集成于 BIM 模型之上。实际上，幕墙工程施工随着其规模及复杂程度的不断增大，施工项目管理也变得更为复杂化，常规的技术手段及工具如横道图、网络进度计划图等，已无法清晰描述这些复杂的施工进度信息，也难以准确表达工程的动态发展情况。

为适应这些工程施工管理的新变化，由 BIM 所带来的 4D 施工模拟技术应运而生。在幕墙工程管理方面，幕墙工程师根据最新的 BIM 模型，创建、查看和编辑 4D 计划模型，从而编制更为准确、可靠的进度计划。它能够基于其动态监控及施工模拟等技术，支持在施工过程中精确掌握施工进度，并根据最新的现场信息实现计划优化，最终实现对整个工程的动态信息的统一管理和精确管控。BIM 模型的可视化让工程进度与三维模型对接，从而使施工计划流程与项目相关方顺畅沟通，结合 BIM 的 4D 计划信息实时监控工程进度。借助 BIM 模型，能够准确地模拟及测量出构配件的精确安装位置及完成尺寸控制，再将这些数据信息反馈到施工现场，从而指导施工，还可在模型中加载建筑构件的 5D 费用信息，对工程造价进行精确管控。

基于 BIM 的碰撞检查、自动侦错，以及模型对象信息识别等技术，可实现以下几种典型工程应用：由 BIM 到现场测量数据的无缝对接。将幕墙构配件、单元组件的安装位置三维坐标从 BIM 模型导出，再输入激光全站仪等先进数字化测量仪器，可直接用于对幕墙安装施工的测量放线，提高幕墙安装精度及质量。对于一些有复杂曲面造型的幕墙结构，也可以直接采用碰撞检查来分析其系统内部构造的合理性。

基于 BIM 的幕墙工程全过程模拟、监控及施工协调。使用 BIM 模型，可协助施工场地布置方案的实时优化及动态监控。对幕墙工程中的特殊大型构件、单元组件，通过 BIM 模型以三维实体动画的形式模拟最佳的吊装施工方案，从而提高施工质量及效率。如某项目利用钢结构 BIM 模型进行虚拟施工，并与工程实体的比对，对工程质量进行检查。

BIM 结合条形码或 RFID 技术，实现幕墙制造及施工精细化管理。应用 Navisworks，Project Wise 一类的模型数据库管理软件，能将抽象的三维模型数据与 MS Project 等工程进度计划数据相关联，以其时点控制工具模拟模型数据的动态变化。例如，通过在软件中以外观颜色变化定义幕墙构件模型的工作进度，再配合以 RFID 或条形码技术追踪真实构件所处的位置和工序，从而形象而直观地在 4D BIM 模型中显示出构件实体的实际加工、运输或施工安装状态。建设工程项目中 BIM 与 RFID 结合运用的优势见表 10-1。

建设工程项目中 BIM 与 RFID 结合运用的优势 **表 10-1**

情况比对	信息采集	信息处理	信息应用
无 BIM，无 RFID	手工方式录入数据及信息、照相、扫描方式辅助	对电子文档资料进行处理，输出报表、处理文档、数据库文件等	手工输入及应用效率低下，信息不能自动更新，与项目进度无直接关联，只能作为辅助管理的依据，可单向存档或读取，不方便随时取用分析
无 BIM，有 RFID	RFID、智能手持设备、互联网自动采集	电子文件、表格、图像、文件及信息数据库	信息及时但分散，查找较为困难，与项目进度没有关联，如用于物料采购、物流、库存自动化管理等，需与企业产品数据管理（PDM）或企业资源计划（ERP）系统对接
有 BIM，无 RFID	手工方式录入数据及信息、BIM 模型截图、扫描方式辅助	BIM 模型	信息不及时但集中，易于查找，与项目进度相关联，记录项目的信息方便使用查找

续表

情况比对	信息采集	信息处理	信息应用
有BIM,有RFID	RFID、智能手持设备、互联网自动采集	BIM模型、企业产品数据管理(PDM)或企业资源计划(ERP)系统	信息及时集中,管理较为困难,与项目进度关联,可实现自动化办公和财务应用,也可用于施工进度和计划进度对比、材料设备动态管理、重点及隐蔽工程质量管控等

10.5.5 幕墙工程数字化加工与拼装技术的应用

上海中心大厦是一座摩天大楼，高度超过600m，是上海市的标志性建筑之一。上海中心大厦的幕墙采用了复杂的双曲面设计，由大量的玻璃和金属构件组成，要求高度精确的制造和安装。工程开始于数字化设计阶段，利用计算机辅助设计（CAD）和建筑信息模型（BIM）技术，精确绘制了幕墙构件的设计和连接细节。这一阶段的设计需要充分考虑到建筑的高度、外形和气候条件。所有的幕墙构件，包括金属框架和玻璃面板，都需要在工厂中进行数字化加工。数控机床和其他高精度设备用于制造构件，确保其尺寸和形状的精确性。每个幕墙构件都在制造过程中被标记和编码，以确保在施工现场能够准确地识别和安装。标记通常包括构件的位置、安装方向和其他关键信息。制造完成的幕墙构件需要进行安全的运输和储存，以防止损坏或污染。这些构件通常需要特殊的运输和起重设备。在施工现场，数字化设计和标记信息对幕墙的安装过程至关重要。施工人员根据这些信息精确地安装每个构件，确保其与建筑结构的精确匹配。由于大厦的高度，施工需要大型吊装设备和高度熟练的工程师和工人。质量控制团队会进行严格的检查和测试，以确保每个幕墙构件的质量和性能符合设计要求。安全措施也会得到高度关注，以保护施工人员和公众的安全。

广州塔是一座地标性建筑，其幕墙结构同样采用了数字化加工与拼装技术。在幕墙结构件的制作中，先利用计算机辅助设计软件对其进行数字化造型，然后按照设计要求对其进行三维造型。在此基础上，利用数控机床对其进行精密切削，获得满足设计要求的幕墙零件。这些构件通常采用模块化设计，每个模块都由多个单元板块组成。在现场安装时，按幕墙的结构要求，按顺序进行拼装。

北京国家大剧院的幕墙结构设计独特，采用了不规则形状的单元板块。在幕墙结构件的制作中，先利用计算机辅助设计软件对其进行数字化造型，然后按照设计要求对其进行三维造型。然后，通过数控加工中心对模型进行精确加工，得到符合设计要求的不规则形状单元板块。在安装过程中，根据幕墙结构的要求，将这些单元板块按照预定的位置进行安装拼接。

深圳平安金融中心的幕墙结构采用了高强度、低反射率的玻璃材料，并通过数字化加工与拼装技术，实现了构件的高度精确制造和快速安装。在制造过程中，首先使用CAD软件进行数字化建模，根据设计要求生成幕墙构件的三维模型在幕墙结构件的制作中，先利用计算机辅助设计软件对其进行数字化造型，然后按照设计要求对其进行三维造型。在此基础上，利用数控机床对其进行精密切削，获得满足设计要求的幕墙零件。在现场安装过程中，使用专业的安装设备和技术，将玻璃板按照预定的位置进行安装拼接。

迪拜哈利法塔是世界上最高的建筑物之一，其幕墙结构采用了数字化加工与拼装技术。在幕墙结构件的制作中，先利用计算机辅助设计软件对其进行数字化造型，然后按照设计要求对其进行三维造型。在此基础上，利用数控机床对其进行精密切削，获得满足设计要求的幕墙零件。这些构件通常采用模块化设计，每个模块都由多个单元板块组成。在现场安装时，按幕墙的结构要求，按顺序进行拼装。

10.6 机电安装构件数字化加工与拼装技术

10.6.1 机电安装发展历程

建筑方面的机电发展历程可以追溯到人类开始建造各类建筑结构的时期。起初，机电系统的设计往往简单，并且与建筑结构本身有着明显的区分。然而，随着科技的不断进步和建筑复杂性的提升，建筑机电系统的设计变得越来越重要，并且成为建筑行业不可或缺的一部分。

目前数字化加工在生产制造行业已经发展得较为成熟，但对于机电安装行业而言，不会存在两个完全相同的项目，机电专业的架构体系缺乏可复制性，这是机电安装行业常年处于落后地位的主要原因之一，随着 BIM 技术的不断发展，BIM 技术成为机电安装和数字化加工的技术桥梁，正在不断得到探索和应用，比如大型机电设备安装仿真模拟等。

现代建筑对于安全、舒适、信息及娱乐方面的要求日益提高，其中机电管线作为建筑物中的神经网络，将空间环境、信息畅通、工作和生活条件等各项服务和设施形成完整的系统，进一步提高建筑物的作用和功能。机电安装工程涉及面广泛，这些工程的质量直接影响了建筑物设备整体上的安装运行及后期工程的进度。

10.6.2 基于 BIM 的机电安装构件建造过程

1. 模块化建造流程

基于 BIM 技术的机电模块化建造是集管道工厂化预制、现场装配式安装于一体的一种先进施工方式，其工作流程为：搭建机电设计模型→管线综合优化→机电模块管道分段→模块虚拟加工与拼装→模块编码→组合支吊架系统→生成加工图及材料表并下料→工厂预制及模块组合拼装→现场安装、模块连接。

2. 机电设计模型建立及管线综合优化

根据设计院建筑、结构、机电图纸，利用 Revit 软件创建三维模型，对厂家提供的机组、阀门、管道附件等进行 1∶1 精确建族。针对不同专业系统管道、附件分别设置不同颜色并列出管道系统颜色对应表，避免后期深化过程中出现系统不对应、材料不匹配等错误。

精细化三维模型搭建完成后，综合考虑规范要求、施工现场操作空间、管道支吊架设置、净高要求、整体观感效果等，对管线排布进行综合优化。

3. 机电模块管道分段

机房管综深化完成后，最主要的限制条件包括预制加工半成品管组的搬运、吊装、就位、组装等，分段时需综合考虑管道连接方式、材质要求等现场施工因素，对于优化后综合管线进行分段的原则如下：

（1）在条件允许情况下，管段构件应尽量减少分段，避免接驳点过多导致渗漏隐患增加；但也不能一味减少管段构件分段，需考虑工厂加工能力、模块组质量、现场吊装和尺寸大小等因素。

（2）半成品管段运输及现场吊装是管道分段方案需考虑的重中之重，加工厂至施工现场间道路的宽度、限高、转弯半径等因素均能成为管道构件分段的限制条件。

（3）模块化安装现场首选综合支吊架，因此管道综合支吊架布置应先于管道分段方案确定。为使接驳点牢固可靠，建议每个接驳点前后 1m 范围内加设支吊架。

（4）管道构件分段预制完成后，应对每段管道使用二维码技术进行标识，让每个管段具有独一无二的"身份证"。需要注意的是，在 BIM 建模阶段、工厂化预制阶段、现场装配安装阶段，二维码所包含的信息应保证全过程一致。

4. 模块化机电系统虚拟加工与拼装

为使加工厂预制加工的管道能在现场实现精准组装，可通过 BIM 技术实现管段拼装的虚拟仿真预演。通过在计算机中模拟模块组、支吊架等部分的先后施工顺序，提前发现组装过程中工序的不合理之处与现场操作的困难节点。另外通过观看模拟安装视频也是对现场工人的一种交底方式。

5. 工厂化预制及模块化拼装

在专业化加工车间利用全自动生产线统一进行管道预制加工、风管桥架预制加工、支吊架加工等生产环节。预制加工主要原则如下。

（1）加工过程中充分考虑预制、运输、吊运、安装等因素，确保预制率能达到 85%以上。针对接驳点较多、预制加工难度大的管段，应由现场作业人员对土建空间进行实地测量，考虑土建误差后在现场加工棚实现集中加工预制。

（2）管道支吊架预制时，应对现场土建实际误差进行实地测量，建议采用三维放样机器人，将采集的点云模型与 BIM 模型进行拟合，找出误差点，在现场安装时及时进行调整。

（3）结合加工生产车间与项目工地之间的道路运输状况及现场搬运、组装的场地条件，在加工厂进行预制加工时应充分考虑管道直径大小及弯头设置，并提前与设计院沟通协商以预留足够的吊装孔洞空间。

6. 现场安装与模块拼接

现场装配阶段应由项目技术负责人编写专项施工方案，对安装班组进行虚拟仿真模拟视频交底，强调装配过程中的关键施工顺序，以降低现场装配时发生错误的几率。预制装配关键点包括以下方面。

（1）预制管组吊装前应对选择的吊装方案进行受力校核计算。

（2）第 1 组装配时应严格按照深化设计图纸的位置进行就位安装，否则将影响与后续相连的管段组，造成累积误差不断变大。每完成一组装配须进行安装点位校核，针对出现的安装误差，项目管理人员应及时分析问题原因并进行相应调整。

（3）现场每装配完成一段管道，技术人员要及时扫描管段上的二维码更新其数据信息，保证整个施工过程中信息一一对应，避免因交叉施工等原因造成安装错误。

10.6.3 基于BIM的机电安装功能分析

在传统的深化设计方法中，常常会由于平面设计空间感不强的原因，忽略管线贯穿预留孔洞的情况。在现场施工时也会出现由于管道位置变更造成预留孔洞无法使用，进而导致现场凿洞的不良情况，严重影响施工阶段的工程进度和工期，存在破坏已完工程的潜在危险。

Navisworks Manage是BIM概念中的核心建模软件Revit的强化辅助软件。Autodesk Navisworks Manage能够将精确的错误查找功能与基于硬冲突、软冲突、净空冲突与时间冲突的管理相结合。快速审阅和反复检查由多种三维设计软件创建的几何图元，对项目中发现的所有冲突进行完整记录。检查时间与空间是否协调，在规划阶段消除工作流程中的问题。基于点与线的冲突分析功能则便于工程师将激光扫描的竣工环境与实际模型相协调。

Navisworks进行碰撞检查的主要步骤为附加文件、进行碰撞设置、依据碰撞报告、确定碰撞点信息。通过确认ID、图像、轴网位置等信息，返回Revit中对碰撞问题进行修改，最终达到建筑模型无碰撞问题的结果。使用Navisworks碰撞检查相较Revit自带碰撞检查功能，其工作界面更加友善，对于计算机的配置要求更低，但使用Navisworks碰撞检查得到碰撞结果后需要返回Revit中对模型的碰撞问题进行修改。

采用Navisworks可以图文并茂的形式清晰反映出现碰撞问题的位置及其原因。Navisworks提高了模型优化的效率，可减少反复寻找检查模型的重复工作，能够提前化解施工阶段各专业间的矛盾。解决检查出的碰撞问题的方法是：找到出现问题的具体位置，通过对模型的局部管网或建筑等进行微调进行修改，确保各部分之间相互不再出现碰撞的问题，进一步使模型得到优化。通过碰撞检查，重新调整和排布机电系统的管道空间走向，及时调整原图纸预留孔道位置，可以极大地避免这种现象。

10.6.4 BIM在机电验收阶段的应用

BIM技术在建筑机电施工阶段的应用较多，主要包括进度控制、预留预埋定位出图、支吊架设计、现场布置、施工安排、物料跟踪、工料统计、计量支付、数字化建造、技术交底等，在验收阶段仅作为数字化竣工模型交付，能够实现包括建筑信息、设备信息、隐蔽工程资料等在内的竣工信息集成。

房建机电安装工程验收是确保工程建设质量有效控制、各个方面经济效益得以实现的关键环节，也是当前BIM技术应用较为薄弱的环节。在进行安装工程验收中，可以通过BIM平台的还原功能，回溯检查安装工程方案变更情况，对比工程变更与工程资料记录，分析实际差异，并查找问题产生的原因。利用BIM模型与采集的施工现场数据进行对比，能够更为准确地分析安装参数不到位的情形，评价安装质量，要求施工人员依照规范要求优化改进相应问题，以此确保工程达到验收标准。通过BIM技术在验收阶段的应用，能够更好地提升房建机电安装工程工作精准度，提升整体工作效率，更为完善、系统地实现安装工作整改，并为机电工程后续运维工作开展提供精准的参考依据。

运用轻量化的BIM应用平台，在现场用平板或手机直接查看已经审核通过的BIM深化模型，对比现场机电安装方案是否与深化模型一致，高效准确地对现场机电安装方案进行管控，大大降低了后期管线安装拆改和因任意开洞而造成的质量、进度、成本上的损失。通过 BIM 软件可以将综合模型导入手持电子设备中，可以在施工现场实时地查阅不同部位的模型图。在质量验收时，通过调阅验收部位的模型，实时与现场施工部位进行对比，以发现现场施工问题，并及时整改，有效地提高了验收效率和准确性。依靠手机质量巡查软件，结合 BIM 模型，在现场对安装质量、施工安全等方面进行巡检记录，并反馈给各参建单位，提升现场综合监管能力。

建筑机电安装工程的验收除了需要检查工程是否按照图纸和规范的要求全部保质保量完成以外，还要通过对设备和管网进行运行调试来保证建筑机电系统工作正常，最终室内热湿环境是否能够达到设计效果需要按照供暖和空调的不同类型区别对待，其中工艺性空调采用现场定量测试加以检验，而舒适性空调和供暖系统目前仅凭体感和目测主观评定，不够严谨和全面。因此，利用 BIM 系统下的能耗模拟专业分析软件 Energy Plus 对室内热湿环境进行舒适性分析，对 BIM 在建筑机电验收阶段的应用开展研究，旨在拓展 BIM 在验收阶段的应用。

专题：大力发展装配式建筑

思考与练习题

1. 为什么数字化加工与拼装技术在建筑领域中如此重要？提供一些实际案例。
2. 请解释钢筋数字化建模技术在建筑工程中的应用和优势。
3. 数字化 3D 混凝土打印技术如何改变了预制混凝土构件的制造方法？举例说明。
4. 介绍 BIM 技术在钢结构构件加工和安装阶段的应用，以提高效率和减少误差。
5. 讨论基于 BIM 的幕墙工程集成化应用如何改进幕墙设计和施工流程。
6. 思考 BIM 技术如何在机电安装领域中提高构件的数字化加工和验收效率。
7. 分析数字化加工与拼装技术对建筑工程的可持续性和资源节约有哪些影响。
8. 通过研究实际案例，讨论数字化加工与拼装技术在建筑行业中的创新和挑战。

11 建筑机器人工作原理与建造工艺

本章要点与学习目标

1. 了解信息技术革命对建筑产业升级的影响，以及建筑工业化与机器人建造的演进过程。

2. 掌握建筑机器人的不同类型，包括机械几何结构、负载重量和动作范围，以及用途和分类。

3. 理解建筑机器人的工作原理，包括系统结构和建造原理。

4. 深入研究建筑机器人在砖构和混凝土建造工艺中的应用，包括结构、分类和工作流程。

本章导读

本章指出了建筑业转型升级的必要性和建造机器人建造的内涵与特征，按不同的划分方式介绍了几种建筑机器人的类型，阐述了建筑机器人的工作原理，介绍了建筑机器人砖构工艺和建筑机器人混凝土建造工艺。

重难点知识讲解

11.1 建筑机器人的发展背景

1.1.1 信息技术革命下的建筑产业机遇

科技发展始终是建筑业转型升级的强大推动力。“中国制造 2025”、德国“工业 4.0”、美国“工业互联网”等国家战略的出现昭示着新一轮技术革命的到来，为建筑产业的信息化发展提供了重要机遇。

从广义上讲，建筑工程建造是一种特殊的制造业，建造行业的发展同样受到原材料生产、建造设备自动化等因素的严格限制。当前，建造行业的工业化、信息化程度却远远落后于制造业等其他行业。建造行业粗放式的生产方式导致了生产效率的低下，也带来了工程材料的大量浪费。方兴未艾的新一轮科技革命无疑是建筑产业发展的重要机遇。如何利用信息化技术将粗放型、劳动密集型生产方式转变为精细化、系统化、智能化生产模式成为建筑产业升级的关键问题。

建筑智能建造产业升级是解决建筑业诸多问题的有效途径之一。基于信息物理系统的建筑智能建造通过充分利用信息化手段以及机器人智能建造装备的优势，加强了环境感知、建造工艺、材料性能等因素的信息整合。通过智能感知与机器人装备，实现了高精度、高效率的建筑工程建造，推动了传统建筑行业人工操作方式向自动化、信息化建造施工方式的转变。

11.1.2 从建筑工业化到机器人建造

随着微型传感器（Sensor）、处理器（Processing Unit）、执行器（Actuator）等系统被嵌入设备、工件和材料中，以工业机器人为代表的制造工具开始获得识别、监测、感知以及学习能力，逐渐实现智能感知、系统运行与组织能力的全面升级。互联网、人工智能、机器学习与机器人制造的连接大大提高了工业制造过程的智能化水平，为生产技术的第四次飞跃开启了大门。第四次产业革命综合利用第一次、第二次工业革命创造的“物理系统”和第三次工业革命带来的日益完备的“信息系统”，通过信息与物理的深度融合，实现智能化生产与制造。

1. 建筑工业化生产

第一次工业革命（第一次工业革命时期）对建筑建造领域产生了深远的影响，带来了生产方式和建筑工艺的革命。在这一时期，建筑业经历了重大的变革和发展，新材料和技术的引入改变了建筑构造和施工方式。在第一次工业革命之前，建筑建造主要依赖于当地的材料和传统技术，限制了建筑的规模和效率。1851 年伦敦世界博览会的水晶宫，肯尼斯·弗兰姆普敦（Kenneth Frampton）在《现代建筑：一部批判的历史》中写道：“水晶宫与其说是一个特殊形式，不如说它是从设计构思、生产、运输到最后建造和拆除的一个完整的建筑过程的整体体系。”然而，随着工业革命的兴起，铁路系统的建设和工业化生产的推动，建筑业迎来了一系列的改变。

运输和物流：铁路系统的发展加快了材料和货物的运输速度，使得建筑材料更容易获取，从而推动了建筑业的扩张。工业化建筑材料：随着工业化生产的兴起，出现了新的建筑材料，如钢铁、玻璃以及预制的砖块和石材。这些材料的生产和使用带来了更多的设计灵活性和建筑可能性。机械化施工：特殊的建筑机械和起重机开始在建筑工地上使用，提高了建筑工程的效率。这些机械设备改变了建筑工地的组织和操作方式。预制构件：工业化生产的预制构件开始在建筑中广泛应用。这些构件的批量生产和远距离运输使得建筑工程更加高效和快速。新建筑系统：新的建筑系统需要不同的建筑技术来适应。这导致了建筑业采用新的建筑机械和工艺，以适应更复杂的建筑结构和大规模项目。

2. 批量化预制建筑

20 世纪 20～30 年代，随着第一次世界大战后城镇住房短缺问题日益凸显，建筑业开始从制造业借鉴工业化生产方式——像制造汽车一样建造建筑，从而催生了大量模块化、标准化建筑体系。通过设计有限数量的建筑标准构件，制定不同标准构件的组合语法，组合出相互间略有差异的建筑形式，从中不但有效节约了生产成本与时间，建筑现场施工过程还因此发生了变化。建筑预制化简化了在施工现场的工作内容，从而缩短了工期。格罗皮乌斯（Walter Gropius）的德绍特尔滕（Dessa-Torten）住宅区，以及恩斯特·诺伊费特（Ernst Neufert）在第二次世界大战期间开发的住宅造楼机（House Building Machine）是批量化预制建筑的典型代表。特尔滕住宅区采用在工地现场批量生产的空心砖，通过轨道式起重机吊装重型建筑构件。这种流程导向的建造方案不再是简单地从其他行业借鉴创新技术和方法，而是通过技术应用改变了建筑建造过程的流程与组织方式。

第二次世界大战之后，建筑构件的工业化生产在欧洲得到了大规模实现。紧迫的战后重建任务和住房需求，以及随后1950～1970年的快速发展，第一次使建筑大批量生产具有了现实意义。随着建筑标准化系统的日益发达，大批量生产的建筑构件在居住、教育、商业以及工业建筑中被大量使用，节省了大量建造成本和时间。20世纪60年代初，针对大型建筑项目的预制构件需要在建筑工地上或者工地附近进行预制。但在随后的数年里，越来越多的独立预制工厂开始出现。工厂覆盖范围的扩大使得材料运输距离大大缩短，批量化生产的预制建筑构件以前所未有的规模被应用于实际建造中。同期混凝土浇筑技术也得到了显著发展，滑模浇筑（Slipforming）以及升降楼板建造（Lift Slab Constructions）等技术，不仅提高了建筑构件的工业化预制率，而且对施工过程的自动化起到了重要作用。

3. 建筑数字化建造

20世纪70年代中期，西方国家受到石油危机以及日渐凸显的社会问题的影响，建筑工业化的尝试在美国和欧洲大比例下降。但是建筑业采用工业化材料和生产方式的模式已经被接受，建筑预制建造与施工组织的方式也产生了巨大变化。到20世纪80年代之后，计算机辅助设计与计算机辅助建造技术开始被引入建筑领域，强大的计算机建模能力以及数控加工技术使新理念可以在形式中得以表达，并产生了一系列非线性的大型标志性建筑。但是高昂的造价使数字建造技术难以被广泛应用于小型民用建筑中。从制造业引入的数控机床（Computer Numerical Control，CNC）、激光切割等数字建造工具并未对建筑生产过程产生大范围的深刻影响。

20世纪60年代后，建筑领域开始出现一些特殊的建筑建造机器人，这一探索对今天的建筑自动化具有重要价值。这一时期的建筑自动化起源于日本，其中一些大型预制企业在面对不断增长的建筑需求时，由于缺乏熟练劳动力，开始探索建筑生产的自动化。这些企业根据自身在其他自动化领域的成功经验，尤其是在工业化生产中，开始探索建筑自动化。

早期的建筑自动化探索将生产从建筑工地转移到了自动化的工厂中。这些工厂采用流水线生产，但仍然以人力劳动为主。这是一种有序的流程组织，而不是真正的自动化。值得注意的是，日本的预制建筑工厂与欧洲的预制工厂略有不同。它们不仅能够实现批量生产相同的构件，还可以根据客户需求进行定制和个性化生产。这种定制化的生产方式允许构件在流水线上制造，然后在进入下一个生产阶段之前进行再加工。尽管这种方式与当前的工业机器人相比在自动化程度和生产率方面存在较大差距，但可以看作是机器人批量定制建造的先驱。

随着20世纪70年代工业机器人在制造业领域的发展，日本的清水建设率先成立了建筑机器人研究团队，建筑机器人的研究迅速兴起。出现了单工种机器人，单工种机器人主要关注建立可以重复执行特定施工任务的简单数控系统。这些早期建筑机器人通常需要手动控制，自动化程度较低。尽管它们实现了机器替代人力劳动，但并没有显著提高建筑生产效率。

随后，一体化自主建造工地出现，旨在提高现场建造效率和自动化程度。这一概念的基本理念是将工厂化的流水线生产模式应用于建筑工地，实现与预制工厂类似的生产组织。一体化自主建造工地将多种机器人和控制系统整合到一体，以实现现场建造的系统化组织。因为存在高成本问题，这种自主建造工地的市场份额和应用范围仍然有限。

4. 建筑机器人的互联建造

在信息技术突飞猛进的当下，基于信息物理系统的个性化，智能化建造成为建筑建造技术发展的重要方向。无论是“中国制造 2025”、德国“工业 4.0”还是美国“工业互联网”，其共同点、核心均是信息物理系统。伴随着环境智能感知、云计算、网络通信和网络控制等系统工程被引入建筑建造领域，信息技术与建造机器人的集成使建造机器人具有计算、通信、精确控制和远程协作功能。随着“信息”成为建筑建造系统的核心，面向个性化需求的批量化定制建造将成为发展潮流。在建筑领域，受限于落后的自动化和信息化建造水平，真正意义上的批量化定制建造仍然只存在于概念层面。信息物理系统在建造过程中引入将个性化的定制信息与具有批量定制能力的建筑机器人技术结合，从而满足大批量定制生产所需要的经济性与效率。建筑不再是标准化构件的现场装配，取而代之的是非标准化构件的机器人定制化生产，以及智能化建造装备下的现场建造。

建筑全生命周期、全建造流程的信息集成过程推动建筑产业向高度智能化的互联建造时代推进。互联建造面向“工厂”和“现场”两种核心生产环境。一方面，通过“数字工厂”建立建筑智能化生产系统，“数字工厂”作为一种基础设施通过网络化分布实现建筑的高效、定制化生产；另一方面，“现场智能建造”通过智能感知、检测以及人机互动技术将现场建造机器人、三维打印机器人等设备应用于建筑现场施工过程，通过工厂与现场的网络互联和有机协作形成高度灵活、个性化、网络化的建筑产业链。

11.1.3 建筑机器人建造概述

1. 建造机器人建造的内涵

建筑机器人是将机器人技术和建筑工业进行交叉融合而产生的一个新领域，其应用范围涉及建筑物生命周期的各个阶段。建筑机器人以期通过机器替代或协助人类的方式，达到改善建筑业工作环境、提高工作效率的目的，最终实现建筑物营建的完全自主化。就概念而言，建筑机器人包括“广义”和“狭义”两层含义。

广义的建筑机器人囊括了建筑物全生命周期（包括勘测、营建、运营维护清拆、保护等）相关的所有机器人设备，涉及面极为广泛。常见的管道勘察、清洗、消防等特种机器人均可纳入其中。

狭义的建筑机器人特指与建筑施工作业密切相关的机器人设备，通常是一个在建筑预制或施工工艺中执行某个具体的建造任务（如砌筑、切割、焊接等）的装备系统。其涵盖面相对较窄，但具有显著的工程实施能力与工法特征。典型的建筑机器人系统包括墙体砌筑机器人、3D 打印机器人、钢结构焊接机器人等。本书所关注的建筑机器人是指狭义上的建筑机器人。

此外，建造机器人还包括极限环境下的建造机器人。如美国宇宙航天局（NASA）正在研究的外太空建造机器人，以及能够在地球极地、高原、沙漠等不同极限环境下工作的机器人。

通过执行不同的建造任务，建筑机器人不但能够辅助传统人工建造过程，甚至可以完全替代人类劳动，并且大幅度超越传统人工的建造能力。早期建筑机器人执行的任务和建造内容大多数情况下是相对专业化和具体的，但是随着机器人信息化水平的提升以及不同工种机器人之间的集成与协作，建筑机器人的作业能力和工作范围正在迅速扩展，在建筑工程中承担愈发复杂与精准的建造任务。

2. 建筑机器人的技术特征

建筑工程尤其是施工现场的复杂程度远远高于制造业结构化的工厂环境，因而建筑机器人所要面临的问题也比工业机器人要复杂得多。与工业机器人相比，建筑机器人具有自身独特的技术特点。

首先，建筑机器人需要具备较大的承载能力和作业空间。在建筑施工过程中，建筑机器人需要操作幕墙玻璃、混凝土砌块等建筑构件，因此对机器人承载能力提出了更高的要求。这种承载能力可以依靠机器人自身的机构设计，也可以通过与起重、吊装设备协同工作来实现。现场作业的建筑机器人需具有移动能力或较大的工作空间，以满足大范围建造作业的需求。在建筑施工现场可以采用轮式移动机器人、履带机器人及无人机实现机器人移动作业功能。

其次，在非结构化环境的工作中，建筑机器人需具有较高的智能性以及广泛的适应性。在建筑施工现场，建筑机器人不仅需要复杂的导航能力，还需要具备在脚手架上或深沟中移动作业、避障等能力。基于传感器的智能感知技术是提高建筑机器人智能性和适应性的关键环节。传感器系统要适应非结构化环境，也需要考虑高温等恶劣天气条件，充满灰尘的空气、极度的振动等环境条件对传感器响应度的影响，保证建筑机器人的建造精度。

再次，建筑机器人面临更加严峻的安全性挑战。在大型建造项目尤其是高层建筑建造中，建筑机器人任何可能的碰撞、磨损、位移都可能造成灾难性的后果，因此需要更加完备的实时监测与预警系统。事实上，建筑工程建造所涉及的方方面面都具有极高的复杂性和关联性，往往不是实验室研究所能够充分考虑的。因此在总体机构系统设计方面，现阶段建筑建造机器人往往需要采用人机协作的模式来完成复杂的建造任务。

最后，建筑机器人与制造业机器人的不同，还在于二者在机器人编程方面有较大的差异。工业机器人流水线通常采用现场编程的方式，一次编程完成后机器人便可进行重复作业。这种模式显然不适用于复杂多变的建筑建造过程。建筑机器人编程以离线编程（Off-Line Programming）为基础，需要与高度智能化的现场建立实时连接以及实时反馈，以适应复杂的现场施工环境。

由于工业机器人发展较为成熟，在工业机器人的基础上开发建筑机器人装备似乎是一条相对便捷的途径。但是从硬件方面来看，工业机器人并非解决建筑建造问题的最有效的工具。绝大多数工业机器人的硬件结构巨大而笨重，通常只能举起或搬运相当于自身重量10%的物体。建筑机器人的优势在于可以采用建筑结构辅助支撑，从而机器人可以采用更加轻质高强的材料。但是在土方挖掘、搬运、混凝土浇捣、打印等作业中，建筑机器人仍不可避免地具有较大的自身重量。通常在硬件稳定性方面，建筑机器人需要处理的材料较重，机械臂的活动半径也较大，所以建筑机械臂需要额外增强，以保证自身所需的直接支撑。这种增强型建筑机器人通常需要在传统工业机器人之外特别研发。

3. 建筑机器人的优势与发展趋势

相较于传统建造工艺与工法而言，建筑机器人的优势可以归纳为以下几个方面：第一，建筑机器人通过替代人类的体力劳动，能够将人从危险、沉重、单调重复的建筑作业中解脱出来，有效改善建筑行业工作条件。第二，在多数情况下，机器人建造只需要一个操作员来监督机器人系统，随着劳动力短缺的问题逐渐凸显，在传统领域使用机器人代替建筑工人，同时开发机器人工艺完成新兴建造任务，能够有效应对劳动力短缺问题。第三，通过开发专门化的机器人建造工具与工艺，建筑机器人能够显著提高建筑生产效率，并创新性实现人工无法实现的工艺目标。第四，建筑机器人有助于实现建筑的性能化目标，减少资源浪费，走向高效节能与环保。通过传感器引导、自动化编程、远程控制等操作，建筑机器人可以实现精确控制、实时记录与监控，对质量产生积极影响，也从而减少了资源消耗。第五，机器人具备将建筑活动拓展到人类所无法适应的空间与环境领域工作的潜力，通过在极限环境、水下、沙漠、高温高压区域进行建造，带来巨大的经济效益。第六，机器人工作平台执行无限、非重复任务的能力突破了传统手工和机器生产的局限，使实现复杂建筑系统以及小批量定制化建造成为可能，对建筑本身的发展具有重要价值。

随着信息技术的快速发展，建筑机器人的潜力被进一步挖掘，在技术层面能够完成的建造任务将会发生根本性的改变。首先，在硬件方面，机器人本体及其零配件呈现出便捷化、灵活化的趋势，机器人装配、安装和维护的速度较以往得到了显著提高。例如即插即用（Plug-and-Play，PNP）技术的发展有效规避了系统整合的复杂性，大大提高了终端用户的体验；其次，随着各种智能感知技术的日益成熟，基于激光定位、机器学习与虚拟现实的自主编程，以及基于加工对象的测量信息反馈的机器人路径规划，使机器人编程变得快速轻松，进而减少重复性工作、降低准入门槛。更重要的是，机器人正在变得愈发智能。基于人工智能和传感器技术的进展，机器人能够通过对所在环境的感知来调整行动，应对多变的任务与环境。机器人不再一味遵循预设路径，通过传感器信息整合和实时反馈来调整机器人的动作，进而提供更高的建造精准度。这样不仅会大大提高机器人自动化建造能力，同时也将有效驱动建造质量的提升。在建筑生产过程中，机器人能够承担熟练技术工人的工作，并结合机器人自身特性开展替代手工的工作。例如机器人可以利用力的反馈在研磨、修边或者抛光中进行技术操作，也可以在涂料喷涂过程中实时调整涂料的厚度或者成分。得益于机器人感知与交互技术的发展，人机交互的协作建造可以成为众多复杂建造作业的首选。人们不仅能够自由分配机器与人的工作任务，先进的安全系统也使机器人能够与人类共同协作完成建造任务。通过传感器实时感知，机器人能够自动规避与协作人员发生碰撞的风险。人机协作通过任务分配不仅有助于提升预制化工厂的生产效率，也为机器人在非结构化环境下的建筑现场施工中的应用打下了基础。

从技术发展方向上讲，建筑机器人发展呈现四大趋势：第一，人机协作。随着对人类建造意图的理解，人机交互技术的进步，机器人从与人保持距离作业向与人自然交互并协同作业方面发展。第二，自主化。随着执行与控制、自主学习和智能发育等技术的进步，建筑机器人从预编程、示教再现控制、直接控制、遥控等被操纵作业模式向自主学习、自主作业方向发展。第三，信息化。随着传感与识别系统、人工智能等技术的进步，机器人从被单向控制向自己存储、自己应用数据方向发展，正逐步发展为像计算机、手机一样的信息终端。第四，网络化。随着多机器人协同、控制、通信等技术的进步，机器人从独立个体向互联网、协同合作的方向发展。

11.2 建筑机器人的类型

关于建筑机器人的分类，国际上目前没有制定统一的标准，可按负载重量、控制方式、自由度、结构、应用领域等进行划分。我国的机器人专家从应用场景环境出发，将机器人分为两大类，即工业机器人和特种机器人。国际上的机器人学者，从应用环境出发将机器人分为制造环境下的工业机器人和非制造环境下的服务与仿人型机器人两类。这和我国的分类是基本一致的。

工业机器人，按照 ISO 8373 的定义，它是面向工业领域的多关节机械手或多自由度的机器人。工业机器人是自动执行工作的机器装置，是靠自身动力和控制能力来实现各种功能的一种机器。它可以接受人类指挥，也可以按照预先编排的程序运行，现代的工业机器人可以根据人工智能技术制定的原则纲领行动。工业机器人的典型应用包括焊接、刷漆、组装、采集和放置［例如包装、码垛和表面组装技术（Surface Mount Technology，SMT）］、产品检测和测试等。所有工作的完成都具有高效性、持久性、快速性和准确性。面向建筑工业的机器人即为建筑机器人。建筑业在原材料输送、加工及高效率生产过程及建筑建造过程中都可用到机器人。

特种机器人则是除工业机器人之外的，用于非制造业并服务于人类的各种先进机器人，包括：服务机器人、水下机器人、娱乐机器人、军用机器人、农业机器人、机器人化机器等类型。在特种机器人中，有些分支发展很快，有独立成体系的趋势，如服务机器人、水下机器人、军用机器人、微操作机器人等。

11.2.1 按机器人的机械几何结构形式划分

根据作业需求的不同，机器人的机械部分具有不同类型的几何结构，几何结构的不同决定了其工作空间与自由度的区别。

直角坐标型机器人（直角坐标系），又称笛卡尔坐标型机器人，具有空间上相互垂直的多个直线移动轴，通过直角坐标方向的 3 个互相垂直的独立自由度确定其手部的空间位置。其动作空间为一长方体。

圆柱坐标型机器人（柱面坐标系）主要由旋转基座、垂直移动轴和水平移动轴构成，具有一个回转和两个平移自由度。其动作空间呈圆柱形。

极坐标型机器人（球面坐标系）分别由旋转、摆动和平移三个自由度确定，动作空间形成球面的一部分。

多关节机器人是一种具有多个关节的机器人，可以根据需要进行组合，实现多种复杂的运动。多关节机器人的优点是可以进行高精度、高速度、高负载的运动，而且可以进行长时间的工作，从而大大提高了生产效率。多关节机器人是应用较为广泛的工业机器人类型之一。它的机械结构类似于人的手臂，臂通过扭转接头连接到底座。连接臂中连杆的旋转关节的数量可以从两个关节到十个关节不等，每个关节提供额外的自由度。接头可以彼此平行或正交。具有六个自由度的关节机器人是较常用的工业机器人，因为其设计提供了非常大的灵活性。关节机器人的主要优势为其可高速运作和其占地面积非常小。

水平多关节机器人，又称选择顺应性装配机械臂（Selective Compliance Assembly Robot Arm，SCARA）。其结构上具有串联配置的两个能够在水平面内旋转的手臂，自由度可依据用途选择 2～4 个。动作空间为一圆柱体。水平多关节机器人在 XY 轴方向上具有顺从性，而在 Z 轴方向具有良好的刚度，此特性特别适合于装配工作。

并联机器人也被称为平行连杆机器人，因为它由和公共底座相连的平行关节连杆组成。由于直接控制末端执行器上的每个关节，末端执行器的定位可以通过其手臂轻松控制，从而实现高速操作。并联机器人有一个圆顶形的工作空间。并联机器人通常用于快速取放或产品转移应用。其主要功能有抓取、包装、码垛和机床上下料等。

11.2.2 按负载重量及动作范围划分

机器人额定负载，也称持重，是指正常操作条件下，作用于机器人手腕末端，不会使机器人性能降低的最大荷载。负载是指机器人在工作时能够承受的最大载重。如果你需要将零件从一台机器处搬至另一处，你就需要将零件的重量和机器人抓手的重量计算在负载内。工具负载数据是指所有装在机器人法兰上的负载。它是另外装在机器人上并由机器人一起移动的质量。负载数据必须输入机器人控制系统，并分配给正确的工具。需要输入的值有质量、重心位置（质量受重力作用的点）、质量转动惯性矩以及所属的主惯性轴。

机器人的运动范围也称工作空间、工作行程，是指在机器人执行任务的运动过程中其手腕参考点或末端执行器中心点所能到达的空间范围，一般不包括末端执行器本身所能扫掠的范围。机器人的运动范围严格意义上讲是一个三维的概念。

根据负载重量和机器人的运动范围，可将建筑机器人分为超大型机器人、大型机器人、中型机器人、小型机器人和超小型机器人。

（1）超大型机器人。负载重量为 1t 以上的机器人可称为超大型机器人。在大型建筑材料或者建筑构件码垛、搬运、装配过程中，通常荷载较大。在建筑施工建造中，负载重量为 1t 以上起重机器人等设备必不可少。例如 KR 1000Tian 超大型机器人，负载范围为 750～1300kg。

（2）大型机器人。负载重量为 100kg～1t，动作范围为 $10m^3$ 以上的机器人可称为大型机器人。FANUC R-2000iC 是一款高性能、高可靠性、高性价比的万能智能型机器人，主要用于焊接操作，动作范围为 360°（95°/s）6.28rad（1.66rad/s），其重量约为 210kg，根据型号不同略有差异。

（3）中型机器人。负载为 10～100kg，动作范围为 $1～10m^3$ 的机器人可称为中型机器人。以瑞典某电气公司生产的机器人为例，这类机器人可用于安装、清洁、铸造等较为恶劣的环境，负载范围 20～60kg，运动范围 2.05～2.5m。以日本某电机公司生产的机器人为例，这是一种适用于高速高精度取件、码垛、包装等物流操作的机器人，结构类型属于六轴垂直多关节机器人，具有较高的速度和灵活性。

（4）小型机器人。负载为 0.1～10kg，动作范围为 $0.1～1m^3$ 的机器人可称为小型机器人。小型机器人常被用于较轻重量的构件装配和较为精密快速的建筑施工作业中。以某公司 2015 年开发的 YuMi 机器人，即 IRB14000 型机器人为例，如图 11-1 所示，这款机器人号称是世界上第一款真正意义上的双臂协同机器人，主要用于建筑小部件的组装，可以通过示教而不是编码进行编程学习，可与人类进行合作协同作业。

（5）超小型机器人。负载小于 0.1kg，动作范围小于 0.1m^3 的机器人可称为超小型机器人。这类机器人常用于生物医学等较为微观的领域。由于建筑构件通常尺寸较大，超小型机器人在建筑中的应用很少。

图 11-1　IRB14000 型机器人

11.2.3　按机器人的用途划分

根据建筑机器人在建筑全生命周期内的使用环节和用途，将机器人进行了较为详细的分类。将从前期调研机器人、预制化场景中的建筑机器人、现场建造机器人、运营维护建筑机器人、破拆机器人五个方面详细介绍机器人的种类及功能。

1. 前期调研机器人

机器人系统越来越多地用于建筑工地的自动化工作，如场地的监测、设备的运行和性能及施工进度监测（包括施工现场安全），建筑物和立面的测量和重建，以及建筑物的检查和维护等。这类机器人覆盖面广，在数据丰富度、速度、工作流程和数据整合方面存在优势，在减少人力成本等方面的影响是巨大的。研究表明，移动机器人可以将测量师的工作时间减少 75%。空中机器人传感器的性能迅速改进，整个数据采集“管道”实现自动化将数据提取和并入建筑信息模型（BIM）中，将有助于进一步提高建筑性能。未来，这种调研机器人系统的使用将在提高施工总体生产力方面发挥重要作用。

（1）地面调研机器人

用于施工现场的地面调研机器人平台可搭载各种传感器，如激光扫描仪、热检测系统和成像仪。目前也在尝试将从多个传感器获得的信息融合到施工现场的一个多模态、连贯的图像中。使用安装在移动平台上的激光扫描仪（如 RIEGL 激光扫描仪，其精度约为 5mm 或更好的效果）可以实现高度精确的点云和几何模型，进而将各种传感器的信息以高度精确的方式融合到完整的 3D 模型中。

（2）空中调研机器人

无人机（Unmanned Aerial Vehicle，UAV）作为机器人的一种，也在越来越多地用于施工过程中，并用于施工过程的监测工作。一般来说，它们可以低成本地处理 1～4kg 的有效载荷。无人机种类多样，包括迷你型无人机和高达 10kg 有效载荷的高性能无人机等。无人机的传感器有效载荷必须非常轻，如何在其重量和可实现的精度之间进行权衡是该技术的核心内容。在建成环境中使用无人机的典型传感器是用于 3D 图像和摄影测量的传感器、热成像仪、磁力计和 LiDAR 激光扫描仪。基于 UAV 的数据采集（特别是 3D 数据）的准确性可以被认为介于基于地面的方法（机器人全站仪、速度计、移动机器人等）和三维空间系统之间。无人机在大幅降低成本和工作量的同时，可以用最小的成本覆盖大面积的建筑物。

在无人机数据采集的背景下，技术上最具有挑战性的是开发飞行控制软件来自动设置飞行计划。大疆机场具备强大的环境适应性，无论严寒酷暑皆可 7×24 小时无人值守作业。通过大疆司空机场，远程制定飞行计划、自动执行任务，解放繁复劳动，让管理人员足不出户就能获取工地现场的无人机巡检、巡逻、测绘数据。

2. 预制化场景中的建筑机器人

预制装配式建筑主要包括预制装配式混凝土结构、钢结构、现代木结构建筑等，因为采用标准化设计、工厂化生产、装配化施工、信息化管理、智能化应用，是现代工业化生产方式的代表。

使用机器人预制装配式建筑构件有以下几点优势：一是加工高效，现场组装迅速。二是成本较低。以一个建筑面积 170m^2 的建筑为例，木结构预制装配式比传统建造方式总体成本下降约 1/3，其中主体结构建造成本降低约 60%、装修成本降低约 43%。三是保护环境。预制生产建筑构件，再运输到现场进行装配式干式作业，可极大减少扬尘污染，做到“零”建筑垃圾。预制建筑机器人的种类很多，现在比较高效的方式是在建筑机器人上进行相应建筑作业工具端的开发。工具端可根据具体的项目需求进行多样的调整。

（1）预制板生产机器人

预制板是指在工厂中生产出来的混凝土预制件，预制板的常见类型包括预制实心板、预制空心板、预制叠合板、预制阳台等。由于制作工序比较简单，施工难度不大，且需求量大，预制板材生产成为机器人切入建筑业的一个重要环节。这种重复的可标准化的工艺主要是应用自动化的建筑机器人替代预制化模台上面的加工中心。普通工人重复劳动时间过长会感到疲惫，会降低板材质量。传统预制化工厂的加工中心，不仅可以被机器人取代，生产统一的标准构件，还可以定制加工非标构件。质量安全有保证，制作好之后还可以直接运到施工现场投入使用，保证了建筑施工环节的准确可靠。常见的可进行机器人自动化生产的板材包括预制水泥板、预制水磨石板、预制钢筋混凝土板等。预制板机器人系统常常出现在预制化生产线的加工中心，包括搅拌、吊车、挤压、切割、抽水、拉钢丝、浇捣等不同分工。

（2）预制钢结构加工机器人

钢结构是目前最重要的一种结构形式，主要由不锈钢板材制成，其生产工艺可分为在厂内预制和在厂内装配。工厂化预制通常采用大型精密建筑机器人进行下料、切割、焊接、钻孔等批量操作。进行预制拼装后再运到现场进行组装。工厂化预制的优点是精确性高，对施工质量的控制力强。但受到运输距离和运输工具运输能力的限制，不能预制生产特别大型的构件。施工现场预制灵活性较高，可根据现场情况灵活选择预制和安装顺序，并及时进行调整，同时也减少了运输过程中对于钢结构构件的损伤。常见的钢结构预制机器人包括钢筋加工机器人、数控金属切割机器人、弧焊机器人、高精度数字金属钻床等。

（3）预制混凝土加工机器人

预制混凝土加工机器人是一种用于生产混凝土预制件的机器人。它可以自动化地完成混凝土的混合、输送、浇筑、振捣、压实等工序，从而提高生产效率和产品质量。同钢结构一样，混凝土结构的自动装配也可划分为在厂内预制和在厂内装配。预制混凝土结构机器人自动化系统可使用大型精密的混凝土机器人进行混凝土构件甚至是整个墙体的预制化生产。

国内某公司创新研发的装配式混凝土建筑 SPCS 系统，是一种用于生产混凝土预制件的机器人。它能实现混凝土的拌和、输送、浇筑、振捣、压实等过程的自动控制，大大提高了生产率，提高了产品的质量。SPCS 3.0 提出可以实现主体结构全装配，地上地下、墙柱梁板全预制。其核心技术提出从三个方面解决了装配式建筑领域“整体安全受质疑”

和“造价高”的两大痛点。第一，工厂预制含钢筋笼的构件，现场组装，实现了“空腔搭接加后浇”的整体结构体系；第二，采用自主研发的“模定节点”技术，实现了“等效异构好快省”的整体结构体系；第三，采用自主研发的“筑享云平台”，实现了“项目协同管理”的整体结构体系。

（4）预制木结构机器人

木结构建筑是种传统建筑，同时也是节能建筑。在应对气候变化、倡导节能减排的当下，木结构建筑仍可发挥其作用。也正因此，最近我国连续出台相关政策，大力推广木结构建筑。大型木结构建筑构件由于加工难度较大、规范要求严格，通常采用工厂预制的方式进行。现在，预制木结构自动淋胶、数控胶合、多功能加工中心机器人等种类很多，包含了不同的增材与减材制造工艺。木结构机器人加工中心主要包括胶合、切割、铣削、检测、装配等多种类型。

3. 现场建造机器人

（1）地面和地基工作机器人

地面和地基工作是各种施工过程的重要组成部分。与建筑地面以上部分的其他类型工作相比，基础工作对建筑物的特性的影响有限。这类机器人可进行包括挖掘工作在内的大量重复性工作。相关的工作被认为是施工过程中最危险的。这些作业特点为自动化的产生奠定了基础。因此在这一领域的建筑机器人种类繁多，从机器人协助现场生产隔膜墙到机器人自动化挖掘和自动去污系统。更复杂的建筑机器人系统还尝试建立互连的自动化链，例如集成和自动化的松土、挖掘和去污过程。

国内某公司发布了基于人机协同的智能挖掘机器人，让挖掘机不仅能和操作人员交流互动、自动作业，能够实现看得懂手势指令、听得懂语音指令、自动精准执行动作。通过智能挖掘机器人，刷坡作业变得简单但精度更高。操作人员把施工场景及任务的三维模型输入挖掘机，应用智慧脑，挖掘机会对场景及任务进行全局分析，并自动行驶到目标点、自动作业，不需要专业机手和测量人员。对于复杂施工任务，该公司开发了仿生操控模式，操作人员可以用自己的手臂动作进行引导，挖掘机就可以跟随手臂动作，实现精准作业。

（2）机器人多功能常规施工机械

与开发新的特定功能的建筑机器人相比，将目前使用的建筑机械（翻斗车、拖车、挖掘机等）升级到多功能机器人系统也是一种替代方案，即将多种功能整合在一起的自主施工机械。这也将彻底改变建筑的设计内容和建造流程。这种方法可以为施工流程、施工环境、施工安全以及施工效率提供一种具备感知能力与智慧工地的系统解决方案，并在从前的模式和投资基础上进行。机器人施工机械相比常规施工机器将提供更高的适应性、灵活性以及极端环境施工能力。随着智能感知技术在整体智慧工地的实施，机器人施工机械将协助人类进行更广泛的自动化任务，并可与其他机器人通过数字通信，实现无缝协同施工工作。

（3）钢筋加工和定位机器人

钢筋加工和定位机器人是一种用于钢筋加工和定位的机器人。钢筋混凝土结构需要大量钢筋加工生产相关的施工操作，包括切割、弯曲、绑扎、精确布置以及加强筋元件或网格在楼板或模板系统中的定位，均具有一定的操作难度。自动化钢筋弯折与布料系统不但可以大幅度提高效率与精确度，提高与加固生产定位相关工作的生产力和质量，还可以降低对员工健康的影响，降低施工风险。为此开发的系统包括用于施工现场弯曲成型的各种类型钢筋的多功能弯折钢筋系统，以及实现较大钢筋网格连接的系统。钢筋弯折机器人可以布置在预制化工厂，施工工地上使用中小型机器人装备需要高度移动性和紧凑性，以适应临时部署的要求。此外，该类机器人也包括较小尺寸的移动机器人，可以帮助各个楼层的工人处理、定位和固定局部加强钢筋元件。如钢筋绑扎是钢筋工程现场施工的重要步骤，该工序目的在于固定钢筋位置，确保钢筋间距符合设计要求。中建八局工程研究院主导研发的自行式智能钢筋绑扎机器人（RBBD-Bot2.0）成功在中海成都天府新区超高层项目开展多场景测试应用，不仅可以在筏板钢筋上行走，而且可以胜任常规和夜间绑扎任务。

（4）钢结构机器人

钢结构机器人是一种用于钢结构生产的机器人。它们可以用于焊接、切割、喷涂等多个环节，以提高生产效率和质量。

1）大型桁架、钢结构组件现场自动组装定位机器人。钢结构、桁架结构在大厅、飞机库、工厂、大型会议中心、体育中心、火车站、机场等建筑中广泛使用。这种结构的特点是标准化，使自动化成为可行的选择。因为这些钢结构需要复杂的连接系统和连接操作，需要组装机器高水平的灵巧性和准确性。此外，钢结构部件大而重的特征使得施工中难以准确、安全地处理和连接各个部件。机器人技术的最新进展为钢结构组装领域的进步作出了贡献，而 3D 打印等新技术也为钢结构节点和连接系统提供了新的设计与施工方法。

2）焊接机器人。如果在柱和梁的设计中尽可能减少焊接线的种类，则焊接可以成为适用于预制自动化生产的重要内容。此外，传统的基于劳动力的焊接，对工人的年龄、体力要求较高，更重要的是会对健康产生不利的影响。焊接需要采取预防措施，以避免灼伤、视力损伤、吸入有毒气体和烟雾、以及暴露于强烈的紫外线辐射中等危险。焊接机器人具有智能化程度高、焊接质量稳定、一次探伤合格率高等特点。生产效率提高了 1 倍以上，大大降低了工人劳动强度，同时改善了劳动条件，与人工焊接相比有很大的优势。自动焊接能够更好地控制和保证焊接部件之间的连接质量。梁上两个或多个不同但协调的位置同时自动焊接甚至能够确保钢结构部件不会变形，从而保证高精度。该类别的建筑机器人系统可以临时通过环或模板等小型系统将其连接到梁或柱上，可以被安装到待焊接的柱或梁接头的移动平台上，以及较大规模的吊顶系统上。如中建钢构完成了智能焊接机器人及产线应用项目，以智能焊接机器人为核心技术的国内建筑钢结构行业首条智能焊接生产线，创新开发了焊接模型系统软件（Smart Model），可快速自动识别并计算所有焊缝信息，建立焊缝模型，并与焊接机器人实现数字互联。

（5）混凝土机器人

1）用于混凝土结构定制生产的“造楼机”（攀登平台）系统。对于高层建筑物建立具有自动攀登功能的高端系统模板（自动攀登模板），这些系统的先进功能（如额外的传感器和激活器，或高级数字控制和通信功能）可以几乎完全自主地进行自我调节和爬升，但正在发展中。自动爬升系统用于以独立于起重机的方式来生产大型钢筋混凝土结构，如高层建筑、码头、塔架和塔架核心。以多卡（Doka）的 SKE Plus 自动攀爬系统为例。液压提升过程需要经历两个重要步骤：第一步，锚定在结构上的爬坡轮廓通过液压缸升高到下一部分；第二步，爬升脚手架沿同一个气缸沿攀爬轮廓被向上推。这种爬升模板功能很多样，允许沿坡度、半径和弯曲路径爬升。自动攀登系统提供多个工作平台，可用于在多个层面上同时进行工作。中建三局自主研发的"住宅造楼机"是一种新型轻量化、模块化、智能化的住宅施工装备，可以实现高效、安全、环保的住宅施工。它是一款新型轻量化造楼机，以200～300m量级超高层公建"轻量化空中造楼机"为基础，融合了外防护架、伸缩雨棚、液压布料机、模板吊挂、管线喷淋、精益建造等功能，是具有结构轻巧、适用性广、承载力大、多级防坠等特点的全新装备。目前该装备已成功应用于天津117大厦（597m）、北京中国尊（528m）、武汉绿地中心（475m）、成都绿地中心（468m）等多个超高层工程，不断刷新中国城市天际线。

2）混凝土轮廓工艺3D打印机器人。混凝土轮廓工艺3D打印机器人也是目前建筑机器人重点研发的对象之一。混凝土打印机器人的制造方式包括多种类型，其中层积制造技术是较为主流的制造方式之一。美国南加州大学的巴柔克·考斯奈维斯（Bhrokh Khoshnevis）教授开发了通过机器人进行混凝土或混凝土添加剂层积打印（也称为轮廓加工或层叠制造）的几种方法。层积打印技术可根据设计需求灵活改变混凝土打印路径。该系统的核心元件是末端执行器，由喷嘴、材料供给系统以及一个或多个T刀系统组成。系统还开发了各种类型的末端效应器。根据要建造的建筑物的类型，龙门式系统可以以各种配置部署在施工现场，并为末端执行器配备附加的操纵器或用于加固定位的执行器。清华大学深圳国际研究生院未来人居研究院徐卫国教授联合清华大学建筑学院进行了3D打印城市公园建设尝试，建设过程中使用了四套机器人打印设备，突出机器人3D打印混凝土技术在建造特殊曲面造型时的优势，从设计到建成用了近三个月的时间。

3）混凝土配送机器人。混凝土配送机器人用于在大面积或模板系统上分配具有均匀质量的混合混凝土。使用高性能机器人与使用高性能混凝土供应泵是互补的。该类别的系统范围包括从水平和垂直物流供应系统到紧凑型移动混凝土分配和浇筑系统，可在各个楼层较大的范围上运行。机器人通过简单的预定动作，以准确的方式重复运动，混凝土分配和浇筑系统能够均匀分布混凝土。目前该混合系统还未达到完全的自动化，仍需要专业技术人员监督指导。博智林公司的产品智能随动式布料机主要用于混凝土浇筑（布料），可在1名布料员的操控下，完成全部混凝土布料工作，节约人力成本，降低劳动强度。2021年，中铁建工集团与博智林公司合作，在特大型旅客车站——广州白云站引入了智能随动式布料机，对传统沉重、移动困难的作业方式进行改进。

4）混凝土精加工机器人。在施工现场进行混凝土处理时，经常要求在作业过程中对混凝土进行调平和压实。混凝土平整施工是将倾倒或粗糙分布的混凝土整平到具有更加密实和平整的混凝土层的过程。调平操作的自动化处理类似于混凝土精加工操作，混凝土平整机器人的使用加快了效率，提高了劳动生产率，并保持了整个表面的整体完成质量。混凝土压实工具从混凝土中除去空气，压实混凝土混合物内的颗粒，强化了混凝土及其增强材料的密度，加强了混凝土与钢筋之间的粘结。比如博智林公司的混凝土施工机器人产品线由智能随动式布料机及地面整平、地面抹平和地库抹光机器人组合而成，通过联动施工，不仅能节省混凝土施工班组人力，降低工人劳动强度，还能实现稳定、高质的施工效果。第1台混凝土平整机器人在1986年被投入商业使用，以协助整理大型建筑物、高层建筑、发电厂和其他大型商业建筑物的混凝土地板。这些单任务机器人能够以预定义的模式操作，并且适用于单楼层机器人的移动系统。大多数系统可以配备不同类型的旋转末端执行器，例如旋转刨刀刀片或推动盘。操作模式包括直接遥控及自动导航，并可以沿着预编程路线避障。在许多情况下，陀螺仪和激光扫描仪将在预编程的行进路线内进行辅助导航和运动规划。

（6）搬运及装配机器人

1）现场物流机器人。常规施工现场的物流工作，特别是那些需要处理许多材料、废弃物的物流运输工作，数量众多，耗时耗力。现场物流涉及物料的识别、运输、存储和转移（从一个系统或机器到另一个系统）。在物流业务沿建筑工地的主要物流路线通过，明确规定了路径、物流系统与多种材料相互作用的情况下，可以通过使用托盘和集装箱进行标准化，物流机器人随之产生。特别是在日本建筑行业，现场物流流程的自动化正成为常规施工现场的标准化工作内容。该类别包括用于自动化材料的垂直传送系统，允许在地面或单个楼层上进行水平传送材料的系统，有助于托盘或材料传送（例如从电梯到移动平台）的系统，以及自动化材料系统储存解决方案。水平材料传送系统包括装载叉车式可移动机器人平台、基于地面的轨道或安装在天花板上的系统，或更小的微型物理解决方案。在所有这些情况下，通过沿着具有与其他系统的标准化交互的预定义路线操作机器人，显著降低了控制和导航的复杂性。单个系统的有效载荷范围从微型物流解决方案的大约100kg到水平系统的几百千克再到垂直升降系统的数千千克。物流机器人的操作速度位于40～100m/min。比如国内某公司的自主移动机器人U1000是针对场内复杂环境，使用货架或者托盘来存储大尺寸或大载重物料，整体搬运货架或工作台，该产品自重230kg，可承载1200kg，通过智能调度与排程算法优化提升物流柔性和路径规划准确率，灵活高效。

2）砖构机器人。尽管预制砖墙以及其他重要的建筑材料（如混凝土、钢铁和木材）的预制加工和使用都取得了重大进展，砖结构的现场生产仍然是非常重要的施工环节。特别是在住宅建筑和规模较小的公共建筑建造的情况下，砖砌建筑由于对生活舒适度和气候条件等的积极影响而被高度评价，因此增加了此类建筑物的价值。除此之外，现场砌砖工艺的使用和研发的悠久历史使得砖成为今天仍在运用的建筑材料。现在的砖砌块有许多不同的形式，甚至不乏各类高科技砌块，例如集成和高度绝缘等特征。砖砌块性能的发展以及对砖砌建筑的需求导致了使用机器人在场建造砖砌结构方法的复兴。最近在该领域的研究和开发又一次得到加强，市面上已经有多种不同种类的砌砖机器人，各大高校也纷纷将砌砖机器人作为数字化建造技术应用的一个重点研究方向。比如，国内某公司研发的我国首台自动化砌墙机器人，能自动上砖、抹灰，再精准放置在空缺砖位，砌墙效率相当于8名泥瓦工。

4. 运营维护建筑机器人

（1）服务、维护和检测机器人

高层建筑的立面通常铺满瓷砖、玻璃幕墙或其他表皮材料，必须在整个建筑的生命周期内进行定期检测、维修和维护。特别是检测结构是否损坏并替换有掉落风险的瓦或立面幕墙材料是十分必要的。此外，随着玻璃表面的长久使用损耗和热摄入量的增加，外墙应该提供可清洁和维护的重要功能构造。通常，工人通过从屋顶悬挂的吊笼或吊车对立面进行检测、清洁和维护，这种工作通常被认为是单调、低效和危险的。服务、维护和检测机器人能够自主执行这些单调和危险的任务。在许多情况下，特别是在检测的情况下，这些机器人系统也被证明更可靠，并能提供大量的详细数据。Erylon 立面维护机器人，为了维护 40m 高的建筑立面（约 3000m^2 的面积），平均需要 8h 工作时间，包括大约 1h 的准备、配置、转换、拆卸和清洁机器人。研究表明，立面检测机器人的主要弱点是在非结构化施工环境中需要大量的人力和时间去安装、编程、校准、监督和卸载。这个类别的机器人涵盖范围广泛，包括立面清洁和检查机器人（电缆悬挂、立面攀爬、导轨等）、救援和消防机器人、家具陈设机器人和建筑物通风系统检查机器人等多种门类。

（2）翻新和回收机器人

建筑装修和回收通常是劳动密集型工作。1997 年，德国建筑业产生了一个有趣的转折点：与改造相关的建设量超过新建筑建设量。今天，这种差距在扩大，而且这个趋势将会持续下去。在日本，建筑物的生命周期通常较短，但这种趋势也出现甚至扩大。在全球范围内，可以观察到对越来越多节能建筑的需求成为翻新和拆卸机器人研发的新驱动力。改造、拆卸和回收作业的自动化处理能够大大提高劳动生产率，另一方面，与其他不同的建筑机器人相比，它需要相对较高的系统灵活性。该类机器人包括：拆除和拆卸建筑物结构件和内部单元构件的机器人系统、现场拆除和回收材料的机器人、用于如地板、墙壁和立面表面准备工作和混凝土表面清除工作的机器人；最后也是最重要的是使用机器人自动化系统辅助完成较为危险的石棉清除作业。对于建筑垃圾处理现场工况脏乱、粉尘污染、气味难闻、材料复杂的问题，群峰重工研发生产的 PEAKS-AI 自动分选机器人，通过实例分割、轮廓识别、颜色识别、图形学算法确定位置，由 2D 视觉特征、图像识别技术、3D 几何形状特征识别材质，通过抓取位置搜索、干涉判断来综合调整抓取角度，实现对建筑垃圾的一系列分拣工作。

5. 破拆机器人

在新的建筑施工前要进行场地的处理工作，场地上原有建筑的拆除工作是场地整理的重要环节。旧建筑的破拆工作任务繁重，且具有一定的风险。自动化拆除机器人是一种可以自动拆除建筑物并将其分解成小块，以便运输和回收的机器人。自动化拆除机器人可进行半自动或全自动破拆操作，其特点是可适应较恶劣环境，自动化水平高，具有一定自主识别与避障能力，常常可以运用多台机器人同时进行作业。比如瑞典设计学院的 Omer Haciomeroglu 团队设计的水泥回收机器人 ERO，它通过高压水枪喷射混凝土的表面，使其内部产生许多细微的裂缝，随后瓦解，这款机器人可以拆除建筑物并将其分解成小块，以便运输和回收。

11.3 建筑机器人的工作原理

11.3.1 建筑机器人的系统结构

建筑机器人主要由三大部分、六个子系统组成。三大部分是：传感器（传感器部分）、处理器（控制部件）和执行部件（机械主体）。六个子系统是：驱动系统、机械结构系统、感知系统、机器人环境交互系统、人机交互系统以及控制系统。每个系统各司其职，共同完成机器人的运作。

驱动系统：要使机器人运行起来，就需给各个关节，即每个运动自由度安置传动装置，这就是驱动系统。驱动系统可以是液压传动、气动传动、电动传动，或者把它们结合起来应用的综合系统，也可以直接驱动或者通过同步带、链条、轮系、谐波齿轮等机械传动机构进行间接驱动。

机械机构系统：建筑机器人的机械机构系统是工业机器人用于完成各种运动的机械部件，是系统的执行机构。系统由骨骼（杆件）和连接它们的关节（运动副）构成，具有多个自由度，主要包括手部、腕部、臂部、足部（基座）等部件。下面以六轴机器人为例介绍建筑机器人机械机构系统的组成。手部：又称为末端执行器或夹持器，是工业机器人对目标直接进行操作的部分，在手部可安装专用的工具头，如焊枪、喷枪、电钻、电动螺钉（母）拧紧器、砖块夹取器等。末端可安装工具头的部位被称为法兰，是机器人运动链的开放末端。腕部：腕部是连接手部和臂部的部分，主要功能是调整机器人手部即末端执行器的姿态和方位。臂部：用以连接机器人机身和腕部，是支撑腕部和手部的部件，由动力关节和连杆组成。用以承受工件或工具的负荷，改变工件或工具的空间位置，并将它们送至预定位置。足部：是机器人的支撑部分，也是机器人运动链的起点，有固定式和移动式两种。

感知系统：感知系统由内部传感器模块和外部传感器模块组成，用以获取内部和外部环境状态中有意义的信息。智能传感器的使用提高了机器人的机动性、适应性和智能化的水准。对于一些特殊的信息，传感器比人类的感受系统更有效。

机器人环境交互系统：机器人环境交互系统是实现工业机器人与外部环境中的设备相互联系和协调的系统。机器人环境交互系统可以是工业机器人与外部设备集成为一个功能单元，如加工制造单元、焊接单元、装配单元等，也可以是多台机器人、多台机床或设备、多个零件存储装置等集成为一个去执行复杂任务的功能单元。

人机交互系统：人机交互系统是使操作人员参与机器人系统控制并与机器人进行联系的装置。该系统归纳起来分为两大类：指令给定装置和信息显示装置部分。

控制系统：机器人的控制系统通常是机器人的中枢结构。控制的目的是使被控对象产生控制者所期望的行为方式，控制的基本条件是了解被控对象的特性，而控制的实质是对驱动器输出力矩的控制。现代机器人控制系统多采用分布式结构，即上一级主控计算机负责整个系统管理以及坐标变换和轨迹插补运算等；下一级由许多微处理器组成，每一个微处理器控制一个关节运动，它们并行完成控制任务。控制系统可根据控制条件的不同分为以下几种：

（1）按照有无反馈分为：开环控制、闭环控制。

（2）按照期望控制量分为：位置控制、力控制、混合控制；位置控制分为单关节位置控制（位置反馈、位置速度反馈、位置速度加速度反馈）、多关节位置控制，其中多关节位置控制分为分解运动控制、集中控制。力控制分为直接力控制、阻抗控制、力位混合控制。

（3）智能化的控制方式：模糊控制、自适应控制、最优控制、神经网络控制、模糊神经网络控制、专家控制以及其他控制方式。

11.3.2 建筑机器人建造的原理

从建筑形态到几何参数。在建筑行业中建筑机器人主要用于数字化建造。建筑空间从参数几何形式到数字化建造的转化需要依赖于特殊的图解媒介。数字化建造加工技术中的铣削、弯折、3D打印等，都需要将几何信息通过图解机制转译为可被建造的机器加工路径。整个转译过程会包含时间进度和建造顺序等多个参数，这些参数可以被机器直接用于定义材料的空间定位以及生产过程，实现全新的从几何到建造的一体化建造模式。从参数几何向机器建造的转换一般会针对不同的设计原型和建造工具开发出不同的转译工具包，这一过程可以被描述为以下步骤：几何逻辑确立→建造工具选取→几何参数抽离→几何参数转译。针对不同类型的几何形体，坐标、曲率、法向量等几何参数会依据材料特性和工具特性被转译为相应的加工参数，如位置、姿势、速度等。一般采用离线编程的方式进行工业机器人的运动及顺序的设定或程式编写，实现建筑几何信息到机器人工具端运动路径的参数转换。

从几何参数到机器建造。一般情况下，机器人的轴数决定了其空间作业的工作范围和复杂程度，即机器人的自由度。自由度是机器人的一个重要技术指标，它是由机器人的结构决定的，并直接影响到机器人的机动性。在笛卡尔坐标空间中，运动维度增量或者围绕某一节点的自由旋转能力都可以被定义为工具的一个轴，一般情况下机器人的自由度等于轴数。

2轴工具意味着工具头的运动只在二维平面内进行移动，而在垂直平面的方向上受到限制，如激光切割机、水刀切割机等。以此类推，2.5轴工具的工具头可以被定义为在不同高度的二维平面内自由移动；3轴工具的工具头可以在三维空间中进行自由移动，如3轴数控机床。基于它们的加工轴数限制，2轴工具仅能对平面轮廓进行雕刻，2.5轴工具可以加工出层叠状的形式结果，而3轴工具则可以产生较为圆润的曲面效果。虽然3轴工具可以实现工具端在空间中的自由移动，但仍不能完全满足所有的数字加工工作。当面对内凹负形空间雕刻等复杂作业时，工具头则需要更多的轴数来支持工作方向角度的调整。进而，4轴、5轴、6轴，甚至更多轴数的工具应运而生。其中6轴及以上的机器人主要为目前广泛应用于汽车制造业和建筑业等需要多样化作业的数控机器人。

以6轴工业机器人为例，机器人机械本体采用6个自由度串联关节式结构，如图11-2所示。机器人的六个关节均为转动关节，第二、三、五关节作（轴）俯仰运动，第一、四、六关节作（轴）回转运动。机器人后三个关节轴线相交于一点，为腕关节的原点，前适配接口可以安装不同的工具头，前三个关节确定腕关节原点的位置，后三个关节确定末端执行器的姿态。第六关节预留以适应不同的作业任务要求。六轴及以上的机器人可以以任意角度（A，B，C）和姿态到达空间的任何位置（X，Y，Z）。

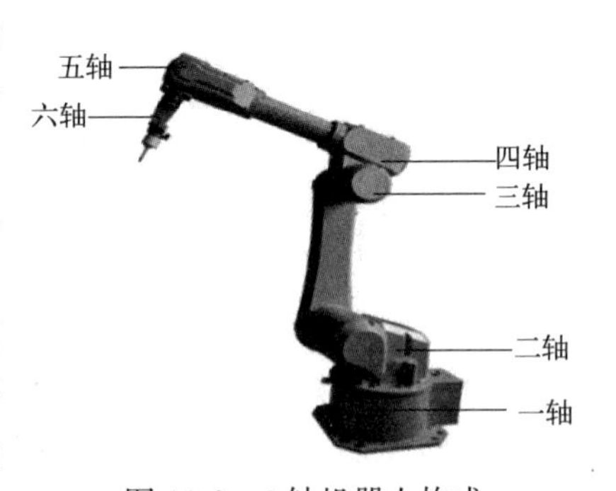

图11-2　6轴机器人构成

虽然6轴机器人已经被认为有能力实现全方位无死角的空间作业，但对于传统的6轴机器人来说，其每个关节的力是一定的，它的分配可能并不合理。而对于现在刚刚兴起的7轴机器人来说，可以通过控制算法调整各个关节的力矩，让薄弱的环节承受的力矩尽量小，使整个机器人的力矩分配比较均匀，更加合理。相比6轴机器人，7轴机器人额外的轴允许机器人躲避某些特定的目标，便于末端执行器到达特定的位置，可以更加灵活地适应某些特殊工作环境。随着工业精度不断增加，7轴工业机器人拥有广阔的用武之地，在不远的将来，它将可以取代人工进行精密的工业作业。

对于机器人建造的实施来说，与数控设备发展同等重要的便是机械工具端的开发。目前，在机器建造平台上的工具端虽然多种多样，但本质上建筑机器人的工作流程都可以分为三个步骤：接收信号、处理信号和反馈信号。按照特定部件的种类，这三个步骤分别对应于建筑机器人的三大部分，即传感器（传感器部分）、处理器（控制部件）和执行部件（机械主体）。

对于机器人工具端而言，感应器分两类：一类是感应机器人发出的信号，一类是感应环境中的信号。感应机器人发出的信号主要是指当工具端本身需要与机器人的动作产生配合时，工具端需要接收从机器人发出的指令并产生相应的动作。例如，在使用机器人进行砌砖工作时，工具端是一个用于将砖块夹住并放置在特定位置的夹具。在砌砖过程中，当机器人运动到取砖的地点时会发出信号让夹具夹取砖块，这时工具端需要通过感应器接收到机器人所发出的信号。感应环境中的信号则是指工具端需要感知环境变化并对其做出反应，其中常见的环境感应包括温度感应、外力感应和视觉识别等。

工具端的处理器主要是处理感应器所有接收到的信号，然后依据预设程序针对不同的信号发出不同的指令，进而控制效应器的运行。机器人工具端的处理器依据其功能的不同可简单可复杂。简单的处理器可以是几个继电器组成的开关装置，而复杂的处理器一般为类似微型电脑的单片机。

效应器是指依据接收的信号来产生工具端具体动作（如夹取、切制、锤击和加热等）的装置。效应器的种类十分多样，这种丰富度使得机器人可以取代平面工艺、增减材建造，甚至三维成型技术中的数控设备，成为全能的建造工具。机器人末端配备铣刀电钻，便可以进行相应的铣削雕刻作业，而如果搭载锯刀、电锯，就可以进行石材、木材的切削塑形等。因此，机器人端头工具技术的开发也是各种数字建造实验的核心技术之一。如果将机器人建造平台比喻成多功能瑞士军刀的话，那么设计师只需要选择特定功能的工具端便可以处理特定需求的数字建造加工工艺。以砖、木及金属为例，机器人砌砖工具端需要适应不同砌体的尺寸，并具备准确的空间定位技术；木材加工工具端则需要组合不同的铣刀、圆锯及带锯等装置来完成复杂曲面和节点的准确加工工艺；在金属加工中，设计师则需要根据不同金属的形变能力，开发具有不同抓力和弯折力矩的工具，在不破坏金属内部结构的情况下完成构件加工。

11.4 建筑机器人砖构工艺

砖作为人类最古老的建筑材料之，它的建构文化属性在当代建筑实践中依然受到很多建筑师的青睐。传统砖砌筑中一丁一顺、多顺丁、梅花丁、十字式等横平竖直的砌筑逻辑，在设计工具与建造机器的帮助下，扩展出微差、错缝、旋转等新的建构形式；同时随着结构有限元技术的发展，精准结构性能模拟技术的提升，对砖缝砂浆以及配筋的设计可以让砌筑逻辑更加精准地得以实现。数字设计方法和工具对传统的“丁顺”砌法加以调整，结合非线性逻辑重构，从而能够建立超越平行与垂直的逻辑系统。

传统的砌筑设计与砌筑流程是一个费时费力的过程。因为结构和功能因素的限制，砌筑的设计过程要求建筑师必须逐层对每块砖的位置进行绘制。砖单元的长、宽、高、砖缝大小等参数的变化将直接影响最终生成的建筑形态。因此，对具有复杂集合形态的砖构建筑进行施工图绘制与更改是非常困难且耗时的。然而，传统的砖构施工需要一群能够熟练掌握测量、切割、放线、造型、砌筑工艺的工匠来根据图纸进行施工。同时因为测量、放线的工作非常耗时，并且从图纸到实际建造的信息传递存在障碍，传统的砌筑过程是十分低效的。例如1960年由艾拉迪欧·迪斯特（Eladio Dieste）设计的埃拉迪欧工人基督教堂是曲墙系统的知名代表，在建造时使用了复杂的脚手架框架体系，结合底面定位线与屋顶定位线通过分段连线的方式来定义曲墙的几何形态，耗费了大量的人力、物力与时间成本才最终建造完成。

通过使用数字设计与机器人建造技术，可以极大地改善传统的砖石砌筑过程。对于砌体的设计过程而言，参数化的模型将替代二维图纸。每一个砖单元的参数都可以被独立控制，并在之后的施工过程中作为精准的几何数据转化为相应的建造路径。同时，对于面体的建造过程，机器人作为可以进行高速连续工作的设备，非常适合执行砌筑所需的重复动作，如取砖、抹灰等。通过编程，建筑师将参数化模型中的几何信息转译为工业机器人可以识别的代码，从而精确地完成所需的复杂砖构形态。机器人对于复杂形态的精确建造能力推动了热工、风、噪声等性能化参数在设计初期的应用，从而进一步拓展了砌体结构设计的可能性。

11.4.1 砖构机器人结构及分类

1. 标准砌块建造工艺

20世纪60年代开始，自动设备的控制语言逐渐完善，推动了关于建造自动化与机器人建造研究与应用的发展。20世纪70年代，日本工业机器人协会（Japan Industrial Robot Association，JIRA）对建造机器人的可行性进行了研究，此后关于自动化砌筑设备的研究层出不穷；20世纪80年代，由德国工程师设计了一种移动的砖砌筑设备。1994年，丹尼斯·阿兰·张伯伦（Denis Alan Chamberlain）、阿布拉罕·华沙斯基（Abraham Warszwski）等各自独立建造了不同构型的砌筑机器人。这些研究以抬举大荷载砌块与提高砌筑效率为主要目标，很少关注建筑形式的发展。计算机嵌入的机器人建造系统（ROCCO）和在场机器人砌体放置系统（BRONCO）两个项目达到了这一类型研究的最高水准。近年来，美国建造机器人公司和澳大利亚快砖机器人公司两家公司将此类砌筑工具商业化，分别基于机械臂激光定位与大型悬臂激光定位系统开发了标准砖、砂加气混凝土砌块的砌体结构在场建造设备。

在经历了十年的CAD和CAM技术发展之后，工业机器人开始和建筑数字化建造相结合推动复杂砌体结构的设计与建造方法研究，发展出了新的机器人砖构装备。ETH的格马奇奥与科勒教授从2005年开始使用工业机器人来砌筑复杂砖构形态和立面纹理。甘滕拜因（Gantenbein）酒厂的砖构立面便是机器人预制建造的结果。项目共使用了超过20000块标准砖来建造。这2000块砖被拆分为高1.48m、宽3.3～4.8m的72个预制单元，砖块被混凝土边框所包裹，预制完成后运输到施工现场完成立面组装。

近年来，这些预制建造工艺的日渐成熟，使人们开始研究与讨论砖构机械臂在场建造技术的可能性。对于复杂砖构的在场建造，仍处于科研阶段：ETH于2008年开发了基于集装箱运输的在场预制设备R-O-B，并于2012年完成了小型移动底盘的机器人在场建造设备，实现了对木砖复杂形态的自动化现场建造。

中共一大纪念馆项目使用了砌墙机器人进行外总体施工，这是国内首次在重大工程项目中开展自动砌墙技术应用及砌墙机器人现场砌筑，达到国内领先水平。砌墙机器人主要由带砖块吸附机构的6轴机械臂、多舵轮运输底盘、自动上砖与砂浆泵送机组成，采用基于SLAM与ROS导航的自动定位技术以及基于Rhino的虚拟砌筑技术，保证清水砖的精确定位与砂浆的饱和度。砌筑部位为太平湖湖边的部分弧形休憩矮墙，用砖77块，砌筑长度约3.5m，耗时约25min，探索人机交互、提质增效的建筑机器人实践应用。

2. 非标准砌块建造工艺

作为一种古老的建筑材料，砌体结构的建造方式在历史发展的长河中已经经历了数次革新，砖块制造工艺也从手工发展为如今的机器模具生产。然而，砌块的生产逻辑在过去并未发生显著的变化，砌块的形态也没有较大改变。除去檐口、转角及其他装饰性构件，砖砌体基本保留了平行六面体的形式。砖砌体的生产工艺因此长期依赖于使用模具或挤出工艺来大批量生产标准砌块。关于机器人砌体建造的研究也因此长期关注于标准砌块的砌筑。

非标准砌块砌筑系统，通过与数字建造工艺的融合，打破传统砌块形态与砌筑工艺，实现了美学与热工等性能的突破。传统砖墙一般采用抹灰等材料作为外饰面，非标准砖块的出现形成了一种更现代的设计语言，外立面装饰与结构分离得以统一，同时砖块的非标准化设计使砌块形态可以对应于建筑本体对周边环境性能的响应，使建筑具有更好的热工性能，为可持续设计作出贡献。GSD（Graduate School of Design，即哈佛大学设计研究生院）与肯特州立大学（Kent State University）的两项研究实践，代表了非标准砌块的两种生产逻辑：通过对现有的砌块生产工艺进行改造；创新砌块生产工艺。

11.4.2 砖构机器人工作流程

1. 机器人线切割标准砌块工艺

用标准砌块拟合异形曲面的数字建造方式主要是将复杂曲面细分为平面，然后使用标准砌块进行镶面。2013年，GSD的马丁·贝克霍尔德（Martin Bechthold）和斯蒂法诺·安德烈（Stefano Andreani）对陶土砖自遮阳外墙的大规模定制方法进行了研究。该方法实现了新颖的装饰效果，同时这种自遮阳外墙具有绿色可持续的成本效益。

一台机器人线切割工具被整合在传统的砌体生产流水线上，无需颠覆性地改动现有流水线，而仅仅增加一个环节，便可连续批量化地生产出形态各异的直纹曲面非标准砌块。机器人线切割工艺是陶土的减材制造方式，通过机器人工具端锋利的切割丝的运动对陶土块进行切割造型。该工艺通常用于直纹曲面形态的构件制造，可切割构件尺寸受到切割丝尺度的限制。

陶土长砖坯在传动带上传输运动过程中，机器人搭载线切割工具端进行砖坯线切割，将标准砌块长坯加工成为可以互相拼合的两个直纹曲面砌块。对砌体工业生产流程进行观察可以发现，在干燥与烧制的过程中，有一定比例的砌块会开裂或损坏。如果每块砌筑的砖块都各不相同，将会造成大量编号与管理工作。因此可以运用在板片数字优化领域设计所需的所有砖块形态，进行聚类优化再进行批量生产，并使用砖生产工艺中常用的印字滚筒进行压制编号。只需要知道每一类的砖块在最终建造呈现的曲面上的位置，参照砌块上的编号，即可使用传统的砌筑逻辑进行现场砌筑。

这种工艺可以被用来塑造具有不同曲率的陶土砖曲面结构。研究者将线切割工具与机械手臂相关联，在电脑中模拟并导出每个单体的切割路径。研究者需要对机器人切割路径进行准确的逻辑分析：如何成组切割提高效率；如何将切割方式与材料特性相匹配。其中包括切制速度的测试：如何优化切制路径，确保热线在移动过程中保持顺畅。该工艺的设计灵感来自传统的陶土砖加工工艺，随着陶泥段的不断挤出，机器人陶土线切制工具端不断对陶泥砌块进行切制成形，经过陶土的风干、烧制成形后再对砌块单元进行搭建。该工艺流程的研发可将定制陶瓷单元的制造工艺推广至系统化的大规模定制产业链。

在项目实践中，数字设计方法和机器人建造技术被整合到传统的砌体生产和建造方法中，通过在砖块生产过程中加入可编程的机器人干预，使重新设计的砖单元成为可能。陶砖自遮阳墙面原型设计及建造成果证实了该工艺在生产中的可行性以及自遮阳砖外墙的热效应优势。

2. 机器人三维打印非标准砌块工艺

机器人三维打印非标准砌块工艺是一种先进的制造工艺，它通过计算机操作，利用3D 打印技术将原材料按 1∶1 的比例打印成各种砌块。这种工艺首先需要在计算机上建立砌块模型，然后使用 3D 打印机将模型转化为实物。在打印过程中，3D 打印机将按照砌块模型的要求，逐层打印出具有特定形状和结构的砌块。这种工艺不仅可以提高砌块制造的精度和效率，同时还能大幅降低生产成本，减少废料和环境污染。不同于 GSD 的改进标准砌块生产线的策略，Building Byte 项目期望通过三维打印技术来摆脱砌块生产模具，从而能够批量生产形态各异的砌块，建造复杂的建筑形式。

实现无模具制造非标准砌块的首要工作是建立陶土三维打印设备：利用 X-Y-Z 三轴轨道平台，配备气压驱动的陶土挤出工具，可以得到符合打印要求的机器原型。在机器以外，找到适合的黏土制砖材料并使其能够满足三维打印的流动性与承载力要求，是完成这一数字化制造途径的重要内容，该过程需要通过大量的材料试验来优化材料黏性、干燥时间和收缩程度。最终的打印材料改良于一种用于粉浆浇铸的陶土，并被储藏在一个可重复使用的塑料圆柱缸中。陶土打印材料在加压空气的作用下从塑料缸前端的喷头中挤出，挤出速度受气压控制。每一个面体的打印过程都是一个材料的连续堆叠过程（FDM），所以要求打印的路径始终保持连续，这一特性保证了砌体的结构稳定性与制造过程的时间经济性。每一个砖块平均需要 15～20min 来打印，并需要 24h 的时间来干燥，最终在砖窑中以 1100℃的高温烧制 12h。

与传统标准砌块的数字化设计一样，非标砌块的设计过程使用了 Grasshopper 作为参数化设计软件。通过将整体曲面的几何信息输入程序之中，可以细分得到一系列可以被三维打印机制造的非标准模块。模块的设计可以通过许多参数来控制，例如外壁厚度、内壁厚度、内部结构形式及相互之间的连接形式等。最终，单元砌块的几何参数信息通过程序转换为三维打印所需的机器代码，传输给陶土打印机完成打印。

11.5 建筑机器人混凝土建造工艺

虽然混凝土的发展只有不到200年的历史，但是由于混凝土材料的经济性和其优良的结构性能，混凝土已经成为当今社会上用量最大、范围最广的建筑工程材料，为人类社会的发展和前进作出了重要的贡献。在建筑机器人智能建造技术蓬勃发展的趋势下，其必定会对传统的混凝土建造工艺产生冲击。

就目前的研究和实践来看，建筑机器人混凝土建造的工艺主要分为两大类：一类是建筑机器人建造模板、模具成形工艺，即通过建筑机器人建造的模板、模具来浇筑混凝土；另外一类是机器人混凝土打印，机器人的精确定位配合机器人混凝土打印的末端执行器来实现混凝土的三维打印成型。两种模式都为混凝土建造带来了传统建造模式所不具备的造型自由度和自动化工艺流程。在非标准建筑构件的大批量定制时代，建筑机器人混凝土的建造工艺有着巨大的应用前景。

1. 混凝土模板、模具成型工艺

在建筑混凝土的建造中，由于混凝土的施工特性，混凝土模板、模具一直扮演着非常重要的角色。混凝土模板、模具指浇筑混凝土成型的模板、模具以及支承模板的一整套构造体系。混凝土模具成型技术是在浇筑混凝土之前，先把模具置于混凝土构件内，使其在浇筑时成型。模具通常由金属制成，其形状和尺寸根据混凝土结构的内部形状和尺寸而定。为了使混凝土整体成型，在浇筑混凝土之前，必须先把模头放入混凝土结构内。模具的安装需要严格按照设计要求进行，以确保混凝土结构的内部形状和尺寸符合设计要求。模板的工艺直接影响混凝土最后成型的质量。复杂混凝土结构模板制作常以数控铣削为主要方式。计算机数控铣削有着消耗时间巨大、材料浪费、成本高等缺陷。随着机器人被引入建筑建造领域，使混凝土模板的形式和建造方式有了新的可能。在机器人的协助下，模板的制作方式、呈现形态可以通过计算和模拟得到精确的定义。混凝土本身的形式可能也有了新的构造逻辑。

2. 混凝土打印工艺

从19世纪开始，混凝土建筑的施工方法都是将水泥浇筑到设置好的钢木模板中。尽管塔式起重机、水泵、混凝土搅拌器、模板等施工机械和器具已经普及，但建筑施工仍然还得依靠专业工人对这些机械和器具进行手工操作和干预。如今的施工技术相对于计算机设计技术来说已经落后了。全新的计算机辅助设计软件可以让建筑师轻易地对施工进行构思和设计，但当前的建造工艺却在复杂的设计面前显得捉襟见肘。

随着机器人混凝土打印工艺的优化和迭代，混凝土打印技术在相对低的预算条件下可以实现更高的自由度。现阶段，在机器人辅助下的混凝土打印工艺主要有轮廓打印工艺和立体混凝土打印工艺。例如，位于迪拜的BESIX 3D实验室立面由290块混凝土面板构成，通过借助一台KUKA机器人，每块面板大约10min就打印出来了，然后290块面板现场即可安装在建筑物上。

3. 织物混凝土制模工艺

传统的刚性模板对于混凝土浇筑复杂形状具有明显的缺点。通过弹性模板、活动式模板、气垫式模板可以一定程度解决该问题。织物混凝土模板在建筑行业中被广泛使用，尤其是在需要形成复杂形状或结构的施工中。由于其具有较高的柔韧性和可塑性，因此能够适应各种复杂的设计和结构要求。同时，织物混凝土模板还具有良好的透水性和耐久性，可以在保持混凝土质量的同时，提高施工效率。织物混凝土模板是一种由织物和混凝土结合而成的建筑材料。它通常由织物如聚酯纤维、玻璃纤维或芳纶纤维等与混凝土混合而成，形成一种具有柔性和张力的模板。目前织物机器人案例相对较少。例如，Odico Formwork Robotics：该公司利用机器人热丝切割（The Robotic Hotwire Cutting，RH-WC）发泡聚苯乙烯（EPS）混凝土浇筑模板这一项技术，解决了使用机器人进行大规模建造时面临的挑战。

4. 轮廓打印工艺

轮廓工艺是通过从电脑控制的喷嘴中分层挤出混凝土材料的建造技术。喷嘴悬挂在吊臂或者龙门吊车上。龙门吊车可以架在两道平行的轨道上，能在一次运行中建造一栋或多栋建筑。将轮廓工艺机器以及用来运输和就位支承梁的机械臂组合起来，并配上其他的部件，就可以建造建筑了。打印结构的外表面可以采用紧跟喷嘴的泥铲抹平。与传统手工工艺的操作方法类似，这些泥铲就像两个坚实的平面，可以使每层的外表面和上表面平整顺滑、形状精确。侧面的泥铲能够调节角度，从而形成非正交的表面。打印结构一旦形成，内部空腔就可以立刻填充好。

目前，最常用的挤出材料是用快硬水泥制成的混凝土。构筑外表面和填充内核可以使用更多不同的材料。陶土材料经过测试可以作为一种材料选择，使用其他复合材料也是很有可能的。因为，轮廓工艺已经可以在建造的过程中实现自承重的结构形式，那么就不需要模板了。快硬水泥几乎能在浇筑后的瞬间达到自承重的能力，并在化学作用下随着时间的推移达到完全强度。然而，如果仍然需要另外的支撑，能够通过轮廓工艺制作支撑构件。由于不需要模板，轮廓工艺同其他施工方法相比有着显著的优势。首先，免除了搭建模板所需的材料和人工开支，可以节省大量的造价。其次，对环境也大有益处，因为用来搭建模板的材料在使用后大多数是被废弃掉的。最后，可以明显地缩短施工时间，因为不仅无需花费时间来搭建模板，而且采用快硬水泥也能使施工速度大大加快。

专题："机器人+"应用行动实施方案

思考与练习题

1. 在建筑机器人技术的发展中，您认为主要的技术挑战是什么？

2. 从建筑机器人的不同类型（机械结构、负载能力、用途）角度来看，各类型的机器人在建筑工程中可能的应用有哪些差异？

3. 建筑机器人与传统建筑工程的区别是什么？它们如何改变了建筑行业的工作方式和流程？

4. 机器人在砖构工艺和混凝土建造中的具体应用案例是什么？这些应用如何提高建筑质量和效率？

5. 在机器人建造方面，安全性和监测问题如何得到解决？

6. 机器人建造技术对建筑工人和相关行业的就业前景有何影响？

7. 未来，您认为建筑机器人技术将如何演进和改进？

8. 机器人建造的可持续性和环保方面有哪些潜在影响和解决方案？

9. 如何看待建筑机器人技术对建筑行业未来的影响，以及可能的机遇和挑战？

10. 建筑机器人技术如何与数字建造和智能建筑的概念相互关联，从而推动建筑行业的创新和发展？

12 数字建造的数字化运维

本章要点与学习目标

1. 了解数字建造在运维方面的重要性和应用。

2. 理解数字化运维中的网络管理，并掌握相关概念和核心技术。

3. 掌握数字化运维的设施管理内容和方法，以提高建筑设施的效率和可用性。

4. 熟悉数字运营和运营中的空间管理，尤其是 BIM 的运用，使建筑空间得到最大程度的利用。

5. 了解数字化运维在能源管理方面的概念和应用，以实现能源效率和可持续性。

6. 掌握数字运营过程中的安全管理，包括出入口控制、防盗报警、视频监视等。

7. 理解数字化运维在消防管理方面的重要性和构成。

本章导读

本章深入研究数字化运维的网络管理，包括网络管理的核心技术和局域网络管理。关注数字化运维的设施管理，讨论其内容和方法。在此基础上，对数字运营中的空间管理进行了深入的研究，尤其是在 BIM 技术的基础上，探讨了建筑空间的优化使用与管理。介绍了数字化运维在能源管理方面的应用，包括能源管理的概念和数字化运维的方法。对数字运营中的安全管理进行了深入的研究，主要包括：出入口控制、防盗报警、视频监控等。讨论了数字化运维在消防管理方面的重要性和构成。

重难点知识讲解

12.1 数字化运维的网络管理

数字化运维的网络管理是指在通过融合自动化、数据驱动和协同协作技术来提高运维效率和可靠性，降低信息系统故障率、缩短故障恢复时间，从而更好地服务于业务的需求。数字化运维网络管理系统可以通过对网络设备的监控、数据采集、分析和优化，实现对网络的全面管理，提高网络的稳定性和安全性。

网络管理涉及使用，集成和协调硬件、软件和工作人员来监控、测试、配置、分析、评估和管理网络资源，以合理的价格满足某些网络需求，如实时性能、服务质量等。此外，如果网络出现故障，可以及时报告和解决，并协调和维护网络系统的有效运行。

设备支持的控制级别反映了设备的控制和性能。交换机管理功能是指交换机如何控制用户访问交换机，以及用户如何查看交换机。通常，交换机制造商提供控制软件或满足远程控制交换机的第三方控制软件要求。

根据国际标准化组织定义网络管理有五大功能：故障管理、配置管理、性能管理、安全管理、计费管理。对网络管理软件产品功能的不同，又可细分为五类，即网络故障管理软件，网络配置管理软件，网络性能管理软件，网络服务/安全管理软件，网络计费管理软件。网络管理的核心技术有简单网络管理协议（Simple Network Management Protocol，简称 SNMP）管理技术、RMON（Remote Network Monitoring）管理技术、基于 Web 的网络管理。SNMP 是一种标准协议，专门用于管理 IP 网络中的网络节点（服务器、工作站、路由器、交换机和节点）。RMON 远程网络监控，最初旨在解决从中心管理本地网络和远程网络的问题。基于 Web 网络管理系统的根本点就是允许通过 Web 浏览器进行网络管理。

在数据建造和运维中，面对的都是局域网。局域网络中包括的主要管理对象有：服务器、客户机、客户端 PC 机各种网络线路与集线器以及各种网络操作系统，首先需要识别网络对象的硬件情况；其次是判别局域网的拓扑结构，分析其实际布线系统；再次是确定网络的互联；最后是确定用户负载和定位。根据用户需要进行优化。对该网络的清晰了解以及对各种网络信息的资料化管理记录，是保证网络正常运转以及进行各种网络维护的前提与基础。

要使一个局域网顺利运转必须完成很多工作，这些工作包括：配置网络，即选择网络操作系统，选择网络连接协议，并根据选择的网络协议配置客户机的网络软件；然后配置网络服务器及网络的外围设备，做好网络意外预防处理；最后还有网络安全管理、网络用户权限分配以及病毒的预防与处理。

12.2 数字化运维的设施管理

数字建造的产品可能包括智能家居、智能办公楼、智能商场等，这些都需要专业的物业公司来维护和管理。数字建造的产品也需要物业服务来确保其安全性和稳定性，进而提供更高效、更便捷的服务为深入贯彻“创新、协调、绿色、开放、共享”的发展理念，且随着人们生活水平的提高，越来越多物业设施设备需要进行维护。

物业设施设备它是指附属于房屋建筑，为物业的用户提供生活和工作服务的各类设施设备的总称，是构成房屋建筑实体有机的不可分割的重要组成部分，是发挥物业功能和实现物业价值的物业基础和必要条件。它主要包括供水、供电、燃气、电梯、消防、智能控制系统等。

设施管理综合运用管理科学、建筑科学、行为科学、工程技术等学科的理论，将人、空间和过程联系起来，有效地设计和控制人们的工作和生活环境，保持高品质的经营空间，提高投资效率，满足各类企业的需求，机构和政府机构的战略目标和业务计划要求。

1. 设备台账的数字化管理

设备台账是建筑物运行和维护管理中常用的设备参数表。在现代建筑中，管理设施时需要管理各种设备信息。设备安装投入使用后，设备主管部门必须记录设备数量，填写设备登记卡、登记表和设备台账，并记录设备类型、重量、主要活动、设备部件、预期使用寿命和设备更换情况。在设备运行期间，应根据设备的有效维护组织，执行设备的维护计划。在设备维护期间，应根据设计和安装规则、图纸、设备使用说明或使用说明对设备进行测试、操作和维护。

设备台账的数字化管理是指通过信息化平台，将企业的设备台账信息进行数字化处理，实现更高效、精确、智能的管理。比如金蝶 K/3 WISE 提供了数字化管理设备数据的功能，支持 Excel 导入大量设备数据，系统自动分类整理，可通过关联数据，全方位查看该设备的点检巡检、故障维修、保养等记录。

2. 设备巡检

设备检验制度是提高设备维修水平、保证检验工作质量、提高检验工作效率的制度。其目的是要对设备的工作状态及其周边环境进行检测，找出可能危及安全的设备缺陷和危险，并对其进行有效处理，保证设备的安全性和系统的稳定性。这些问题可以通过数字手段很好地解决。根据检验结果管理方法，设备巡检管理系统可以划分为人工巡检管理方式、半自动化设备巡检管理系统和智能化设备巡检管理系统。

3. 设备维修保养和维护

设备维护是指为维护、恢复和修理设备的技术状况而进行的技术活动，使其保持良好的技术状态。基本内容包括：设备维护保养、设备检查和设备修理。在设备出现故障或故障后进行维修以恢复其功能，以及采取技术措施改善设备的技术状态。

基于 BIM 技术，可以提高设备维修管理的流程和效率。安装设施维修计划，利用 Project，定期对设备的易损部件进行维修和更换，对于故障保修的设备，快速定位，提供维修设备相关的技术资料和维修记录，以便于提供到达维修位置的最佳路径。

利用 BIM 技术可以实现运营阶段的“绿色＋智慧”：利用 BIM 模型可以使业主充分了解设备的运行情况，BIM 模型结合数字远程监测技术可以迅速定位故障设备并及时发出警报，且可以模拟设备运行的不同状态，便于及时更换或升级设备，以此提高整个建筑物的性能。

12.3 数字化运维的空间管理

设备主体、数据采集和传输服务是数字化空间管理的三个要素。设备主体是指数据空间的所有者，可以是一个设备或一组设备，也可以是不同地区的一个设备或一组设备；数据采集是指收集与一组设备相关的所有可验证数据，包括收集目标设备和目标设备之间的关系；主体通过传输服务管理数据空间，如数据验证、监控、分类、查询、索引更新等，所有这些都应通过数据空间管理服务完成。

机电设备设施数据空间管理是一种不同于传统数据管理的新的数据管理概念，是建设项目中主要空间设备设施的数据管理技术。数据空间管理应根据不同阶段、不同建设项目和不同业主群体的需要，开发不同的技术，如数据模型、数据集成、咨询和索引。数字空间管理可以使用现有的机电设备和设施数据空间系统，从这些系统中获取最新信息，并为数据自动化提供改进的数据和流程，在机电设备和装置中准确、及时地传播和分析，并进行数据验证。

机电设备和装置的数据空间管理提供以下功能：例如，智能环境监管、系统性能策略优化、动态成本核算、完善的运营管理系统等功能显著降低了数据空间管理成本，加强了仓库的整体开发和维护。机电设备设施数据信息管理中，通过单一平台上成熟的多领域主数据管理（Master Data Management，MDM），从而消除点对点集成，简化结构，降低维护成本，改进数据治理。

有效的空间管理不仅优化了空间和相关资产的实际利用率，而且还对在这些空间中工作的人的生产力产生积极的影响。通过空间规划和分析，BIM 可以合理整合现有空间，有效提高工作场所利用率。BIM 技术应用于空间管理有以下几点优势：提升空间利用率，降低费用；分析报表，发现需求；为空间规划提供支持。

BIM 应用于空间管理的价值主要包括：空间管理的价值与环节、BIM 协同信息、可视化三维管理、BIM 协同移动客户端等方面。

BIM 在空间管理的应用。①空间利用监控。基于 BIM 平台可为管理人员提供详细的数字化空间信息，包括实际空间使用情况、空间可利用情况等。同时，BIM 技术能够通过可视化的功能帮助各部门跟踪监控所需位置，将建筑信息与具体的空间相关信息协同，并进行动态数据信息监控，提高空间利用率。②租赁管理。BIM 技术运用到空间租赁管理分析，将信息可视化，提升租赁管理水平，判断财务状况的发展趋势及影响因素。同时，以价值工程的角度分析成本和空间利用率，最大化地提高运行效率降低成本。此外，BIM 运维平台不仅为租户提供空间信息管理，还为租户提供能源管理和成本管理。这种功能不仅适用于居住型建筑同样适用于商业信息管理，根据商场内租赁类型、状态信息，通过 BIM 模型联动分析展示模块得到与 BIM 模型联动的图形、图表分析视图。从而帮助租户进行商业管理，在价值工程原理的角度比较成本和空间租赁的关系，寻找最优方案。③垂直交通管理。3D 电梯 BIM 模型能够准确反映电梯的空间位置与其相关属性等信息。基于 BIM 运维平台可以直观、清晰、实时地看到电梯的运行及能耗状况以及各区域人流和密集情况，优化高电梯的运行效率，降低能耗，从而降低成本。④车库管理。目前大多数车库管理系统仅计算空车位数量，无法显示空车位的位置。在停车过程中，车主缺乏明确的路线，随机寻找车位，容易造成车道堵塞和资源浪费。应用 BIM 技术和无线射频技术可以自动识别车位的占用情况并及时反馈给车主，用车位卡和入口处屏幕可查询车所在的位置并计算出最优空车位和路线，不仅能大大提高停车场的运行效率，还可以对车主提供贴心的导航功能。⑤办公管理。利用 BIM 运维平台可视化功能，办公部门、人员和空间可实现系统性、信息化的管理。某工作空间内的工作部门、人员、部门所属资产、人员联系方式等都与 BIM 中相关的工位、资产相关联，便于管理和信息的及时获取。同时在 BIM 信息平台上注明各员工的已完成工作和未完成工作，并给予一定的制度，提高员工的积极性和工作效率。

12.4 数字化运维的能源管理

在数字建造领域，能源管理主要涉及对建筑能源消耗的监测、分析和优化。数字化运维的能源管理是指通过数字化技术，对能源系统进行监测、分析、预测和优化，以提高能源利用效率和降低能源消耗。数字化运维的能源管理可以帮助企业、建造产品实现能源的可持续发展，提高企业的经济效益和社会效益。

数字化运维的能源管理主要包括以下步骤：①收集数据：利用传感器、智能仪表和数据采集设备等先进装置在配电网络中实时采集各项指标数据，包括电流、电压、功率等。②数据存储和分析：这些数据通过云端平台进行集中存储和分析，运维人员可以随时远程监控配电系统的运行状态，并通过数据报告和可视化界面了解能源消耗情况。③自动化监控：基于数据分析和算法模型，智能系统可以实时监测配电系统负荷、识别异常状况，并减少以往人工运维管理带来的风险。④预测性维护：智能配电运维技术还具备预测性维护的能力。同时，智能系统还能够为维护人员提供详细的故障排查指引和修复方案，提高维护效率和减少停机时间。⑤数据优化：智能配电运维技术还支持能源数据的分析和优化，从而提高管理效率。

在能耗分析和环境监测方面，BIM 可以结合物联网技术，通过水表、电表、气表等有传感器功能的设备实时采集和分析建筑物的环境数据、设施性能绩效和能耗情况，并将收集到的数据与 BIM 空间模型对应分析，以优化节能减排方案；还能够将 BIM 模型导入能耗分析软件，进行能耗系统的分类分项检测，可以得出如建筑能耗、照明能耗、碳排放量等数据，为进一步降低建筑能耗和设备消耗等提供分析的理论依据，以完成建筑全生命周期中绿色低碳节能的目标。

以某行业能源管理的工业互联网平台为案例，分析其能源消耗数据、能源消耗中断、能源基础数据管理、能源效率管理、能源性能对比分析、能源效率深入分析、能源消耗数据和其他企业云应用服务的可视化，并建立全面的能源效率和消耗披露，如图 12-1 所示。能耗监测与诊断等行业云应用服务可以实现精细化能源管理，提高能源效率，降低企业运营成本，促进建材行业转型和现代化，提升行业核心竞争力。

能源管理工业互联平台采用云计算技术，结合微服务架构，实现可扩展、高可用的基础运行环境，采用 B/S 架构，只需安装浏览器，即可访问平台资源，减轻客户端程序的开发及安装，具备跨平台特性。企业管理人员可通过生产工艺流程图、实时曲线等可视化界面对企业各级生产能耗数据进行实时监测，并随时查看能耗统计分析数据；行业监管用户可按行业、地区、特定时段对企业综合能耗情况进行查看，方便其准确了解行业整体用能情况，并进行能源协同配置。

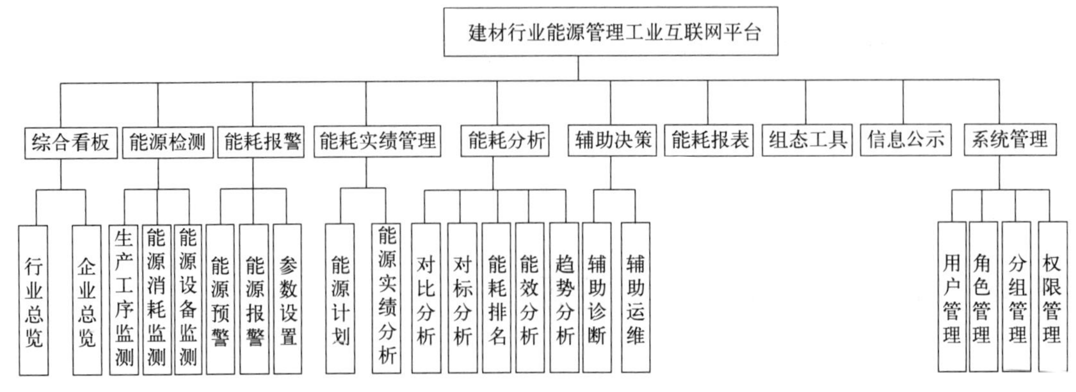

图 12-1　某行业能源管理应用功能结构图

某行业能源管理工业互联网平台由现场设备层、边缘层、平台层和客户端组成，整体架构如图 12-2 所示。

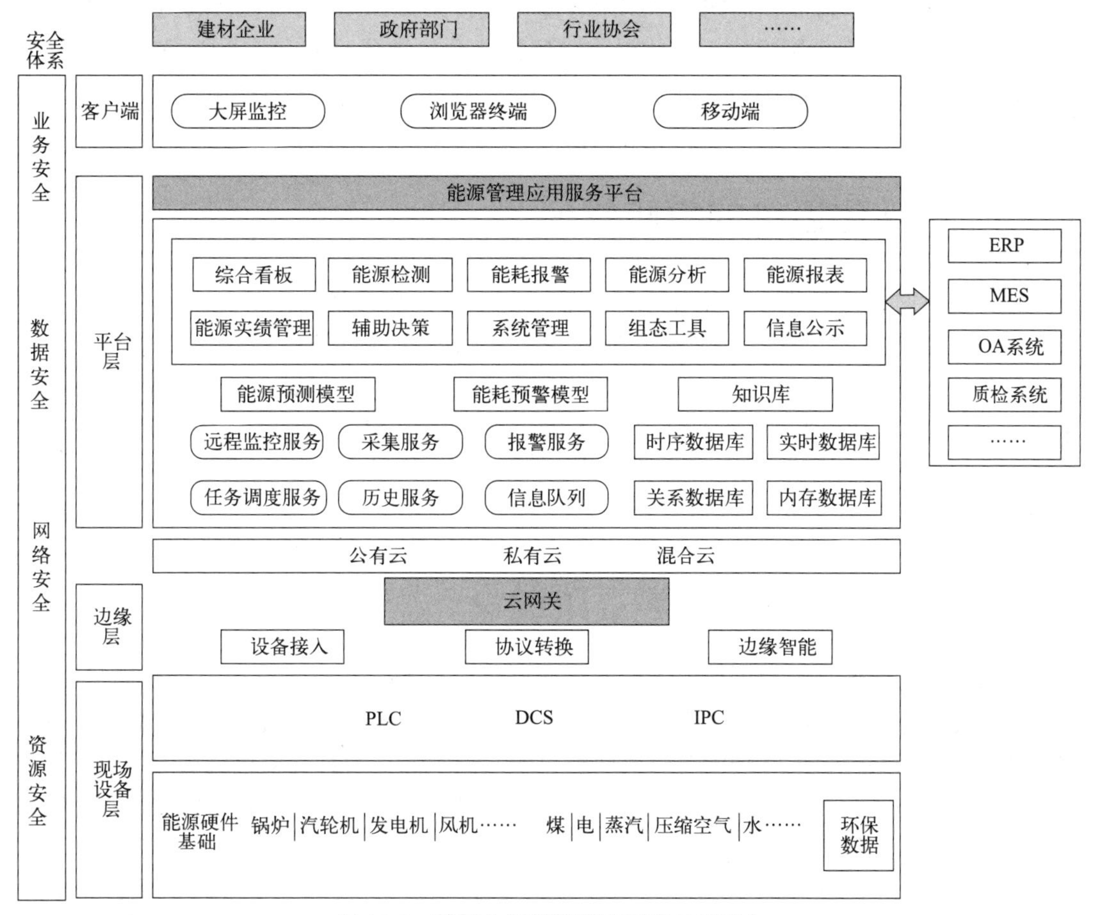

图 12-2　某行业能源管理应用服务云平台

1. 现场设备层

由多功能电表、水表、气表、冷热表、流量表、压力表、温湿度表以及其他能耗监控设备组成，用于计量能源数据；还包括用于测量影响生产的主要设备（如锅炉、汽轮机、发电机、风机等各类设备）运行情况和关键工艺参数、品质参数的各类传感器和控制系统。

2. 边缘层

利用云网关采集现场设备层的各类多源异构数据，进行协议解析、数据清洗、分析处理，通过以太网、移动网络等传输方式与云平台进行数据通信，实现设备上云。

3. 平台层

提供安全稳定、成熟可靠的云服务器，对能源数据进行存储、分析和处理；结合工业知识多维建模，建立能耗预测模型、能耗预警模型；提供综合看板、能源监测、能耗报警、能源实绩管理、能耗分析、辅助决策、组态工具、信息公示、系统管理等功能服务；提供数据接口，为企业管理级的 MES、ERP 等系统提供用能信息。

4. 客户端

提供浏览器客户端、移动客户端访问方式，满足建材企业、行业监管部门、政府部门、行业协会等不同用户的使用需求，实现随时随地掌握能源管理系统相关信息。

平台提供云网关和软网关两种数据采集方式，连接现场PLC、DCS、IPC、智能仪表等设备，汇聚不同子行业、不同工厂利用智能化设备采集的多源异构数据，通过以太网、2G、3G、4G、5G等上网方式，将数据传输到云平台，提供高效稳定的数据传输、准确及时的数据分析和安全可靠的设备远程管理服务。主要采集的数据包括用电量、生产工序生产工艺数据、能源计量数据、环保数据。

12.5 数字化运维的安防管理

随着信息时代的到来，安全体系的内容与时俱进：从最初的保护人身和财产安全的安全内容，到现在保护重要的文件、技术数据和图纸。具有信息自动化和办公自动化功能的智能大厦拥有大量的员工和复杂的组成部分，不仅可以防止外来人员，还可以加强对内部人员的管理。重要场所和物体也需要特殊保护。因此，现代建筑需要一个多层次、立体的安全体系。从防止罪犯入侵的过程分析，安防系统要提供以下三个层次的保护：外部侵入保护、区域保护、目标保护。其中，第三道防线是对特定目标的保护。

根据防卫工作的性质，智能建筑的安防系统可以分为如下三个部分：

1. 出入口控制系统

出入口控制系统是利用现代电子设备和软件信息技术，对出入口的人或物进行放行、拒收、记录和干扰，并记录出入人员编号的控制系统。记录出入时间、出入人数等，成为确保区域安全和实现智能管理的有效措施。出入口控制的目的是管理建筑物内外的正常访问。该系统能够控制建筑物和相关区域内人员的进出和移动。采用出入口控制为防止罪犯从正常的通道侵入提供了保证。

出入口控制系统最终由系统计算机管理，完成方式由计算机管理软件决定。一般来说，市场上销售的出入口控制系统配备了计算机管理软件，可由机组供应商根据用户要求和控制器提供的接口协议制造。出入口控制系统的管理软件通常包括系统管理、事件管理、报表生成、网络通信等功能。

2. 防盗报警系统

随着人们生活水平的不断提高，如何有效地防止犯罪分子的盗窃是人们共同关心的问题。保护人民生命财产安全仅靠人力是不够的，但利用电子、红外、超声波、微波、光电成像和精密机械等现代高科技技术是安全防范的最理想方法。防盗报警系统就是用探测装置对建筑内外重要地点和区域进行布防。它可以检测到非法入侵。发现非法侵入的，应当及时向工作人员发出警告。此外，该系统还包括人工报警装置，如电梯报警按钮、人身危险时的紧急按钮、脚踏开关等。此外，该系统还有第二个功能，即如果存在警报，它应记录入侵的时间和地点，并向监控系统发送信号，以记录现场情况。防盗报警系统具体包括各种类型的探测器、信号传输系统、报警验证、出击队伍等部分。防盗报警系统就是负责建筑内外各个点、线、面和区域的探测任务，它一般同门禁系统一样，也分三个层次。最底层是探测和执行设备，它们负责探测人员的非法入侵，有异常情况时发出声光报警，同时向控制器发送信息。控制器负责下层设备的管理，同时向控制中心传送自己所负责区域内的报警情况。报警控制器的功能具有布防与撤防、布防后的延时、防破坏、联网等功能。

3. 视频安防监控系统

视频安防监控系统（Video Surveillance & Control System，VSCS）是智能建筑安全系统的最后一道防线，是为监控和破案留下证据，也是打造“千里眼”的技术工具。视频安防监控系统包括视频信息的获取、传输、显示、记录、分析等技术。视频安防监控系统为安保人员提供直接用眼睛监控建筑物内外情况的手段，因此安保人员可以监控建筑物内外的情况，安全等级将大大加强。目前视频监控系统的数字化、智能化、网络化是发展趋势。数字化是指将模拟信号转换为数字信号，实现视频的数字化处理，提高视频的清晰度和稳定性；智能化是指通过人工智能技术，对视频进行分析和识别，实现人脸识别、车牌识别等功能；网络化是指将视频监控系统与互联网相结合，实现远程监控和管理。

视频安防监控系统包括前端设备、传输设备、显示与记录设备三部分。前端设备包括摄像机、镜头、云台、防护罩及支架。传输设备包括视频信号传输和控制信号传输。显示与记录设备主要有监视器、NVR/DVR 数字视频录像机、网络摄像头等。

12.6 数字化运维的消防管理

火灾是不受控制的燃烧，会损害人们的生命和财产。由于各种物质的燃烧机理客观上非常复杂，人们在灭火中仍然处于不利地位。燃烧必须同时满足三个元素，通常称为“火三角”：燃料、氧化剂、火源。即使有三个燃烧元件，燃烧也不总是可能的。要发生燃烧，还必须满足以下两个条件：①可燃物与氧化剂作用并达到一定的数量比例；②要有足够能量和温度的引火源与反应物作用。绝大多数火灾发生在建筑物内。火灾首先发生在起火点，随着时间的推移，开始蔓延到整个空间、整个楼层甚至整个建筑。房间内有一个火灾过程，从火灾到灾害的形成，这个过程用火灾温度随时间的变化来表示。其发展过程大致可分为 4 个阶段：初起阶段，发展阶段，猛烈阶段和熄灭阶段。初起阶段和发展阶段是消防的关键时期。

因此，在设计消防系统时，必须遵循以人为本的原则。特别是要设置人员逃生的时间和环境条件，智能消防系统要给建筑内人员更多的逃生时间和更好的逃生环境。需要对火灾进行更准确、可靠的早期探测和报警，需要更有效的自动灭火装置来延缓火灾的蔓延。需要通过数字化技术进行赋能，消防系统平台的信息采集、数据分析、信息传递、应急抢险等方面的能力。

建筑智能消防系统的基本工作原理是：当一个区域发生火灾时，该区域的火灾探测器检测到火灾信号，并将其输入区域报警控制器。然后通过集中报警控制器发送至消防控制中心。控制中心确定火灾位置后，立即向当地消防队发出 119 火灾报警，并打开自动喷淋装置。自动灭火用气体或液体灭火器。同时，紧急发布火灾报警通告，照明和避难引导灯亮起，引导人员疏散。除此之外，还可开启防火门、防火阀、排烟门、卷帘门、排烟风机等进行隔离排烟。

智能建筑消防系统的核心是火灾自动报警系统，由火灾自动报警设备、灭火设备和避难诱导设备三个部分组成。

1. 火灾自动报警设备

火灾自动报警设备包括三个部分，分别是火灾探测器、火灾报警控制系统和联动控制系统。

火灾探测器。火灾探测器是消防火灾自动报警系统中的关键设备，它的作用是监视环境中是否发生火灾。一旦发生火情，它将火灾的特定物理量（如温度、烟雾、气体和辐射光强等）转换为电信号，并立即向火灾报警控制器发送报警信号。根据火灾探测器探测火灾参量的不同，可以将火灾探测器划分为感烟、感温、感光、气体和复合式几大类。

火灾报警控制系统。火灾报警控制系统包括火灾报警控制器及其控制系统。火灾自动报警控制器向火灾探测器供电，接收探测器发出的火灾信号，采用声光报警，同时将火灾信息传输至上级监控中心。火灾报警控制器的功能包括火灾报警功能、火灾报警控制功能、故障报警功能、屏蔽功能、监管功能、自检功能、信息显示与查询功能、系统兼容功能、电源功能、软件控制功能等。根据工程规模的大小，火灾自动报警系统分为区域报警系统、集中报警系统和控制中心报警系统三种基本形式。

联动控制系统。火灾报警控制系统报警后可自动向其他联动设备发出控制命令，并控制其执行相应动作。没有消防设备的火灾报警系统已不能满足智慧消防的需要。智能建筑消防控制中心设置消防设备联动控制装置，接收火灾报警控制器报警点数据，根据输入的控制逻辑数据和火灾发展情况，向相应的消防设备发出消防联动控制指令。消防联动控制应包括：联动开启报警区应急照明；联锁相关区域紧急广播的开启；视频监控系统将报警区域的图像传送到主监视器，同时将火灾所在区域的其他图像传送到辅助监视器；门禁系统应联锁和解锁人员紧急疏散通道的门禁；车库管理系统将提示并禁止车辆出入口自动停车坡道，以便车辆疏散等。

2. 灭火设备

灭火的基本原理是破坏燃烧的必要条件。无论采用何种方法，只要能消除燃烧条件，就可以扑灭火灾。灭火的方法有冷却灭火法、隔离灭火法、窒息灭火法、抑制灭火法等。火灾现场采用的灭火方法应根据燃烧材料的性质、燃烧特性、火灾现场的具体情况和灭火设备选择，或综合采用多种灭火方法。灭火设备包括碰水灭火装置、气体灭火装置和灭火辅助装置。

碰水灭火装置。碰水灭火装置主要由自动喷水灭火系统（Sprinkler System），由洒水喷头、报警阀组、水流报警装置（水流指示器或压力开关）等组件以及管道和供水设施等组成，具体可以分为：湿式、干式、预作用及雨淋自动喷水灭火系统和水幕系统等。用得最多的是湿式系统，占已安装的自动喷水灭火系统总数的70%以上。

气体灭火装置。有些地方不能用水灭火，因为放置在这些地方的设备和物品是水密的，如大型机房、通信机房、图书、文件、档案库等。本阶段只能使用其他更合适的灭火系统，如气体灭火系统。因此，大多数不适合用水灭火的地方都可以用气体灭火系统代替。自动气体灭火系统火灾探测器探测到火灾时，向火灾报警控制器发出报警信号。同时，灭火控制器自动关闭防火门、窗，关闭通风空调系统等，然后启动压力容器电磁阀，放出灭火气体，直至喷嘴放出。管路压力继电器通过控制器动作并显示气体输出信号，以警告人们不要进入。自动气体灭火系统应具有与报警和喷射阶段相适应的声光信号，并可手动关闭声光信号。

灭火辅助装置。灭火辅助装置是指在灭火过程中提供帮助或增强灭火效果的各种设备和工具，它们通常不直接参与灭火，但对灭火的成功至关重要，通常包括灭火器、消防水带、消防水枪、消防梯等。

3. 避难诱导设备

避难诱导设备包括避难信号指示系统和避难场所。避难信号指示系统包括应急广播、避难标识灯、应急照明灯。

集中报警系统和控制中心报警系统应设置火灾应急广播系统。智能化的火灾应急广播系统可以提供更快速、更准确的信息传递，以帮助人们在火灾等紧急情况下迅速疏散和采取适当的安全措施。在消防控制室内，应能根据预先设定的控制程序，手动或程序联动控制选择广播区域，启动或停止应急广播系统，并在发生火灾时监控应急广播。紧急话筒广播时，广播内容应自动记录，根据环境噪声自动调整广播音量，确保信息传达清晰，且紧急广播优先于商业广播和背景广播。

智能消防应急照明系统，又称智能消防疏散指示系统，主要用于各种建筑物。当发生火灾等灾难性紧急情况时，应根据外部信息和预先制订的疏散方案，利用数据分析和 AI 算法为疏散人员提供最佳逃生路线，以避免烟雾和危险，为更安全地疏散提供指导，准确、快速地将人员疏散到建筑物内。应急照明一般采用就地控制或由建筑设备监控系统统一管理。发生火灾时，消防控制室内的所有应急灯应通过自动控制方式强制打开。

总体分析，消防系统智能化的关键是火灾早期探测技术和数字网络，以及火灾自动报警/联动系统的标准化。同时，还应重视智能消防系统与 BAS 系统的集成技术。将人工智能、模式识别、图像处理、微弱信号分析、数据融合、化学分析和探测等新的科学技术成果应用于火灾早期探测，使火灾早期探测更加可靠，避免遗漏、延迟、虚假警报等情况。

专题：中国建筑业信息化发展报告

思考与练习题

1. 传统工程运维方式存在哪些主要问题，以及数字化运维如何解决这些问题？
2. 数字技术如何为建筑运维的转型提供新的机遇和优势？
3. 数字化运维的内涵对建筑运维有哪些启示和改进方向？
4. 在数字化运维中，哪些关键技术和创新对于提高运维效率和建筑可持续性至关重要？
5. 什么是数字化运维的框架体系，以及该体系的构建基础是什么？
6. 数字化运维的主要目标是什么？如何实现这些目标以提高建筑的整体运行和管理？
7. 在数字化运维领域，你认为哪些关键技术对于确保建筑安全和效率最为重要？
8. 数字化运维如何促进建筑行业的转型和提高整体效益？
9. 你认为数字化运维和传统运维方式有哪些主要区别，以及这些区别如何影响建筑运维的质量和成本？
10. 在民族复兴和可持续发展的过程中，数字技术如何在建筑运维中发挥关键作用？

参考文献

[1] Alberto B, Cabrera A C, Dario T. Robotics in Construction: State-of-Art of On-site Advanced Devices [J]. International Journal of High-Rise Buildings, 2020, 9 (1): 95-104.

[2] Baxter G, Sommerville I. Socio-technical systems: From design methods to systems engineering [J]. Interacting with computers, 2011, 23 (1): 4-17.

[3] Bock T, Langenberg S. Changing Building Sites: Industrialisation and Automation of the Building Process [J]. Architectural design, 2014, 84 (3): 88-99.

[4] Bock T. Construction robotics [J]. Autonomous Robots, 2007, 22 (3): 201-209.

[5] Brandt T, Ketter W, Kolbe L M, et al. Smart Cities and Digitized Urban Management [J]. Business & Information Systems Engineering, 2018, 60 (3): 193-195.

[6] Cai S, Ma Z, Skibniewski M J, et al. Construction automation and robotics for high-rise buildings over the past decades: A comprehensive review [J]. Advanced Engineering Informatics, 2019, 42 (C): 100989.

[7] Chen P, Nguyen T C. A BIM-WMS integrated decision support tool for supply chain management in construction [J]. Automation in Construction, 2019, 98: 289-301.

[8] Cheng Y, Lee M, Cha J, et al. Radio Inference Analysis for WPT Embedded Digital Living Things in Coexistence with NFC Devices in Smart Home Microgrid Facility [J]. Journal of Electrical Engineering & Technology, 2019, 14 (3): 1421-1427.

[9] Cinquepalmi F, Paris S, Pennacchia E, et al. Efficiency and Sustainability: The Role of Digitization in Re-Inhabiting the Existing Building Stock [J]. Energies, 2023, 16 (9): 3613.

[10] Davis M C, Challenger R, Jayewardene D N, et al. Advancing socio-technical systems thinking: A call for bravery [J]. Applied ergonomics, 2014, 45 (2): 171-180.

[11] Ding L, Xu X. Application of Cloud Storage on BIM Life-cycle Management [J]. International Journal of Advanced Robotic Systems, 2014, 11: 129.

[12] Dunn N. Digital Fabrication in Architecture [M]. London: Laurence King. 2012.

[13] Eastman C M. The Use of Computers Instead of Drawings in Building Design [J]. AIA Journal, 1975, 63 (3): 46.

[14] Farhan A M, Jamaluddin T M, Rehman N A, et al. Contractual Risks of Building Information Modeling: Toward a Standardized Legal Framework for Design-Bid-Build Projects [J]. Journal of Construction Engineering and Management, 2019, 145 (4): 4019010.

[15] Firk S, Gehrke Y, Hanelt A, et al. Top management team characteristics and digital innovation: Exploring digital knowledge and TMT interfaces [J]. Long Range Planning, 2022, 55 (3): 102166.

[16] Getuli V, Ventura S M, Capone P, et al. BIM-based Code Checking for Construction Health and Safety [J]. Procedia Engineering, 2017, 196: 454-461.

[17] Honic M, Kovacic I, Sibenik G, et al. Data and stakeholder management framework for the implementation of BIM-based Material Passports [J]. Journal of Building Engineering, 2019, 23: 341-350.

[18] Hu Z, Leng S, Lin J, et al. Knowledge Extraction and Discovery Based on BIM: A Critical Review and Future Directions [J]. Archives of Computational Methods in Engineering, 2022, 29 (1): 335-356.

[19] Huang K W. Application of BIM in Project Management [J]. Applied Mechanics and Materials, 2014, 496-500: 2836-2839.

[20] Ismail A S, Ali K N, Iahad N A. A Review on BIM-based automated code compliance checking system [C]. 2017.

[21] Kaewunruen S, Lian Q. Digital twin aided sustainability-based lifecycle management for railway turnout systems [J]. Journal of Cleaner Production, 2019, 228: 1537-1551.

[22] Kaewunruen S, Peng S, Phil-Ebosie O. Digital Twin Aided Sustainability and Vulnerability Audit for Subway Stations [J]. Sustainability, 2020, 12 (19): 7873.

[23] Karagiannis D, Buchmann R A, Utz W. The OMiLAB Digital Innovation environment: Agile conceptual models to bridge business value with Digital and Physical Twins for Product-Service Systems development [J]. Computers in Industry, 2022, 138: 103631.

[24] Keskin B, Salman B. Building Information Modeling Implementation Framework for Smart Airport Life Cycle Management [J]. Transportation Research Record: Journal of the Transportation Research Board, 2020, 2674 (6): 98-112.

[25] Khoshnevis, Behroke, George B. Automated Construction using Contour Crafting-Applications on Earth and Beyond. [J]. Nist Special Publish Sp., 2003: 489-494.

[26] Kim H, Shen Z, Kim I, et al. BIM IFC information mapping to building energy analysis BEA model with manually extended material information [J]. Automation in Construction, 2016, 68: 183-193.

[27] Kiviniemi A. Ten years of IFC-development—Why are we not yet there [C]. 2006.

[28] Komarizadehasl S, Huguenet P, Lozano F, et al. Operational and Analytical Modal Analysis of a Bridge Using Low-Cost Wireless Arduino-Based Accelerometers [J]. Sensors, 2022, 22 (24): 9808.

[29] Kubicki S, Guerriero A, Schwartz L, et al. Assessment of synchronous interactive devices for BIM project coordination: Prospective ergonomics approach [J]. Automation in Construction, 2019, 101: 160-178.

[30] Lin Y, Lee H, Yang I. Developing As-Built BIM Model Process Management System For General Contractors: A Case Study [J]. Journal of Civil Engineering and Management, 2015, 22 (5): 608-621.

[31] Love P E D, Matthews J. The 'how' of benefits management for digital technology: From engineering to asset management [J]. Automation in Construction, 2019, 107: 102930.

[32] Ma X, Xiong F, Olawumi T O, et al. Conceptual Framework and Roadmap Approach for Integrating BIM into Lifecycle Project Management [J]. Journal of Management in

Engineering, 2018, 34 (6): 5018011.

[33] Minculete G, Stan S E, Ispas L, et al. Relational Approaches Related to Digital Supply Chain Management Consolidation [J]. Sustainability, 2022, 14 (17): 10727.

[34] Nadeem A, Wong A K D, Akhanova G, et al. Application of Building Information Modeling (BIM) in Site Management—Material and Progress Control [C]. 2018.

[35] Nambisan S, Lyytinen K, Majchrzak A, et al. Digital Innovation Management: Reinventing Innovation Management Research in a Digital World [J]. MIS Quarterly, 2017, 41 (1): 223-238.

[36] Pellegrini L, Locatelli M, Meschini S, et al. Information Modelling Management and Green Public Procurement for Waste Management and Environmental Renovation of Brownfields [J]. Sustainability, 2021, 13 (15): 8585.

[37] Reiter L, Wangler T, Roussel N, et al. The role of early age structural build-up in digital fabrication with concrete [J]. Cement and Concrete Research, 2018, 112: 86-95.

[38] Riedl R, Benlian A, Hess T, et al. On the Relationship Between Information Management and Digitalization [J]. Business & Information Systems Engineering, 2017, 59 (6): 475-482.

[39] Robotics; A dual-arm construction robot with remote-control function [J]. NewsRx Health & Science, 2017.

[40] Solihin W, Eastman C. Classification of rules for automated BIM rule checking development [J]. Automation in Construction, 2015, 53: 69-82.

[41] Søndergaard A. Odico Formwork Robotics [J]. Architectural Design, 2014, 84 (3): 66-67.

[42] Soroka E. Studies in Tectonic Culture: The Poetics of Construction in Nineteenth and Twentieth Century Architecture [J]. Journal of Architectural Education, 2013, 51 (1): 73-75.

[43] Sun C, Jiang S, Skibniewski M J, et al. A literature review of the factors limiting the application of BIM in the construction industry [J]. Technological and Economic Development of Economy, 2017, 23 (5): 764-779.

[44] Tan K. Optimization of Path Planning for Construction Robots Based on Multiple Advanced Algorithms [J]. Journal of Computer and Communications, 2018, 6 (7): 1-13.

[45] Turk Ž, Klinc R. Potentials of Blockchain Technology for Construction Management [J]. Procedia Engineering, 2017, 196: 638-645.

[46] Turner C J, Oyekan J, Stergioulas L, et al. Utilizing Industry 4.0 on the Construction Site: Challenges and Opportunities [J]. IEEE Transactions on Industrial Informatics, 2021, 17 (2): 746-756.

[47] Volk R, Stengel J, Schultmann F. Building Information Modeling (BIM) for existing buildings—Literature review and future needs [J]. Automation in Construction, 2014, 38: 109-127.

[48] Wang H, Meng X. Transformation from IT-based knowledge management into BIM-supported knowledge management: A literature review [J]. Expert Systems with Applica-

tions，2019，121：170-187.

[49] White G，Gerace G. Symphony：Frank Gehry's Walt Disney Concert Hall [M]. New York：Five Ties，2009.

[50] Xu J，Jin R，Piroozfar P，et al. Constructing a BIM Climate-Based Framework：Regional Case Study in China [J]. Journal of Construction Engineering and Management，2018，144 (11)：4018105.

[51] Ye Z，Ye Y，Zhang C，et al. A digital twin approach for tunnel construction safety early warning and management [J]. Computers in Industry，2023，144：103783.

[52] Yichuan D，L. G V J，Moumita D，et al. Integrating 4D BIM and GIS for Construction Supply Chain Management [J]. Journal of Construction Engineering and Management，2019，145 (4)：4019016.

[53] Yin Q，Liu G. Resource Scheduling and Strategic Management of Smart Cities under the Background of Digital Economy [J]. Complexity，2020，2020：1-12.

[54] Yoshinada H，Kurashiki K，Kondo D，et al. Dual-arm construction robot with remote-control function [J]. Disaster Robotics：Results from the Impact Tough Robotics Challenge，2019：195-264.

[55] Zhabitskii M，Melnikov V，Boyko O. Actual problems of the full-scale digital twins technology for the complex engineering object life cycle management [J]. IOP Conference Series：Earth and Environmental Science，2021，808 (1)：12020.

[56] Zhang S，Teizer J，Lee J，et al. Building Information Modeling BIM and Safety：Automatic Safety Checking of Construction Models and Schedules [J]. Automation in Construction，2013，29：183-195.

[57] Zou Y，Kiviniemi A，Jones S W，et al. Risk Information Management for Bridges by Integrating Risk Breakdown Structure into 3D/4D BIM [J]. KSCE Journal of Civil Engineering，2019，23 (2)：467-480.

[58] 阿道夫·路斯，史永高. 饰面的原则 [J]. 时代建筑，2010 (3)：152-155.

[59] 艾辉，陈立平，李玉梅，等. 基于性能仿真的产品配置设计方法 [J]. 中国机械工程，2011，22 (07)：853-859.

[60] 爱德华·F·塞克勒，凌琳. 结构，建造，建构 [J]. 时代建筑，2009 (2)：100-103.

[61] 白梅，汪冉，任乐. BIM技术在装饰绿色节材领域的应用 [J]. 居舍，2020 (27)：23-24.

[62] 白青海. 网格计算环境下安全策略及相关问题研究 [D]. 长春：吉林大学，2013.

[63] 布轩. 八部门印发《物联网新型基础设施建设三年行动计划 (2021—2023年)》[N]. 中国电子报，2021-10-01.

[64] 蔡彤娟. 气候投融资为绿色建材发展带来新机遇 [J]. 中国建材，2022 (7)：64-69.

[65] 曹启友. 面向工业物联网的智能数据采集系统设计 [D]. 杭州：浙江大学，2019.

[66] 曾田. 计算机仿真技术在建筑工程设计中的应用 [J]. 智能建筑与智慧城市，2020 (6)：60-61.

[67] 杜悦英. 夯实数据资源基础助力数字中国建设 [J]. 中国发展观察，2023 (5)：121-122.

[68] 查任. 应加强建筑临时设施的安全管理 [J]. 安全与健康，2005 (3A)：44.

[69] 陈继东，刘京，赵晓. 浅析监理采用BIM技术提高项目机电安装管理质量 [J]. 建设监理，2022 (2)：12-16.
[70] 陈建新，刘伯超，朱洪春. 数字经济背景下常州制造业数字化转型升级对策研究 [J]. 商场现代化，2020 (19)：124-126.
[71] 陈晶晶. BIM 技术在工程施工管理中的应用分析 [J]. 福建建材，2017 (11)：105-106.
[72] 陈婧. 培育平台化发展生态 支撑企业数字化转型 [N]. 中国经济时报，2020-07-22.
[73] 陈昕. 探索发展新路径 实现转型新突破 [J]. 中国建设信息化，2020 (20)：14-17.
[74] 陈奕林，尹贻林，钟炜. BIM 技术创新支持对建筑业管理创新行为影响机理研究——内在激励的中介作用 [J]. 软科学，2018，32 (11)：69-72.
[75] 陈泳全. 建筑的精度 [J]. 建筑师，2011 (1)：39-44.
[76] 陈赟. 国企与数字经济应良性互动 [J]. 上海企业，2021 (1)：70-78.
[77] 侯森. 利用基础架构转型实现绿色计算 [J]. 软件和集成电路，2020 (7)：22-24.
[78] 戴金明. 浅谈临时设施会计核算 [J]. 财会月刊 (综合版)，2009 (3)：52-53.
[79] 党晓光. BIM技术在机电安装工程中的应用 [J]. 南方农机，2022，53 (15)：190-192.
[80] 德袁烽，阿希姆·门格斯. 建筑机器人——技术、工艺与方法 [M]. 北京：中国建筑工业出版社，2019.
[81] 丁吉辰. 我国建筑工程设计风险的控制管理研究 [J]. 决策探索 (中)，2020 (6)：43.
[82] 丁烈云. 数字建造导论 [M]. 北京：中国建筑工业出版社，2019.
[83] 丁烈云. 数字建造的内涵及框架体系 [J]. 施工企业管理，2022 (2)：86-89.
[84] 丁烈云. 数字建造推动产业变革 [J]. 施工企业管理，2022 (4)：79-83.
[85] 李素兰. 装配式建筑的现状与发展 [J]. 上海建材，2018 (5)：27-35.
[86] 董昊锦. 无人机测绘技术在城市建筑工程测量中的应用 [J]. 科技创新与应用，2021，11 (19)：167-169.
[87] 董添. 住房和城乡建设部：2025 年城镇新建建筑全面建成绿色建筑 [N]. 中国证券报，2022-03-12.
[88] 端木. 住房和城乡建设部发布《“十四五”建筑业发展规划》[J]. 中国房地产，2022 (7)：4.
[89] 吴力平，冯杨，李刚. 基于层次分析法的施工现场平面布置方案评估 [J]. 浙江工业大学学报，2010，38 (1)：111-113，118.
[90] 范煜婷. 基于物联网的交通建设工程智慧监管系统研究与设计 [D]. 杭州：浙江工业大学，2019.
[91] 方立新，周琦，孙逊. 数字建构的反思 [J]. 建筑学报，2011 (10)：90-94.
[92] 冯为为. 为我国建筑“绿色化”发展筑牢坚实基础 [J]. 节能与环保，2022 (8)：22-23.
[93] 傅光海. 浅议钢铁企业服务化转型和产业链延伸转型 [J]. 冶金管理，2019 (8)：4-11.
[94] 高亚琼. 基于资源禀赋的黑龙江省公共信息资源建设发展模式研究 [D]. 哈尔滨：哈尔滨工程大学，2016.
[95] 戈特弗里德·森佩尔. 建筑四要素 [M]. 北京：中国建筑工业出版社，2010.
[96] 耿丹丹. 住房和城乡建设部发布绿色建筑发展规划 [N]. 中国政府采购报，2022-

03-15.
[97] 龚剑，房霆宸. 数字化施工 [M]. 北京：中国建筑工业出版社，2019.
[98] 谷金清. 扭矩传感器的无线数据采集系统的设计 [D]. 天津：河北工业大学，2005.
[99] 顾翔. 无线网络链路相关性研究 [D]. 广州：华南理工大学，2011.
[100] 顾颐菲. 基于 EOS 平台和面向服务架构的 OA 系统的构建 [D]. 上海：复旦大学，2010.
[101] 朱正威，赵雅. 新安全格局下的应急管理体系：方向、意涵与路径 [J]. 学海，2024 (2)：130-145.
[102] 郭倩.《数字中国建设整体布局规划》印发 [N]. 经济参考报，2023-02-28.
[103] 郭小慧. 人工智能视域下人的发展面临的挑战研究 [D]. 呼和浩特：内蒙古师范大学，2021.
[104] 郭志斌. 基于 SIP 协议的 VoIP 在无线局域网中应用的研究与实现 [D]. 北京：北京邮电大学，2007.
[105] 郝海生. 某型营运客车的操纵稳定性仿真分析研究 [D]. 重庆：重庆交通大学，2009.
[106] 郝建豹，查进艳，谢炼雅. 一种 6 轴工业机器人的结构设计与运动学建模 [J]. 制造业自动化，2017，39 (12)：54-57.
[107] 何珺. 数字中国建设顶层设计出炉 [N]. 机电商报，2023-03-20.
[108] 何清华，杨德磊，郑弦. 国外建筑信息模型应用理论与实践现状综述 [J]. 科技管理研究，2015，35 (3)：136-141.
[109] 贺涌. 无线局域网络解决方案 [J]. 现代电子技术，2007 (22)：93-95.
[110] 洪华玉. 基于 BIM 的 HP 公司幕墙设计管理改进研究 [D]. 北京：北京工业大学，2016.
[111] 侯森. 利用基础架构转型 实现绿色计算 [J]. 软件和集成电路，2020 (7)：22-24.
[112] 胡秋明，武雪梅，李辉，等. BIM 技术在铝模建筑机电施工中的应用 [J]. 建筑与预算，2023 (8)：64-67.
[113] 胡仁茂. 大空间建筑设计研究 [D]. 上海：同济大学，2006.
[114] 户晨飞. 面向工业物联网的生产线远程数据传输系统研究 [D]. 上海：东华大学，2018.
[115] 黄晶. 涪城区生产性服务企业专业化、价值链化问题研究 [J]. 老字号品牌营销，2021 (9)：105-106.
[116] 黄蔚欣，徐卫国. 参数化非线性建筑设计中的多代理系统生成途径 [J]. 建筑技艺，2011 (1)：42-45.
[117] 黄鑫. 从“工业经济”迈向“服务经济”[N]. 经济日报，2013-11-04.
[118] 黄鑫. 加快释放数字经济强劲动能 [N]. 经济日报，2022-01-20.
[119] 季凡杰，张东林，刘月君，等. BIM 技术在工程运维管理成本中的应用研究 [J]. 河北建筑工程学院学报，2020 (2)：96-101.
[120] 贾志淳，邢星，张宇峰. 移动云计算技术专题研究 [M]. 沈阳：东北大学出版社，2016.
[121] 姜春艳，欧阳曦.《数字中国建设整体布局规划》正式发布 [J]. 乡村科技，2023，14 (5)：2.

[122] 姜晓博，何刘冰，谢强，等. 基于BIM的钢筋数控集中加工在大型房建工程中的应用研究 [J]. 土木建筑工程信息技术，2019，11（1）：26-31.
[123] 蒋向利. 做强做优做大我国数字经济 为经济社会发展提供强大动力——国务院印发《“十四五”数字经济发展规划》[J]. 中国科技产业，2022（2）：14-19.
[124] 矫阳. 以工业化筑基，用信息化赋能 推动建筑业智慧转型 [N]. 科技日报，2020-10-15.
[125] 缴翼飞. 详解数字中国建设整体布局规划 [N]. 21世纪经济报道，2023-03-01.
[126] 靳鹏. 配料企业下料与调度协调优化模型研究 [D]. 合肥：合肥工业大学，2013.
[127] 居国防. 钢筋数字化集中加工技术应用 [J]. 建筑工程技术与设计，2017（1）：155-156.
[128] 柯善北. 提升建筑绿色发展质量 助力实现“双碳”目标《“十四五”建筑节能与绿色建筑发展规划》解读 [J]. 中华建设，2022（5）：1-2.
[129] 李白娜. 汽车操纵稳定性的仿真分析研究 [D]. 武汉：华中科技大学，2006.
[130] 李晨，程健，蔡东阳. 浅析PC装配式剪力墙体系深化设计要点 [J]. 浙江建筑，2019，36（5）：28-33.
[131] 李大民. 超精密加工车床及其微进给机构的研究 [D]. 天津：河北工业大学，2006.
[132] 李钢. 基于通信技术的土木工程健康状态信息远程监测系统研究 [D]. 西安：长安大学，2010.
[133] 李欢. 云计算中基于进化算法的任务调度策略研究 [D]. 上海：华东理工大学，2015.
[134] 李立. DS-UWB同步技术研究及FPGA设计 [D]. 西安：西安电子科技大学，2008.
[135] 李朋昊，李朱锋，益田正，等. 建筑机器人应用与发展 [J]. 机械设计与研究，2018，34（6）：25-29.
[136] 李晓岸. 非线性建筑设计中的细部优化与误差调节 [J]. 建筑技艺，2019（7）：113-115.
[137] 李兴华. 某军分区机关及其直属队无线局域网的设计与工程实践 [D]. 重庆：重庆大学，2009.
[138] 李雁争. 到2035年，数字化发展水平进入世界前列 [N]. 上海证券报，2023-02-28.
[139] 李政. 推动国企数字化转型 助力世界一流企业建设 [J]. 企业观察家，2022（01）：19.
[140] 李智军，周晓，吕恬生. 基于群体协作的分布式多机器人通信系统的设计与实现 [J]. 机器人，2000，22（4）：300-304，328.
[141] 梁海波，黄建钦，魏德泉. 基于物联网技术的电网工程智慧工地研究与实践 [C]. 2021.
[142] 梁少宁. 基于BIM的幕墙工程集成化应用 [D]. 广州：华南理工大学，2015.
[143] 廖睿灵. “十四五”，绿色建筑这样建 [N]. 人民日报海外版，2022-03-24.
[144] 廖玉平. 加快建筑业转型 推动高质量发展——《关于推动智能建造与建筑工业化协同发展的指导意见》解读 [J]. 建筑，2020（17）：24-25.
[145] 廖玉平. 走出建筑业集约化高质量发展之路 [J]. 施工企业管理，2022（11）：70-71.
[146] 林建冬，原思聪，王发展. 虚拟样机技术在ADAMS中的实践 [J]. 机械研究与应用，2006（6）：66-68.
[147] 刘海波，武学民. 国外建筑业的机器人化——国外建筑机器人发展概述 [J]. 机器人，

1994（2）：119-128.
[148] 刘红波，张帆，陈志华，等. 人工智能在土木工程领域的应用研究现状及展望 [J]. 土木与环境工程学报（中英文），2022：1-20.
[149] 刘建军. 某整体自装卸车设计及装卸过程的仿真分析 [D]. 南京：南京理工大学，2007.
[150] 刘军安，李鹏，乐俊，等. 基于BIM技术的钢筋数控加工技术应用 [J]. 施工技术，2017，46（S2）：1181-1183.
[151] 刘强. 水利工程运行管理中虚拟仿真技术的应用 [J]. 黑龙江水利科技，2021，49（5）：197-199.
[152] 刘蓉. 提升城市人居环境从何"以人为本"? [N]. 佛山日报，2021-02-01.
[153] 刘天纵. 我省国企全面推进数字产业化 [N]. 湖北日报，2020-12-14.
[154] 刘彤. 推进数字中国建设 构筑国家竞争新优势 [N]. 人民邮电，2023-04-11.
[155] 刘文涵，宁欣. 施工现场平面布置中价值流的确定 [J]. 沈阳建筑大学学报（社会科学版），2012，14（2）：165-169.
[156] 刘文平. 基于BIM与定位技术的施工事故预警机制研究 [D]. 北京：清华大学，2015.
[157] 刘晓倩. 基于虚拟样机的液压支架试验主机设计与研究 [D]. 青岛：山东科技大学，2011.
[158] 刘欣. 基于虚拟样机技术的直齿行星传动动力学研究 [D]. 天津：天津大学，2007.
[159] 刘彦华. 数字中国新愿景 [J]. 小康，2023（12）：30-33.
[160] 刘艳彬. 有色企业数字化转型浅论 [J]. 中国金属通报，2022（5）：124-126.
[161] 刘莹. 网格计算环境下任务调度算法研究 [D]. 西安：西安电子科技大学，2017.
[162] 刘占省，赵雪锋. BIM技术与施工项目管理 [M]. 北京：中国电力出版社，2015.
[163] 柳娟花. 基于BIM的虚拟施工技术应用研究 [D]. 西安：西安建筑科技大学，2012.
[164] 柳千红. 灌区水利工程运行管理安全工作分析 [J]. 黑龙江粮食，2021（9）：105-106.
[165] 卢保树，张波，张树辉，等. 装配式建筑的设计—加工—装配一体化技术 [J]. 工程建设与设计，2018（18）：18-19.
[166] 罗华伟. 基于B/S架构的网络拓扑可视化研究 [D]. 北京：北京邮电大学，2018.
[167] 罗明挽. 跨平台、跨移动终端的大型项目开发关键技术研究 [J]. 通讯世界，2016（6）：15-17.
[168] 吕琳媛，陆君安，张子柯，等. 复杂网络观察 [J]. 复杂系统与复杂性科学，2010，7（Z1）：173-186.
[169] 麻荣敏. 基于BIM技术的建筑工程绿色施工管理应用研究 [D]. 南宁：广西大学，2016.
[170] 马朝丽. 保定市国资国企加快数字化转型步伐 [N]. 河北日报，2022-08-12.
[171] 马海东，徐燊. 数字建构——数字技术在建筑中的应用 [J]. 华中建筑，2003（4）：43-45.
[172] 马立. 基于并行工程的当代建筑建造流程研究 [D]. 天津：天津大学，2016.
[173] 马文方. CPS：从感知网到感控网 [N]. 中国计算机报，2010-03-01.
[174] 马秀丽，李媛，杨祖业. 建材行业能源管理工业互联网平台设计与应用 [J]. 中国仪

器仪表，2021（12）：40-44.
[175] 马逸东. 非线性配筋砌体设计与制造 [D]. 北京：清华大学，2017.
[176] 马智亮，李松阳. "互联网+"环境下项目管理新模式 [J]. 同济大学学报（自然科学版），2018，46（7）：991-995.
[177] 马智亮. 解读《中国建筑业信息化发展报告（2021）智能建造应用与发展》[J]. 中国建设信息化，2021（24）：12-15.
[178] 买亚锋. 数控移动模台生产线混凝土构件制作关键技术 [J]. 建筑施工，2016，38（6）：767-769.
[179] 毛金明. 麦弗逊悬架仿真分析 [D]. 南京：南京林业大学，2003.
[180] 梅嵩. 基于语义特征造型的协同设计系统的研究 [D]. 哈尔滨：哈尔滨理工大学，2006.
[181] 米宏伟，王缓. 大数据背景下可穿戴设备在网球运动中的应用进展 [J]. 赤峰学院学报（自然科学版），2022，38（2）：88-92.
[182] 穆少波，谢江，田海东. 兵地融合：迎来数字经济新时代 [J]. 兵团党校学报，2022（5）：127-133.
[183] 欧艳华. SDJ-8煤矿双速绞车传动机构优化设计 [D]. 长沙：湖南大学，2008.
[184] 秦艳萍，林冠宏. BIM技术在钢筋工程精细化管理中的应用 [J]. 工程技术研究，2023，8（1）：130-132.
[185] 秦颖. 基于物联网的智能建筑信息集成关键技术研究与应用 [D]. 长春：吉林建筑大学，2016.
[186] 邱燕超. 2025年城镇建筑可再生能源替代率达8% [N]. 中国电力报，2022-03-17.
[187] 区碧光. BIM技术在轻钢结构装配式建筑的应用研究 [D]. 广州：广东工业大学，2017.
[188] 曲永义. 数字经济与产业高质量发展 [J]. China Economist，2022，17（6）：2-25.
[189] 任宏. 工程管理概论 [M]. 2版. 北京：中国建筑工业出版社，2013.
[190] 沈博. 配用电物联网监控系统通信建模与性能分析 [D]. 广州：华南理工大学，2020.
[191] 沈培玉. 基于Auto CAD的三维实体快速生成零件的二维图样 [J]. 机械研究与应用，2007，20（4）：109-111.
[192] 施展. 浅析建筑施工临时设施安全问题和对策 [J]. 才智，2009（4）：39.
[193] 石鹏. 基于BIM与物联网的建筑运维管理系统研究 [D]. 郑州：郑州大学，2020.
[194] 石雯宇. BIM技术在公共建筑机电安装工程中的应用研究 [D]. 沈阳：沈阳工业大学，2020.
[195] 史浩明. 基于物联网平台的步态特征评价方法研究 [D]. 沈阳：沈阳工业大学，2021.
[196] 宋金全. 云环境下容器化Spark资源调度优化机制研究 [D]. 南京：南京邮电大学，2019.
[197] 苏英兰. 浅谈"安全"在建筑施工现场管理中的重要性 [J]. 大众标准化，2009（S1）：90-91.
[198] 孙兵. BIM技术在节能建筑结构设计中的应用 [J]. 新型建筑材料，2020，47（9）：186.
[199] 孙澄，杨阳，韩昀松. 数字化加工制造P-BIM技术框架研究——以钢结构建筑为例 [J].

新建筑，2014（4）：136-140.

［200］孙红波．基于虚拟样机的铝水包数控清渣机的设计与研究［D］．青岛：山东科技大学，2008.

［201］孙家广，胡事民．计算机图形学基础教程［M］．北京：清华大学出版社，2005.

［202］孙杰贤．工业4.0吹响技术“集结号”［J］．中国信息化，2014（15）：10-11.

［203］孙易明．幕墙工程供应链管理研究［D］．武汉：华中科技大学，2016.

［204］谈士力．面向21世纪：特种机器人技术的发展［J］．世界科学，2001（6）：24-25.

［205］谭洪波，夏杰长．推动生产性服务业专业化与高端化发展［J］．中国发展观察，2020（Z8）：84-86.

［206］谭玉玺．基于BIM技术的施工场地可视化布置与优化［J］．中小企业管理与科技，2020（10）：189-190.

［207］田川．数字中国建设：构筑发展新优势［N］．社会科学报，2023-04-06.

［208］田春燕．应用型本科院校人才培养方案研究［J］．现代教育科学，2018（11）：135-140.

［209］田春雨，王晓锋，赵勇．《建筑业10项新技术（2017版）》装配式混凝土结构技术综述［J］．建筑技术，2018，49（3）：254-259.

［210］田灵江，许利峰．工业化装修是建筑业转型升级必然趋势［J］．住宅产业，2021（Z1）：70-74.

［211］涂红，刘程．区块链在全球贸易与金融领域中的应用［J］．国际贸易，2018（10）：63-67.

［212］万萌．基于物联网的建筑工程环境监测系统设计［D］．长沙：湖南大学，2020.

［213］万书霞．某项目钢筋工程数字化及下料优化研究［D］．邯郸：河北工程大学，2021.

［214］汪惠芬，张友良，罗定志．协同开发环境中的产品定义模型［J］．计算机集成制造系统，2001，7（3）：26-31.

［215］汪叔和，徐海燕．国家大剧院椭球壳体钢结构制造技术的探索：中国钢结构协会四届四次理事会暨2006年全国钢结构学术年会［C］．2006.

［216］王博辉．让数字中国为中国式现代化注入强大动能——对《数字中国建设整体布局规划》的理论解读［J］．教学考试，2023（25）：55-58.

［217］王闯．基于物联网边缘计算的数据挖掘方法研究［D］．南京：南京邮电大学，2021.

［218］王东东，王长生，邱弘为．智能化钢筋集中加工在建筑工程中的应用分析［J］．工程技术研究，2020，5（15）：146-147.

［219］王风涛．基于高级几何学复杂建筑形体的生成及建造研究［D］．北京：清华大学，2012.

［220］王宏军．面向农村信息化的传输接入网络规划［D］．南京：南京邮电大学，2013.

［221］王景．劳务用工智慧管理 为安全与效率赋能［J］．中国建设信息化，2019（6）：43-46.

［222］王婧，郑甲红，王超，等．多机器人系统布局与时间协同优化［J］．组合机床与自动化加工技术，2021（1）：28-31.

［223］王兰．服务型制造的前世今生［J］．汽车观察，2015（1）：45-49.

［224］王美萃，闫瑞华．基于复杂网络视角的组织内非正式网络知识扩散研究［J］．人文杂志，2014（5）：45-49.

［225］王庆文，肖人彬，周济，等．并行工程框架模型的研究［J］．高技术通讯，1996（8）：

15-19.
[226] 王世昌. 一种移动应用跨平台开发框架的改进与应用 [D]. 北京：北京邮电大学，2021.
[227] 王晓波. 基于物联网技术的电网工程智慧工地研究与实践 [J]. 电力信息与通信技术，2017，15（8）：31-36.
[228] 王永合，赵辉，谢厚礼，等. 建筑钢筋加工配送技术优势与应用浅析 [J]. 价值工程，2014（15）：136-137.
[229] 王宇. 制造＋服务＝价值传导 求解中车株机公司经营转型方程式 [J]. 交通建设与管理，2016（10）：34-37.
[230] 王裕健. 云计算任务调度中改进的蚁群算法的研究 [D]. 北京：华北电力大学，2021.
[231] 王月. 工业互联网平台建设面临的机遇与挑战 [J]. 价值工程，2019，38（23）：247-248.
[232] 王志虎. 基于SOA的网络安全系统应用研究 [J]. 电脑编程技巧与维护，2010（16）：112-113.
[233] 王志良. 物联网——现在与未来 [M]. 北京：机械工业出版社，2010.
[234] 文天平，欧阳日辉. 习近平总书记关于数字经济重要论述的科学内涵、理论贡献与实践要求 [J]. 中国井冈山干部学院学报，2022，15（5）：5-17.
[235] 文言. 赋能经济社会发展 全面推进数字中国建设 [J]. 中国商界，2023（3）：8-9.
[236] 吴承霖，黄蔚欣. 编织结构自由曲面空间网壳设计与建造 [Z]. 2019.
[237] 吴欣之，严时汾，罗仰祖，等. 大型壳体钢结构安装施工与技术——国家大剧院钢结构施工介绍：中国钢结构协会成立二十周年庆典暨2004钢结构学术年会 [C]. 2004.
[238] 蔡大伟. 大跨度壳体空间结构施工关键技术研究与实践 [Z]. 上海：上海建工五建集团有限公司，2019.
[239] 吴义长. 实体造型技术研究 [D]. 南京：南京航空工业学院，1992.
[240] 吴张建. 建筑企业数字化转型的重点内容 [J]. 施工企业管理，2022（12）：46.
[241] 武科. 吊兰式棉花移栽机栽植器的研究与分析 [D]. 石河子：石河子大学，2012.
[242] 夏琰，胡左浩. 服务型制造的转型模式 [J]. 清华管理评论，2014（10）：62-71.
[243] 羡永彪，杨德亮. 论数字化技术在防水行业应用的必要性 [J]. 中国建筑防水，2021（S1）：4-7.
[244] 向卓元，彭虎锋，杨播，等. 管理信息系统 [M]. 北京：人民邮电出版社，2015.
[245] 肖飞，张永津. 钢筋加工机械产品发展现状及趋势 [J]. 建筑机械化，2014（2）：63-64.
[246] 谢晖. 基于BIM技术的四维可视化动态施工模拟应用 [J]. 山东农业大学学报（自然科学版），2018，49（5）：825-827.
[247] 辛雯. "十四五"建筑节能与绿色建筑发展规划出台 [N]. 中国建设报，2022-03-15.
[248] 熊有军，林少芬. 数字产业化整体加速——全面解读《数字中国建设整体布局规划》[J]. 广东经济，2023（4）：6-11.
[249] 徐波，孙启伟. 水利企业数字孪生工程与企业数字化转型融合建设的几点思考：2023（第十一届）中国水利信息化技术论坛 [C]. 2023.
[250] 徐波. 水利企业数字孪生工程与企业数字化转型融合建设的几点思考：第十二届防汛

抗旱信息化论坛［C］. 2022.
［251］ 徐建元. 建筑信息模型技术在工程造价管理中的应用研究［J］. 居舍，2020（29）：155-156.
［252］ 徐卫国. 参数化结构设计基本原理方法及应用［M］. 北京：中国建筑工业出版社，2019.
［253］ 徐卫国. 参数化设计与算法生形［J］. 城市环境设计，2012（Z1）：250-253.
［254］ 徐卫国. 数字建筑设计理论与方法［M］. 北京：中国建筑工业出版社，2019.
［255］ 徐卫国. 数字建筑设计与建造的发展前景［J］. 当代建筑，2020（2）：20-22.
［256］ 徐卫国. 有厚度的结构表皮［J］. 建筑学报，2014（8）：1-5.
［257］ 许保利，周海晨. 中央企业高质量发展稳步前行［N］. 经济参考报，2021-11-01.
［258］ 轩左晨，李智，周丹晨. 交互式 MBD 模型工艺审查方法研究［J］. 现代制造工程，2021（8）：70-76.
［259］ 严飞华，赵力行，虞莉丽，等. 基于 BIM 技术的机电工程模块化建造应用［J］. 城市住宅，2020（6）：191-192.
［260］ 阎秋. 建筑业"十四五"规划出台：到 2035 年，我国全面实现建筑工业化［J］. 中华建设，2022（2）：12-15.
［261］ 颜海艳. 建筑工程设计风险的控制管理［J］. 产业与科技论坛，2011，10（14）：220-221.
［262］ 晏志勇. 数字化转型提升央企全球竞争力［J］. 当代电力文化，2021（4）：14-16.
［263］ 晏志勇. 推动数字化转型 打造具有全球竞争力的一流企业［J］. 建筑，2021（9）：20-23.
［264］ 杨昌. 地铁车站深基坑钢支撑供应链管理研究［D］. 武汉：华中科技大学，2017.
［265］ 杨冬，李铁军，刘今越. 人机系统在机器人应用中的研究综述［J］. 制造业自动化，2013，35（5）：89-93.
［266］ 杨佳林，朱敏涛，周强. 可扩展组合式长线台座法预制构件生产线的研发与应用［J］. 混凝土与水泥制品，2020（12）：76-78.
［267］ 杨兰海. 浅析建筑施工临时设施安全问题和对策［J］. 科教导刊-电子版（上旬），2015（3）：177.
［268］ 杨梦琪. 筑牢新基建 撬动机电安装行业数字化转型［J］. 中国建设信息化，2020（18）：24-29.
［269］ 杨荣. WLAN 网络设计及应用分析［D］. 北京：北京邮电大学，2007.
［270］ 杨玉.《数字中国建设整体布局规划》印发［N］. 中国县域经济报，2023-03-02.
［271］ 易楷翔. 促进数字经济发展 加强数字中国建设整体布局［J］. 网信军民融合，2022（3）：5-6.
［272］ 殷志文，刘晖. 基于数字技术的砌块建筑形式建构研究［Z］. 2015.
［273］ 于大勇."十四五"建筑节能与绿色建筑发展规划发布［N］. 中国高新技术产业导报，2022-03-28.
［274］ 于军琪，曹建福，雷小康. 建筑机器人研究现状与展望［J］. 自动化博览，2016（8）：68-75.
［275］ 余芳强，曹强，高尚，等. 基于 BIM 的钢筋深化设计与智能加工技术研究［J］. 上海

建设科技，2017 (1)：32-35.
[276] 喻悦. 安徽淮北：以装配式建筑推动建筑工业化升级 [N]. 中国建材报，2020-12-04.
[277] 袁烽，柴华，张啸. 基于建筑机器人的木结构建筑小批量定制化生产模式探索 [J]. 建筑结构，2018，48 (10)：39-43，55.
[278] 袁烽，康娟. 面向未来的数字化建构 [J]. 城市环境设计，2014 (4)：172-173.
[279] 袁应红. 物联网在建设工程安全监管中的标准化应用 [J]. 品牌与标准化，2022 (1)：126-128.
[280] 张冬云. 建筑技术的创新 [J]. 建材与装饰，2016 (52)：39-40.
[281] 张昊. 多连杆悬架汽车动力学建模仿真分析与试验研究 [D]. 上海：上海交通大学，2012.
[282] 张辉. 基于信息化管理的脚手架工程安全管理应用研究 [D]. 兰州：兰州理工大学，2020.
[283] 张会军. 现代化钢筋加工配送新模式 [J]. 施工技术，2010 (3)：30-31.
[284] 张建辉. 基于ADAMS的汽车操纵稳定性研究 [D]. 西安：长安大学，2008.
[285] 张建平，李丁，林佳瑞，等. BIM在工程施工中的应用 [J]. 施工技术，2012，41 (16)：10-17.
[286] 张静晓，王引，李慧. 结果导向的BIM工程能力培养路径研究 [J]. 工程管理学报，2017，31 (6)：23-28.
[287] 张磊. 绿色技术在阜阳住区中的应用研究 [D]. 淮南：安徽理工大学，2020.
[288] 张淼，王荣，任霏霏. 英国BIM应用标准及实施政策研究 [J]. 工程建设标准化，2017 (12)：64-71.
[289] 张庆龙. 2021我们财务人将面对什么？[J]. 新理财，2021 (Z1)：59-62.
[290] 张蕊. 到2025年我国数字经济核心产业增加值将占GDP10% [N]. 每日经济新闻，2022-01-14.
[291] 张少华. 人体生理特征监测可穿戴设备及数据传输技术研究 [D]. 北京：北京工业大学，2015.
[292] 张伟. 基于分层计算理论的机器人模块化方法研究及应用 [D]. 上海：上海师范大学，2018.
[293] 张晓波. 面向智慧环保的物联网边缘计算技术的研究与设计 [D]. 北京：北京工业大学，2019.
[294] 张旭，杨斌，田野. 钢筋工程智能化加工应用与展望 [J]. 铁路技术创新，2020 (1)：78-81.
[295] 张银龙，殷川. 工程装备中虚拟样机技术的应用：第十四届全国工程设计计算机应用学术会议 [C]. 中国浙江杭州，2008.
[296] 张英帅. 油气生产物联网在数字化油气田构建应用研究 [D]. 成都：西南石油大学，2016.
[297] 张颖. 13部门联合发文推动智能建造与建筑工业化协同发展 [J]. 中国勘察设计，2020 (08)：6.
[298] 张颖. 部署九大重点任务 明确五项保障措施 住房和城乡建设部印发《"十四五"建筑节能与绿色建筑发展规划》[J]. 中国勘察设计，2022 (3)：8-9.

[299] 张颖. 数字中国建设整体布局规划出炉 [J]. 中国勘察设计，2023 (3)：11.
[300] 张宇. 数字化设计在未来城市建设中的应用思考 [J]. 建设科技，2021 (3)：70-74.
[301] 张志. 基于 BIM 信息化技术的施工场地布置与优化 [J]. 天津建设科技，2017，27 (1)：34-36.
[302] 赵德贵. 基于视频的人体骨架建模及异常行为分析研究 [D]. 北京：北京理工大学，2014.
[303] 赵狄娜. 数字化政策红利到底有多大 [J]. 小康，2022 (9)：38-40.
[304] 赵金龙. BIM 技术在钢结构工程建设阶段的应用 [D]. 长春：长春工程学院，2016.
[305] 赵馨飞，钟炜. 施工过程数字化管理决策体系应用分析 [J]. 价值工程，2021，40 (3)：59-60.
[306] 郑德华，沈云中，刘春. 三维激光扫描仪及其测量误差影响因素分析 [J]. 测绘工程，2005，14 (2)：32-34，56.
[307] 郑展鹏，窦强，陈伟伟，等. 数字化运维 [M]. 北京：中国建筑工业出版社，2019.
[308] 中国建筑业协会. 2021 年中国建筑业发展统计分析 [R]. 2022.
[309] 钟铁夫. 基于 BIM 的框架结构参数化设计研究 [D]. 沈阳：沈阳工业大学，2016.
[310] 钟欣. 大力推广应用装配式建筑 加快建筑机器人研发和应用 [N]. 中国建设报，2022-01-26.
[311] 周敬，张希黔. 大型建筑施工期变形实测与分析 [Z]. 2013.
[312] 周美容，张雪梅. 物联网技术在建筑工程中的应用 [J]. 建筑与预算，2021 (11)：8-10.
[313] 周双杰. 基于大数据的商品混合推荐系统 [D]. 南京：南京邮电大学，2021.
[314] 朱敏. 万物智联：大数据重塑制造业：2018 中国企业改革发展优秀成果发布会暨中国企业改革与发展研究会第六届会员代表大会 [C]. 2018.
[315] 朱小林，殷宁宇. 我国建筑业劳动力市场的变动趋势及对建筑业的影响 [J]. 改革与战略，2014，30 (6)：108-110.
[316] 庄荣文. 深入贯彻落实党的二十大精神 以数字中国建设助力中国式现代化 [N]. 人民日报，2023-03-03.